XINXING DAOMAI LIANHE SHOUHUO ZHUANGBEI SHEJI YU FENXI

新型稻麦联合收获装备设计与分析

王志明 丁肇 苏展 等著

江苏大学出版社
JIANGSU UNIVERSITY PRESS
镇 江

内容简介

本书在农业机械与土壤、植物相互作用关系研究的基础上，对稻麦联合收获装备主要工作部件进行了系统研究，阐述了稻麦联合收获装备底盘与行走装置、割台、脱粒分离装置、清选装置等关键技术及整机系统集成的研究成果。通过对履带式联合收获机原地转向底盘结构、双动刀切割器及其驱动机构、同轴差速脱粒分离装置、变直径滚筒脱粒装置、圆锥形清选风机等的创新设计，运用高速摄像试验、二次正交旋转组合试验方法，以及动力学建模、数值模拟仿真等技术手段，为稻麦联合收获装备研究提供了新的思路，对于培养从事收获机械研究的专业人才和指导稻麦联合收获装备的开发等均具有重要的参考价值。

图书在版编目(CIP)数据

新型稻麦联合收获装备设计与分析 / 王志明等著
. -- 镇江 ：江苏大学出版社，2022.12
ISBN 978-7-5684-1737-2

Ⅰ. ①新… Ⅱ. ①王… Ⅲ. ①水稻收获机－联合收获机－研究②小麦－联合收获机－研究 Ⅳ. ①S225

中国版本图书馆 CIP 数据核字(2021)第 264042 号

新型稻麦联合收获装备设计与分析
Xinxing Daomai Lianhe Shouhuo Zhuangbei Sheji Yu Fenxi

著　　者/王志明　丁　肇　苏　展　等
责任编辑/李菊萍
出版发行/江苏大学出版社
地　　址/江苏省镇江市梦溪园巷 30 号(邮编：212003)
电　　话/0511-84446464(传真)
网　　址/http://press.ujs.edu.cn
排　　版/镇江市江东印刷有限责任公司
印　　刷/镇江文苑制版印刷有限责任公司
开　　本/787 mm×1 092 mm　1/16
印　　张/22.25
字　　数/490 千字
版　　次/2022 年 12 月第 1 版
印　　次/2022 年 12 月第 1 次印刷
书　　号/ISBN 978-7-5684-1737-2
定　　价/80.00 元

如有印装质量问题请与本社营销部联系(电话：0511-84440882)

前　言

农机装备是《中国制造 2025》十大重点领域之一。针对农机装备未来 10 年的发展，《中国制造 2025》指出，要加快发展大型高效联合收割机等高端农业装备及关键核心零部件，提高农机装备信息收集、智能决策和精准作业的能力，推进形成面向农业生产的信息化整体解决方案。稻麦联合收割机是农业生产机械化过程中最重要的装备之一，是粮食获得增产增收的关键设备，对我国粮食安全具有重要意义。在现代农业生产中，收获作业用工量占农业生产全过程的 50%以上，需要有先进的收获装备支撑，而目前的收获装备技术水平和规模还远不能满足我国农业机械化发展的需求，急需通过基础理论研究和工程技术创新提升收获装备技术水平。

金华职业技术学院机电工程学院先后获批组建“浙江省农作物收获装备技术重点实验室”“农机技术与装备浙江省工程实验室”“浙江省现代农机装备应用技术协同创新中心”等科研平台，主持完成了包括国家自然科学基金、浙江省科技厅重大专项、浙江省公益性技术应用研究项目在内的 20 余项稻麦联合收割机相关省部级科研项目。本书主要根据这些科研项目成果提炼、集成撰写而成。

本书共 11 章，在对农业机械与土壤、植物相互作用关系研究的基础上，对稻麦联合收获装备主要工作部件进行了系统研究，阐述了稻麦联合收获装备底盘与行走装置、割台、脱粒分离装置、清选装置等关键技术及整机系统集成的研究成果。其中，履带式联合收获机原地转向底盘结构、双动刀切割器及其驱动机构、同轴差速脱粒分离装置、变直径滚筒脱粒装置、圆锥形清选风机等的创新设计，以及高速摄像试验、二次正交旋转组合试验、动力学建模、数值模拟仿真等技术手段，对开展稻麦联合收获装备结构创新和性能提升具有重要指导意义。

本书由王志明主持编著，金华职业技术学院收获装备科研团队成员参与编写工作。其中，第 1 章、第 2 章由丁肇、熊永森执笔；第 3 章由陈霓、王金双执笔；第 4 章、第 5 章由王志明、田立权执笔；第 6 章、第 7 章由苏展执笔；第 8 章、第 9 章、第 10 章由王志明、周璇执笔；第 11 章由王志明、苏展执笔。王志明负责全书统稿。

此外，金华职业技术学院陈德俊高工（教授级）、戴素江教授、刘正怀教授等为本书提供了珍贵资料，浙江四方集团有限公司李红阳、胡华东等高级工程师为本试验研究提供了诸多帮助，在此一并表示感谢。本书由浙江省农作物收获装备技术重点实验室资助出版。

本书侧重应用技术研究，对我国稻麦联合收获装备产品开发和理论研究有一定的参考价值，可供农业机械科研单位技术人员和大专院校农业机械专业师生，以及联合收获机生产厂家技术人员参考。

由于作者水平有限，书中疏漏之处在所难免，欢迎广大读者批评指正。

王志明

2021 年 6 月

目　录

第 1 章　履带式联合收获机底盘设计

稻麦联合收获机普遍采用橡胶履带式行走机构，为提高作业效率和机动性，减少作业中的空行程，要求行走变速箱具有优越的转向性能，尤其是在小田块作业时。实现机器的原地转向是提高联合收获机转向性能的有效手段。现有的履带式联合收获机变速箱均按单侧履带完全制动获得最小转向半径的方案设计，作业时若切断一侧履带的动力使其前进速度降低，则两侧履带的速度差会使机器转大弯，此时空行程大且不适合小田块作业；若将一侧履带完全制动使其前进速度为零，则此时转向半径最小，但制动履带括土严重，破坏土壤且产生制动功耗。若能使两侧履带一正一反运转，则可实现理论半径为零的原地转向，不仅可大大缩小转向半径，而且能解决因制动履带在地上拖动、积泥而增大阻力的问题。原地转向技术因此受到关注。

20 世纪 70 年代，湖北潜江机械厂等单位就开展了将正反转行星机构行走变速箱用于联合收获机的研究，因但其结构复杂、质量大而未被应用。20 世纪 80 年代，姚世琮等设计了行星机构和摩擦元件相结合的正反转行星机构并进行了试验研究，认为原地转向机构转向时不压沟、不堆泥。黄海东等对原地转向时履带板的运动轨迹进行了分析，认为转向角度大于 90°后，转向时剪切土壤阻力矩减小，接地履带板有一部分从自身已经划过的区域通过，还有一部分从其他履带板已经划过的区域通过，加剧了履带对土壤的剪切破坏。曹付义等对液压—机械双功率流行星齿轮差速转向机构进行了试验研究，建立了运动方程和转矩方程。迟媛、蒋恩承等设计了由 3 套行星系组成的履带车辆差速式液压机械双功率流转向机构，发动机输出的功率分成液压和机械两股“功率流”，机械一股用于直行，液压一股用于转向。他们还测定了机器原地转向时由于滑转等引起的实际转向半径的变化情况。日本洋马农机株式会社开发了采用两个液压马达的方向盘式转向机构，其中一个液压马达用于直行，另一个用于转向，操纵方向盘可使两侧履带反向运动，实现机器原地转向。上述研究均充分肯定了原地转向技术的意义，但至今仍少见其在稻麦联合收获机上应用。究其原因，或因成本高、结构复杂，或因该相关设计与当前广泛应用的水稻联合收获机履带式行走变速箱缺乏技术上的衔接性。为此，国内展开了更为实用的新型原地转向变速箱研究。

1.1　原地转向底盘结构设计与计算

1.1.1　原地转向底盘基本结构和工作原理

为使驱动轮一正一反旋转实现机器原地转向，行走变速箱必须具备两路独立的动力流。如图 1-1 所示，本设计在液压马达动力输入变速箱后将动力分为 A,B 两路正反转动力流，A 路正转动力流由驱动齿轮 1 经中央传动齿轮 4 及两侧牙嵌离合器齿轮 10,19 向两侧(或一侧)传送正转动力；B 路反转动力流由与驱动齿轮 1 位于同一轴上的右反转驱动齿轮 2 或左反转驱动齿轮 24 驱动，经右或左换向齿轮(5 或 23)、右或左反转离合器齿轮(9 或 20)、右或左牙嵌离合器齿轮(10 或 19)向右侧或左侧传送反转动力。当向右原地转向时，只需操纵右拨叉 8 向右倾斜，使右侧牙嵌离合器与中央传动齿轮 4 分离后与右反转离合器 6 结合，反转动力即由右牙嵌离合器齿轮 10 经右传动齿轮 11 使右驱动轮反向运转。由于齿轮 1 和齿轮 2 齿数相等，中央传动齿轮 4 和右反转离合器齿轮 9 齿数相等，故可使左、右驱动轮 15 与 14 转速相等，方向相反，实现机器向右原地转向。若仅使右牙嵌离合器与中央传动齿轮 4 分离，而不与右反转离合器 6 结合，即仅使用 A 路动力，则右侧履带靠惯性前行，速度下降，机器向右转大弯；若仅使用 A 路动力且左、右牙嵌离合器始终与中央传动齿轮 4 结合，则左、右驱动轮 15,14 转速相同，方向相同，机器直行。总之，仅使用 A 路动力时，机器直行或转大弯；同时使用 A,B 两路动力时，左、右驱动轮转动方向相反，转速相等，机器转弯半径缩小或稳定地原地转动。其中，反转离合器的设计是关键，不同工况下变速器传动路线见表 1-1。

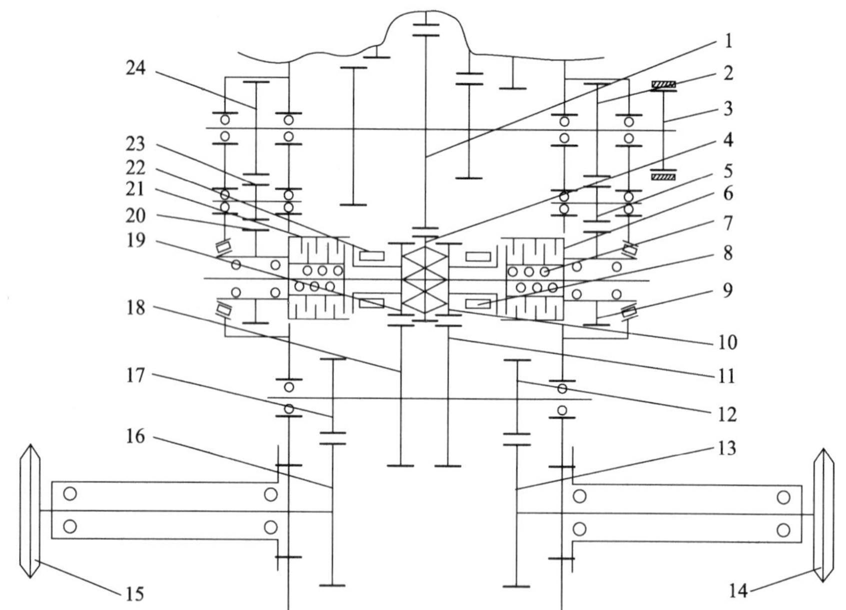

1—驱动齿轮；2—右反转驱动齿轮；3—制动器；4—中央传动齿轮；5—右换向齿轮；6—右反转离合器；7—右压缩弹簧；8—右拨叉；9—右反转离合器齿轮；10—右牙嵌离合器齿轮；11—右传动齿轮；12—右减速齿轮；13—右末级齿轮；14—右驱动轮；15—左驱动轮；16—左末级齿轮；17—左减速齿轮；18—左传动齿轮；19—左牙嵌离合器齿轮；20—左反转离合器齿轮；21—左反转离合器；22—左拨叉；23—左换向齿轮；24—左反转驱动齿轮。

图 1-1 原地转向底盘传动原理图(局部)

表 1-1　不同工况下变速器传动路线

工况	履带	传动路线(齿轮代号)	牙嵌离合器	反转离合器
直行	左:正转	(1)→(4)→(19)→(18)→(17)→(16)→(15)	合	分
	右:正转	(1)→(4)→(10)→(11)→(12)→(13)→(14)	合	分
转大弯(向右)	左:正转	同于直行工况	合	分
	右:无动力	(1)→(4)	分	分
原地转(向右)	左:正转	同于直行工况	合	分
	右:反转	(2)→(5)→(9)→(10)→(11)→(12)→(13)→(14)	分	合

1.1.2　原地转向底盘反转离合器基本参数设计

(1) 转矩 T_j

机器原地转向时，由发动机传来的 B 路动力流扭矩由反转离合器在土壤附着力足够的条件下传递，反转离合器的计算转矩 T_j 可表示为

$$T_j=\beta\frac{0.5m_s g\varphi r_d}{i_m\eta_m\eta_q} \tag{1-1}$$

式中：β 为转向离合器储备系数，取 $\beta=1.4$；φ 为橡胶履带与土壤附着系数，水淹田 $\varphi=0.6$，干田 $\varphi=1$，综合取 $\varphi=0.8$；m_s 为联合收获机使用质量，kg(这里 $m_s=2\ 800$ kg)；g 为重力加速度，m/s^2，取 $g=9.8$ m/s^2；r_d 为驱动轮半径，m(这里 $r_d=0.105$ m)；i_m 为最终传动比，取 $i_m=6.57$(转向轴至驱动轮)；η_m 为最终传动效率，取 $\eta_m=0.98$；η_q 为履带驱动段效率，取 $\eta_q=0.93$。

(2) 反转离合器摩擦片内外半径 R_1，R_2

根据文献，有

$$R_2=0.863\sqrt{\frac{T_j}{Z\varepsilon[q](1-c^2)(1+c)}} \tag{1-2}$$

式中：Z 为摩擦面的对数，一般为 10～12 对；$[q]$ 为摩擦片许用单位压力，MPa(纸基摩擦片取 $[q]=1$ MPa$=1\times10^6$ N/m^2)；c 为摩擦片内、外径之比，通常 $c=0.7$～0.8，这里取 $c=0.72$；ε 为摩擦系数，取 $\varepsilon=0.12$。

(3) 履带速度和整机回转角速度

假设履带两侧土壤条件相同，履带运动时无滑转和滑移，则有

$$v_1=-v_2$$

$$\omega=\frac{v_1}{B/2}=\frac{2v_1}{B} \tag{1-3}$$

式中：v_1 为制动侧履带行进速度；v_2 为驱动侧履带行进速度；B 为履带底盘轨距。

原地转向与常规转向一样，主要受到三种力的作用，即正、反转履带的驱动力 $\boldsymbol{P}_1$ 和 $\boldsymbol{P}_2$；正、反转履带所受的滚动阻力 $\boldsymbol{F}_1$ 和 $\boldsymbol{F}_2$，以及转向阻力矩 $\boldsymbol{M}_\mu$。经测定，转向中心偏移

至 O_0 点，重心横向偏移量 $C=10.71$ mm，纵向偏移量 $e=51.75$ mm，如图 1-2 所示。

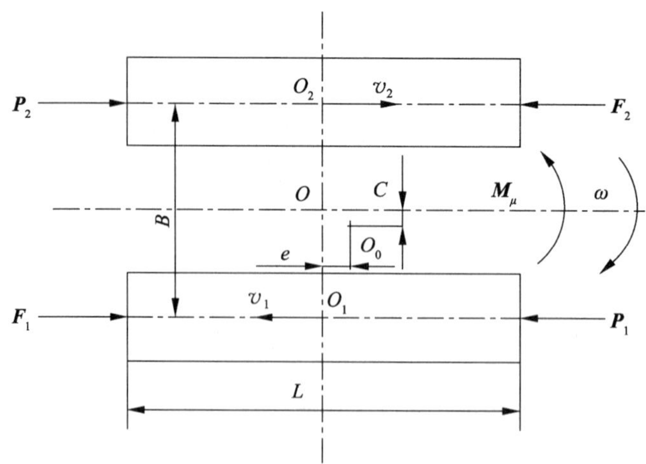

图 1-2　原地转向履带速度和受力情况

图中，L 为履带长度；O 为底盘几何中心。

$$\left.\begin{aligned} P_1-P_2-F_1+F_2=0 \\ (P_1+P_2)\frac{B}{2}-(F_1+F_2)\frac{B}{2}-M_\mu=0 \end{aligned}\right\} \tag{1-4}$$

由于重心偏向 O_1 履带，故有

$$F_1=\frac{m_s f}{2}\left(1+\frac{2C}{B}\right) \tag{1-5}$$

$$F_2=\frac{m_s f}{2}\left(1-\frac{2C}{B}\right) \tag{1-6}$$

由式(1-4)可得

$$P_1=F_1+\frac{M_\mu}{B} \tag{1-7}$$

$$P_2=-F_2-\frac{M_\mu}{B} \tag{1-8}$$

$$M_\mu=2\left(\int_0^{\frac{L}{2}+x_0}\mu q x\,\mathrm{d}x+\int_0^{\frac{L}{2}-x_0}\mu q x\,\mathrm{d}x\right)$$

式中：$x_0=e$ 为转向中心纵向偏移；q 为履带单位长度上的质量；f 为履带和地面的滑动摩擦因子。

将 $q=\frac{m_s}{2L}$ 代入 M_μ 计算式并积分得

$$M_\mu=\frac{\mu m_s L}{4}\left[1+\left(\frac{2x_0}{L}\right)^2\right] \tag{1-9}$$

式中：$\frac{2x_0}{L}$ 为转向轴线纵向偏移 e 引起的影响，取 $e=x_0$；L 为履带接地长度，m(这里取

$L=1.35$ m)；μ 为转向阻力系数，稻麦茬地取 $\mu=0.7$。

(4) 原地转向功率消耗 P_{ω}

联合收获机原地转向时，发动机功率主要消耗于克服转向时的总阻力矩 M_z，故有

$$P_{\omega}=M_z\omega=(F_1+F_2)\frac{B}{2}+M_{\mu} \tag{1-10}$$

式中：M_{μ} 为转向阻力矩，N・m；M_z 为转向总阻力矩，N・m；ω 为原地转向角速度，$\omega=2v_1/B$。

1.2　履带式联合收获机转向理论分析

本章以 Wong 的履带式转向理论为基础，分析履带式车辆在转向过程中的滑转及滑移规律，建立考虑履带滑转及滑移因素的软土地面转向动力学模型。然后利用所建立的模型理论分析履带式车辆在单边制动及原地差逆两种转向模式下阻力矩随履带滑转及滑移系数的变化规律，并对比分析履带车辆在两种转向模式下对地扰动面积及履齿在地面的剪切轨迹。

研究结果明确了履带式车辆转向时与土壤的相互作用机理及对土壤的剪切作用，为履带式车辆转向模式的选择及减少对土壤的剪切破坏提供了理论依据。所建立的理论模型适用于各类履带式车辆在不同地面条件下的转向分析。

1.2.1　履带式车辆软地转向动力学模型的建立

(1) 履带式车辆转向相对于地面的滑转和滑移

履带式车辆在转向过程中始终伴随着履带相对于地面的滑动，在不同的地面条件下分别表现为内侧(低速侧)和外侧(高速侧)履带不同程度的滑移及滑转。图 1-3 为履带式车辆转向时两侧履带相对于地面的滑转及滑移示意图。图中，由于内侧履带的制动和外侧履带的牵引作用，内侧和外侧履带瞬时转向中心 O_1 和 O_2 产生横向偏移 Y_1 和 Y_2。此时，外侧履带理论运动速度(履带的卷绕速度)u_2 大于实际运动速度(履带相对于地面的绝对运动速度)v_2，发生滑转；内侧履带的理论运动速度 u_1 小于实际运动速度 v_1，发生滑移。

内、外侧履带的滑移和滑转程度分别由滑移系数 σ_i 和滑转系数 σ_o 来表示。

$$\sigma_i=\frac{v_1-u_1}{v_1} \tag{1-11}$$

$$\sigma_o=\frac{u_2-v_2}{u_2} \tag{1-12}$$

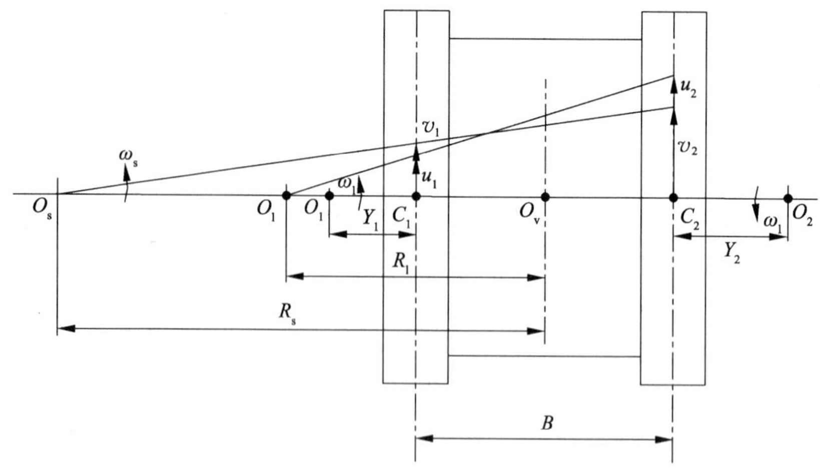

图 1-3　履带式车辆转向时两侧履带相对于地面的滑转及滑移

由于内侧履带的滑移和外侧履带的滑转，造成车辆的实际转向半径 R_s 大于理论转向半径 R_1，车辆的实际转向角速度 ω_s 大于理论转向角速度 ω_1。车辆的理论转向半径 R_1 和理论转向角速度 ω_1 分别为

$$R_1=\frac{B}{2}\frac{u_2+u_1}{u_2-u_1} \tag{1-13}$$

$$\omega_1=\frac{(u_2-u_1)}{B} \tag{1-14}$$

车辆的实际转向半径 R_s 和实际转向角速度 ω_s 分别为

$$R_s=\frac{B}{2}\frac{u_2(1-\sigma_2)+\frac{u_1}{1-\sigma_1}}{u_2(1-\sigma_2)-\frac{u_1}{1-\sigma_1}} \tag{1-15}$$

$$\omega_s=\frac{u_2(1-\sigma_2)-\frac{u_1}{1-\sigma_1}}{B} \tag{1-16}$$

以上分析仅针对履带式车辆一般情况下的转向，而单边制动和原地差逆转向可以看作履带式车辆转向的两种特殊情况。

图 1-4 及图 1-5 分别为履带式车辆单边制动转向及原地差逆转向时两侧履带相对于地面的滑转及滑移示意图。

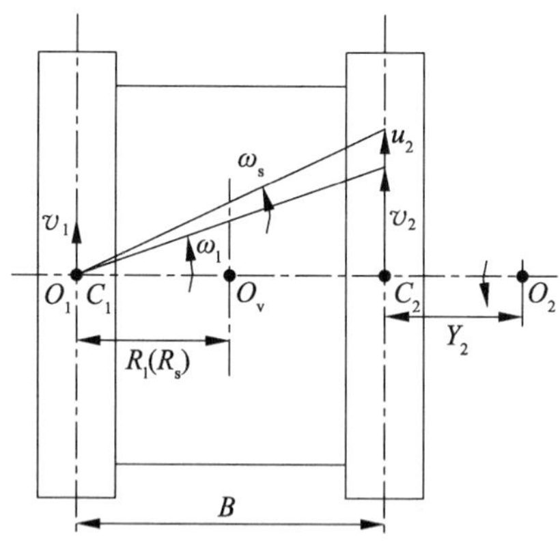

图 1-4　履带式车辆单边制动转向时两侧履带相对于地面的滑转及滑移

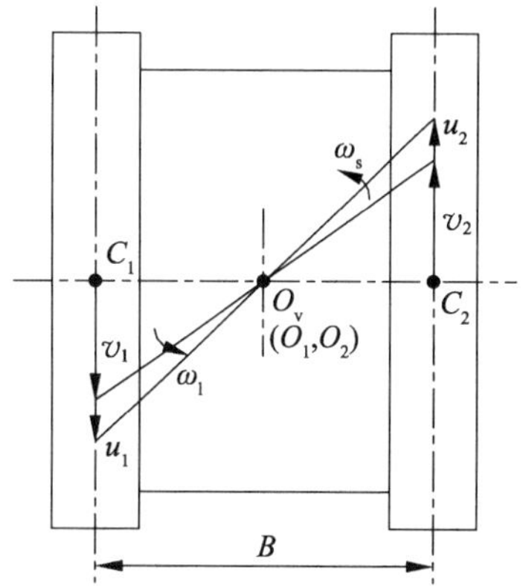

图 1-5　履带式车辆原地差逆转向时两侧履带相对于地面的滑转及滑移

图1-4中，当履带式车辆单边制动转向时，内侧履带完全制动，依靠外侧履带的驱动完成转向。此时内侧履带发生完全滑移，外侧履带发生滑转。内侧履带的瞬时转向中心 O_1 与履带几何中心 C_1 重合，外侧履带的瞬时转向中心 O_2 发生横向偏移 Y_2。由于内侧履带制动，其理论运动速度 u_1 及实际运动速度 v_1 均为0；外侧滑转，其理论运动速度 u_2 大于实际运动速度 v_2。内侧履带的滑移系数 σ_i 及外侧履带的滑转系数 σ_o 分别为

$$\sigma_i=0 \tag{1-17}$$

$$\sigma_o=\frac{u_2-v_2}{u_2} \tag{1-18}$$

车辆的理论转向半径 R_1 和理论转向角速度 ω_1 分别为

$$R_1=\frac{B}{2} \tag{1-19}$$

$$\omega_1=\frac{u_2}{B} \tag{1-20}$$

车辆的实际转向半径 R_s 和实际转向角速度 ω_s 分别为

$$R_s=\frac{B}{2} \tag{1-21}$$

$$\omega_s=\frac{u_2(1-\sigma_2)}{B} \tag{1-22}$$

图1-5中，当履带式车辆原地差逆转向时，内、外侧履带的瞬时转向中心 O_1 和 O_2 与车辆几何中心 O_v 重合。两侧履带等速反向运动，均发生滑转。两侧履带的理论运动速度 $u_1=u_2$，实际运动速度 $v_1=v_2$。此时，内、外侧履带的滑移系数 σ_i 和外侧滑转系数 σ_o 为

$$\sigma_i=\sigma_o=\frac{v_1-u_1}{v_1} \tag{1-23}$$

车辆的理论转向半径 R_1 和理论转向角速度 ω_1 分别为

$$R_1=0 \tag{1-24}$$

$$\omega_1=\frac{u_1}{B} \tag{1-25}$$

车辆的实际转向半径 R_s 和实际转向角速度 ω_s 分别为

$$R_s=0 \tag{1-26}$$

$$\omega_s=\frac{u_1(1-\sigma_1)}{B} \tag{1-27}$$

1.2.2 履带式车辆软地转向与土壤的相互作用

基于 Wong 的转向理论，对履带式车辆在软土地面上的转向过程进行受力分析。为使计算简便，做如下假设：

① 履带式车辆在平坦的地面做低速稳态转向，忽略地面不平坦时引起的重力在纵向和横向的分力作用及在高速转向时离心力的作用；

② 履带接地段的几何中心 C_1，C_2 与车辆的实际转向中心 O_s 均在同一条连线上，且与车辆纵向对称轴垂直，忽略履带接地段瞬时转动中心的纵向偏移(见图 1-6)；

③ 忽略履带在软土地面转向过程中的滑动一下陷效应；

④ 履带作用于地面的压力分布均匀。

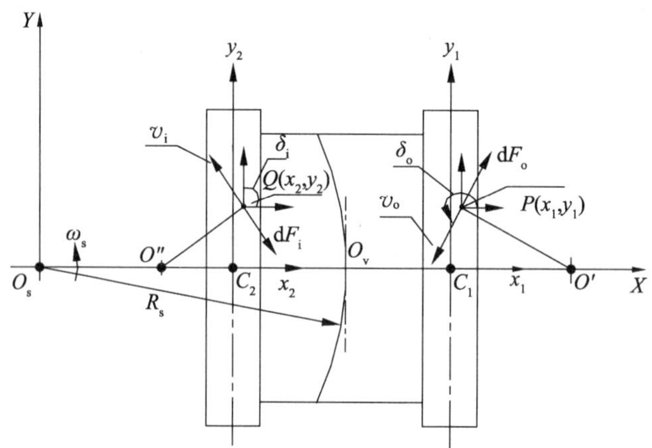

图 1-6　履带式车辆稳态转向时的受力情况

根据 Wong 的理论，假设履带式车辆转向时两侧履带与地接触面上任意点 P，Q 所受的力 dF_o，dF_i 与该点相对于地面的绝对运动速度 v_o，v_i 方向相反。根据剪切力一剪切位移关系，该点对土壤的作用力 dF_i 与 dF_o 可表示为

$$\begin{aligned}dF_i&=\left(C+\frac{Q_i}{A_i}-\tan\varphi\right)\left(1-e^{-j_i/k}\right)dA\\ dF_o&=\left(C+\frac{P_o}{A_o}-\tan\varphi\right)\left(1-e^{-j_o/k}\right)dA\end{aligned} \tag{1-28}$$

式中：Q_i 和 P_o 分别为内、外侧履带接地压力，N；A_i 和 A_o 分别为内、外侧履带接地面积，m^2；j_i 和 j_o 为内、外侧履带上任意点的剪切位移，m；c 为土壤黏聚力，kPa；φ 为土壤内摩擦角，(°)；k 为土壤剪切模量，m。

因此，要计算内、外侧履带上任意点 P，Q 所受的力 $\mathrm{d}F_{\mathrm{o}}$ 和 $\mathrm{d}F_{\mathrm{i}}$，首先需要计算该点在力 $\mathrm{d}F_{\mathrm{o}}$ 和 $\mathrm{d}F_{\mathrm{i}}$ 作用下发生的剪切位移 j_{o} 和 j_{i}。

为计算车辆转向时内外侧履带上任意点的剪切位移 j_{i} 和 j_{o}，首先对点 Q，P 相对于地面的绝对运动速度进行计算，再对运动速度在转向时间 t 上进行积分，即可获得该点在作用力 $\mathrm{d}F_{\mathrm{i}}$ 和 $\mathrm{d}F_{\mathrm{o}}$ 下的剪切位移。

如图 1-7 所示，建立一个基于地面的静坐标系 XOY 和基于履带底盘的转动坐标系 x_1Oy_1。在这两个坐标系下，履带板上任意点 P，Q 相对于地面的绝对运动速度可利用点的复合运动来计算。图 1-7 中，履带底盘绕转向中心 O_{s} 以角速度 ω_{s} 转动，履带车辆转过角度为 φ。

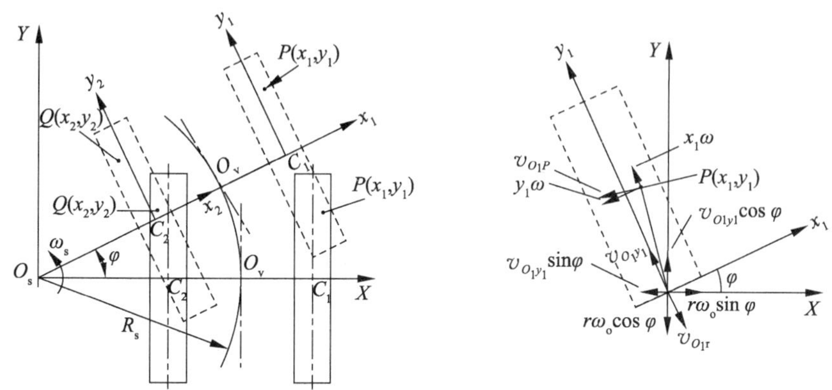

图 1-7　履带车辆转向时履带上任意点的运动速度简图

此时，外侧履带几何中心点 C_1 在 y_1 方向的速度为

$$\boldsymbol{v}_{C_1y_1}=(R_{\mathrm{s}}+B/2)\omega_{\mathrm{s}}\boldsymbol{j}_1 \tag{1-29}$$

式中：R_{s} 为履带式车辆实际转向半径，m；ω_{s} 为履带式车辆实际转向角速度，rad /s；B 为履带轨距，m。

点 C_1 相对机体的运动速度为

$$\boldsymbol{v}_{C_1\mathrm{r}}=r\omega_{\mathrm{o}}\boldsymbol{j}_1 \tag{1-30}$$

式中：r 为驱动轮半径，m；ω_{o} 为驱动轮角速度，rad /s。

机体上与点 $P(x_1,y_1)$ 重合的点的牵连运动速度为

$$\boldsymbol{v}_{C_1P}=-y_1\omega_{\mathrm{s}}\boldsymbol{i}_1+x_1\omega_{\mathrm{s}}\boldsymbol{j}_1 \tag{1-31}$$

式中：$\boldsymbol{i}_1$ 和 $\boldsymbol{j}_1$ 为坐标系 x_1Oy_1 中的两个单位矢量，$\boldsymbol{i}$ 和 $\boldsymbol{j}$ 为坐标系 XOY 中的两个单位矢量，两者关系为

$$\begin{cases}\boldsymbol{i}_1=\cos\varphi\boldsymbol{i}+\sin\varphi\boldsymbol{j}\\ \boldsymbol{j}_1=\cos\varphi\boldsymbol{j}-\sin\varphi\boldsymbol{i}\end{cases} \tag{1-32}$$

进行速度合成，外侧履带上任意点 $P(x_1,y_1)$ 在静坐标系 XOY 下的绝对运动速度为

$$\begin{aligned}\boldsymbol{v}_{P,XOY}=&[-y_1\omega_{\mathrm{s}}\cos\varphi-(v_{O_1y_1}-r\omega_{\mathrm{o}}+x_1\omega_{\mathrm{s}})\sin\varphi]\boldsymbol{i}+\\&[-y_1\omega_{\mathrm{s}}\sin\varphi+(v_{O_1y_1}-r\omega_{\mathrm{o}}+x_1\omega_{\mathrm{s}})\cos\varphi]\boldsymbol{j}\end{aligned} \tag{1-33}$$

履带转过角度 φ 可通过对转向角速度 ω_s 在时间 t 上积分得到

$$\varphi=\int_0^t \omega_s \mathrm{d}t=\omega_s t \tag{1-34}$$

转向时间 t 为

$$t=\int_0^t \mathrm{d}t=\int_{y_1}^{L/2} \frac{\mathrm{d}y_1}{r\omega_o}=\frac{L/2-y_1}{r\omega_o} \tag{1-35}$$

对外侧履带上任意点 P 的绝对运动速度 v_P 在时间 t 上积分，得到该点在 x 方向的剪切位移 $j_{x,o}$ 为

$$j_{x,o}=\int_0^t v_P \mathrm{d}t=\left(R_s+\frac{B}{2}+x_1\right)\left[\cos\frac{(L/2-y_1)\omega_s}{r\omega_o}-1\right]-y_1\sin\frac{(L/2-y_1)\omega_s}{r\omega_o} \tag{1-36}$$

外侧履带上任意点 P 在 y 方向的剪切位移 $j_{y,o}$ 为

$$j_{y,o}=\int_0^t v_P \mathrm{d}t=\left(R_s+\frac{B}{2}+x_1\right)\left[\sin\frac{(L/2-y_1)\omega_s}{r\omega_o}-1\right]-\frac{L}{2}+y_1\cos\frac{(L/2-y_1)\omega_s}{r\omega_o} \tag{1-37}$$

式中：L 为履带长度，m；ω_o 为外侧履带驱动轮角速度，rad/s。

外侧履带上任意点的剪切位移 j_o 为

$$j_o=\sqrt{j_{x,o}^2+j_{y,o}^2} \tag{1-38}$$

同理，对于内侧履带上任意点 $Q(x_2,y_2)$，履带几何中心点 C_2 在 y_2 方向的速度为

$$\boldsymbol{v}_{C_2y_2}=(R-B/2)\omega\boldsymbol{j}_1 \tag{1-39}$$

点 C_2 相对机体的运动速度为

$$\boldsymbol{v}_{C_2r}=r\omega_i\boldsymbol{j}_1 \tag{1-40}$$

机体上与点 $Q(x_2,y_2)$ 重合的点的牵连运动速度为

$$\boldsymbol{v}_{C_2P}=-y_2\omega_s\boldsymbol{i}_1+x_2\omega_s\boldsymbol{j}_1 \tag{1-41}$$

可得内侧履带任意点 $Q(x_2,y_2)$ 在静坐标系 XOY 下的绝对运动速度为

$$\begin{aligned}\boldsymbol{v}_{Q,XOY}=&[-y_2\omega_s\cos\varphi-(v_{C_2y_2}-r\omega_i+x_2\omega)\sin\varphi]\boldsymbol{i}+\\&[-y_2\omega_s\sin\varphi+(v_{C_2y_2}-r\omega_i+x_2\omega)\cos\varphi]\boldsymbol{j}\end{aligned} \tag{1-42}$$

内侧履带上任意点在 x 方向的剪切位移 $j_{x,i}$ 为

$$j_{x,i}=\int_0^t v_Q \mathrm{d}t=\left(R_s+\frac{B}{2}+x_2\right)\left[\cos\frac{(L/2-y_2)\omega_s}{r\omega_i}-1\right]-y_2\sin\frac{(L/2-y_2)\omega_s}{r\omega_i} \tag{1-43}$$

内侧履带上任意点在 y 方向的剪切位移 $j_{y,i}$ 为

$$j_{y,i}=\int_0^t v_Q \mathrm{d}t=\left(R_s+\frac{B}{2}+x_2\right)\left[\sin\frac{(L/2-y_2)\omega_s}{r\omega_i}-1\right]-\frac{L}{2}+y_2\cos\frac{(L/2-y_2)\omega_s}{r\omega_i} \tag{1-44}$$

式中：ω_i 为内侧履带驱动轮角速度，rad/s。

内侧履带上任意点剪切位移 j_i 为

$$j_i=\sqrt{j_{x,i}^2+j_{y,i}^2} \tag{1-45}$$

计算出内外侧履带上任意点的剪切位移量 j_i 与 j_o 并测得土壤的相关机械参数，即可利用式(1-28)计算出内外侧履带上任意点所受的作用力 F_i 和 F_o。

1.2.3　履带式车辆转向平衡方程建立

下面对履带式车辆转向过程中的受力情况进行分析，并建立两侧履带关于其几何中心 C_1 及 C_2 的力矩平衡方程。如图 1-8 所示，履带式车辆稳态转向时两侧履带上任意点所受力为 $\mathrm{d}\boldsymbol{F}_{i,o}$ 沿履带的纵向分力产生驱动力 $\mathrm{d}F_{y(i,o)}$，沿履带垂直方向产生转向阻力 $\mathrm{d}F_{x(i,o)}$。分别对 $\mathrm{d}F_{y(i,o)}$ 和 $\mathrm{d}F_{x(i,o)}$ 在履带面积上进行积分，即可得到内、外侧履带沿履带长度方向的驱动力 $F_{y(i,o)}$ 及垂直于履带方向的转向阻力 $F_{x(i,o)}$。

外侧履带的转向阻力 $F_{x,o}$ 和驱动力 $F_{y,o}$ 可分别表示为

$$F_{x,o}=-\int_{-\frac{L}{2}}^{\frac{L}{2}}\int_{-\frac{b}{2}}^{\frac{b}{2}}\left(c+\frac{P_o}{A_o}\tan\varphi\right)(1-\mathrm{e}^{-j_o/k})\cos\delta_o\mathrm{d}x_1\mathrm{d}y_1 \tag{1-46}$$

$$F_{y,o}=-\int_{-\frac{L}{2}}^{\frac{L}{2}}\int_{-\frac{b}{2}}^{\frac{b}{2}}\left(c+\frac{P_o}{A_o}\tan\varphi\right)(1-\mathrm{e}^{-j_o/k})\sin\delta_o\mathrm{d}x_1\mathrm{d}y_1 \tag{1-47}$$

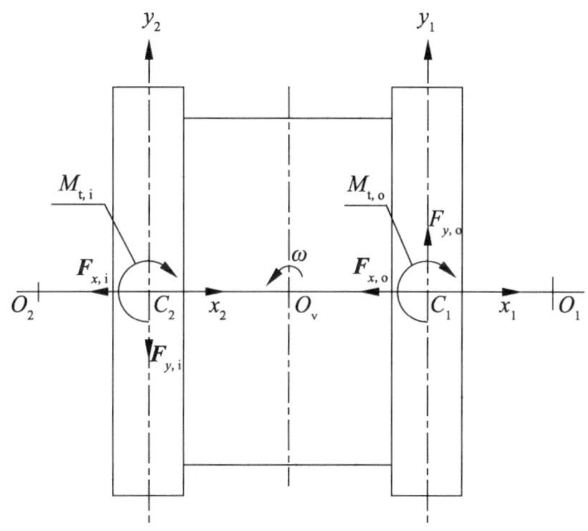

图 1-8　履带式车辆稳态转向受力简图

内侧履带上的转向阻力 $F_{x,i}$ 和驱动力 $F_{y,i}$ 可分别表示为

$$F_{x,i}=-\int_{-L/2}^{L/2}\int_{-b/2}^{b/2}\left(c+\frac{P_i}{A_i}\tan\varphi\right)(1-\mathrm{e}^{-j_i/k})\cos\delta_i\mathrm{d}x_2\mathrm{d}y_2 \tag{1-48}$$

$$F_{y,i}=-\int_{-L/2}^{L/2}\int_{-b/2}^{b/2}\left(c+\frac{P_i}{A_i}\tan\varphi\right)(1-\mathrm{e}^{-j_i/k})\sin\delta_i\mathrm{d}x_2\mathrm{d}y_2 \tag{1-49}$$

式中：P_o，P_i 为履带接地压力，N；A_o，A_i 为履带接地面积；δ_o 为外侧履带上任意点的速度方向与静坐标系 X 轴的夹角；δ_i 为内侧履带上任意点的速度方向与静坐标系 X 轴的夹角。

其中，

$$\cos\delta_o=\frac{-y_1\omega_s}{\sqrt{(y_1\omega_s)^2+[(B/2+x_1)\omega_s-r\omega_o]^2}} \tag{1-50}$$

$$\cos\delta_i=\frac{-y_2\omega_s}{\sqrt{(y_2\omega_s)^2+[(B/2+x_2)\omega_s-r\omega_i]^2}} \tag{1-51}$$

$$\sin\delta_o=\frac{(B/2+x_1)\omega_s-r\omega_o}{\sqrt{(y_1\omega_s)^2+[(B/2+x_1)\omega_s-r\omega_o]^2}} \tag{1-52}$$

$$\sin\delta_i=\frac{(B/2+x_2)\omega_s-r\omega_i}{\sqrt{(y_2\omega_s)^2+[(B/2+x_2)\omega_s-r\omega_i]^2}} \tag{1-53}$$

因此，内、外侧履带的转向阻力矩 $M_{t,i}$ 和 $M_{t,o}$ 为地面对履带上各点垂直方向的转向阻力 $F_{x,i}$ 和 $F_{x,o}$ 对转向几何中心 C_2 及 C_1 作用力矩的总和，可分别表示为

$$M_{t,i}=-\int_{-L/2}^{L/2}\int_{-b/2}^{b/2}y_2\left(c+\frac{P_i}{A_i}\tan\varphi\right)(1-e^{-j_i/k})\cos\delta_i\,dx_2dy_2 \tag{1-54}$$

$$M_{t,o}=-\int_{-\frac{L}{2}}^{\frac{L}{2}}\int_{-\frac{b}{2}}^{\frac{b}{2}}y_1\left(c+\frac{P_o}{A_o}\tan\varphi\right)(1-e^{-j_o/k})\cos\delta_o\,dx_1dy_1 \tag{1-55}$$

由内侧及外侧履带的中心 C_2 及 C_1 力矩平衡关系可以得到

$$\sum M_{C_1}=0,\frac{F_{y,i}}{r_i}=\frac{BT_i}{r_i}=M_{t,o} \tag{1-56}$$

$$\sum M_{C_2}=0,\frac{F_{y,o}}{2r_o}=\frac{BT_o}{2r_o}=-M_{t,i} \tag{1-57}$$

式中：T_i，T_o 为内、外侧履带驱动轮扭矩，N · m；r_i，r_o 为内、外侧履带驱动轮半径，m。

1.3 履带式车辆单边制动及原地差逆转向对土壤剪切破坏的理论分析

1.3.1 履带式车辆在两种模式下的转向阻力矩

由于履带式车辆转向时车辆与土壤间的作用力是相互的，因此，转向阻力矩的大小能够反映土壤的剪切破坏程度。研究表明，履带式车辆转向阻力矩越大，下陷深度越大，对地面的剪切破坏作用也越大。

利用已建立的履带式车辆软地面转向动力学模型，对履带式车辆在单边制动及原地差逆转向两种模式下的转向阻力矩、对地扰动面积及履齿在地面上的运动轨迹进行分析计算，可从理论上对比分析履带式车辆的两种转向模式对土壤的剪切破坏影响。

根据理论分析，将方程(1-15)(1-16)(1-38)(1-45)(1-50)(1-51)分别代入式(1-54)(1-55)，即可建立履带式车辆单边制动转向时两侧履带相对于履带转向中心的阻力矩计算模型。将方程(1-20)(1-21)(1-38)(1-45)(1-50)(1-51)分别代入式(1-54)(1-55)，即可建立履带式车辆原地差逆转向时两侧履带相对于履带转向中心的阻力矩计算模型。从模型中可以看出，内、外侧履带的转向阻力矩 M_t 是履带滑移系数 σ_i、滑转系数 σ_o、履带接地长度

L、履带轨距 B、履带接地压力 P、履带接地面积 A、驱动轮角速度 ω、驱动轮半径 r、土壤黏聚力 c、土壤内摩擦角 φ 及土壤剪切模量 k 的函数方程。

利用 Matlab 模拟在给定履带及土壤参数条件下，转向阻力矩 M_t 随履带滑移系数 σ_i 及滑转系数 σ_o 的变化规律。模型计算时所用履带式车辆及土壤相关参数如表 1-2 所示。履带式车辆两种转向模式下履带阻力矩 M_t 随履带滑移系数 σ_i 及滑转系数 σ_o 的变化曲线如图 1-9 所示。

表 1-2　模型计算所用履带式车辆及土壤相关参数

相关土壤参数	车辆质量/kg	履带接地长度/m	轨距/m	履带宽度/m	驱动轮直径/m
数值	5 500	1.9	1.36	0.55	0.13

相关土壤参数	驱动轮角速度/(rad·s^{-1})	土壤黏聚力/kPa	土壤内摩擦角/(°)	土壤剪切模量/m
数值	12.3	18	20	0.025

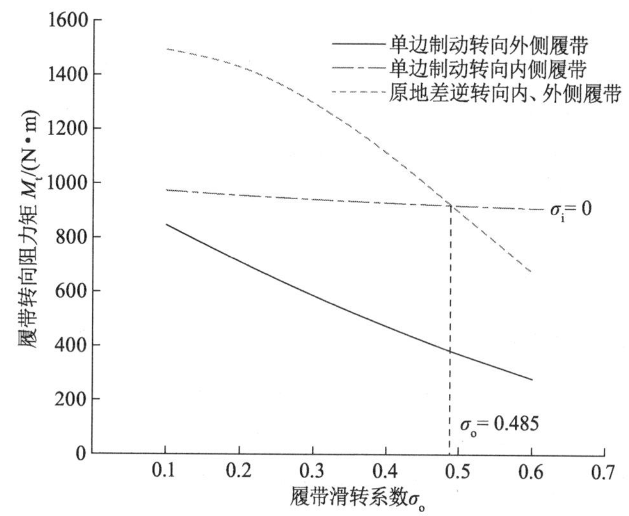

图 1-9　履带式车辆两种转向模式下阻力矩随滑转及滑移系数的变化曲线

从图 1-9 中可以看出，当履带式车辆单边制动转向时，由于内侧履带完全制动，履带滑移系数 σ_i 为恒定值 0，因此履带阻力矩大小保持不变；外侧履带阻力矩随着滑转系数 σ_o 的增大而不断减小。当履带式车辆原地差逆转向时，两侧履带阻力矩大小相等，随着履带滑转系数 σ_o 的增大而不断减小。结果表明，履带的滑转及滑移对转向阻力矩的影响较大，履带的转向阻力矩随滑转系数 σ_i 的增大而减小。

另外，当履带式车辆单边制动转向时，两侧履带的转向阻力矩大小不相等，内侧履带的阻力矩要大于外侧履带，且两者的差值随着履带滑转系数 σ_o 的增大而增大。当履带滑转系数为 0.1 时，内侧履带的阻力矩仅约为外侧履带的 1.2 倍，而当履带滑转系数增大至 0.6 时，内侧履带的阻力矩约为外侧履带的 3.8 倍。由此可以推断，履带式车辆在单边制动转向时，内侧履带的下陷量大于外侧履带，对土壤的剪切破坏更严重，且随着履带滑转系数的增大，两侧履带下陷量的不平衡性加大。

已有研究发现，履带式车辆在软硬程度不同的地面条件下转向时表现为不同大小的履带滑转系数，在软土地面的滑移系数一般在 0.35～0.6 之间，在极为湿软的土壤条件下滑移系数甚至大于 0.6。因此，履带式车辆在较大滑转率的湿软地面（如水稻田）上单边制动转向时，易发生由于内侧履带的下陷量远大于外侧履带而导致转向不稳定的情况。另外，两侧履带转向阻力矩的不平衡还会造成履带式车辆在实际转向过程中重心向内侧履带偏移，导致内侧履带的接地压力及下陷量增大，进而加剧转向的不稳定性。相比于单边制动转向，履带式车辆原地差逆转向时两侧履带的阻力矩大小相等，因此转向过程更加平稳且更容易实现转向。

从图 1-9 中还可以看出，当履带滑转系数 σ_o 小于 0.485 时，原地差逆转向时两侧履带的阻力矩大于单边制动转向时内、外侧履带阻力矩；当滑转系数 σ_o 大于 0.485 时，原地差逆转向时两侧履带阻力矩小于单边制动转向时内侧履带阻力矩。这说明，当 σ_o 小于 0.485 时，采用单边制动转向模式对土壤的剪切作用更小；当 σ_o 大于 0.485 时，采用原地差逆转向模式对土壤的剪切作用更小。因此，把 0.485 称为临界滑转系数 σ_L。需要说明的是，临界滑转系数 σ_L 是在已知履带及土壤参数条件下由公式(1-54)及(1-55)计算后绘图得出的，不同履带及土壤参数所计算出的临界滑转系数 σ_L 不同。由此可以推断，履带式车辆在不同地面条件下转向时，可通过比较履带在该地面条件下的滑移系数 σ_o 及临界滑移系数 σ_L 来选择合理的转向模式，以减少对土壤的剪切破坏。例如，当履带滑转系数 σ_o 大于临界滑转系数 σ_L 时，优先选用原地差逆转向模式；当履带滑转系数 σ_o 小于临界滑转系数 σ_L 时，优先选用单边制动转向模式。

1.3.2 履带式车辆在两种模式下转向对土壤扰动面积的影响

由理论分析可知，履带式车辆单边制动转向及原地差逆转向时的实际转向半径与履带的滑转及滑移系数无关。绘制履带式车辆单边制动及原地差逆两种转向模式下的转向轨迹如图 1-10 所示，其中有底纹部分为土壤的扰动面积。

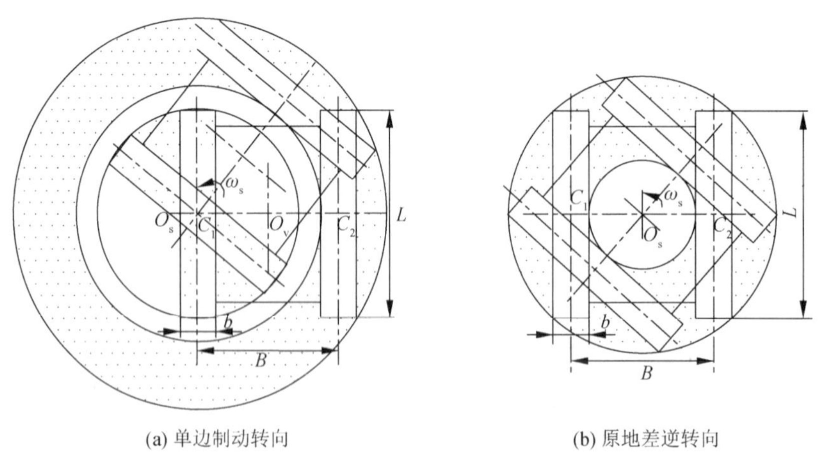

(a) 单边制动转向　　(b) 原地差逆转向

图 1-10　履带式车辆单边制动转向及原地差逆转向对土壤的扰动

履带式车辆单边制动及原地差逆转向时对土壤的扰动面积分别为

$$A_{\mathrm{d}}=\pi\left(2Bb+\frac{L^2}{2}\right) \tag{1-58}$$

$$A_{\mathrm{c}}=\pi\left(Bb+\frac{L^2}{4}\right) \tag{1-59}$$

式中：A_{d} 为单边制动转向对土壤的扰动面积，m^2；A_{c} 为原地差逆转向对土壤的扰动面积，m^2；L 为履带长度，m；B 为履带轨距，m；b 为履带宽度，m。

履带式车辆单边制动转向及原地差逆转向时对地面扰动面积的比值为

$$\frac{A_{\mathrm{d}}}{A_{\mathrm{c}}}=2 \tag{1-60}$$

理论计算结果表明，履带式车辆在单边制动转向时对土壤的扰动面积为原地差逆转向时的 2 倍，采用原地差逆转向模式相比于单边制动转向模式能够大幅减小履带式车辆对土壤的剪切破坏面积。

1.3.3　履带式车辆在两种模式下转向履齿运动轨迹

土壤的剪切破坏程度不仅与履带转向阻力矩的大小有关，还与转向过程中履齿对土壤的剪切作用过程有关。研究履带式车辆在两种转向模式下履齿在地面的运动轨迹，有助于更清晰地了解履带式车辆转向时履齿与土壤的相互作用过程。如图 1-11 所示，针对履带上的单个履齿，着重研究从履齿开始接触地面到离开地面(由位置 $A_{10}\ B_{10}\ C_{10}$ 到位置 $A_{20}\ B_{20}\ C_{20}$)过程中的运动轨迹。

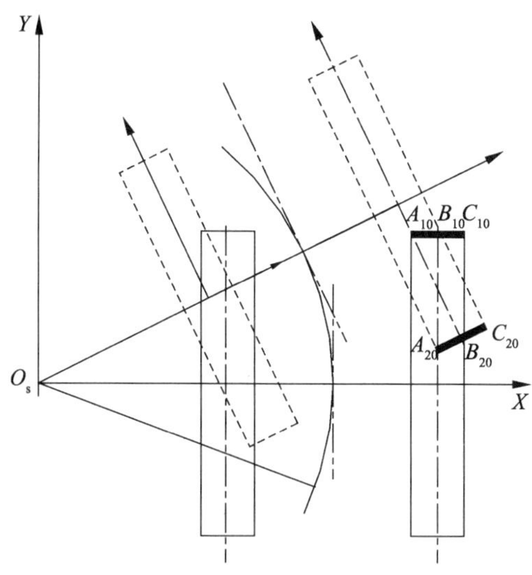

图 1-11　履带车辆转向时履齿运动简图

根据式(1-33)，对履带上任意点相对于地面的绝对运动速度 v_P 关于时间 t 积分，即可获得两侧履带上任意点的轨迹方程。履带上任意点相对于地面的绝对运动速度 v_P 可表示为

$$\boldsymbol{v}_P=\frac{\mathrm{d}X_P(t)}{\mathrm{d}t}\boldsymbol{i}+\frac{\mathrm{d}Y_P(t)}{\mathrm{d}t}\boldsymbol{j} \tag{1-61}$$

将式(1-61)与式(1-33)进行比较可得

$$\begin{cases}\dfrac{\mathrm{d}X_P(t)}{\mathrm{d}t}=(r\omega_o t-y_{PO})\omega_s\cos\omega_s t-(x_{PO}\omega_s-r\omega_o)\sin\omega_s t\\ \dfrac{\mathrm{d}Y_P(t)}{\mathrm{d}t}=(r\omega_o t-y_{PO})\sin\omega_s t+(x_{PO}\omega_s-r\omega_o)\cos\omega_s t\end{cases} \tag{1-62}$$

式(1-62)即为所求的履带式车辆在一般情况下转向时履带上任意点的运动轨迹方程。将式(1-16)及(1-21)分别代入式(1-62),即可得到履带式车辆单边制动及原地差逆两种转向模式下履齿上任意点的运动轨迹方程。

选取单个履齿的最外侧点 C、最内侧点 A 及履带中点 B,根据式(1-62),利用 Matlab 分别绘制履齿上 A,B,C 三点从履齿刚与地面接触到离开地面过程中的运动曲线;再用直线段将每一个 t_i 时刻的 A_i,B_i,C_i 三点用直线连接($i=1,2,\cdots,20$),即可绘制出单个履齿由刚开始接触地面到离开地面这一过程中的运动轨迹。履带式车辆单边制动及原地差逆转向时单个履齿的运动轨迹分别如图 1-12 及图 1-13 所示。计算时履带滑移系数 σ_o 取值为 0.4。

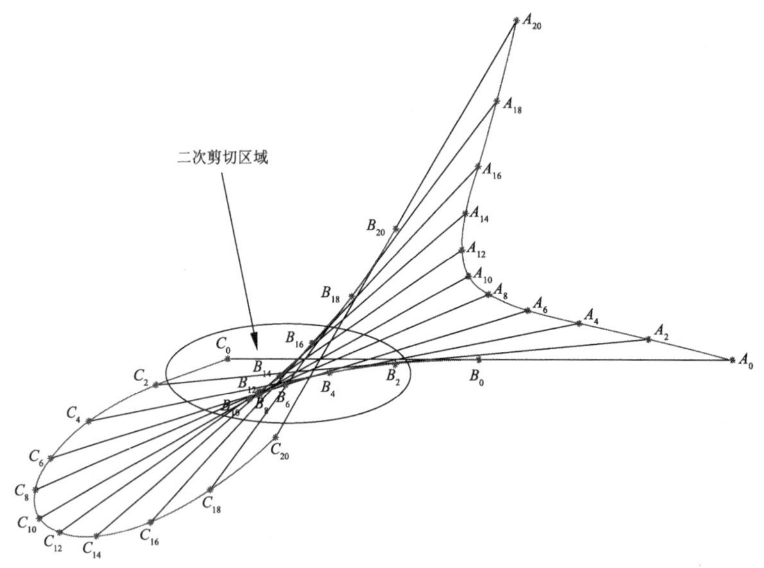

图 1-12　单边制动转向履齿运动轨迹

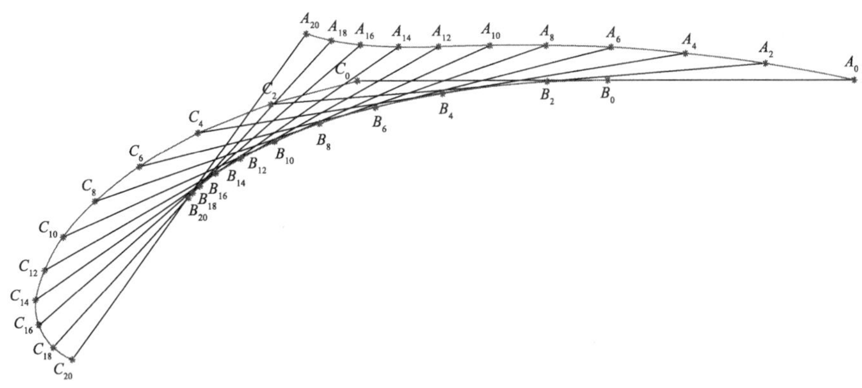

图 1-13　原地差逆转向履齿运动轨迹

图 1-12 和图 1-13 清晰地显示了履带在两种转向模式下单个履齿对地面的剪切过程，即履齿哪部分从未扰动过的地面掠过，哪部分掠过已扰动过的地面。可以看到，履带式车辆单边制动转向时，履齿的运动过程较为复杂，履齿外侧点 C 和内侧点 A 的轨迹为两条开口较小的抛物线，中间点 B 的轨迹为有一个尖点的连续曲线。履带式车辆原地差逆转向时，履齿在地面上的运动轨迹较简单，履齿上点 A，B，C 的轨迹均为平滑的曲线。

另外，履带单边制动转向过程中，履齿运动轨迹的中间部分出现了对土壤二次剪切的情况，即履齿两次掠过该区域；在原地差逆转向过程中，无二次剪切的情况出现。计算结果表明，履带式车辆原地差逆转向相比于单边制动转向，履齿对地面的剪切更加平缓，且能够避免履齿对地面的二次剪切，对地面的扰动更小。

1.4　履带式联合收获机田间转向试验

1.4.1　履带式车辆软地转向动力学模型验证

本节利用履带式联合收获机在不同含水率的稻田土壤中进行单边制动及原地差逆两种模式的转向试验。通过对履带驱动轮输出扭矩 T 进行测试，并与模型计算结果进行对比，验证所建立的履带式车辆软地转向动力学模型的准确性。另外，通过测试履带式车辆转向时在地面留下的轨迹轮廓，研究两种转向模式对土壤的剪切形变规律；以土壤剪切破坏面积及土壤壅起最大高度为评价指标，比较履带式车辆在两种模式下转向对土壤的剪切破坏程度，并与模型预测结果进行对比。本研究结果可为履带式车辆在不同地面条件下转向模式的选择与进一步减小对土壤的剪切破坏提供依据。

(1) 试验车辆

试验车辆选择团队自行研发的 4LD－5.0 型履带式联合收获机样机，如图 1-14 所示。其配备的机械差逆变速箱能够实现原地差逆转向、切边转向和单边制动转向。该收获机的履带行走装置主要技术参数如表 1-3 所示。

图 1-14　4LD－5.0 型履带式联合收获机样机

表 1-3　4LD－5.0 型履带式联合收获机主要技术参数

车辆参数	整机质量/kg	履带宽度/m	履带长度/m	驱动轮半径/m	轨距/m
数值	7 000	0.55	1.96	0.13	1.60

（2）试验地点

试验地点为江苏省靖江市上骐农业装备有限公司的水稻试验田(120.01°N,31.56°W)试验时间为 2017 年 9 月中下旬，试验田土壤质地为黏性土壤。为提高模型验证的有效性，试验选择在两种不同含水率的稻田土壤中于降雨前后适时进行，以获得不同大小的履带滑转系数。

1.4.2　驱动轮扭矩及模型计算所需参数测试

（1）驱动轮扭矩及转速测试

采用江苏东华测试技术股份有限公司研制的 DH5905 型无线遥测分析系统对联合收获机转向时两侧履带驱动轮的扭矩及转速进行测试。该测试系统由扭矩测试系统、转速测试系统和数据处理系统三部分组成。扭矩测试系统负责采集驱动轮半轴的动态扭矩数值，包括 8 片基本阻值为 120 Ω 的应变片、DH5905 扭矩采集模块及电源模块；转速测试系统负责采集驱动轮半轴的转速数值，包括霍尔传感器及转速采集模块。扭矩及转速采集模块将采集到的数据信息经过 D-Link 模传递给计算机数据处理系统。扭矩/转速测试系统模块及安装如图 1-15 所示。

1—D-Link；2—转速传感器支架；3—转速传感器；

4—扭矩采集/电源模块；5—扭矩模块支架；6—扭矩模块引线。

图 1-15　扭矩/转速测试系统模块及安装图

考虑到随车测试存在仪器安装空间受限、测试环境恶劣等情况，驱动轮半轴扭矩采用贴电阻应变片的方式进行测试。驱动轮半轴不仅受扭矩作用，也受弯矩和轴向力作用，为准确得到扭矩数值，使之不受弯矩和轴向力的影响，在驱动轮左、右半轴表面用环氧树脂分别贴 4 片应变片（型号 BF120），应变片基本参数如表 1-4 所示。半轴应变片采用双横“八”字布置，并用导线连接形成全桥电路，如图 1-16 示。为防止应变片浸泡在油中造成腐蚀，使用硅酮胶将应变片密封，如图 1-17 所示。

表 1-4　BF120 应变片基本参数

参数	阻值/Ω	基底尺寸/mm×mm	丝栅尺寸/mm×mm	电阻对标称值的偏差/Ω	电阻对平均值的公差/Ω
数值	120	6.6×3.4	3.0×2.44	±3	≤0.5

参数	灵敏系数及分散/%	室温应变极限/(μm·m^{-1})	机械滞后/(μm·m^{-1})	室温绝缘电阻/MΩ
数值	2.1±1	20 000	1.2	10 000

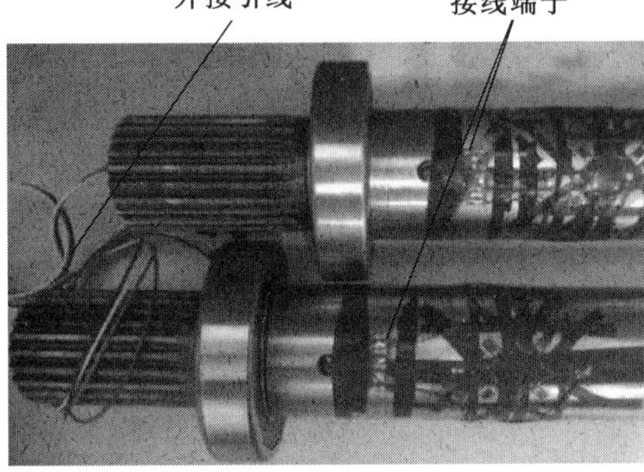

图 1-16　半轴应变片布置

图 1-17　密封应变片

对扭矩测试系统进行静态标定，如图 1-18 所示。在标定实验台上，分别对左、右驱动半轴正、反转进行加载和卸载，重复3组。为保证标定的准确性，共进行2次标定。将标定后的扭矩测试系统与采集模块相连，扭矩测试信号通过D-Link传递到计算机进行后续处理分析。

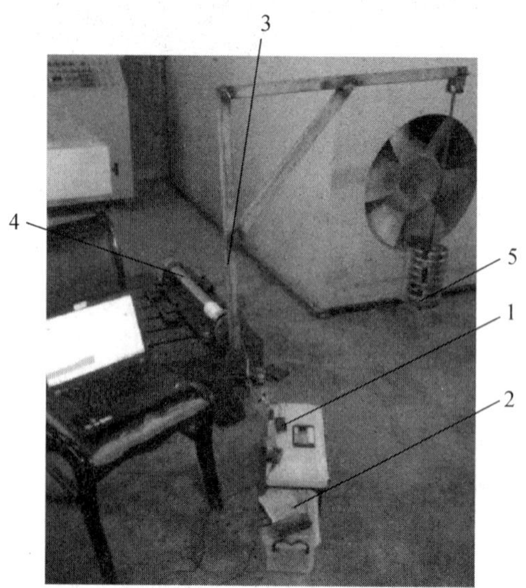

1—扭矩采集模块；2—D-Link；3—标定支架；4—标定轴；5—标定砝码。

图1-18　静态标定装置

运用最小二乘法求标定比例系数

$$b=\frac{\sum_{i=1}^{n}(T_i-\bar{T})(U_i-\bar{U})}{\sum_{i=1}^{n}(T_i-\bar{T})^2} \tag{1-63}$$

式中：T_i 为实测第 i 次加载的扭矩，N·m；U_i 为实测第 i 次加载采集模块对应输出电压值，V；$\bar{T}$ 为 i 次加载的扭矩算术平均值，N·m；$\bar{U}$ 为 i 次加载采集模块对应输出电压值的算术平均值，V；b 为标定比例系数，mV/(N·m)；n 为实测加载次数。

利用式(1-63)对标定采集的数据进行分析。对标定数据进行线性趋势拟合，如图1-19和图1-20所示，得到左、右驱动轮半轴的标定比例系数均为0.000 87。拟合方程分别为 $Y=0.000\ 87X-0.001\ 5(R^2=0.999\ 8)$，$Y=0.000\ 87X-0.001(R^2=0.999\ 8)$，可靠度满足要求。

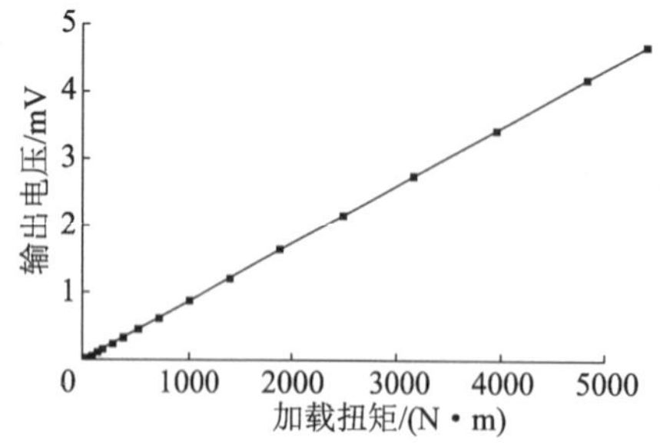

图1-19　左半轴扭矩传感器标定曲线

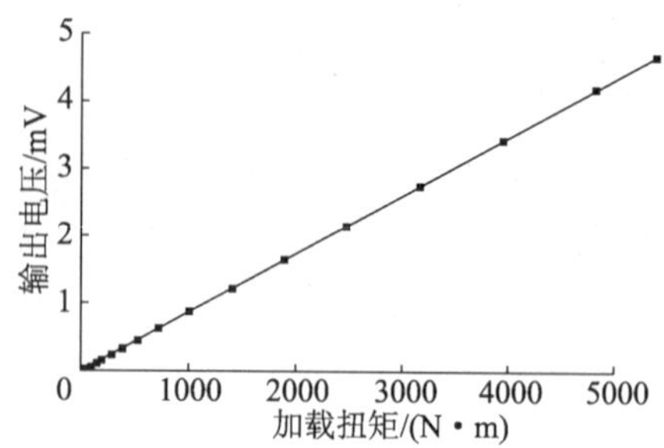

图1-20　右半轴扭矩传感器标定曲线

驱动轮转速利用 NJC5002C 型霍尔传感器采集。转速测试系统的磁钢利用 502 胶粘贴在扭矩模块支架外表面。在底盘架上焊接一个传感器支架并在支架上打孔，用于固定转速传感器并调节相对位置，使其正对磁钢且距离为 6～8 mm。转速采集模块固定在驾驶室中，且通过电缆与转速传感器连接。

图 1-21 和图 1-22 分别为扭矩采集系统和转速采集系统得到的实时曲线图。

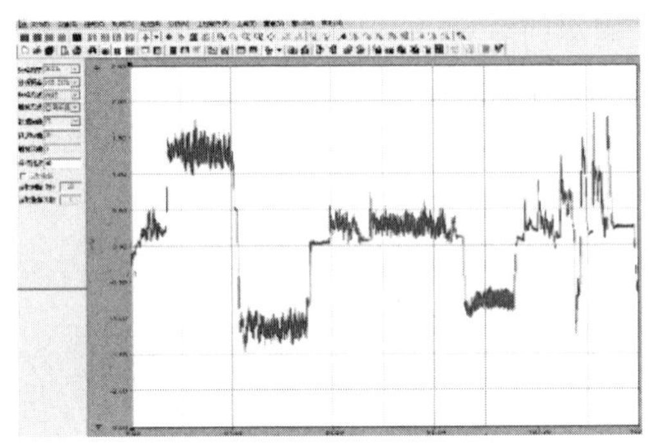

图 1-21　扭矩采集信号曲线

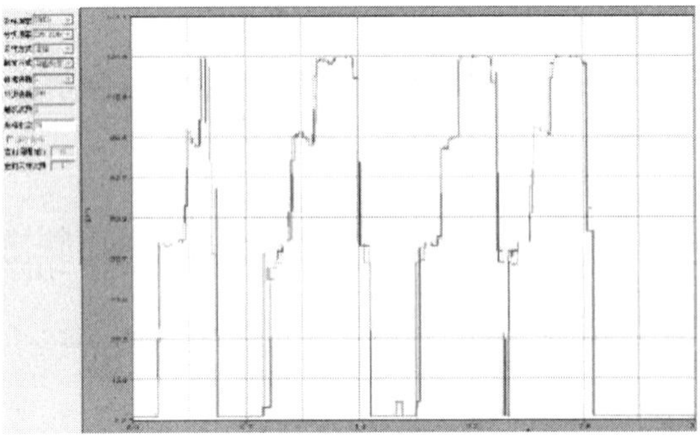

图 1-22　转速采集信号曲线

(2) 履带滑转系数测试

履带的滑移系数可根据联合收获机驱动轮实际转向角速度 ω_s 及驱动轮理论行驶速度 u，由公式(1-18)及(1-23)计算得到。履带驱动轮实际转向角速度 ω_s 及驱动轮理论行驶速度 u 可分别由式(1-64)及(1-65)计算得到。

$$\omega_s = \frac{2\pi}{T} \tag{1-64}$$

$$u = 2\pi n \tag{1-65}$$

式中：T 为联合收获机转向一周所用的时间，s；n 为驱动轮的转速，m/s。

由以上分析可知，通过测试车辆转向一周所需时间 T 及驱动轮转速 n，即可计算得到履带滑转系数。

(3) 土壤参数测试

采用 Φ50 mm×50 mm 的环刀在耕作层(0～20 cm)对不同含水率条件下的土壤进行取样，每种土壤含水率条件下取 6 个样本；将土壤样本带回实验室进行剪切试验，确定土壤样本的黏聚力 c、内摩擦角 φ 及剪切模量 k；待测试完成后将土样放入烘箱并在 105 ℃下烘干，测定土样的含水率。

土壤抗剪强度利用南京土壤仪器厂生产的 ZJ－2 型等应变直剪仪进行测定，并进行不固结、不排水的快剪试验。剪切时分别施加 100，200，300，400 kPa 的垂直压力，并以 0.02 mm/min 的速度进行剪切，直至试样剪损。试样的剪应力按下式计算：

$$\tau = \frac{C \times R}{A_0} \times 10 \tag{1-66}$$

式中：τ 为剪应力，kPa；C 为测力计率定系数，kPa/0.01 mm；A_0 为试样面积，cm^2；R 为试样横截面半径，m；10 为单位换算系数。

根据所测得的不同压力下的剪应力，依据公式(1-67)画图计算出每组试样的黏聚力 c 和内摩擦角 φ。

$$\tau = c + \tan\varphi \tag{1-67}$$

1.4.3 驱动轮扭矩测试与模型计算结果对比

已知履带滑转系数、土壤参数及履带参数，即可利用公式(1-56)及(1-57)计算出内、外侧履带驱动轮的扭矩值。联合收获机在土壤含水率分别为28.2%及38.9%的稻田土壤中单边制动及原地差逆转向时，履带式车辆两侧驱动轮扭矩测试及模型计算结果如图1-23及图1-24所示。

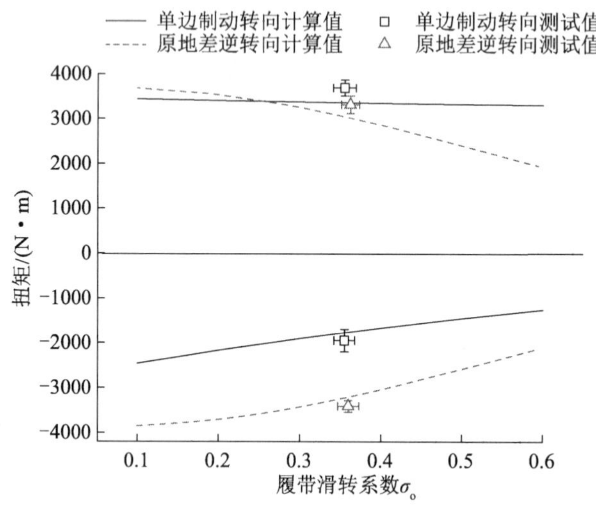

图 1-23　土壤含水率为 28.2%时履带式车辆驱动轮扭矩测试及模型计算结果

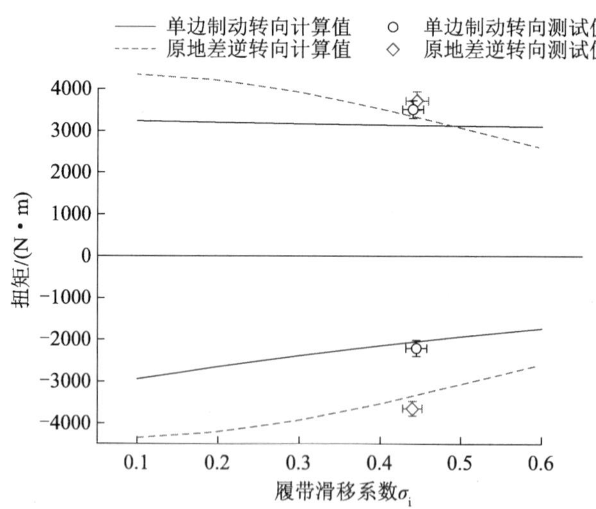

图 1-24　土壤含水率为 38.9%时履带式车辆驱动轮扭矩测试及模型计算结果

从图 1-23 和图 1-24 中可以看出，履带驱动轮的扭矩测试值与模型计算结果有较好的一致性，计算值与测试值的平均误差为 6.89%～14.82%，在合理范围内。其中，两种不同土壤含水率条件下所测得的实际扭矩值均大于理论计算值。分析造成误差的原因，可能有以下几个方面：一是理论建模时忽略了履带式行走装置的行驶阻力，如机构各部件之间的摩擦力和对土壤的压实阻力，造成理论预测值偏小；二是理论建模时忽略了履带在软土地面下陷的因素，履带的下陷导致机器转向时履带侧面有推土作用，从而增加了转向阻力，且履带下陷量越大，推土阻力越大；三是理论建模时忽略了履带的滑动一下陷效应，履带的滑动一下陷效应是指由于履带在地面滑动造成履带下陷量增大、滑动阻力增加。Lyasko 研究发现，履带的下陷量随履带滑转系数的增加而增加。当履带滑转系数小于 0.33 时，履带的滑动一下陷效应不明显，即履带的下陷量随滑转系数的增加上升得不明显；当滑转系数大于 0.33 时，履带的下陷量迅速增大，滑转系数为 0.35 时比滑转系统为 0.30 时增大了近 60%。试验中，履带在两种土壤含水率条件下的滑转率分别为 0.36 及 0.43，因此履带的滑动一下陷效应也是造成履带输出扭矩实际测试值大于模型预测值的原因之一。

从图 1-23 和图 1-24 中还可以看出，当联合收获机单边制动转向时，内侧履带驱动轮扭矩的平均测量误差大于外侧履带（内侧和外侧履带驱动轮扭矩的平均测试误差分别为 14.13%和 9.58%）。造成此现象的原因有二：一是履带式联合收获机单边制动转向时两侧履带转向阻力矩不平衡。由理论分析可知，内侧履带完全制动，其转向阻力矩大于外侧履带，造成内侧履带的下陷量大于外侧履带，因此内侧履带由于推土作用而增加的转向阻力矩大于外侧履带。二是履带式车辆转向时的离心力作用使转向重心向内侧履带偏移，造成内侧履带的接地压力及下陷量增加。

在理论建模时，假设履带式车辆在平坦的地面做低速稳定转向，忽略了地面不平坦可能引起的重力的纵向和横向的分力作用，以及在高速转向时产生的离心力。而在履带式车辆的实际转向过程中，离心力会引起车辆转向中心的横向偏移，造成两侧履带荷载大小不平衡。荷载较大的一侧履带会比另一侧履带有更大的下陷量，因此该侧履带的阻力矩测试误差更大。相比于单边制动转向，履带式车辆原地差逆转向时两侧履带的转向阻力矩相等，且车辆原地转向过程中重心的偏移量很小，两侧履带的接地压力较平衡，这使得履带式车辆原地差逆转向时两侧履带扭矩的测试误差大致相等（内侧和外侧履带驱动轮扭矩的平均误差分别为 8.80%和 9.27%）。

履带式联合收获机转向阻力矩测试值与模型计算值的对比研究，验证了本书所建立的履带式车辆软地转向动力学模型的有效性。相较于其他的履带式车辆转向模型，本模型考虑了履带转向时的滑转及滑移因素，能够准确预测履带式车辆在不同土壤条件下转向时两侧履带的转向阻力矩及牵引力大小。但是，模型推导时边界条件的简化使得模型的预测精度降低。因此，在今后的研究中需要建立考虑车辆重心偏移、履带下陷及履带滑动一下陷效应等因素影响的履带式车辆软地转向动力学模型。

1.5 履带式联合收获机转向对土壤的剪切破坏测试

通过对履带式车辆在两种转向模式下的转向阻力矩、对地扰动面积及履齿运动轨迹的理论分析可知，履带式车辆单边制动转向时内侧履带的阻力矩大于外侧履带，对土壤的剪切作用更大；原地差逆转向时，内、外侧履带的阻力矩相等，对土壤的剪切作用相同。当履带滑转系数 σ_0 大于临界滑转系数 σ_L 时，单边制动转向阻力矩大于原地差逆转向，对地面的剪切作用更大；当履带滑转系数 σ_0 小于临界滑转系数 σ_L 时，原地差逆转向对地面的剪切作用更大。另外，单边制动转向对地扰动面积是原地差逆转向的 2 倍；原地差逆转向时履齿对地面的剪切过程更加平缓，且无二次剪切作用。

本节利用履带式联合收获机在不同含水率条件下的稻田土壤中进行单边制动及原地差逆转向试验，主要研究内容如下：对车辆转向后在地面留下的轨迹轮廓进行测试，研究履带式车辆在两种转向模式下对土壤剪切破坏的形变规律；以土壤剪切破坏面积及土壤最大雍起高度为评价指标，比较不同履带滑转系数条件下两种转向模式对土壤的剪切破坏程度，并将测试结果与理论分析结果进行对比。本部分研究成果可为履带式联合收获机在不同工况下转向模式的选择（以减轻对土壤的剪切破坏）提供依据。

1.5.1 试验条件及方法

（1）试验车辆

试验车辆选择由江苏沃得农业机械有限公司生产的沃得锐龙 4LZ－5.0E 型履带式联合收割机，如图 1-25 所示。其配备双 HST 液压无级变速转向系统，能够进行单边制动及原地差逆两种转向模式的切换。

图 1-25　沃得锐龙 4LZ－5.0E 型履带式联合收割机

其履带行走装置主要参数如表 1-5 所示。

表 1-5　沃得锐龙 4LZ－5.0E 型履带式联合收割机履带相关参数

履带参数	履带荷载/kg	履带接地长度/m	轨距/m	履带宽度/m	驱动轮直径/m
数值	3 640	1.96	1.25	0.55	0.13

（2）试验地点

试验地点为江苏省丹阳市埤城镇，试验于 2017 年 10 月中下旬在水稻完成收获大约两周后的稻田中进行。丹阳市地处长江下游，受亚热带季风气候的影响，四季分明，年平均气温 18 ℃，年平均降水量 1 243 mm。土壤质地为黏性壤土，相关理化性质如表 1-6 所示。试验设计在不同履带滑转系数条件下进行。为获得不同大小的履带滑转系数，降雨前后分别在三种不同含水率条件的稻田土壤中适时进行试验。

表 1-6　稻田土壤相关理化参数

项目类型	黏粒（粒径＜0.002 mm）含量/%	壤粒/（粒径在 0.002～0.02 mm）含量/%	砂粒（粒径＞0.02 mm）含量/%	有机质含量/（g·kg^{-1}）	塑限/%	液限/%
数值	40.4	38.6	21.0	3.2	26	43

1.5.2　履带式联合收获机在两种模式下转向的土壤剪切形变规律

履带式联合收获机分别以单边制动和原地差逆两种模式在稻田中转向一周，对联合收获机转向后在地面留下的轨迹轮廓进行分析，分析土壤的剪切形变规律。

（1）履带式车辆的转向模式对土壤剪切轨迹的影响

履带式联合收获机在稻田中分别以单边制动及原地差逆两种模式转向一周后，在地面留下的轨迹如图 1-26 及图 1-27 所示。

图 1-26　履带式联合收获机单边制动转向一周在稻田中留下的转向轨迹

图 1-27　履带式联合收获机原地差逆转向一周在稻田中留下的转向轨迹

如图 1-26 所示，履带式联合收获机单边制动转向时，在地面留下的轨迹类似于圆环形状。其中内圆区域为制动侧履带在地面留下的剪切轨迹，圆环区域为驱动侧履带在地面留下的剪切轨迹。剪切区域内土壤可见明显的塑性形变。由于履带对土壤的剪切和推土作用，土壤堆积在转向轨迹中心、内圆周及外圆周上。其中，轨迹中心处的堆积是由制动侧履带对土壤的剪切作用和向内的推土作用形成的，内圆周处的堆积是由制动侧履带向外的推土作用及驱动侧履带向内的推土作用形成的，外圆周处的堆积是由驱动侧履带向外的推土作用形成的。另外，由于内侧履带完全制动，在轨迹区域内可以明显地看到由于履带对土壤刮擦及挤压而形成的光滑表面。

如图 1-27 所示，当履带式联合收获机原地差逆转向时，在地面留下的轨迹为圆形，它是由两侧履带的共同剪切作用形成的。由于两侧履带的剪切和推土作用，土壤堆积在转向轨迹的中心及圆周位置。

(2) 履带式车辆的转向模式对土壤剪切轨迹轮廓的影响

利用自制的土壤轮廓测试仪(见图 1-28)对履带式联合收获机在两种模式下转向形成的土壤剪切轨迹轮廓进行测试。

土壤轮廓测试仪由支架、测量杆及水平仪组成。支架长 1.20 m，在长度方向上均匀分布 25 个间隔为 5.0 cm 的孔，每个孔内分别插入一个测量杆，测量杆直径略小于孔的直径，以保证测量杆能够在垂直方向灵活移动。支架的中间位置安装一个水平仪。测试时，仪器支架一侧与未扰动的地面接触，利用水平仪调整另一侧的高度使之保持水平，读取并记录每个测量杆的刻度值，即可通过计算机绘制出土壤轮廓曲线。由于履带转向一周后在地面留下的轨迹为圆形，因此选取轨迹半径方向进行测量。为减小测试误差，对每个转向轨迹分别选取 8 个不同的半径方向进行测量(圆周方向间隔 45° 取测量点)。

图 1-28　土壤轮廓测试仪

由于不同土壤含水率条件下所测得的土壤形变规律相同，因此选取其中一组测量结果进行分析。图 1-29 和图 1-30 为履带式联合收获机在含水率为 23.8%的稻田中分别以单边制动和原地差逆模式转向后所测得的转向轨迹中心沿半径方向的轮廓曲线。

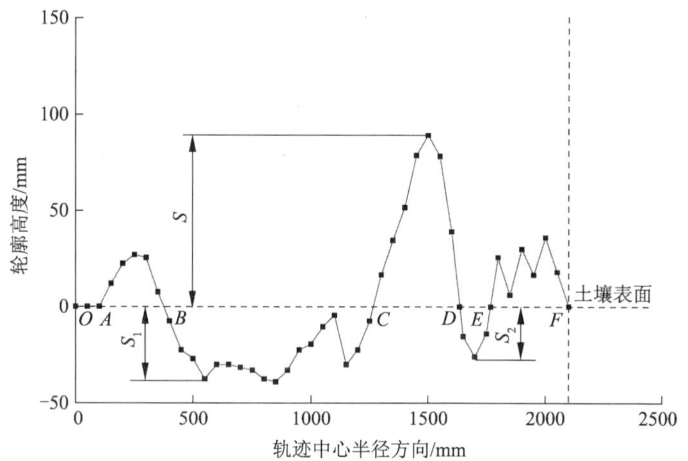

图 1-29　履带式联合收获机单边制动转向轨迹中心沿半径方向的轮廓曲线

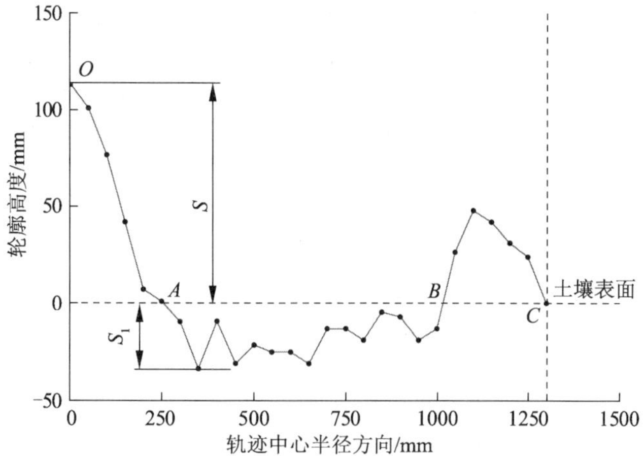

图 1-30　履带式联合收获机原地差逆转向轨迹中心沿半径方向的轮廓曲线

从图 1-29 中可以看出，履带式联合收获机单边制动转向时，制动侧及驱动侧履带的中间位置（*BC* 及 *DE* 段）高度在土壤表面以下，说明该区域的土壤在履带的剪切及挤压作用下发生塑性流动，并在履带的推土作用下分别堆积在转向轨迹中心（*AB* 段）、内圆周（*CD* 段）及外圆周（*EF* 段）处。其中，土壤最大塑性形变量 S（最大土壤雍起高度）发生在内圆周 *CD* 段。原因是 *CD* 段土壤的堆积是由制动侧履带向外侧的推土作用及驱动侧履带向内侧的推土作用共同形成的。另外，最大土壤剪切深度 S_1 发生在制动侧履带的 *BC* 段，它大于驱动侧履带对土壤的最大剪切深度 S_2（*DE* 段），与理论推测结果相符。模型计算表明，当履带式联合收获机单边制动转向时，制动侧履带的阻力矩要大于驱动侧阻力矩，因而制动侧履带的下陷量及对土壤的剪切作用均大于驱动侧履带，且转向过程中阻力矩的不平衡导致车辆重心向制动侧履带偏移，造成制动侧履带的接地压力比驱动侧大，对土壤的剪切作用也更大。另外，从图中还可以看出，轮廓曲线有一部分土壤未被扰动（*OA* 段）。这是由于车辆转向过程中离心力的作用，导致实际转向中心不在制动侧履带的几何中心上，因此单边制动转向时履带式车辆的实际转向半径大于零。

从图 1-30 中可以看出，履带式联合收获机原地差逆转向时，土壤轮廓的中部位置（*AB* 段）高度低于土壤表面，并在 *OA* 及 *BC* 段形成土壤堆积。这同样是因为履带式联合收获机转向时对土壤的剪切和挤压作用致使表层土壤发生塑性流动，并在履带的推土作用下向两侧堆积形成的。其中，土壤的最大塑性形变 S 发生在 *OA* 段，这是由于履带向内侧的推土作用造成大量土壤在轨迹中心小范围内堆积。

由以上对两种转向模式下土壤剪切轨迹轮廓形状的分析可知，履带式联合收获机在不同的转向模式下对土壤的剪切破坏过程及形式有很大的区别，土壤在履带的剪切和挤压作用下均发生了塑性流动，其中单边制动转向时由于内侧履带完全制动，导致履带对土壤有明显的挤压作用，形成光滑的表面，造成这一区域的土壤被严重压实，在降雨时容易产生积水，加大了土壤表面形成径流的风险。

1.5.3 履带式联合收获机在两种模式下转向对土壤剪切破坏的对比

履带式联合收获机分别以单边制动及原地差逆两种模式在不同含水率的稻田中转向一周，利用土壤轮廓测试仪对地面留下的轨迹轮廓进行测试，在每种土壤含水率条件下进行 3 次重复测试。

以土壤剪切面积及土壤最大雍起高度为指标，比较两种转向模式对土壤的剪切破坏情况。其中，土壤剪切面积能够反映履带式联合收获机对地面的扰动范围大小，土壤最大雍起高度能够反映土壤受到履带剪切及挤压而发生塑性形变的程度。

试验时利用 HST 控制联合收获机在两种转向模式下的驱动轮输出角速度为 3.8 rad/s，通过测试车辆转向一周所需的时间 T，利用式（1-64）计算履带驱动轮实际转向角速度，再根据式（1-12）计算履带的滑转系数 σ_0；采用 Φ50 mm×50 mm 的环刀在耕作层（0～20 cm）对含水率不同的土壤进行取样，将土壤带回实验室进行剪切试验，确定土壤样本的黏聚力 c、内摩擦角 φ 以及剪切模量 k，然后利用式（1-54）及（1-55）计算履带式车辆在不同土壤含水率条件下的临界滑转系数 σ_L；将测试完成后的土样放入烘箱在 105 ℃下烘干，测定土样的含水率。

采用软件 Origin 8.0，利用单因素回归法分析土壤含水率与履带滑转系数及临界滑转系数的相关性，并对履带滑转系数与土壤剪切面积及最大剪切形变量的相关性进行研究。

联合收获机在不同含水率稻田中分别以单边制动和原地差逆模式转向时的履带滑转系数和临界滑转系数，以及对土壤的剪切面积、最大土壤雍起高度的计算及测试结果如表 1-7 所示。

表 1-7 相关测试结果

转向模式	土壤含水率 w/%	履带滑转系数 σ_o	临界滑转系数 σ_L	理论剪切面积 A_L/mm^2	测量剪切面积 A_s/mm^2	最大土壤雍起高度 S/mm
原地差逆	平均值	0.383	0.388	5.17	6.35	80.7
单边制动	平均值	0.382	0.388	10.34	13.37	65.0
		$p_1=0.811$	$p_1=1.00$		$p_2=0.003$	$p_2=0.025$
原地差逆	23.8	0.331	0.381	5.17	6.21	149
	28.2	0.363	0.390		6.53	132
	38.9	0.456	0.394		6.32	118
		$p_1=0.016$	$p_1=0.621$		$p_2=0.633$	$p_2=0.003$
单边制动	23.8	0.317	0.381	10.34	12.10	114
	28.2	0.358	0.390		13.34	130
	38.9	0.470	0.394		14.69	153
		$p_1=0.005$	$p_1=0.621$		$p_2=0.011$	$p_2=0.061$

注：p_1 值小于 0.05，表示不同转向模式及土壤含水率条件下履带滑转系数及临界滑转系数有显著变化；p_2 值小于 0.05，表示不同履带滑转系数条件下所测得的土壤剪切面积、土壤最大雍起高度有显著变化。其中，履带滑转系数 σ_o 由式(1-12)计算得到；履带临界滑转系数 σ_L 由式(1-54)及(1-55)绘图计算得到；土壤理论剪切面积 A_L 由式(1-58)及(1-59)计算得到。

(1) 土壤含水率对履带滑转系数的影响

由表 1-7 可知，两种转向模式下的履带滑转系数 σ_o 随土壤含水率的增大显著增大($p_1<0.05$)。魏宸官在研究中发现，履带式车辆在软土地面的滑转系数在 0.3～0.6，且土壤越软(强度越低)，履带的滑转系数越大。在本章的测试中，一方面，由于含水率的增大土壤强度有所降低，造成履带滑转系数增大；另一方面，土壤含水率的增大会减小土壤颗粒间的相对运动阻力，使履带更容易发生滑转。此外，履带式车辆的转向模式(单边制动及原地差逆)对履带滑转系数无显著影响($p_1>0.05$)。两种转向模式下测得的履带平均滑转率几乎相等，这说明履带的滑转系数与履带式车辆转向模式的选择无关，主要受地面条件影响。目前的相关研究主要围绕不同土壤软硬程度对履带滑转系数的影响展开，土壤其他性质(如土壤质地)对履带滑转系数的影响有待研究。

(2) 土壤含水率对履带临界滑转系数的影响

由表 1-7 可知，履带的临界滑转系数 σ_L 随土壤含水率的增大无显著变化，仅有小幅度的增大($p_1>0.05$)。由 **1.4** 节理论分析可知，临界滑转系数 σ_L 是在已知履带及土壤参数条件下由公式(1-54)及(1-55)绘图计算得出的,不同的履带及土壤参数所计算出的临界滑转系数 σ_L 不相同,然而在不同含水率条件下计算得出的履带临界滑转系数变化不大,说明履带临界滑转系数受土壤含水率因素的影响较小。履带临界滑转系数 σ_L 的小幅增加主要是由土壤含水率升高导致土壤剪切模量 k 及黏聚力 c 减小造成的。土壤的其他性质(如土壤质地)及履带行走装置结构(如履带宽度及长度)对履带临界滑转系数 σ_L 的影响有待进一步研究。

(3) 履带式联合收获机履带滑转系数对土壤剪切面积的影响

由表 1-7 可知,履带式联合收获机单边制动转向时,土壤剪切面积随履带滑转系数的增大有增大的趋势,但并不显著($p_2<0.05$)。由 **1.4** 节的理论分析可知,履带式联合收获机单边制动及原地差逆转向时的实际转向半径与履带滑转系数无关,因此土壤剪切面积的增大与履带滑转系数的增大无关。在实际单边制动转向时,土壤剪切面积随履带滑转系数的增大而小幅度增大,这是由于车辆转向过程中受离心力的作用,实际转向中心不在制动侧履带的几何中心上,而是向内侧履带有一定的偏移,进而造成实际剪切面积增大。另外,当履带滑转系数增大时,两侧履带转向阻力矩的不平衡性加大,造成履带转向中心的偏移量增大,转向半径随之增大。

履带式联合收获机原地差逆转向时,土壤的剪切面积随滑转系数的增加几乎不变($p_2>0.05$)。这是由于原地差逆转向时两侧履带滑转系数几乎相等,转向阻力矩基本平衡,车辆转向中心的偏移量极少,仅存在由两侧履带荷载质量的不平衡引起的少量偏移,因此履带滑转系数对土壤剪切面积几乎无影响。

(4) 履带式联合收获机滑转系数对土壤最大壅起高度的影响

由表 1-7 可知,履带式联合收获机单边制动转向时,土壤最大壅起高度随履带滑转系数的增大有增大的趋势,但不显著($p_2>0.05$),这与理论研究显示履带对土壤的剪切作用随履带滑转系数的增大而减小的结论矛盾。原因有二:一是由于履带式联合收获机单边制动转向时制动侧履带阻力矩随滑转系数的增大保持不变,且始终大于驱动侧履带阻力矩,土壤的破坏程度主要受驱动侧履带的剪切作用影响。二是土壤含水率的增大致使土壤抗剪强度降低。

履带式联合收获机原地差逆转向时,土壤最大壅起高度随土壤滑转系数的增大显著减小($p_2<0.05$),与理论分析中履带对土壤的剪切作用随履带滑转系数的增大而减小的结论一致。另外,由于土壤抗剪强度随含水率增加有所降低,土壤最大壅起高度随履带滑转系数的增大有较大幅度的减小。

(5) 履带式联合收获机采用不同模式转向对土壤剪切面积的影响

由表 1-7 可知,履带式联合收获机采用两种模式转向对土壤的剪切破坏面积测试值均大于理论计算值。单边制动转向时,土壤剪切面积测试值约为理论计算值的 1.3 倍;原地差逆转向时,土壤剪切面积测试值约为理论计算值的 1.2 倍。车辆单边制动转向时离心力的作用造成车辆实际转向中心发生偏移,实际转向半径增加。履带式车辆原地差逆转向时对土壤的剪切破坏明显小于单边制动转向时,剪切面积减小了约 52.7%,与理论计算值减小 50%的结果相似。

(6) 履带式联合收获机采用不同转向模式对土壤最大壅起高度的影响

由表 1-7 可知，履带式联合收获机在土壤含水率为 23.8%及 28.2%的稻田转向时，履带滑转系数小于临界滑转系数，此时单边制动转向引起的土壤最大壅起高度小于原地差逆转向；履带式联合收获机在土壤含水率为 38.9%的稻田转向时，履带滑转系数大于临界滑转系数，此时单边制动转向所引起的土壤最大壅起高度大于原地差逆转向，这与前一节中的理论分析结果一致。从表中还可以看出，当土壤含水率为 28.2%时，虽然履带滑转系数小于临界滑转系数，但单边制动及原地差逆转向所引起的土壤最大壅起高度值几乎相等，这说明，比较履带滑转系数及临界滑转系数并不能精确地判断哪种转向模式对土壤的剪切破坏更小。在实际工况下，车辆重心的不平衡、两侧履带的荷载不平衡，以及车辆转向速度的不同等都会造成某一侧履带转向阻力矩的增大。因此，履带临界滑转系数只能作为选择车辆转向模式的理论参考。综合考虑履带式车辆转向时的重心偏移及履带滑动一下陷效应等因素，提出不同工况下转向模式的选择标准，是今后研究中需要解决的难点问题。

第2章 水稻联合收获机对土壤的压实破坏分析及测试

稻田土壤黏性大，含水率高，在水稻收获过程中联合收获机对土壤的压实作用造成的土壤紧实度增加、孔隙率降低、耕作层变浅等问题日趋严重，对土壤理化性质及生态系统均产生不利影响，导致稻田土壤生产力持续降低，这些都是稻田土壤持续管理中的突出矛盾。调查表明，土壤压实问题造成稻田土壤耕作层厚度仅为 11～17 cm，水稻的根系无法穿透压实的犁底层，只能分散在耕作层内，阻碍了作物根系的生长及其对养分的吸收，最终导致水稻产量下降。耕作层较浅还会导致恶劣天气条件下出现作物倒伏的情况。尽管目前普遍使用的水稻联合收获机都配有履带式行走装置，其相较于轮胎具有更大的接地面积，能够减小平均接地压力，但是随着联合收获机整机质量的增加，稻田土壤的压实风险不断增大。而国内外研究者在减轻土壤压实方面的研究主要针对轮式车辆展开，缺乏针对履带式车辆土壤压实问题的相关方法研究。

2.1 水稻联合收获机对土壤的压实破坏

2.1.1 土壤压实的定义及危害

土壤压实是指土壤总孔隙度降低导致的土壤功能减退或丧失的土壤致密化和形变过程。该过程原本发生在土壤的自然演变中，但农业生产对该过程产生了重要的影响。如图 2-1 所示，农业车辆在交通运输及耕作过程导致土壤压实严重，并显著影响土壤的物理、化学和生物特性。压实土壤的自然恢复过程缓慢，一般长达数十年。土壤压实问题如不加以解决，农田环境将会遭到严重破坏，耕作的正效应将被土壤压实的负效应抵消，农田生产力显著降低。因此，土壤压实是农业可持续发展面临的主要挑战之一。

土壤孔隙是土壤最基本、最重要的物理特征，它决定着水、空气和热状态等生物活动的条件。由外部压力引起的土壤孔隙的减少及形变会阻碍土壤中水和溶质的运输及空气的流通，对土壤生物的生产及营养物质的有效吸收产生不利影响。土壤孔隙的减少通常表现为土壤渗透率的降低，在强降雨期间易引发地表积水和径流，导致土壤侵蚀及养分的流失。土壤渗透率的降低还会破坏土壤基质的过滤和缓冲能力，导致化学物质随表层积水由土壤中的间隙（蚯蚓通道等）直接运输至底层土壤，污染地下水环境。Kulli 等观察发现，甜菜收割机压实土壤后，导致灌溉水在土壤表面堆积，并通过蚯蚓通道运输至底层土壤。

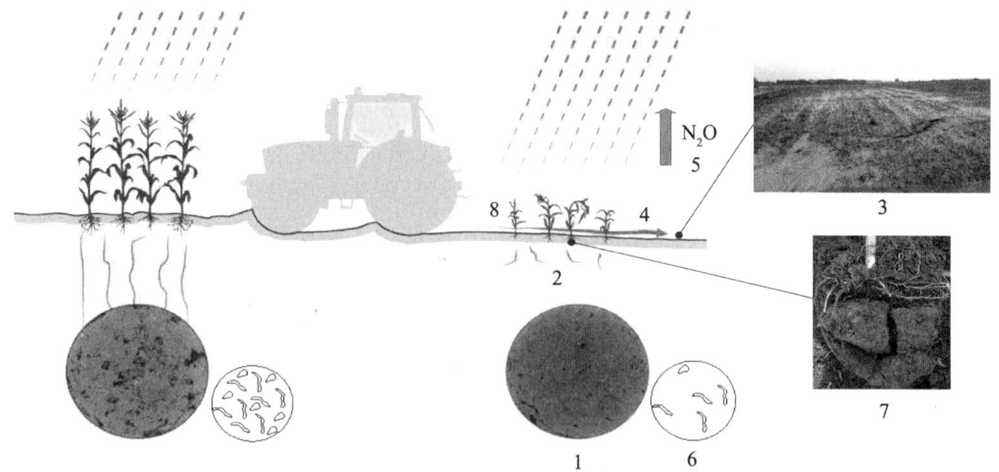

1—土壤孔隙率降低；2—土壤透气及透水性降低；3—土壤表层积水；4—土壤表面径流和侵蚀；5—排放 N_2O 等温室气体；6—土壤生物种类及数量减少；7—农作物根系生长受阻；8—农作物产量降低。

图 2-1　土壤压实的危害

土壤孔隙的减少所导致的土壤渗透率的降低会增加土壤孔隙中的积水量和积水时间，土壤内部空气量减少，趋于厌氧环境。厌氧环境会造成土壤中微生物量及其活性的降低，土壤内动物种类及数量的减少，进而破坏农田的生态环境。Ruser 等研究发现，拖拉机对马铃薯田的压实显著影响 N_2O 的排放量，较高的 N_2O 排放量出现在土壤孔隙填水率大于 70%时。他认为，由于土壤中大孔隙减少，小孔隙被封闭，空气交换受阻，因此土壤含氧量降低。在另一项研究中，Flessa 等人跟踪监测了两个生长季节内未被压实、轻度压实及重度压实的马铃薯田 N_2O 的排放量，发现重度压实的土壤 N_2O 排放量最大，且排放量峰值出现在强降雨过后。Kaiser 等研究了土壤压实对土壤中微生物的影响，发现压实后的土壤中微生物量减少了 7%，跳虫数量减少了 65%，这说明土壤压实对土壤菌群和动物群有明显的负效应。Söchtig 和 Larink 研究了土壤孔隙率对土壤中蚯蚓洞穴数量的影响，发现土壤孔隙率为 37.5%时的蚯蚓洞穴数量是土壤孔隙率为 56%时的 2 倍。

压实应力将土壤中较小的团聚体压缩成更大的团聚体，使其具有更高的容重和机械强度，限制了植物根系的生长，并影响作物根系对水分及养分的吸收，进而影响作物产量。Pagliai 通过对土壤层进行显微观察发现，经过拖拉机压实后，表层土壤结构由小的松散团聚体变为坚实的块状结构，阻碍了作物根系的生长。Bengough 和 Mullins 研究发现，作物根茎的生长率与穿透阻力呈负相关，试验采用 X 射线对土壤断层进行扫描，发现根茎穿透阻力由 0.26 kPa 增加至 0.47 kPa 时，作物根茎的生长率降低 50%～60%。Tracy 等连续 10 天跟踪观察压实土壤条件下番茄根系的生长情况，发现土壤的压实对根系的延伸及其形态结构均有不利影响。在土壤压实对作物产量的影响方面，Sin 研究发现，土壤压实对作物产量及质量均有负面影响。土壤被压实后，小麦、玉米、向日葵、甜菜分别减产了 6%～12%，11%～26%，10%～21%，39%，其中向日葵含油率由 52.3%下降为 48.4%，甜菜含糖率由18.4%下降为16.7%。张兴义等研究了小四轮拖拉机在黑土农田耕作后对作物产量的影响,结果发现土壤被压实后玉米减产10%左右,但大豆产量变化不明显。李汝莘比较了小四轮拖拉机及铁牛650拖拉机在一次压实春小麦田(沙壤土条件下)后作物产量的变化,结果发现土壤被两种机器压实后小麦分别减产了6.3%和22.4%。Gregory等分别在砂质壤土和黏质壤土中进行了16个月的田间试验,监测了土壤强度与作物产量的关系,研究发现,随着砂质壤土强度的增加作物产量显著降低,而在黏质壤土中减产并不明显。Gregory将这种现象归因于黏土中孔隙水压力的浮力效应,该效应可以防止黏土被严重压实。

20世纪50年代以来,随着农业机械化程度的提高和减轻土壤压实作用的相关研究不断深入,人们对土壤压实的不利影响的认识也逐渐提高,并提出了一系列缓解土壤压实问题的方法。例如,对车辆行走装置进行改进、对土壤进行深耕,以及采取作物轮作及车辆固定道等方法。然而,随着农业机械化水平的迅速提高和农业车辆的不断大型化,土壤被压实的风险越来越大,探索有效缓解土壤压实问题的方法和改进车辆行走装置,仍是目前十分重要的一项研究课题。

2.1.2 农用车辆土壤压实作用的演变历程

图2-2展示了过去一个世纪内,农用车辆轮胎载荷及对土壤压实应力影响的变化历程。20世纪初,以蒸汽机为动力的小型农机具取代役畜成为农田耕作的主要工具,对土壤造成了一定的压实影响。但由于农机具质量较小,对农田土壤的压实作用有限。20世纪上半叶,出现了带有内燃机和充气轮胎的拖拉机,农业车辆对土壤的压实破坏问题逐步凸显。20世纪60年代以来,随着农业机械化的迅猛发展,农业车辆对农田土壤的压实破坏越来越严重,车辆轮胎的载荷在半个世纪内增加了约7倍。Van den Akker和Schjønning在其报道中称,在20世纪80年代后期的田间试验中,轮胎的载荷最高在40～50 kN,而近期的研究报告则显示轮胎荷载已增加至90～120 kN。虽然轮胎的体积随着载荷量的增加有所增大,但轮胎接地面积的增大速度远小于轮胎载荷的增长速度,致使轮胎对土壤的压实应力大幅增加。研究发现,近一个世纪以来,农业车辆轮胎对0.4 m土壤深度内的压实应力增加了约27倍。

面对这一问题,许多学者及轮胎厂商都致力于研究如何最大限度地增加轮胎与地面的接触面积,以减轻对土壤的压实作用。研究表明,降低轮胎的气压或者采用双轮胎的结构形式能够有效增大轮胎接地面积,减小机器对土壤的压实应力。农用轮胎在不断地改进中充分考虑了对土壤的压实影响,如子午线轮胎可以实现低胎压正常工作,保证轮胎在不被磨损的情况下最大限度地增加轮胎接地面积。Michelin公司生产的最新的AgriBib型轮胎通过在轮胎两侧增加一圈花纹来实现增大接地面积的目的。然而,轮胎体积及宽度的增加均有其局限性。因此,近年来许多研究者提出了在大型农业车辆上采用履带式行走装置来代替轮胎以增大接地面积的方法,以期减轻机器对土壤的压实作用。

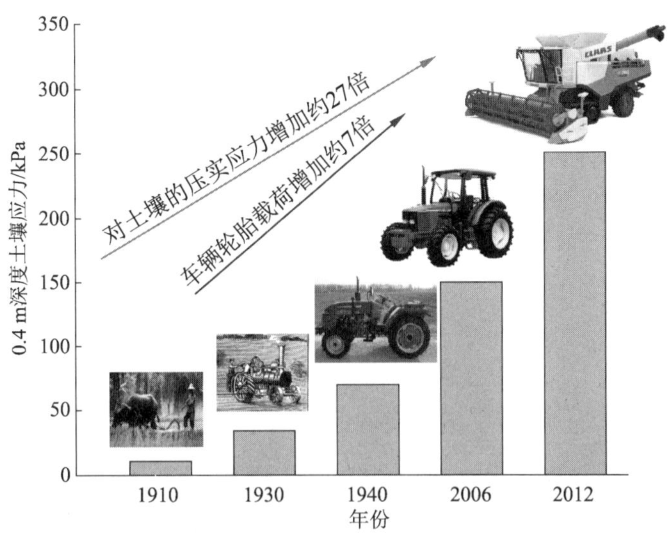

图 2-2　农用车辆轮胎载荷及对土壤压实应力影响的变化历程

2.2　轮式/履带式联合收获机压实作用下的土壤应力测试

本节采用侧断面水平钻孔埋设压力传感器的方法，测试了在相同载质量的轮胎和履带式车辆的压实作用下，0.15 m 和 0.35 m 土壤深度内的垂直及水平应力大小，分析了车辆行驶速度对垂直及水平应力大小的影响；利用土壤压实分析模型 SoilFlex 计算了在轮胎和履带的压实作用下，0.1～0.7 m 土壤深度内的最大垂直及水平应力分布，并与试验测试结果进行对比。

2.2.1　轮胎/履带作用下不同深度土壤内压实应力测试

(1) 试验车辆及地点

试验地点位于丹麦奥胡斯大学 Foulum 研究中心试验田冬小麦、油菜、豌豆和春大麦轮作区。试验地区的年平均降水量为 626 mm，年平均气温为 7.3 ℃。试验时间为 2018 年 6 月，正处于冬小麦收割期。试验田土壤为砂质壤土，其相关物化参数如表 2-1 所示。

表 2-1　土壤相关物化参数

土壤参数	黏粒 (粒径<0.002 mm)含量/%	细壤粒 (粒径在 0.002～0.02 mm)含量/%	粗壤粒 (粒径在 0.02～0.63 mm)含量/%	细砂粒 (粒径在 0.63～0.2 mm)含量/%
数值	9.0	13.8	12.4	27.9
土壤参数	粗砂粒 (粒径>0.2 mm)含量/%	土粒密度/ ($g \cdot cm^{-3}$)	有机质含量/ ($g \cdot kg^{-1}$)	pH 值
数值	36.9	2.6	2.6	6.2

试验车辆采用 CLAAS LEXION 770 型自走履带式联合收获机(见图 2-3)和 John Deere 6430 型拖拉机(见图 2-4)。试验时联合收获机空载,为方便测试,卸去车辆前部的割台装置。拖拉机的载荷可通过增减拖拉机后拖车上的沙袋数量进行调整,使拖拉机前端轮胎的轴向载荷与联合收获机前端履带的轴向载荷大致相等。拖拉机轮胎型号为 710/60R30 Continental SVT,履带式行走装置由前驱动轮、后导向轮和位于履带中间位置的两个支重轮组成。

图 2-3　CLAAS LEXION 770 型自走履带式联合收获机

图 2-4　John Deere 6430 型拖拉机

(2) 土壤应力测试方法

传统的土壤应力测试一般采用挖土埋设压力传感器的方法。该方法虽然简便且工作量较小,但测试的误差较大。产生误差的原因主要有两个方面:一是挖土坑时破坏了原有的土壤结构;二是土壤回填后传感器测力面与周围土壤接触不完全。Abu-Hamdeh 等为防止土壤结构的改变对试验结果产生影响,将压力传感器在土壤中放置 15 个月直至土壤结构恢复才进行土壤应力测量。这种方法虽然严谨却很耗时,对于采用轮作制度的农田不现实。

这里采用侧断面水平钻孔埋设压力传感器的方法进行土壤应力测试。如图 2-5 所示,在传感器预埋点附近挖一个约 2.0 m×2.2 m×2.5 m 的土坑,由侧断面距地表深度 0.15 m 及 0.35 m 处沿水平方向分别钻两个深度约为 1 m 的平行孔,利用套筒将压力传感器放置在孔底部。每个孔内依次放入两个压力传感器,其中一个孔内的两个压力传感器测力面朝上平行于地表放置,用于测试垂直应力;另一孔内的两个压力传感器测力面朝车辆行驶方向水平放置,用于测试水平应力。相比于挖土埋设传感器,该方法对土壤的扰动量极小,能够避免因破坏传感器上方原状土壤结构而产生的测试误差。图 2-6 为土壤应力测试现场图。

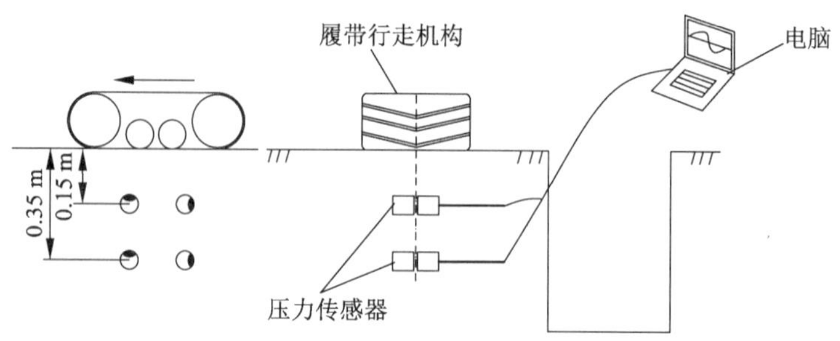

图 2-5　土壤应力测试过程现场

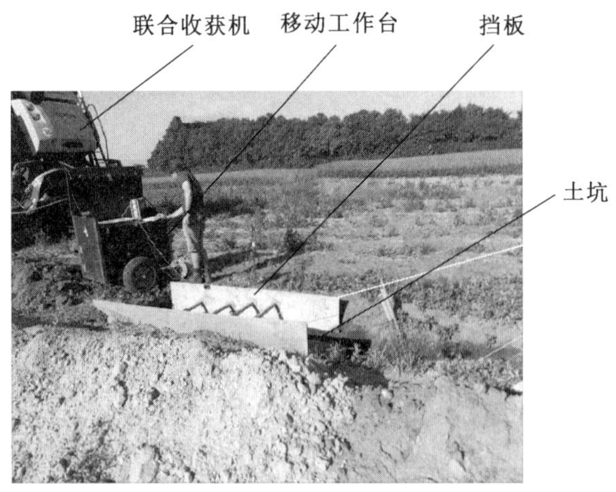

图 2-6　土壤应力田间测试现场

压力传感器选用 Lamandé 等设计的变直径圆柱形传感器，如图 2-7 所示。将测力传感器嵌入一圆柱体底座内，传感器测力面在圆柱体外表面上。圆柱体底座下部有一楔形滑块，通过滑块的横向移动可调节传感器的外径大小。压力传感器主要技术参数如表 2-2 所示。

表 2-2　压力传感器主要技术参数

技术参数	量程/N	输出电压/V	推荐激励电压/V	工作温度/℃	过载能力/%
数值	1×10^4	0～5	5～15	−20～80	150 F·S

技术参数	重复性误差/%	灵敏度/mV	综合精度/%	密封等级
数值	±0.02 F·S	2±0.05	0.03 F·S	IP67

由于传感器需放置在预先钻好的深孔内，在放置时可利用与传感器直径相匹配的套筒将其送入。传感器放置于指定位置后，通过调节楔形滑块的位置来调节传感器的外径大小，直至传感器测力面与周围土壤充分接触。采用此方法能够很好地消除由于传感器与土壤接触不完全造成的应力测试误差。本节所采用的测试方法的准确性在 **1.4** 的试验中已得到验证。

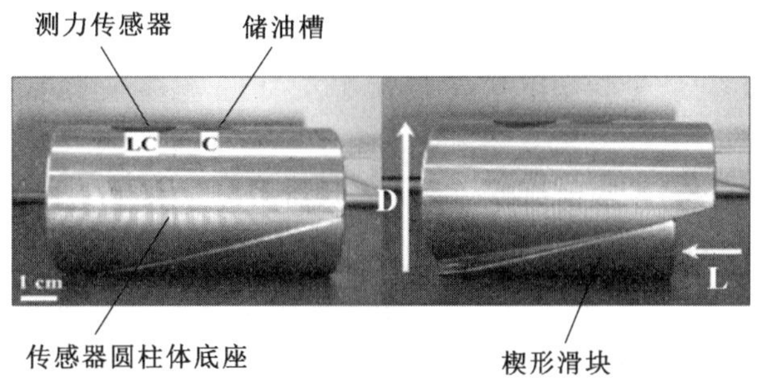

图 2-7　变直径圆柱形压力传感器结构示意图

试验时，车辆分别以 3，5，10，15 km/h 的速度从传感器上方匀速通过。为保证数据的可靠性，车辆行驶时调整前进方向使传感器位于轮胎或履带的中轴线上，所测得的数据均传入电脑储存，以便后续分析与处理。采用软件 Origin 8.0，利用单因素回归法分析采用不同行走装置（轮胎和履带）时对不同土壤深度内垂直及水平应力的影响。试验在 3 个相距约 30 m 的传感器预埋点进行，每个传感器预埋点进行 3 组重复性试验。

需要说明的是，试验中压力传感器埋设在土壤内的固定位置，采用车辆反复通过的方式来测试不同工况下的应力值。为保证每组测试时土壤的初始状态一致，每组测试需间隔 30 min 进行，目的是给予土壤充足的回弹时间。Lamandé 研究了车辆多次通过同一应力测试点时土壤应力的变化情况，每组测试间隔 30 min。研究发现，土壤应力仅在车辆第二次通过时增加较为明显，第三次通过后土壤应力大小几乎保持不变。Lamandé 认为，这是由于车辆在第一次通过时对土壤的压实作用最为明显，造成土壤容重的显著增加，进而增大了土壤的承载力，当车辆再次通过时，土壤内的应力小于土壤承载力，土壤仅发生弹性形变。因此，只要给予土壤充足的回弹时间，就能够保证每次测试时土壤的初始状态不变。

（3）轮胎和履带式车辆压实作用下的应力比较

轮胎和履带式车辆以 3 km/h 的速度通过测试区，0.15 m 和 0.35 m 土壤深度内的最大垂直应力及最大水平应力的平均测试值如表 2-3 所示。

表 2-3　轮胎/履带式车辆作用下，0.15 m 和 0.35 m 土壤深度内最大垂直应力及最大水平应力平均测试值

土壤深度/m		接地长度/m	最大垂直应力/kPa	最大水平应力/kPa
0.15	轮胎	0.65	228.2	32.0
	履带	2.92	103.3	28.5
			$p=0.049$	$p=0.126$
0.35	轮胎	0.65	140.2	15.4
	履带	2.98	67.2	13.8
			$p=0.040$	$p=0.272$

注：车辆行驶速度为 3 km/h；轮胎和履带的接地长度分别由 Schjønning 等及 Keller 和 Arvidsson 所建立的模型计算；$p<0.05$，表示在不同行走装置（履带及轮胎）作用下土壤的最大垂直及水平应力有显著区别；0.15 m 和 0.35 m 土壤深度内的含水率分别为 27.3%及 23.8%。

从表 2-3 中可以看到，轮胎作用下 0.15 m 和 0.35 m 土壤深度内的最大垂直应力明显大于履带作用时（$p<0.05$），约为履带作用下平均垂直应力的 2.2 及 2.0 倍。然而，轮胎作用下 0.15 m 和 0.35 m 土壤深度内的最大水平应力仅略大于履带作用时（$p>0.05$），约为履带作用下平均水平应力的 1.1 倍。

研究结果表明，采用履带式行走装置代替轮胎能够有效减小对土壤垂直方向的压缩应力，但对水平方向的应力影响不大。土壤内水平应力大小不仅与土壤表面所受垂直压力有关，还与土壤表面所受的剪切力（如轮胎/履带的牵引力及滚动阻力）有关。今后的研究方向为履带车辆牵引力及滚动阻力对土壤内垂直及水平应力大小的影响。

(4) 车辆行驶速度对土壤应力大小的影响

在轮胎和履带或行走装置作用下，测得的 0.15 m 和 0.35 m 土壤深度内的最大垂直及水平应力随车辆行驶速度(3，5，10，15 km/h)的变化曲线分别如图 2-8 及图 2-9 所示。

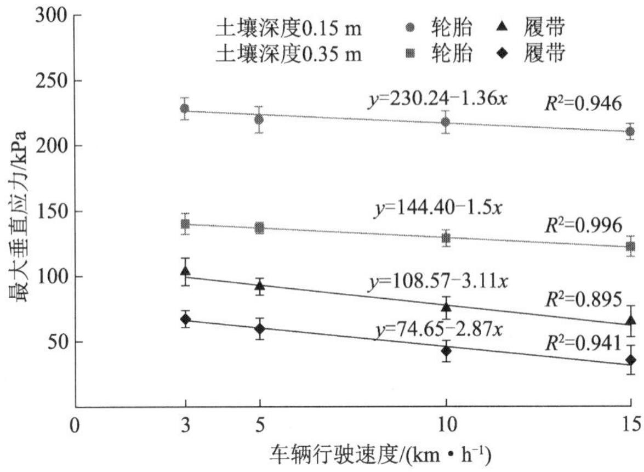

图 2-8　最大垂直应力随车辆行驶速度的变化曲线

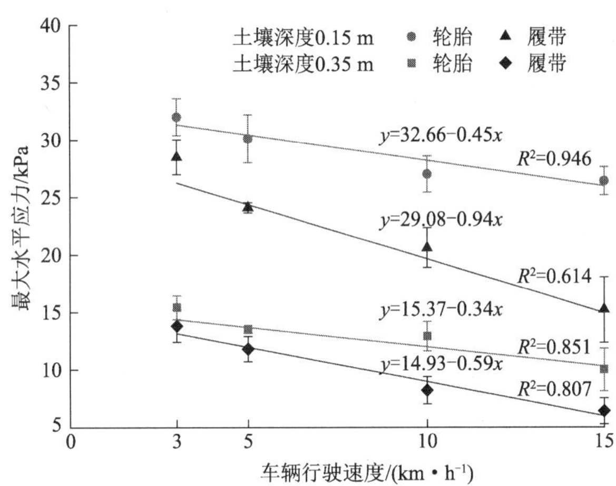

图 2-9　最大水平应力随车辆行驶速度的变化曲线

从图 2-8 和图 2-9 中可以看出，轮胎作用下 0.15 m 和 0.35 m 土壤深度内的最大垂直及水平应力大小随车辆行驶速度的增大有减小的趋势。其中，在 0.35 m 土壤深度内的应力测试结果与 Bolling 及 Horn 等的研究结果相同；在 0.15 m 土壤深度内的应力测试结果与 Horn 等及 Naderi - Boldaj 等的研究结果相反(Horn 等和 Naderi - Boldaj 等的研究测得的 0.15 m 土壤深度内的应力随车辆行驶速度的增加呈现增大的趋势)。Horn 认为其原因是浅层土壤的含水率较大，车辆行驶速度的增加增大了土壤的形变速度，造成土壤孔隙内水压力增大。然而本次测试正逢丹麦干旱年份，整个夏季的降水量极少，土壤的含水量不高。因此，土壤在受压过程中孔隙水压力的变化较小；另外，试验地土壤质地为砂壤土，在含水量不高的情况下受外界压力时变形量很小。

与轮式车辆的测试结果相同，履带作用下 0.15 m 和 0.35 m 土壤深度内的最大垂直及水平应力大小也随车辆行驶速度的增大有减小的趋势。这说明车辆行驶速度对土壤压实应力的影响与行走装置的选择（轮胎或履带）无关，仅与车辆压实作用所引起的表层土壤的形变量大小有关。

从图 2-8 和图 2-9 中还可以看出，履带作用下最大垂直及水平应力的减小速度（直线的斜率）都大于轮胎作用下最大垂直及水平应力的减小速度。这说明履带式车辆的行驶速度对土壤压实应力的影响大于轮式车辆。这可能是由于轮胎为弹性体，它与土壤接触过程中有一定的形变量，且速度越大，轮胎在冲击力的作用下瞬时形变量越大，因此对土壤的形变有一定的抵消作用。而履带相对于土壤可以看作刚体，本身不发生形变，对土壤的形变无抵消作用。

研究结果表明，车辆行驶速度的增加能够减小土壤内最大垂直及水平压实应力值，因此在实际生产中，为减轻农用车辆对土壤的压实作用，应尽可能使车辆在较高的行驶速度下作业。但是农用车辆还需满足其他作业要求，其行驶速度一般都有一定的限制范围。例如，履带式联合收获机在水稻田中的收获速度一般在 4.5～5.5 km/h，车辆行驶速度过小会降低收获效率；而车辆行驶速度过大，则会使谷物籽粒损失率和含杂率增大。因此，可以选择在非作业情况下尽量提高车辆在田间的行驶速度，以降低土壤的压实风险。

2.2.2 轮胎/履带作用下应力沿土壤深度方向分布的计算

(1) 土体中某点的应力状态

由于土是三相体，与一般均匀连续介质不同，在外力作用下的应力状态非常复杂。为了简化计算，在一定的条件下可以把土体看成理想的弹性或塑性材料，在计算中应用弹性理论或塑性理论。

当土体受到外力作用而处于平衡状态时，土体中某点的应力状态可用一正六面体体积元上的应力来表示，如图 2-10 所示。体积元的 6 个正交侧面与任一直角坐标系的 3 个坐标轴平行，与 x 轴相垂直的面上的应力可分解为 3 个应力分量，即法向应力 σ_x，剪应力 τ_{xy} 和 τ_{xz}。在其他面上的应力分量分别为 σ_y，τ_{yx}，τ_{yz} 和 σ_z，τ_{zx}，τ_{zy}，一共有 9 个应力分量。在土力学中，对应力的正负号有特殊的规定，由于土体基本上承受不了拉力，因此与一般固体力学中的符号有所不同，往往取压力为正，拉力为负。根据剪应力的互等定理，$\tau_{xy}=\tau_{yx}$，$\tau_{xz}=\tau_{zx}$，$\tau_{yz}=\tau_{zy}$。作为独立应力分量的只有 6 个，即 σ_x，σ_y，σ_z，τ_{xy}，τ_{xz}，τ_{yz}。当土体中体积元上的应力把这个体积元缩小到一点时，这 6 个应力分量即可表示该点的应力状态。若在该点的任一方向取一切面元，则面元上的法向应力和剪应力都可用前面 6 个独立应力分量来表示。

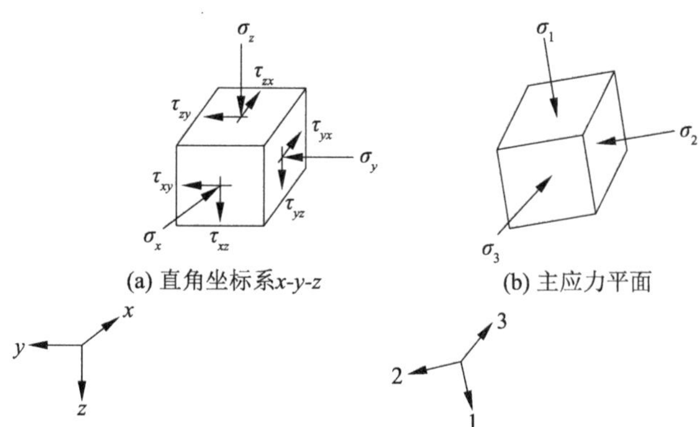

图 2-10　土体中一点在三维直角坐标系及主应力平面内的应力张量

由于在空间坐标系中体积元的方向是可以任意选择的，因此总能找到一个方向使 3 个正交面上共有 6 个剪应力，其中 τ_{xy}，τ_{xz}，τ_{yz} 均为零，如图 2-10b 所示，只剩下 3 个法向应力 σ_1，σ_2，σ_3，这 3 个方向相互垂直的应力称为主应力。假定 $\sigma_x > \sigma_y > \sigma_z$，则它们分别被称为大、中、小三个主应力，所作用的面称主应力面。

土壤内某点的应力状态可以利用应力不变量来表示，其中，法向应力不变量可表示为

$$F_1 = \sigma_1 + \sigma_2 + \sigma_3 = \sigma_x + \sigma_y + \sigma_z \tag{2-1}$$

$$F_2 = \sigma_x\sigma_y + \sigma_x\sigma_z + \sigma_y\sigma_z - \tau_{xy}^2 + \tau_{xz}^2 + \tau_{yz}^2 = \sigma_1\sigma_2 + \sigma_1\sigma_3 + \sigma_2\sigma_3 \tag{2-2}$$

$$F_3 = \sigma_x\sigma_y\sigma_z + 2\tau_{xy}\tau_{xz}\tau_{yz} - \sigma_z\tau_{xy}^2 - \sigma_y\tau_{xz}^2 - \sigma_x\tau_{yz}^2 = \sigma_1\sigma_2\sigma_3 \tag{2-3}$$

切向应力不变量可表示为

$$\sigma_{\text{oct}} = \frac{1}{3}(\sigma_1 + \sigma_2 + \sigma_3) = \frac{1}{3}F_1 \tag{2-4}$$

$$\tau_{\text{oct}} = \frac{1}{3}\sqrt{(\sigma_1 - \sigma_2)^2 + (\sigma_1 - \sigma_3)^2 + (\sigma_2 - \sigma_3)^2} = \sqrt{\frac{2}{9}(F_1^2 - 3F_2)} \tag{2-5}$$

因此，土壤内某点的应力状态可表示为矩阵形式

$$\boldsymbol{\sigma} = \begin{bmatrix} \sigma_x & \tau_{yx} & \tau_{zx} \\ \tau_{xy} & \sigma_y & \tau_{zy} \\ \tau_{xz} & \tau_{yz} & \sigma_z \end{bmatrix} \tag{2-6}$$

矩阵(2-6)可以分解为主应力单元和偏应力单元

$$\begin{bmatrix} \sigma_x & \tau_{yx} & \tau_{zx} \\ \tau_{xy} & \sigma_y & \tau_{zy} \\ \tau_{xz} & \tau_{yz} & \sigma_z \end{bmatrix} = \begin{bmatrix} \sigma_m & 0 & 0 \\ 0 & \sigma_m & 0 \\ 0 & 0 & \sigma_m \end{bmatrix} + \begin{bmatrix} \sigma_x - \sigma_m & \tau_{yx} & \tau_{zx} \\ \tau_{xy} & \sigma_y - \sigma_m & \tau_{zy} \\ \tau_{xz} & \tau_{yz} & \sigma_z - \sigma_m \end{bmatrix} \tag{2-7}$$

（2）土壤压实分析模型

车辆在与土壤交互作用的过程中应力的传递主要分为两个阶段。第一阶段，应力在轮胎/履带－土壤交互过程中施加于土壤表面；第二阶段，应力在土壤内部传递。因此，土壤内的应力计算主要分为以下两个步骤：① 计算轮胎/履带与土壤的接触面内的应力分布；② 利用应力传递方程计算土壤内部应力。

近些年，许多学者尝试建立轮胎/履带与土壤接触面应力分析模型。Keller 建立了轮胎—土壤接触面应力分布计算模型，该模型可通过已知的简单的轮胎物理参数，如轮胎宽度、直径、实际胎压、规定胎压及轴向载荷等，计算轮胎与土壤接触面的垂直应力分布。

Schjønning 等在 Keller 所建模型的基础上对模型进行了优化，假设轮胎与土壤接触面形状为超椭圆，并引入决定椭圆形状的参数 n，建立了轮胎—土壤接触面分析模型"FRIDA"。该模型计算结果较 Keller 的模型更加精确，是目前应用较为广泛的模型。

Keller 和 Arvidsson 于 2016 年首次建立了履带—土壤接触应力分析模型，该模型可通过已知的履带基本参数，如履带接地长度、履带宽度、承重轮直径及轴向载荷等，预测履带与土壤接触面的应力分布。

Söhne 应力传递模型是系统定量计算土壤内应力的重要模型之一，该模型基于 Boussinesq 应力传递方程，利用应力叠加方程计算土壤内任意点的应力状态。其计算过程如图 2-11 所示。

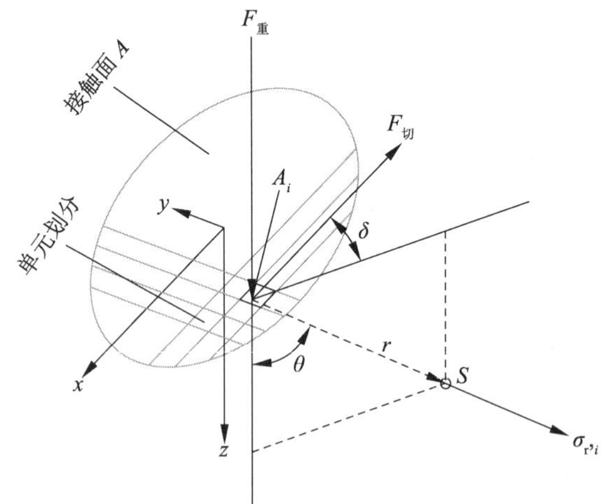

图 2-11　土壤内任意点应力计算过程示意图

应力计算时，把接触面 A 分成 i 个小的单元，每个小单元 A_i 上作用了垂直载荷 $F_{垂}$ 和切向载荷 $F_{切}$，则履带下方土壤内任意点 S 沿表面应力作用点连线方向的法向应力 $\sigma_{r,i}$ 为

$$\sigma_{r,i}=\frac{\xi F_{垂}}{2\pi r^2}\cos^{\xi-2}\theta+\frac{\xi F_{切}}{2\pi r^2}\sin^{\xi-2}\theta\cos\delta \tag{2-8}$$

式中：r 为表面应力作用点与应力计算点 S 的距离，m；θ 为表面垂直应力 $F_{垂}$ 与法向应力 $\sigma_{r,i}$ 的夹角，(°)；δ 为表面切向应力 $F_{切}$ 与法向应力 $\sigma_{r,i}$ 所在平面的夹角，(°)；ξ 为集中系数。

利用应力叠加方程，计算土壤内任意点 S 的垂直应力 σ_z 及水平应力 σ_x，σ_y，分别为

$$\sigma_z=\sum_{i=0}^{n}(\sigma_z)_i=\sum_{i=0}^{n}\sigma_{r,i}\cos^2\theta \tag{2-9}$$

$$\sigma_x=\sum_{i=0}^{n}\sigma_{h,i}\cos^2\delta=\sum_{i=0}^{n}\sigma_{r,i}\sin^2\theta\cos^2\delta \tag{2-10}$$

$$\sigma_y=\sum_{i=0}^{n}\sigma_{h,i}\sin^2\delta=\sum_{i=0}^{n}\sigma_{r,i}\sin^2\theta\sin^2\delta \tag{2-11}$$

$$\tau_{xy}=\sum_{i=0}^{n}\sigma_{h,i}\sin\delta\cos\delta=\sum_{i=0}^{n}\sigma_{r,i}\sin^2\theta\sin\delta\cos\delta \tag{2-12}$$

$$\tau_{xz}=\sum_{i=0}^{n}\tau_i\cos^2\delta=\sum_{i=0}^{n}\sigma_{r,i}\cos^2\delta\sin\theta\cos\theta \tag{2-13}$$

$$\tau_{yz}=\sum_{i=0}^{n}\tau_i\sin^2\delta=\sum_{i=0}^{n}\sigma_{r,i}\sin^2\delta\sin\theta\cos\theta \tag{2-14}$$

式中：$\sigma_{h,i}$ 为法向应力。

基于 Söhne 的应力传递模型，许多学者建立了土壤应力、形变量及土壤承载力的预测模型。O'Sullivan 等建立了土壤压实分析模型“COMPSOIL”，该模型根据 Grecenko 的公式结合轮胎和载荷的属性及土壤条件计算轮胎与土壤接触面积，归化出接触区域的当量半径，再利用 Söhne 的应力传递模型计算土壤应力。

Van den Akker 提出了评估土壤压实破坏的模型“SOCOMO”。该模型对 Söhne 的应力传递模型进行了 Visual Basic 编程，可利用计算机在 DOS 系统下操作，通过导入土壤表面应力及土壤参数，可得到土壤应力及先期固结压力，再通过比较土壤应力及先期固结压力的大小来判断土壤是否被破坏。

Keller 等建立的“SoilFlex”模型综合了现有的土壤表面应力分析模型，可通过实际工况选择合适的表面应力计算模型，通过输入参数预测土壤表面应力分布、应力在土壤中的传递、土壤受压形变及土壤压实风险，指导农民选择合适的田间车辆进行作业。“SoilFlex”模型还可以在 Excel 中进行可视化操作。

本节的土壤应力计算选择在“SoilFlex”模型中进行。其中，轮胎与土壤接触面的垂直应力分布利用 Schjønning 等建立的轮胎－土壤接触面应力分析模型“FRIDA”计算；履带与土壤接触面的垂直应力分布利用 Keller 和 Arvidsson 建立的履带－土壤接触面应力分析模型计算。模型计算所需轮胎及履带相关参数如表 2-4 所示。

模型计算时，假设车辆静止，忽略轮胎或履带式车辆行驶时的牵引力及滚动阻力。基于 Söhne 模型预测土壤应力的关键在于选择合适的集中系数 ξ，集中系数 ξ 根据土壤的软硬程度取值。根据 Lamandé 等的试验结果，计算轮胎作用下的应力时，集中系数取值为 7；计算履带作用下的应力时，集中系数取值为 6。

表 2-4　模型计算所需轮胎及履带相关参数

车辆行走装置	车辆参数	数值
轮胎	轴向载荷/Mg	12.8
	轮胎宽度/m	0.71
	轮胎直径/m	2.646
	推荐胎压/kPa	140
	实际胎压/kPa	180

续表

车辆行走装置	车辆参数	数值
履带	轴向载荷/Mg	13.1
	接地长度/m	2.8
	履带宽度/m	0.95
	驱动轮直径/m	0.5
	导向轮直径/m	0.5
	支重轮直径/m	0.2

(3) 轮胎/履带作用下最大垂直及水平应力沿土壤深度分布测试结果

利用"SoilFlex"模型对土壤内的应力进行计算,所得轮胎/履带作用下最大垂直及水平应力在0.10～0.70 m土壤深度内的变化曲线分别如图2-12及图2-13所示。

从图2-12及图2-13中可以看出,土壤内的最大垂直及水平应力均随着土壤深度的增加而逐渐衰减。轮胎作用下的最大垂直应力在表层土壤内明显大于履带,但两者的应力差值随着土壤深度的增加逐渐减小,在0.7 m深度时两者已无明显差别。同样,轮胎作用下的最大水平应力在表层土壤内明显大于履带,两者的应力差值随着土壤深度的增加逐渐减小,在0.4 m深度时两者已无明显差别。模型计算结果表明,相比于轮胎,履带能够减小土壤内的垂直及水平应力,但表层土壤应力的减小量比深层土壤大。

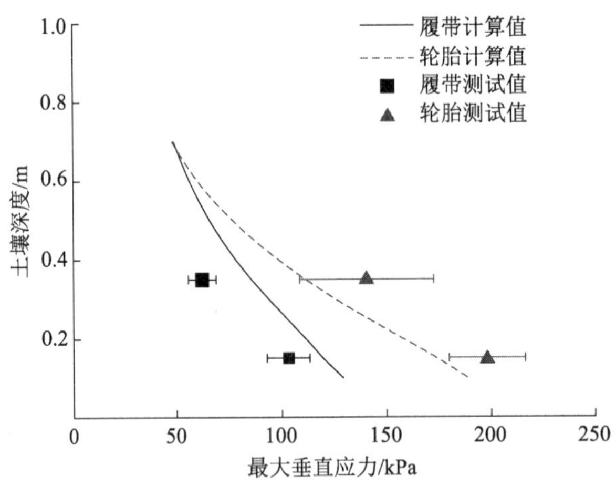

图2-12　轮胎和履带作用下不同土壤深度处最大垂直应力模型计算与试验测试值

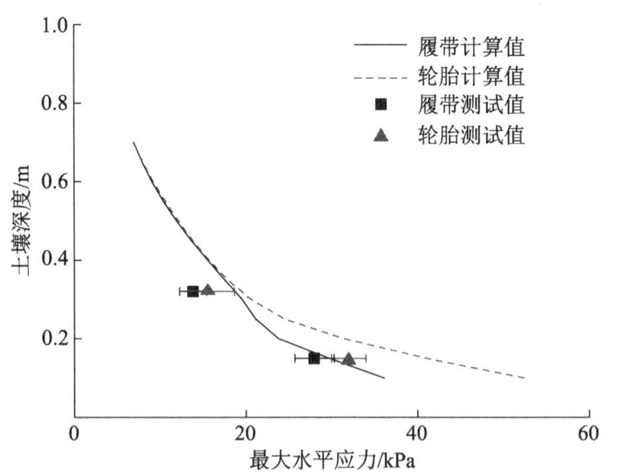

图 2-13　轮胎和履带作用下不同土壤深度处最大水平应力模型计算与试验测试值

研究结果表明，使用履带式行走装置相较于轮胎能够有效减小浅层土壤（0～0.4 m）的应力，但对于深层土壤（＞0.4 m）应力的减小作用并不明显。这可能是由于履带作用下的应力集中在各承重轮下，其最大应力相比于轮胎并没有有效减小。然而，在实际生产中，人们更加关心深层土壤的压实情况。因为深层土壤一旦被压实，其自然恢复时间将长达几十年，且很难通过传统的土壤耕作及作物轮作等方式缓解。因此，相比于增加履带的接地面积，提高履带作用下应力分布的均匀性对于减轻履带式车辆对土壤的压实作用更具有实际意义。

（4）土壤应力模型计算值与试验测试值对比

由图 2-12 和图 2-13 可知，模型计算所得履带作用下 0.15 m 和 0.35 m 土壤深度内的最大垂直及水平应力均小于轮胎作用时，但履带对垂直应力的减小量要大于水平应力。这与试验测试中的比较结果一致，表 2-3 的测试结果显示履带作用相比于轮胎在 0.15 m 和 0.35 m 土壤深度内的平均最大垂直应力分别减小了约 55％及 52％，而平均最大水平应力仅分别减小了约 11％及 10％。

另外，0.15 m 和 0.35 m 土壤深度内的最大垂直及水平应力模型计算值与试验测试值基本一致。其中，轮胎作用下的最大垂直应力测试值略大于模型计算值，而履带作用下的最大垂直应力测试值略小于模型计算值（见图 2-12）；轮胎/履带作用下的水平应力测试值均小于模型计算值（见图 2-13）。分析造成测试结果与计算结果产生偏差的原因，可能有以下几个方面：

（1）应力测试值的偏差。由于试验中土壤应力在 3 个测试点进行测试，每个应力测试点的土壤环境，如土壤含水率及土壤质地等均存在差异，因此在每个测试点所测得的应力值大小不完全相等。另外，由于传感器在埋设过程中在深度方向上存在一定的误差，经测量为 (0.35±0.02) m，这也造成了应力测试值的偏差。

（2）土壤表面接触应力计算模型不完善。对土壤压实应力计算模型的研究是土壤压实研究领域的关键所在。“FRIDA”模型是目前应用较为广泛的模型，但其未考虑轮胎花纹形状的因素。研究表明，轮胎花纹形状对表面应力分布有一定的影响，因此还需进一步优化轮胎—土壤接触应力计算模型。目前，对于履带—土壤接触应力计算模型的研究并不成熟。Keller 和 Arvidsson 建立了履带—土壤接触应力计算模型，该模型可通过已知的履带基本参数，如履带接地长度、履带宽度、承重轮直径及轴向载荷等，预测履带与土壤接触面的应力分布。由于履带作用下的应力集中在各负重轮下方，模型计算时假设负重轮与地面的接触应力以轮轴线为对称轴呈开口向下的抛物线分布，且抛物线开口大小与负重轮的直径之比为一定值。在实际情况下，负重轮与土壤的接触应力分布与土壤软硬程度有关，地面越软、接地长度越大，应力分布越均匀，抛物线的开口越大。因此模型计算会造成表面应力计算的误差，履带—土壤接触应力分析模型有待进一步研究并完善。

(3) 土壤应力传递模型中集中系数 ξ 的选取不够精确。目前对于应力计算公式(2-8)中集中系数的选取并无统一标准，一般依靠经验来选择，其取值范围为 2.0～14.3，且由于不同深度层的土壤物理性质各不相同，固定的系数取值无法同时描述应力在各层土壤内的传递效率。Horn 等通过实验发现，集中系数的取值取决于土壤先期固结压力，并给出了集中系数的取值范围为 6～9。Lamandé 等通过田间测试与模型计算对比发现，集中系数与土壤的机械性能及所受载荷大小有关，在低载荷工况下一般取值为 5～6，在高载荷工况下一般取值为 7～8。He 等提出了能够代表土壤自身应力传递效率的应力传递系数，研究了应力传递系数与土壤物理环境参数(含水率、干密度及先期固结压力)之间的关系，并提出了基于应力传递系数理论定量集中系数的方法。

造成模型计算误差的原因除了上述几点之外，还与模型计算中忽略了轮胎/履带对土壤接触面的切向载荷有关。土壤内的应力是由土壤表面的垂直载荷及切向载荷共同作用形成的，车辆行驶过程中的牵引力及滚动阻力均会对土壤产生切向载荷。虽然应力分析模型法相比于其他方法(如有限元及离散元等数值分析方法)具有计算参数少、求解速度快等优点，但轮胎/履带与土壤表面接触应力的精确计算及集中系数的准确定量是今后的研究中需要解决的问题。

2.3　轮式/履带式联合收获机底盘压实作用对土壤功能的影响

利用 CLAAS LEXION 770 型自走履带式联合收获机和 John Deere 6430 型拖拉机在相同的载荷条件下对土壤实施一次碾压，对碾压后的土壤在 0.15 m 和 0.35 m 深度处分别进行采样，在实验室中测试土壤样本的先期固结压力、透气率及干容重，比较分析轮式和履带式车辆的压实作用对土壤功能的影响。

2.3.1　土壤田间采样过程

土壤的田间取样过程如下：① 在试验田中选择车辆碾压区域；② 在车辆前进方向上选取 3 个待取样点，当轮胎或履带驶过该区域时立即停车，标记出碾压区域；③ 将车辆驶离，并保证取样区域不受车辆的二次碾压；④ 挖土坑进行取样。采用 Φ60 mm×34.8 mm 的环刀分别在 0.15 m 和 0.35 m 土壤层内取样，取样时将环刀压入土中，使用切土刀挖出土样，并小心清除环刀四周土壤。样品取出后用保鲜袋密封并贴上标签放入整理箱中，取样结束后将土壤样品带回实验室。在取样和运输过程中，注意维持土样的原状性。每个土层深度内沿车辆行驶方向依次取 8 个样本，3 个测试点共取 48 个样本。土壤取样现场如图 2-14 所示。

在实验室内对土壤进行称重后，测试土样的透气率、先期固结压力及干容重。每个深度土层内选取 4 个样本进行先期固结压力测试(3 个测试点共 24 个样本)，对每个深度土层另外的 4 个样本进行透气率测试(3 个测试点共 24 个样本)。土样的先期固结压力及透气率测试结束后，按《土工试验规程》(SL237—1999)测定土样的含水率及干容重。

图 2-14　土壤取样现场

2.3.2　土壤功能测试及分析

(1) 土壤先期固结压力测试

土壤的先期固结压力(per-compression pressure)p_c 是指土层在地质历史上曾受过的最大压力，是反映土层天然应力状态、固结应力历史的主要指标。影响先期固结压力 p_c 的因素包括土壤环境的变化、固结作用及土壤所受的机械应力过程等。对于长期耕作的农地土壤来说，若忽略土壤沉积固结和结构变化造成的影响，则土壤的先期固结压力 p_c 反映了土壤在前期所受到的最大压实应力，因此它可以作为判断土壤压实程度的一项重要指标。

土壤的先期固结压力 p_c 通过对周向约束的土样进行快速单轴压缩试验(uniaxial confined compression tests)，利用国际上普遍采用的卡萨格兰德法（简称 C 法）计算获得。试验与信息采集装置采用 INSTRON 5969 型万能试验机，如图 2-15 所示。

图 2-15　INSTRON 5969 型万能试验机

测试时压力通过压板作用于试样，设定下压速度为 10 mm/min，按照 15，29，57，113，224，447，895，1786 kPa 的压力依次加压，每次加压设置时间间隔为 60 min，压板位移量自动采集频率为 1 Hz，测量分辨率为 0.001 mm。对采集的数据进行处理，绘制压强的对数 log p 与孔隙比 e 的关系曲线，如图 2-16 所示。其中，曲线 AB 段采用四次多项式进行数据拟合获得；直线 BC 段采用直线方程进行数据拟合获得。

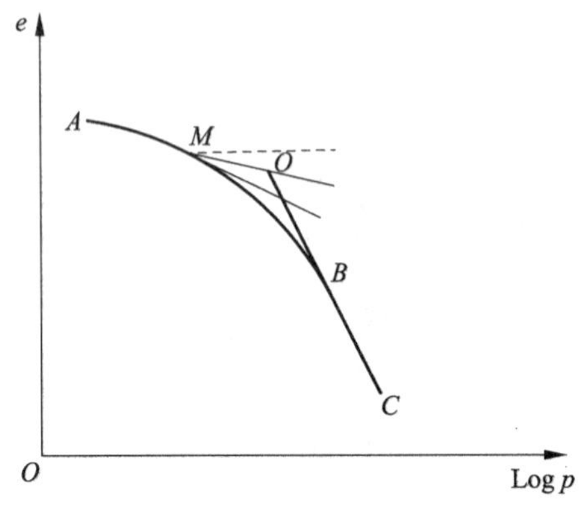

图 2-16　压强的对数 log p 与孔隙比 e 的关系曲线

利用卡萨格兰德法进行土壤先期固结压力的计算。通过对拟合函数的求导及应用 MATLAB 中的 fminbnd 函数求得拟合曲线 AB 曲率半径的最小值点 M，并求得点 M 的坐标；过点 M 作切线，以及该切线与水平线的角平分线，直线 BC 的延长线与该角平分线的交点 O 即为所求先期固结压力值。

（2）土壤透气率测试

土壤透气率反映了土壤与大气间及土壤内部气体交换的速度和能力。土壤被压实后，孔隙减小，孔隙之间的连通受阻，进而导致土壤的透气性下降。因此，土壤透气率能够反映土壤被压实的程度。

土壤透气率的测试方法通常分为两种：一种是压力计法（或压力气室法），另一种是常压测定法。本试验采用常压测定法。

根据达西定律

$$Q=K\frac{S\cdot\Delta p\cdot\Delta t}{h\cdot\mu} \tag{2-15}$$

式中：Q 为土壤透气量，mL/(cm^3 · s)；K 为土壤透气率，%；S 为土壤通气面积，cm^2；Δp 为空气压差，kPa；Δt 为时间，s；h 为土层试样厚度，cm；μ 为空气黏滞系数。其中，土壤通气面积 S、空气压差 Δp、时间 Δt、土层试样厚度 h 均在实验中直接测量获得，空气黏滞系数 μ 可根据实验温度 T 查手册获得。土壤透气量 Q 可通过土壤透气性测量仪测得，如图 2-17 所示。

图 2-17　土壤透气性测量仪

(3) 土壤干容重测试

土壤干容重是指土壤单位体积的干土质量，可作为判断土壤压实程度的指标。土壤干容重小，表明土壤比较疏松且孔隙多；土壤干容重大，表明土体紧实，透水性及通气性不良。土壤干容重可由式(2-16)计算。

$$r=\frac{100m}{V(100+m)} \tag{2-16}$$

式中：r 为土壤干容重，g/cm^3；V 为环刀体积，cm^3；m 为环刀内湿土质量，g。

(4) 测试结果及分析

轮胎/履带作用下 0.15 m 和 0.35 m 土壤深度内的先期固结压力、透气率及干容重的平均测试值如表 2-5 所示。

表 2-5　轮胎/履带作用下 0.15 m 和 0.35 m 土壤深度内的先期固结压力、透气率及干容重平均测试值

土壤深度/m		接地长度/m	平均透气率/($\mu m^2 \cdot s^{-1}$)	平均先期固结压力/kPa	平均干容重/($g \cdot cm^{-3}$)
0.15	轮胎	0.65	8.3	62.3	2.35
	履带	2.92	5.62	59.1	2.34
			$p=0.049$	$p=0.250$	$p=0.854$
0.35	轮胎	0.65	19.82	64.5	2.43
	履带	2.92	6.9	60.2	2.42
			$p=0.048$	$p=0.455$	$p=0.765$

注：表中为车辆行驶速度为 3 km/h 时的测试值；轮胎和履带的接地长度分别由 Schjønning 等及 Keller 和 Arvidsson 建立的模型计算；$p<0.05$，表示不同行走装置(履带/轮胎)作用下土壤的先期固结压力、透气率及干容重有显著区别；0.15 m 和 0.35 m 土壤深度内的含水量分别为 27.3%及 23.8%。

从表 2-5 中可以看出，所测得的履带作用下 0.15 m 和 0.35 m 土壤深度内的平均透气率均明显小于轮胎作用时($p<0.05$)，这与 Lamandé 等的测试结果相似。一些研究表明，土壤中的水平应力大小是影响土壤透气性的主要因素，因此 Lamandé 等推测造成该现象的原因可能是履带作用下的水平应力大于轮胎作用时。然而，本节的研究结果显示，履带作用下 0.15 m 和 0.35 m 土壤深度内的水平应力均略小于轮胎作用时，由此可以推断，土壤透气率的大小不仅与水平应力大小有关，还可能与压实应力的作用时间有关。本研究中，履带的接地长度约为轮胎的 4.5 倍，因此在相同的车辆行驶速度下，履带的压实应力作用时间也约为轮胎作用的 2.9 倍。

2.4 履带式底盘压实作用下土壤应力分布均匀性研究

2.4.1 履带式底盘压实作用下土壤应力分布规律

由之前的研究结果可知，提高履带式车辆压实应力分布的均匀性是减轻其对土壤压实作用的关键。本节利用在土壤内埋设压力传感器进行测试的方法，研究了履带式底盘压实作用下 0.35 m 土壤深度内的垂直及水平应力沿履带长度方向上的分布。试验中采用控制变量法，改变履带张紧力大小，研究履带张紧力对应力分布均匀性的影响。本研究结果可为优化履带式行走装置结构以减轻对土壤的压实作用提供理论依据。

(1) 试验车辆及地点

试验所用车辆为 CLASS LEXION 770 型自走履带半轮式联合收获机，它的前端为履带，后端为轮胎(见图 2-3)。履带式行走装置结构如图 2-18 所示，由履带、驱动轮、导向轮和位于履带中间位置的两个支重轮组成。试验时车辆为空载，为方便测试，卸去车辆前部的割台装置。履带式行走装置的轴向载荷为 13.1×10^4 N。试验地点为奥胡斯大学 Foulum 研究中心的试验田。试验地点的土壤相关信息见表 2-1。

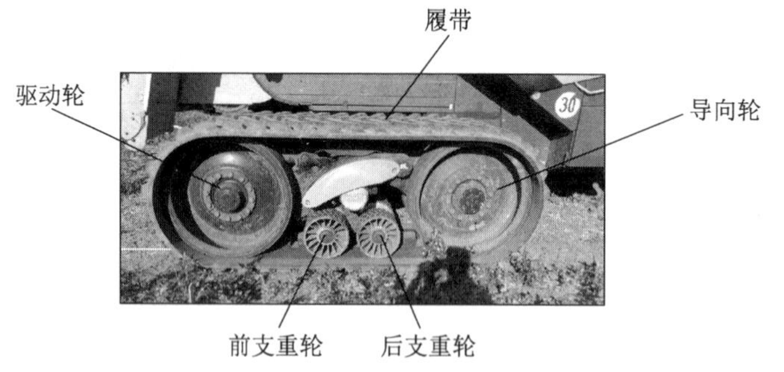

图 2-18　履带式行走装置结构示意图

(2) 试验方法

试验同样采用断侧面水平钻孔埋设压力传感器的方法。传感器相关信息和具体测试方法及步骤见 **2.2** 节。试验时，利用激光侧位仪测试履带式行走装置的实时位置。试验选取距离地表 0.35 m 深度处的土壤进行应力测试，主要是因为在实际生产中人们更加关心犁底层土壤的压实情况。不同于耕作层土壤，犁底层土壤一旦被压实，便无法通过传统的耕作及作物轮作等方式缓解，其自然恢复时间长达几十年。犁底层土壤被压实后，土壤的通气性及透水性将下降，影响作物的正常生长。由于试验田主要种植作物为小麦，耕作层深度为 0.25～0.3 m，因此试验选取 0.35 m 深度处的土壤进行应力测试。本试验在 3 个应力测试点进行，每个测试点进行 3 次重复性测试。

2.4.2　垂直及水平压实应力在履带长度方向上的分布规律

由于 3 组测试所测得的应力分布规律相似，因此选取其中一个应力测试点的结果进行分析。应力测试点 1 测得的履带式行走装置压实作用下 0.35 m 土壤深度内的垂直及水平应力沿履带长度方向的分布曲线如图 2-19 及图 2-20 所示。

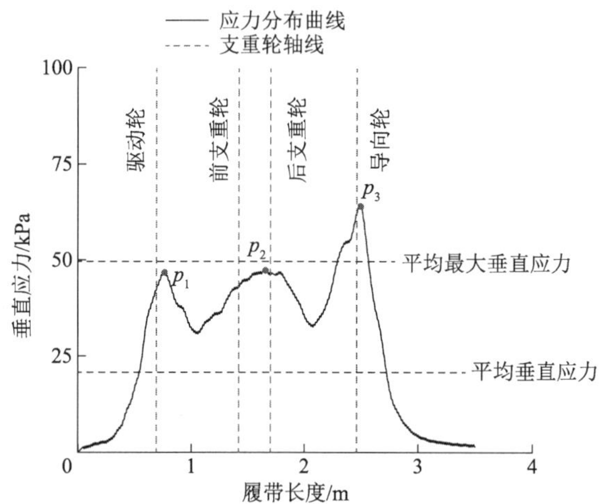

图 2-19　履带式行走装置压实作用下 0.35 m 土壤深度内的垂直应力沿履带长度方向的分布曲线

注：p_1，p_2，p_3 为垂直应力分布曲线的极大值点，kPa。

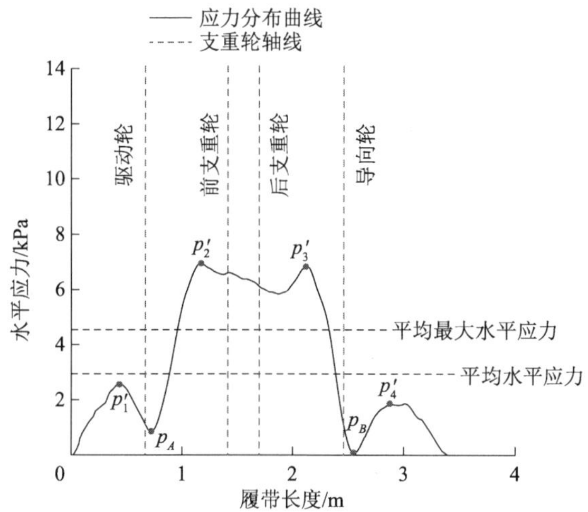

图 2-20　履带式行走装置压实作用下 0.35 m 土壤深度内的水平应力沿履带长度方向的分布曲线

注：p'_1，p'_2，p'_3，p'_4 为水平应力分布曲线的极大值点，kPa；p_A 和 p_B 为水平应力分布曲线的极小值点，kPa。

从图 2-19 中可以看出，履带式行走装置压实作用下的垂直应力分布极不均匀，垂直应力在履带长度方向上共呈现 3 个应力峰值，分别在驱动轮、导向轮及两个支重轮下方。其中，最大垂直应力(p_3)约为平均垂直应力的 3.1 倍。平均最大垂直应力(各应力峰值平均值)约为平均垂直应力的 2.6 倍。这与 Keller 等及 Lamandé 等的测试结果近似。然而在 Lamandé 等对履带式行走装置与土壤接触面的垂直应力测试中，各支重轮下方均出现一个应力峰值。图 2-19 中仅在两个支重轮之间出现一个应力峰值的原因可能为：① 应力从土壤表面传递至 0.35 m 深度后有一定的衰减；② 由于支重轮半径较小，且两支重轮间距较小，其下方的应力发生相互干涉。

另外，Lamandé 等所测得的履带式行走装置与土壤接触面的垂直应力峰值在各支重轮的轴线处，但图 2-19 中的垂直应力峰值不在支重轮的轴线上，而是位于前支重轮轴线的后(右)方约 15 cm 处，这是由于应力需要一定的时间才能从土壤表面传递到 0.35 m 深度处。

从图 2-20 中可以看出，履带式行走装置压实作用下的水平应力在驱动轮及导向轮轴线的前、后方各呈现一个应力峰值(p'_1，p'_2 及 p'_3，p'_4)。其中，最大水平应力(p'_2)约为平均水平应力的 2.3 倍，平均最大水平应力约为平均水平应力的 1.5 倍。驱动轮后方的应力与前支重轮前方的应力发生干涉，仅呈现一个应力峰值(p'_2)；后支重轮后方的应力与导向轮前方的应力发生干涉，仅呈现一个应力峰值(p'_3)。同样，由于应力传递过程中的衰减及前、后支重轮的间距过小，两个支重轮之间无应力峰值。其中，前支重轮前方的应力峰值是因支重轮对土壤的推土作用形成的；后支重轮后方的应力峰值是因支重轮对土壤的剪切作用形成的。

另外，由于土壤内的水平应力是由履带与土壤接触面的压力及剪切力共同作用引起的，因此，当支重轮轴线正好位于传感器测力点上方时，由接触面压力引起的土壤内的水平应力值应为 0。此时，土壤内的水平应力达到最小值，仅由接触面的剪切力引起。由此可以推断，支重轮下方的水平应力最小值点应该位于支重轮的轴线处。然而，图 2-20 中驱动轮及导向轮下方的水平应力最小值 p_A，p_B 均位于轴线的后方，这同样是由于应力需要一定的时间才能从土壤表面传递到 0.35 m 深度处。

对履带式行走装置压实作用下应力分布的研究结果表明，履带式行走装置作用下土壤内的垂直及水平应力在履带长度方向上的分布极不均匀，最大应力及平均最大应力均远大于平均应力。由于履带式行走装置作用应力分布不均匀，不能有效地减小土壤所受的压实应力，极大地降低了履带式行走装置缓解土壤压实问题的能力。另外，由于压实应力在履带长度方向上呈现出若干个明显的应力峰值，履带式行走装置的行驶过程可以看作各负重轮对土壤连续的碾压。研究表明，随着碾压次数的增加，土壤压实程度加深，因此提高履带作用下压实应力分布的均匀性对于降低履带式车辆对土壤的压实风险至关重要。

2.4.3 压实应力分布曲线上各应力峰值的大小

由履带式行走装置压实作用下的应力分布测试结果可知，垂直应力在履带长度方向上共有 3 个应力峰值点(p_1，p_2 及 p_3)，分别位于驱动轮和导向轮的轴线处以及两个支重轮之间(见图 2-19)。水平应力在履带长度方向上共有 4 个应力峰值点(p'_1,p'_2,p'_3 及 p'_4),分别在驱动轮前方、驱动轮与前支重轮之间、后支重轮与导向轮之间及导向轮后方。对垂直及水平应力峰值的大小进行测试,3 组试验的应力平均测试值及其标准差如图 2-21 和图 2-22 所示。

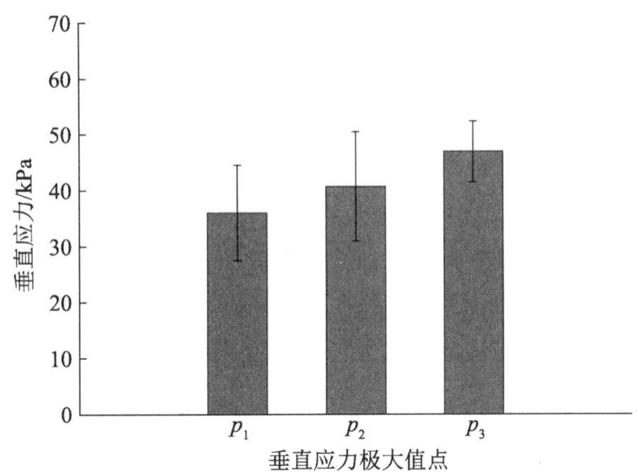

图 2-21　履带式行走装置各支重轮下的垂直应力峰值大小

注:p_1,p_2,p_3 为垂直应力分布曲线的极大值点,kPa;误差棒表示垂直应力平均值的标准差。

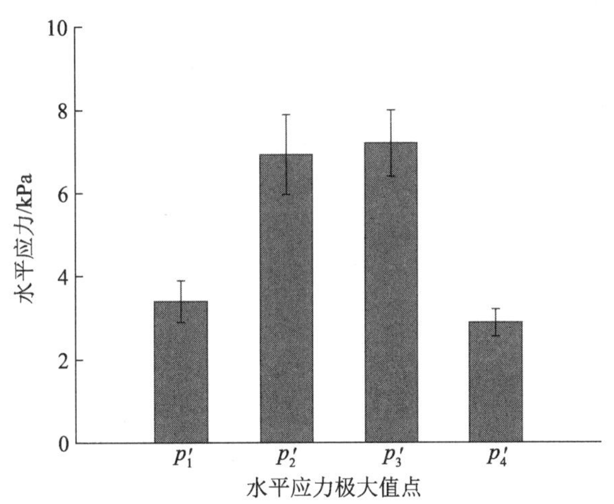

图 2-22　履带式行走装置各负重轮下的水平应力峰值大小

注:p'_1,p'_2,p'_3,p'_4 为水平应力分布曲线的极大值点,kPa;误差棒表示水平应力平均值的标准差。

从图 2-21 中可以看出,履带式行走装置各负重轮下的垂直应力峰值大小各不相同,最大垂直应力(p_3)出现在履带后端的导向轮下方,最小垂直应力(p_1)出现在履带前端的驱动轮下方。这说明车辆行驶过程中履带后端的接地压力比前端大,其重心位置向履带后端发生了偏移。这种情况一般出现在履带式车辆牵引作业时。对于半履带半轮式联合收获机,由于履带式行走装置在车辆的前端,提供了大部分的驱动力,这与履带式车辆牵引作业时的情况类似。另外,在试验过程中卸除了联合收获机前部的割台装置,这也导致联合收获机重心向后偏移。

从图 2-22 中可以看出，履带式行走装置各负重轮下的水平应力峰值大小各不相同。其中，驱动轮与前支重轮之间以及后支重轮与导向轮之间的应力峰值（p'_2 及 p'_3）明显大于驱动轮前方的应力峰值（p'_1）及导向轮后方的应力峰值（p'_4）。这可能是由于应力峰值（p'_2）是驱动轮后方的应力峰值及前支重轮前方应力峰值的叠加，而应力峰值（p'_3）是后支重轮后方的应力峰值与导向轮前方应力峰值的叠加。另外，后支重轮与导向轮之间的应力峰值（p'_3）略大于驱动轮与前支重轮之间的应力峰值（p'_2），同样是由车辆重心向后偏移，造成履带式行走装置后端的接地压力大于前端。

研究结果表明，履带式行走装置重心偏移及各负重轮下应力的相互干涉，造成履带各负重轮下的垂直及水平应力峰值大小不同，加剧了履带式行走装置作用下应力分布的不均匀性。因此，保持履带式车辆在行驶过程中重心的平衡及合理布置各负重轮在履带长度方向上的位置，可提高履带式行走装置压实作用下应力分布的均匀性。

2.4.4 履带张紧力对压实应力分布均匀性的影响

为研究履带张紧力大小对应力分布均匀性的影响，采用控制变量法，改变履带张紧装置压强，对履带式底盘压实作用下的垂直及水平应力分布进行测试，并以履带式底盘压实作用下最大应力（各应力峰值的最大值）及平均最大应力（各应力峰值的平均值）为评价指标，研究履带张紧力大小对应力分布均匀性的影响。

履带张紧装置初始压强为 2.8×10^4 kPa，通过液压调节装置分别将压强调节至 2.7×10^4 kPa 及 2.6×10^4 kPa。每个压强条件下进行 3 组重复性测试。为保证在不同张紧力条件下测试时土壤的初始状态一致，每组测试间隔 30 min 进行，目的是给予土壤充足的回弹时间。

测试点 1 所测得的不同履带张紧力条件下垂直及水平应力的分布曲线如图 2-23 及图 2-24 所示。不同履带张紧力条件下所测得的履带压实作用下的最大应力及平均最大应力如表 2-6 所示。

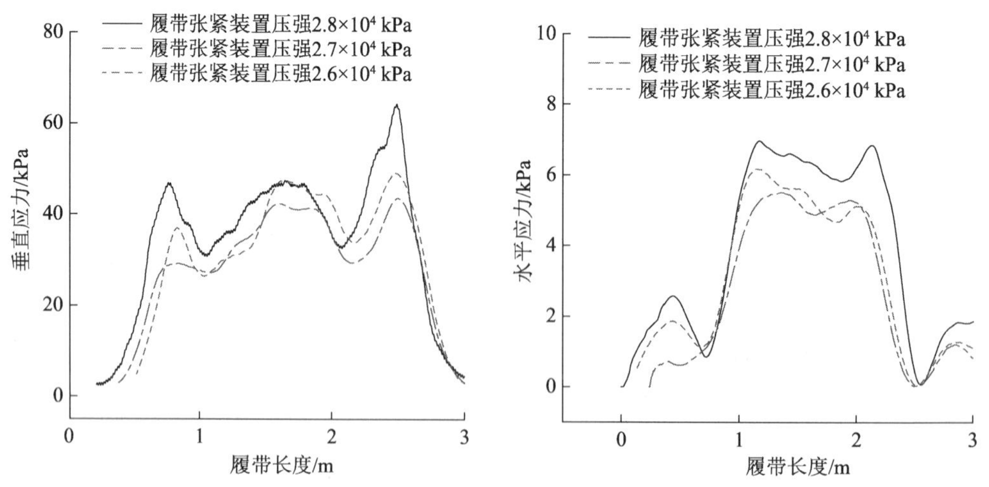

图 2-23 不同履带张紧力对垂直应力分布的影响 图 2-24 不同履带张紧力对水平应力分布的影响

表 2-6　不同履带张紧力条件下的最大应力及平均最大应力测试值

应力方向	履带张紧装置压强/kPa	最大应力/kPa	平均最大应力 /kPa
垂直应力	2.8×10^4	67.2	53.4
	2.7×10^4	54.8	46.5
	2.6×10^4	42.1	39.3
		$p=0.049$	$p=0.032$
水平应力	2.8×10^4	7.8	4.5
	2.7×10^4	6.5	3.9
	2.6×10^4	6.1	3.6
		$p=0.825$	$p=0.570$

注：最大应力表示履带下的最大应力峰值；平均最大应力表示履带下各应力峰值的平均值；$P<0.05$，表示最大垂直及水平应力随履带张紧力的减小有显著变化。

从图 2-23 及图 2-24 中可以看出，不同履带张紧力条件下所测得的垂直及水平应力分布曲线形状类似，履带式行走装置压实作用下的应力分布规律大致相同。由表 2-6 可知，履带式行走装置下的最大垂直应力及平均最大垂直应力均随着履带张紧力的减小而显著减小（$p<0.05$）。履带张紧力由 2.8×10^4 kPa 减小至 2.6×10^4 kPa 时，最大垂直应力减小了约 37.4%；平均最大垂直应力减小了约 26.4%。研究结果表明，减小履带张紧力能够显著提高履带式行走装置压实作用下垂直应力分布的均匀性。由于履带是柔性体，其张紧力的减小导致了各负重轮与履带间接触面积增大，因此履带与地面间的接触面积也相应增大，从而使各负重轮与地面的接触长度增大，应力分布更加均匀，这与通过降低轮胎气压来减小轮胎对土壤压实应力的方法类似。

另外，履带式行走装置压实作用下的最大水平应力及平均最大水平应力也随履带张紧力的减小有减小的趋势，但并不显著（$p>0.05$）。履带张紧力由 2.8×10^4 kPa 减小至 2.6×10^4 kPa 时，最大水平应力及平均最大水平应力分别减小了约 21.8%及 20%，小于最大垂直应力及平均最大垂直应力的减小量。虽然履带与土壤接触面积的增大减小了土壤内的最大水平应力，但同时也造成履带与土壤接触面剪切力的增大，这在一定程度上增加了土壤内的水平应力，因此最大水平应力的减小并不显著。

研究结果表明，适当地减小履带张紧力能够在一定程度上提高履带式行走装置作用下垂直及水平应力分布的均匀性，从而降低对土壤的压实风险，提高履带式行走装置在软土地面的通过性能。但一些研究发现，履带张紧力过小会造成履带松弛，容易出现脱带、爬齿等现象，造成履带失效，影响车辆行驶的平顺性。因此，通过减小履带张紧力的方法来提高履带式行走装置作用下应力分布的均匀性有一定的局限性。此外，负重轮沿履带长度方向上的布置方式（如负重轮数量、间距等）及负重轮直径的大小，都会影响履带式行走装置与地面的接触情况，进而影响履带式行走装置压实作用下的应力分布。因此，如何通过对履带式行走装置的结构优化来提高其下应力分布的均匀性，是今后需要着重研究的问题。

本节利用在土壤内埋设压力传感器进行测试的方法，研究了履带式行走装置压实作用下垂直及水平应力沿履带长度方向上的分布规律；利用控制变量法，改变履带张紧力大小，以履带式行走装置作用下的最大应力（各应力峰值的最大值）及平均最大应力（各应力峰值的平均值）为评价指标，研究履带张紧力大小对应力分布均匀性的影响，得出以下结论：

（1）履带式行走装置压实作用下的垂直及水平应力沿履带长度方向上的分布极不均匀。垂直应力在各负重轮的轴线附近呈现一个应力峰值；水平应力在各负重轮轴线的前、后方各呈现一个应力峰值，且最小应力在轴线处。对履带式行走装置作用下应力分布规律的研究明晰了履带式行走装置对土壤的压实过程，并为履带式行走装置对土壤压实机理的进一步研究奠定了理论基础。

（2）由于履带式车辆重心的偏移及各负重轮下应力的干涉，造成履带式行走装置各负重轮下的应力峰值大小不同。其中，最大垂直应力出现在履带式行走装置后端的导向轮下方，最大水平应力出现在后支重轮与导向轮之间。保持履带式车辆行驶过程中重心的平衡及合理布置各负重轮在履带长度方向上的位置，是提高履带式行走装置压实作用下应力分布均匀性，减轻履带式行走装置对土壤压实作用的关键因素。

（3）不同履带张紧力条件下所测得的垂直及水平应力分布曲线形状类似，履带式行走装置作用下的应力分布规律相同。履带式行走装置作用下的最大水平应力及平均最大水平应力均随履带张紧力的降低有减小的趋势，其中垂直应力的减小较水平应力明显。研究结果表明，适当减小履带的张紧力能够在一定程度上提高履带式行走装置压实作用下垂直及水平应力分布的均匀性，达到减轻履带式车辆对土壤压实作用的目的。

第 3 章　稻麦联合收获机割台设计

稻麦联合收获机主要由割台、脱粒、清选、集粮、行走等工作部件组成。稻麦联合收获机进入田间收获作物时，随着机器的前进，收获机两侧的分禾器将作物分为收获区域和未收获区域。当作物进入收获区域后，拨禾轮会将作物拨至割台切割器和割台搅龙输送器，被割断的作物通过割台搅龙输送器送至输送槽，输送槽将切割后的谷物送入脱粒及清选系统进行下一步的处理。在联合收获机工作过程中，割台是收获谷物的第一道工序，需要根据田间作物实际情况及时调整割台工作部件，且割台调整多依赖于作业人员的主观经验。

本章选取割台系统作为研究对象，设计联合收获机割台参数调节装置，将机器上的操纵杆操作方式改进为电控方式，分析拨禾轮工作过程并构建拨禾轮转速数学模型，设计拨禾轮转速自动控制算法，实现拨禾轮转速自动控制。

3.1　割台工作过程

稻麦联合收获机割台工作部件包括割台、拨禾轮、切割器、割台搅龙输送器等。

割台高度的升降由作业人员操作操纵杆调节，收获过程中，割台（留茬）高度需要保持一定。实际收获过程中地面起伏变化，作业人员需要及时调整割台高度升降装置以调整割台高度。

拨禾轮的功能是把割台前方的作物拨向切割器，从前方扶持住茎秆，在切割器切割作物后，及时将作物推送给割台搅龙输送器。作物高度变化时，作业人员需要相应调整拨禾轮高度；作物倒伏严重时，需要调整拨禾轮前后位置，以使拨禾轮能够成功推送作物至割台进行切割和输送；作业速度发生变化时，需要相应调节拨禾轮转速，使拨禾轮旋转速度与前进速度相匹配，减少收获损失。

切割器由往复运动的动刀片与固定在护刃器上的定刀配合切断作物茎秆。

割台搅龙输送器将割下的作物向中间集中，靠伸缩拨指将作物扭转 90°后，再纵向送入倾斜输送器，由倾斜输送器将作物送至脱粒装置。稻麦联合收获机割台装置组成如图 3-1 所示。

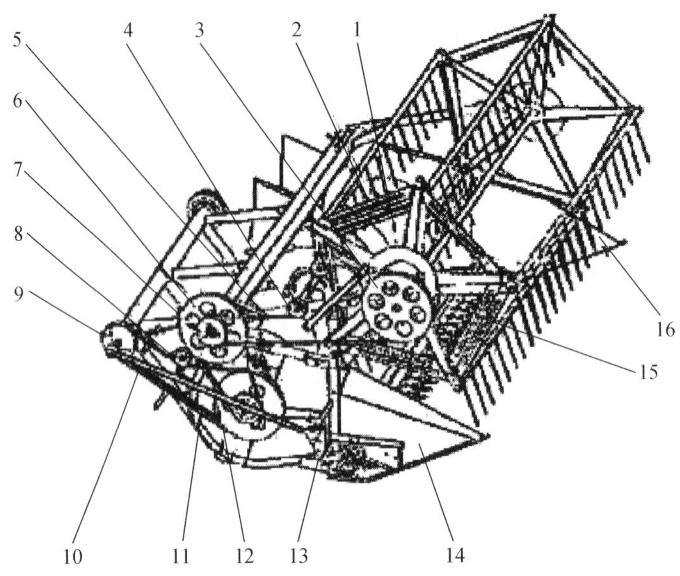

1—割台搅龙输送器；2—拨禾轮；3—拨禾轮驱动轮；4—拨禾轮张紧轮；5—传动皮带；6—大带轮；7—小带轮；8—张紧轮；9—曲柄连杆；10—长连杆；11，12—皮带；13—摆杆；14—右侧分禾器；15—切割器割刀；16—左侧分禾器。

图 3-1 稻麦联合收获机割台装置组成

3.2 割台切割装置

割台切割装置通常由切割器和传动装置组成，其主要作用是切断农作物茎秆。常见的传动装置有曲柄滑块机构、行星齿轮传动机构、摆环传动机构等。因摆环传动机构结构紧凑，占据空间较小且质量轻，产生的惯性也较小，所以传动装置一般选用摆环传动机构。

3.3 拨禾器的设计

3.3.1 拨禾器的选择

收割机和联合收获机上装有的拨禾、扶禾装置，称为拨禾器，它具有如下功能：① 把待割的作物茎秆向切割器的方向引导，在引导的过程中将倒状作物扶正；② 在切割时扶持茎秆，以顺利实现切割；③ 把割断的茎秆推向割台搅龙输送器，以免茎秆堆积在割台上。因此，拨禾、扶禾装置能提高割台的工作质量，减少作物损失，改善机器对倒伏作物的适应性。

比较拨禾和扶禾装置，前者结构简单，适用于收获直立和轻微倒伏的作物，普遍应用于卧式割台收割机和联合收获机；后者多用于立式割台收割机上，它能够较好地将严重倒伏的作物扶起，并能较好地适应立式割台的工作。

3.3.2　拨禾轮的结构设计

为了增强拨禾轮的扶禾能力，可适当调整弹齿倾角，使其对倒伏作物有较强的适应能力，且可以广泛应用于大中型联合收获机，本部分选择设计一种偏心拨禾轮。它由带弹齿的管轴、主辐条(左、右两组)、辐盘、副辐条、偏心盘、偏心吊杆、支承滚轮和调节杆等组成。如图 3-2 所示，M 是固定于拨禾轮轴上的辐盘，M_1 是调节用的偏心圆环。

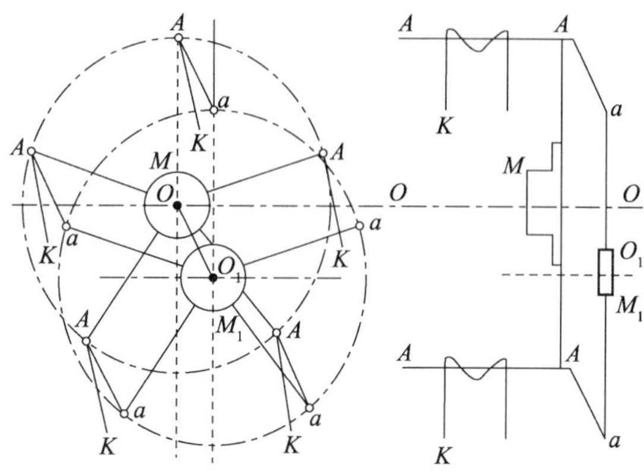

图 3-2　拨禾轮偏心机构示意图

图中，$A-A$ 为管轴，其上固定弹齿 AK，M 的辐条与 $A-A$ 铰接，在管轴 $A-A$ 的一端伸出曲柄 $A-a$，M_1 的辐条与 $A-a$ 铰接，M 和 M_1 的两组辐条长度相等($AO=aO_1$)，偏心距 OO_1(一般为 50～80 mm)和曲柄长度 Aa 相等，因此，整个偏心拨禾轮由 5 组平行四连杆机构 OO_1aA 组成。偏心圆环 M_1 可绕轴心 O 转动。调整偏心圆环 M_1 的位置，即可改变 OO_1 与轴线 OA 的相对位置，曲柄 $A-a$(包括和它成一体的管轴及弹齿 AK)也随之改变其在空间的角度。调整好所需角度后，将 OO_1 的相对位置固定下来，在拨禾轮旋转时，不论转到哪个位置，Aa 始终平行于 OO_1，弹齿 AK 也始终保持调整好的倾角。

倾角调节范围为由竖直向下到向后或向前倾斜 30°。当顺着倒伏作物的方向收割时，将弹齿调到后倾 15°～30°，并将拨禾轮降低并前移；当收割高而密、向后倒伏的作物时，将弹齿调到前倾 15°；当收割直立的作物时，将弹齿调到与地面垂直。

3.3.3　拨禾轮的工作原理

拨禾轮工作时，拨禾轮的运动由联合收获机的前进运动和拨禾轮自身的回转运动组成。图 3-3 所示为拨禾轮任意点的运动轨迹。设拨禾轮中心轴在水平地面的投影为坐标原点，x 轴方向代表联合收获机前进方向，y 轴过坐标原点垂直于 x 轴拨禾轮，让拨禾轮拨禾杆上的一点由水平位置 A 处开始逆时针旋转，则该点的轨迹方程可表示为

$$\begin{cases} x=v_{\mathrm{m}}t+R\cos\omega t \\ y=H-R\sin\omega t+h \end{cases} \tag{3-1}$$

式中：v_{m} 为收割机前进速度，m/s；t 为拨禾轮工作时间，s；R 为拨禾轮半径，m；ω 为拨禾轮旋转角速度，rad/s；H 为拨禾轮中心轴与主切割器的垂直距离，m；h 为主切割器与水平地面的距离，m。

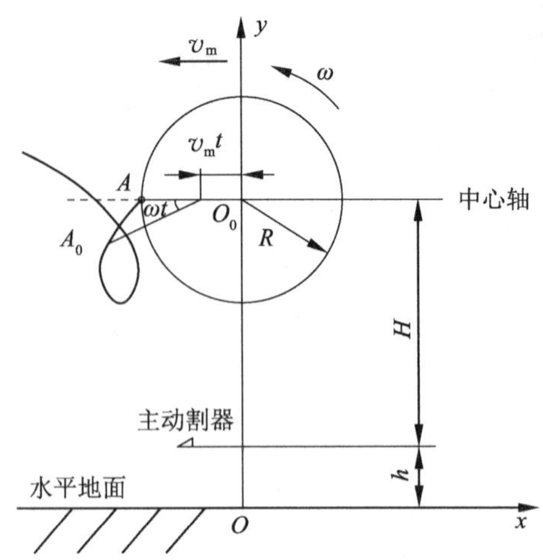

图 3-3　拨禾轮任意点的运动轨迹

对式(3-1)进行求导,可得拨禾轮的水平分速度和竖直分速度:

$$\begin{cases} v_x = \dfrac{dx}{dt} = -R\omega\sin\omega t + v_m \\ v_y = \dfrac{dy}{dt} = -R\omega\cos\omega t \end{cases} \tag{3-2}$$

设拨禾轮的圆周速度为 v_b,联合收获机的作业速度为 v_m,则拨禾速度比 $\lambda = \dfrac{v_b}{v_m} = \dfrac{R\omega}{v_m}$。拨禾轮上任意一点的运动轨迹取决于拨禾速度比 λ。当拨禾速度比发生变化时,拨禾轮上任意一点的运动轨迹也相应地发生变化。如图 3-4 所示,当 $\lambda=0$ 时,拨禾轮不做圆周运动,仅联合收获机在做前进运动,拨禾轮上任意一点的轨迹为直线;当 $0<\lambda<1$ 时,运动轨迹为短幅摆线,无扣环;当 $\lambda=1$ 时,运动轨迹为普通摆线;当 $\lambda>1$ 时,运动轨迹为带扣环状的长幅摆线。轨迹曲线上任意一点的切线方向,即为拨禾杆运动到该点时的绝对速度方向。因为拨禾轮需要扶持待割作物进入割台,所以拨禾轮上的拨禾杆应该具备向后的水平分速度。

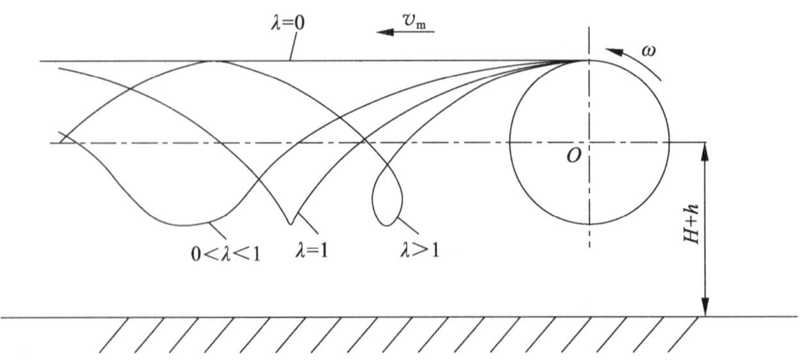

图 3-4　不同 λ 值时拨禾轮任意点运动轨迹

由图 3-4 可以看出，当 $\lambda \leqslant 1$ 时，轨迹曲线上任意一点都不存在向后的水平分速度，不符合拨禾轮运动的要求；当 $\lambda > 1$ 时，余摆线中存在扣环状曲线，在扣环曲线的下半部分，即最长水平横弦下方，拨禾杆具有向后的水平分速度，符合拨禾轮的工作要求。因此，拨禾速度比 $\lambda > 1$ 是拨禾轮正常工作的必要条件。

图 3-5 是拨禾轮余摆线轨迹图。拨禾轮工作时，其上一水平位置的点 A_0 经过时间 t 后运动到点 A_1 位置时（点 A_1 为余摆线最长横弦的端点，A_1A_3 即为余摆线最长横弦），拨禾轮绝对运动速度方向竖直向下，即没有水平方向的分速度。通常要求拨禾轮的拨禾杆在 A_1 位置入禾，这样对作物的打击最小。

令 $v_x = \dfrac{\mathrm{d}x}{\mathrm{d}t} = -R\omega \sin \omega t + v_{\mathrm{m}} = 0$，移项可得

$$\sin \omega t_1 = \frac{v_{\mathrm{m}}}{R\omega} = \frac{1}{\lambda} \tag{3-3}$$

则有

$$t_1 = \frac{\arcsin \dfrac{1}{\lambda}}{\omega}$$

因此

$$\cos \omega t_1 = \sqrt{1 - \sin^2 \omega t_1} = \frac{\sqrt{\lambda^2 - 1}}{\lambda} \tag{3-4}$$

当 A_0 运动到余摆线最低点 A_2 时，即该点位置在拨禾轮圆周最低点，此时 $\omega t_2 = \dfrac{\pi}{2}$，即 $t_2 = \pi / 2\omega$。

将 t_1，t_2 代入公式(3-1)可得

$$\begin{cases} x_1 = v_{\mathrm{m}} \dfrac{\arcsin\left(\dfrac{1}{\lambda}\right)}{\omega} + \dfrac{R\sqrt{\lambda^2 - 1}}{\lambda} = \dfrac{R}{\lambda}\left[\arcsin\left(\dfrac{1}{\lambda}\right) + \sqrt{\lambda^2 - 1}\right] \\ x_2 = v_{\mathrm{m}} \dfrac{\pi}{2\omega} = \dfrac{\pi R}{2\lambda} \end{cases}$$

$$\begin{cases} y_1 = H - \dfrac{R}{\lambda} + h \\ y_2 = H - R + h \end{cases}$$

设 m 为拨禾轮的作用范围，等于余摆线扣环最长横弦 A_1A_3 的一半，则

$$m = x_1 - x_2 = \frac{R}{\lambda}\left[\arcsin\left(\frac{1}{\lambda}\right) + \sqrt{\lambda^2 - 1} - \frac{\pi}{2}\right] \tag{3-5}$$

余摆线最长横弦长度为

$$A_1A_3 = 2m = \frac{2R}{\lambda}\left[\arcsin\left(\frac{1}{\lambda}\right) + \sqrt{\lambda^2 - 1} - \frac{\pi}{2}\right]$$

假设拨禾轮共有 Z 个拨禾板，则相邻两个拨禾板之间的余摆线扣环的节距 S（线段

A_1B_1 的长度)为

$$S=v_m\frac{2\pi}{Z\omega}=\frac{2\pi R}{Z\lambda} \tag{3-6}$$

余摆线扣环最长横弦以下拨禾轨迹垂直高度 q 为

$$q=y_1-y_2=R\left(1-\frac{1}{\lambda}\right) \tag{3-7}$$

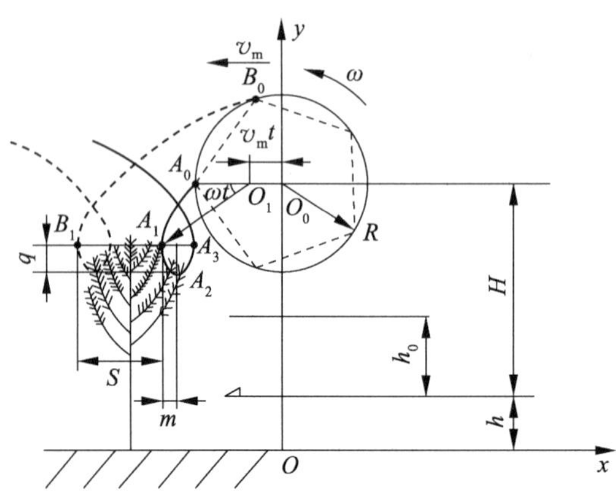

图 3-5　拨禾轮余摆线轨迹

3.3.4　拨禾轮正常工作的条件

拨禾板运动轨迹的形状,也取决于拨禾轮的圆周速度 v_b 与联合收获机的作业速度 v_m 的比值 λ(拨禾速度比)。

轨迹形状随 λ 值变化的规律如图 3-6 所示。λ 值从 0 变化到∞时,拨禾板的轨迹形状由直线(λ=0)变化到短幅摆线(λ<1)、普通摆线(λ=1)、长幅摆线(λ>1)直至圆(λ=∞)。要使拨禾轮完成对茎秆的引导、扶持和推送作用,就必须使拨禾板具有向后的水平分速度。轨迹曲线上各点切线的方向,就是拨禾板在各种位置时的绝对速度方向。由图 3-7 可以看出,当 λ≤1 时,在轨迹曲线上的任何一点,均不具有向后的水平分速度。只有当 λ>1 时,轨迹形状为长幅摆线(常称余摆线),运动轨迹形成扣环,在扣环下部,即扣环最长横弦的下方,拨禾板具有向后的水平分速度。

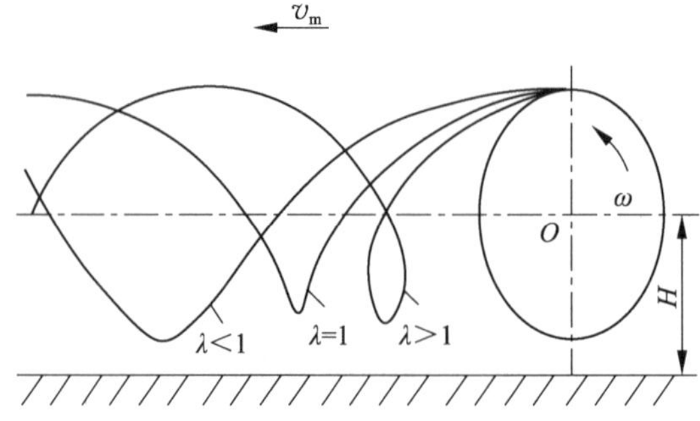

图 3-6　不同 λ 值时拨禾板的运动轨迹

由此可知，拨禾轮正常工作的必要条件是拨禾速度比 $\lambda>1$。

3.3.5　拨禾轮主要性能参数的确定

（1）拨禾轮的直径

拨禾轮直径的确定与它所要具备的功能有关，应遵循以下两个原则：

① 拨木轮拨板进入禾丛时，其水平分速度为零；

② 拨禾轮拨板扶持切割时应作用在禾秆割取部分的 1/3 处（即重心上方不远处）。

如图 3-7 所示，根据以上两个条件，可以确定

$$R=O_2B=O_1O_2\sin\varphi_1+(L-h)\times\frac{1}{3} \tag{3-8}$$

式中：R 为拨禾轮半径，mm；L 为作物自然高度，mm；h 为割茬高度，mm；φ_1 为入禾角，(°)。

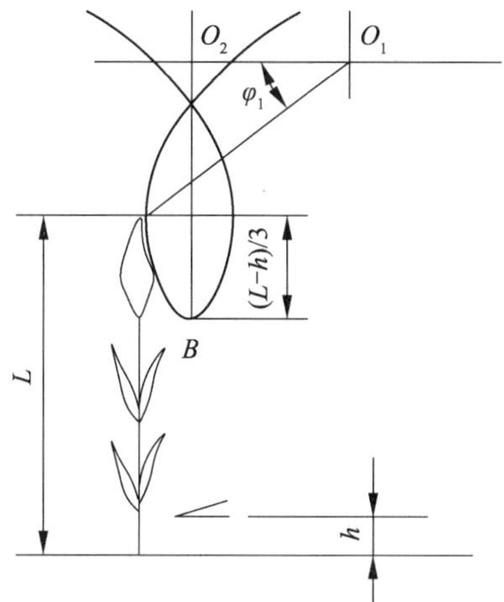

图 3-7　拨禾轮直径的确定

此时

$$\sin\varphi_1=\frac{1}{\lambda} \tag{3-9}$$

则拨禾轮的半径为

$$R=\frac{\lambda(L-h)}{3(\lambda-1)} \tag{3-10}$$

根据实际收获作业状况，分别取 $\lambda=1.5$，$L=1000$ mm，$h=100$ mm，即有

$$D=2R=\frac{2\lambda(L-h)}{3(\lambda-1)}=\frac{2\times1.5\times(1000-100)}{3\times(1.5-1)}=1\ 800\ \text{mm}=1.8\ \text{m} \tag{3-11}$$

式中：D 为拨禾轮直径，m；λ 为拨禾速度比。

（2）拨禾轮的转速

在选择拨禾轮的转速时，首先应确定拨禾速度比 λ。

由前面的分析可知，拨禾轮正常工作的必要条件为 $\lambda>1$。增大拨禾速度比 λ 时，拨禾轮的作用范围和作用强度都会增加。但当联合收获机作业速度 v_m 一定时，要增大 λ 值，

就要提高拨禾轮的圆周速度 v_b，这将导致拨禾板对作物穗部的冲击加大，使落粒损失迅速增加。实践证明，拨禾轮的圆周速度 v_b 一般不宜超过 3 m/s，因此，拨禾轮拨禾速度比 λ 的提高受到其最大圆周速度的限制。

λ 值需根据拨禾轮拨板数、作业速度和收获时作物的成熟程度等条件来确定。实验测得适应不同作业速度的 λ 值如表 3-1 所示。

表 3-1 适应不同作业速度的 λ 值

作业速度/($m \cdot s^{-1}$)	拨禾轮圆周速度/($m \cdot s^{-1}$)	λ 值
0.34	1.03～1.20	1.53～1.88
0.97	1.53～1.67	1.53～1.72
1.30	1.63～1.82	1.23～1.40
1.68	1.93～2.01	1.13～1.20
1.90	2.20	1.16

根据已确定的 λ 值和机器前进速度，可以确定拨禾轮的转速 n。例如：选取 $\lambda=1.5$，机器前进速度 $v_m=1.0$ m/s，则有

$$v_b=\frac{nD\pi}{60} \tag{3-12}$$

又因为

$$\lambda=\frac{v_b}{v_m} \tag{3-13}$$

则

$$n=\frac{60v_m\lambda}{\pi D}=\frac{60\times1.0\times1.5}{3.14\times1.8}\approx16\ \text{r/min} \tag{3-14}$$

式中：n 为拨禾轮的转速，r/min；D 为拨禾轮的直径，m；v_m 为联合收获机作业速度，m/s；λ 为拨禾速度比。

(3) 割幅

割幅计算公式如下：

$$B=\frac{667q\beta}{Av_m} \tag{3-15}$$

式中：q 为设计喂入量，kg/s，根据生产需要、作物特性、机型确定；β 为割下作物的谷草比(谷粒重/割下物总重)；A 为作物的平均产量，kg/亩；v_m 为联合收获机的平均作业速度，m/s。

(4) 拨禾轮的功率消耗

拨禾轮在引导、推送茎秆的过程中需克服茎秆弹性变形阻力、穗部重力、作物茎秆缠绕阻力及空转阻力等，其功率消耗可按下式作近似计算：

$$P=F_nBv_b \tag{3-16}$$

式中：F_n 为拨禾轮单位宽度上的切向阻力，取 $F_n=40$ N/m；B 为割幅，m；v_b 为拨禾轮圆周速度，m/s。

3.3.6　拨禾轮的工作过程分析

拨禾轮拨板从开始接触未割作物，到将已割作物向后推送并与之脱离，形成一个完整的工作过程。要使拨禾轮具有良好的工作质量，除了必须满足 $\lambda>1$ 的条件外，还应该满足工作过程中不同阶段的具体要求：拨板在入禾时，其水平分速度应该为零，这样对作物穗部的冲击最小，可以减少落粒损失；切割时，拨板应扶持作物茎秆，以配合进行切割，避免切割器将茎秆向前推倒；茎秆切断后，拨板应继续稳定地向后推送，以清扫割刀，并防止作物向前翻倒或被向上挑起，造成损失。

(1) 拨板的入禾角

图 3-8 为拨禾轮的工作过程简图。图中假设拨禾轮轴安装在切割器的正上方，作物直立，作物高度为 L。

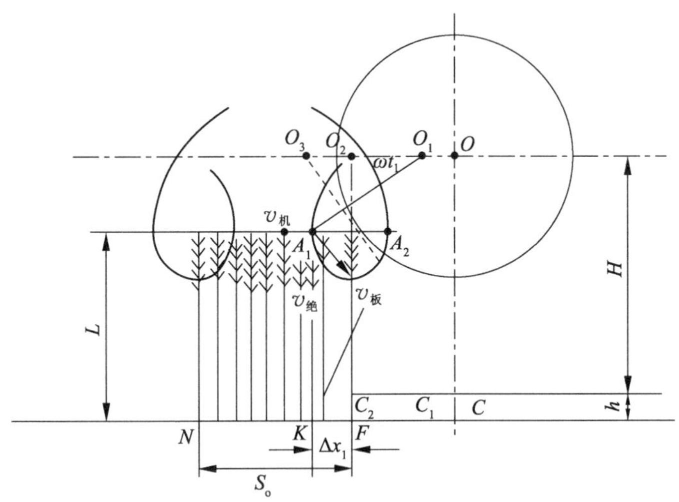

图 3-8　拨禾轮的工作过程简图

拨禾轮作业时为了减少拨板对谷物的冲击，拨板进入禾丛时，其水平分速度应为零，即

$$v_x=\frac{\mathrm{d}x}{\mathrm{d}t}=v_\mathrm{m}-R\omega\sin\omega t_1=0 \tag{3-17}$$

则有

$$\sin\omega t_1=\frac{v_\mathrm{m}}{R\omega}=\frac{1}{\lambda} \tag{3-18}$$

取 $\lambda=1.5$，则拨板的入禾角 ωt_1 为

$$\omega t_1=\arcsin\frac{1}{\lambda}=\arcsin\frac{1}{1.5}=\frac{\pi}{4} \tag{3-19}$$

(2) 拨禾轮高度分析

由图 3-9 可以建立下列关系式

$$L+R\sin\omega t_1=h+H \tag{3-20}$$

而

$$\sin\omega t_1=\frac{1}{\lambda}$$

两式整理可得拨禾轮的安装高度 H 为

$$H=L+\frac{R}{\lambda}-h \tag{3-21}$$

式中：H 为拨禾轮的安装高度，mm；h 为割刀离地高度，mm；R 为拨禾轮的半径，mm；λ 为拨禾速度比；L 为所收获作物的自然高度，mm。

若分别取 $h=100$ mm，$R=450$ mm，$\lambda=1.5$，$L=1\ 000$ mm ，可得拨禾轮的安装高度为

$$H=L+\frac{R}{\lambda}-h=1\ 000+450/1.5-100=1\ 200\ \text{mm} \tag{3-22}$$

3.3.7 拨禾轮弹齿的设计

设计一种通过后端与拨禾轮连接的拨禾轮弹齿齿体。弹齿齿体采用弹簧钢丝制成，呈弧状，弹齿齿体通过后端设置的安装孔与收割机拨禾轮螺栓连接。

设计拨禾轮弹齿两齿间的宽度为 $b=118$ mm，长度为 $l_0=215$ mm，如图 3-9 所示。将弹齿分别安装在偏心拨禾轮的 5 组平行四连杆机构上，每两个弹齿之间的中心间隔为 $a=230$ mm。

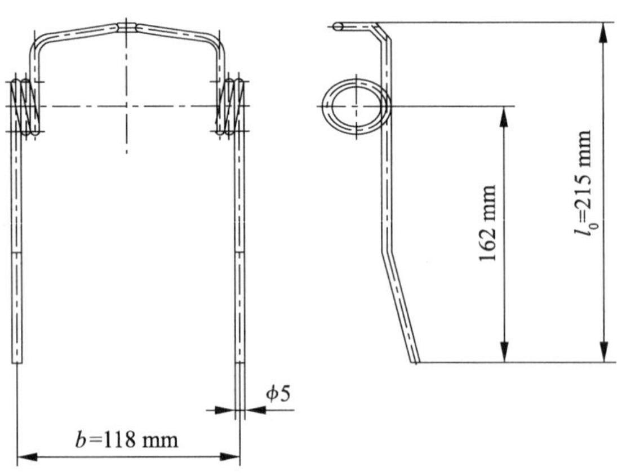

图 3-9 拨禾轮弹齿结构示意图

所以每个连杆上应有弹齿

$$n=\frac{B}{a} \tag{3-23}$$

整个拨禾轮所需弹齿的总数量为

$$N=5n$$

3.4 割台搅龙输送器的设计

3.4.1 割台搅龙输送器的设计

割台搅龙输送器由螺旋和伸缩扒指两大部分组成(见图 3-10)。螺旋将割下的作物推

向伸缩扒指，扒指将谷物流转过 90°纵向送入倾斜输送器，由输送链耙将作物喂入滚筒。

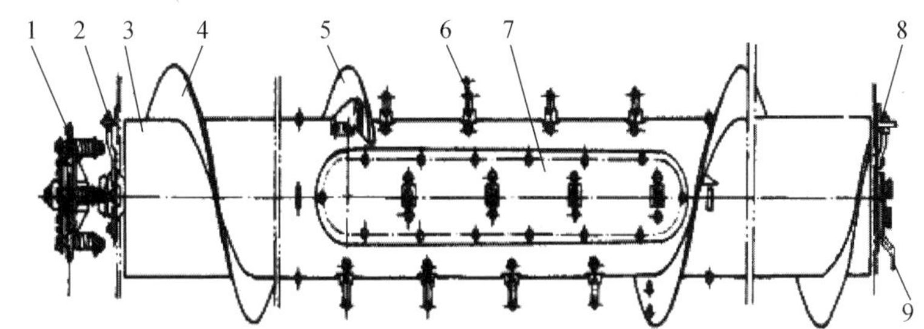

1—主动链轮；2—左调节杆；3—螺旋筒；4—螺旋叶片；5—附加叶片；6—伸缩扒指；7—检视盖；8—右调节杆；9—扒指调节手柄。

图 3-10　割台搅龙输送器

割台搅龙的主要参数有内径、外径、螺距和螺旋转速等。

(1) 确定割台搅龙的内径时，应使其周长略大于割下作物茎秆的长度，以免被茎秆缠绕。水稻收获时，割下茎秆的长度约为 900 mm，所以割台螺旋的内径 d 应满足 $\pi d \geqslant 900$ mm，即 $d \geqslant \frac{900}{3.14}$ mm。设计时，选取割台螺旋内径 $d=300$ mm。

(2) 确定割台搅龙的外径时，应注意螺旋叶片的高度不宜过小，应能容纳割下的作物(设计采用的叶片高度为 100 mm)，设计取螺旋外径为 $D=500$ mm。

(3) 螺距的大小取决于螺旋叶片对作物的输送能力。利用螺旋叶片输送作物，必须克服作物对叶片的摩擦阻力，使输送物前进。为此，螺旋推运器的螺距 S 值应为

$$S \leqslant \pi d \tan\alpha = \pi \times 300 \times \tan 20^\circ = 342.8 \text{ mm} \tag{3-24}$$

式中：d 为螺旋内径；α 为内径的螺旋升角，这里取为 20°。

为了保证螺旋叶片对作物的输送能力并提高输送的均匀性，选择螺距值 $S=340$ mm。

(4) 螺旋转速只能按经验数据确定，一般在 150～200 r/min 范围内即可满足输送要求。

本设计中，根据收获机的实际传输动力和收割功率，确定螺旋转速为 $n=178$ r/min。

由于输送的作物不会充满螺旋叶片空间，因此，从螺旋叶片到伸缩扒指的输送过程并不是均匀连续的，而是一小批一小批地输送给伸缩扒指。如果伸缩扒指位于左右螺旋的中部，为了提高喂入的均匀性，左旋叶片和右旋叶片与伸缩扒指交接的两个端部应相互错开 180°。有的螺旋叶片还装有附加叶片，延伸到伸缩扒指之中，这也是为了改善割台搅龙输送器的喂入均匀性。

3.4.2　伸缩扒指结构的设计

伸缩扒指安装在螺旋筒内，由若干个扒指并排铰接在一根固定的曲轴上(见图 3-11)。曲轴与固定轴固结在一起，曲轴中心 O_1 与螺旋筒中心 O 有一偏心距。扒指的外端穿过球铰连接于螺旋筒上。这样，当主动轮通过转轴使螺旋筒旋转时，就带动扒指一同旋转。但由于两者不同心，扒指就相对于螺旋筒面做伸缩运动。由图可见，当螺旋筒上一点 B_1 绕

其中心 O 转动 90°到 B_2 时，带动扒指绕曲柄中心 O_1 转动，扒指向外伸出螺旋筒的长度增大；由 B_2 转到 B_3，B_4 时，扒指的伸出长度减小。

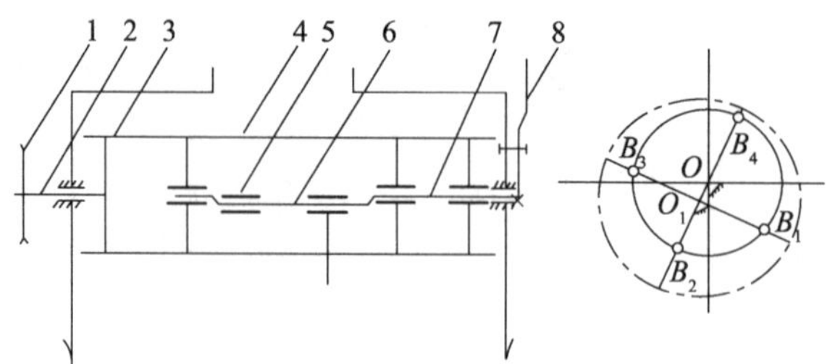

1—主动轮；2—转轴；3—螺旋筒；4—球铰；5—扒指；6—曲轴；7—固定轴；8—调节手柄。

图 3-11　伸缩扒指机构

实际工作中，要求扒指转到前下方时具有较大的伸出长度，以便向后扒送作物；当扒指转到后方或后上方时应缩回螺旋筒内，以免回草，造成损失。

如果使曲轴中心 O_1 绕螺旋筒中心 O 相对转动一个角度，则可改变扒指最大伸出长度所在的位置，同时扒指外端与割台底板的间隙也随之改变。因作物喂入量加大而需将割台螺旋向上调节时，扒指外端与底板的间隙会随之增大，此时应转动曲轴的调节手柄，使扒指外端与割台底板的间隙保持在 10 mm 左右。

3.4.3　伸缩扒指主要参数的确定

伸缩扒指的主要参数有扒指长度 L 和偏心距 e。

当扒指转到后方或后上方时，应缩回螺旋筒内，但为防止扒指端部磨损掉入筒内，扒指在螺旋筒外应留有 10 mm 余量。当扒指转到前方或前下方时，应从螺旋筒内伸出。为达到一定的抓取能力，扒指应伸出螺旋叶片外 40～50 mm。

在图 3-12 中，D 为螺旋外径，d 为螺旋内径（即螺旋筒直径），L 为扒指长度，e 为偏心距。

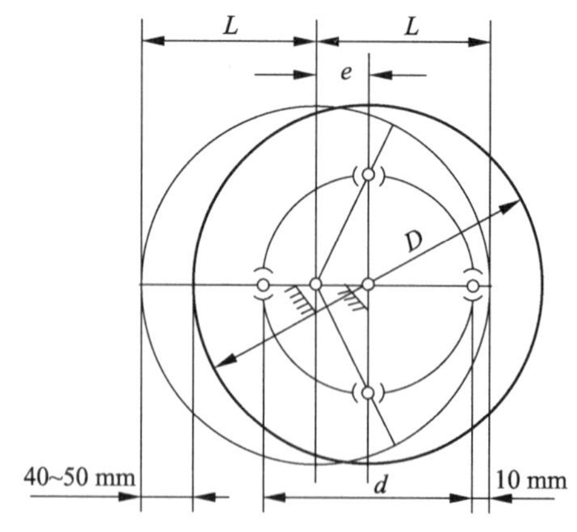

图 3-12　扒指长度及偏心距

由图 3-12 中的几何关系，即可确定 L 和 e 的计算式

扒指长度
$$L=\frac{(D+d)}{4}+25 \tag{3-25}$$

偏心距
$$e=\frac{(D-d)}{4}+25 \tag{3-26}$$

当 $D=500$ mm，$d=300$ mm 时，扒指长度 $L=225$ mm，偏心距 $e=75$ mm。

3.5　往复式切割器的设计

谷物联合收获机是将收割机和脱粒机用中间输送装置连接成一体的机械。由于其生产率高、收获损失少、机械化水平高，大大降低了收获的劳动强度，改善了劳动条件，且能实现及时收获，因而被广泛应用于现代农业生产的收获环节。往复式切割器是现代谷物联合收获机中广泛使用的切割部件。切割图是评价切割器工作性能的重要工具。

现有的资料给出了用描点法绘制切割图的思路与步骤(见图 3-13)，并指明三个区域：① 一次切割区(Ⅰ)：此区内的作物被动刀片推至定刀片刃线上，并在定刀片支持下切割。② 重割区(Ⅱ)：割刀的刃线在此区通过两次，有可能将割过的残茬重割一次，因而浪费功率。③ 空白区，即漏割区(Ⅲ)：割刀刀刃没有从此区通过，该区的作物被割刀推向前方的下一行程的一次切割区内，在下一行程切割中被切断。在空白区，茎秆的纵向倾斜量较大，割茬较高，且由于切割较集中，切割阻力较大。如果空白区太长，有的茎秆被推倒会造成漏割。空白区和重割区都对切割性能有不良的影响，因此应力争减少这两个区域的面积。漏割区和重割区的面积与影响切割图的割刀进距有直接关系。当割刀进距增大时，切割图变长，漏割区增大，而重割区减小；反之，则漏割区减小，而重割区增大。此外，动刀片的刃部高度也影响切割图的形状：刃部高度增大时，漏割区减小，而重割区增大；反之，则漏割区增大，而重割区减小。因此，正确选择割刀进距与动刀刃部高度非常重要。

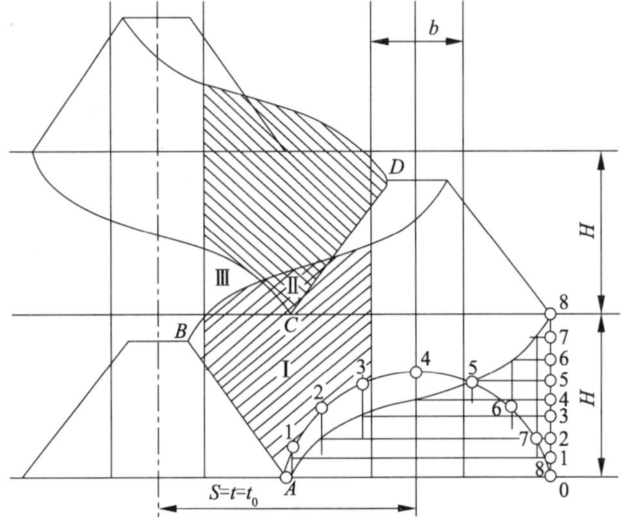

图 3-13　标准切割器的切割图

目前研究只是定性地描述了割刀进距对切割图中三块区域面积变化的影响。但当某个工作参数变化时，切割图中三块区域面积在数量上究竟如何变化，存在什么变化规律，迄今仍然未知。

本节对往复式切割器的构造、类型、结构的标准化、割刀进距，以及传统绘制切割图的方法做简单介绍，并分析影响往复式切割器工作性能的主要因素。另外，推导切割器的纵向位移与横向位移间的关系式，并指出利用传统高等数学知识解决面积的计算问题时，会因解不出原函数而无法实现。

3.5.1 往复式切割器的构造

往复式切割器由往复运动的割刀和固定不动的支承部分组成（见图 3-14）。割刀由刀杆、动刀片和刀杆头等铆合而成。刀杆头与传动机构相连接，用以传递割刀的动力。固定部分包括护刃器梁、护刃器、铆合在护刃器上的定刀片、压刃器和摩擦片等。工作时，割刀做往复运动，护刃器前尖将谷物分成小束并引向割刀，割刀在运动中将禾秆推向定刀片进行剪切。

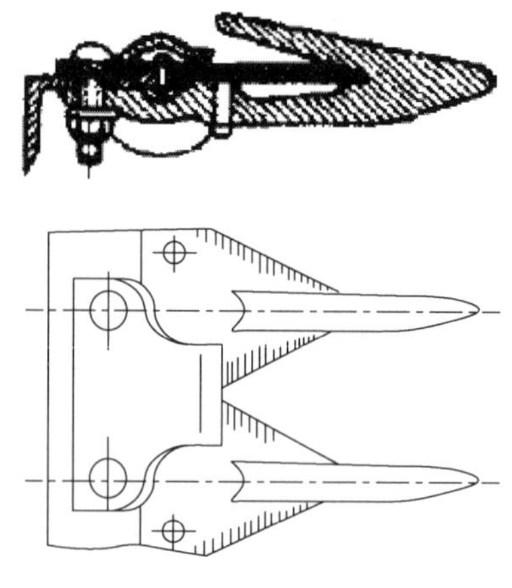

图 3-14 往复式切割器

(1) 动刀片。动刀片的主要切割件为对称六边形（见图 3-15），两侧为刀刃。刀刃的形状有光刃和齿纹刃两种。光刃切割较省力，割茬较整齐，但使用寿命较短，工作中需经常磨刀。齿纹刃刀片则不需磨刀，虽切割阻力较大，但使用较方便。在联合收获机上多采用齿纹刃，而牧草收割机由于牧草密、湿，切割阻力较大，多采用光刃刀片。刀刃的刃角 i 对切割阻力和使用寿命影响较大，当刃角 i 由 14°增至 20°时，切割阻力增加 15%；刃角太小时，刀刃磨损快且容易崩裂，工作不可靠。一般取光刃刀片刃角为 19°；齿纹刃刀片的刃角 i 为 23°～25°。为使光刃刀片磨刀后刃部高度不变，刀片前端顶宽 b 一般取 13～16 mm，齿纹刃刀片 b 值更小些。刀片一般用工具钢（T8，T9）制成，刃部经热处理，热处理宽度为 3～15 mm，淬火带硬度为 HRC 50－60，非淬火区不得超过 HRC 35，每厘米刀刃长度上有 3～7 个齿，刀刃厚度不超过 0.15 mm。

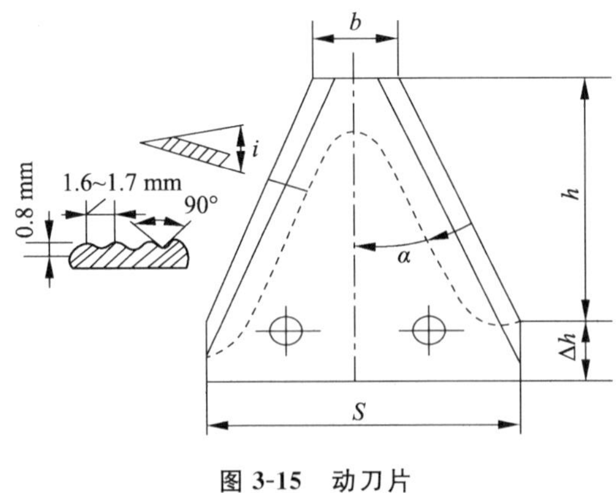

图 3-15　动刀片

(2) 定刀片。定刀片为支承件，一般为光刃，但当动刀片采用光刃时，为防止茎秆向前滑出，定刀片也可采用齿纹刃。国外部分机器的护刃器上没有定刀片，由锻钢护刃器支持面起支承切割的作用。

(3) 护刃器。护刃器的作用是保持定刀片的正确位置，保护割刀，对禾秆进行分束，利用护刃器上舌与定刀片构成两点支承的切割条件等。其前端呈流线型并少许向上或向下弯曲，后部有刀杆滑动的导槽。护刃器一般由可锻铸铁或锻钢、铸钢等制成，可铸成单齿一体、双齿一体或三齿一体。单齿一体损坏后易于更换，但安装和调节较麻烦，现多采用双齿护刃器。

(4) 压刃器。为了防止割刀在运动中向上抬起，并保持动刀片与定刀片正确的剪切间隙(前端不超过 0～0.5 mm，后端不超过 1～1.5 mm)，在护刃器梁上每隔 30～50 cm 装有压刃器(割草机上的间隔为 20～30 cm)。压刃器通常为冲压钢板或韧铁件，能弯曲变形以调节它与割刀的间隙。

(5) 摩擦片。部分切割器在压刃器下方装有摩擦片，用以支承割刀的后部使之具有垂直和水平方向的两个支承面，以代替护刃器导槽对刀杆的支承作用。当摩擦片磨损时，可增加垫片使摩擦片抬高或将其向前移动。装有摩擦片的切割器，其割刀间隙调节较方便。

3.5.2　往复式切割器的类型

往复式切割器的割刀做往复运动，结构较简单，适应性较广。目前在谷物收割机、牧草收割机、谷物联合收获机和玉米收获机上应用较多。

往复式切割器按结构尺寸与行程关系分为普通Ⅰ型，普通Ⅱ型和低割型。

(1) 普通Ⅰ型(见图 3-16a)

其尺寸关系为

$$S=t=t_0=76.2\ \text{mm}$$

式中：S 为割刀行程；t 为动刀片间距；t_0 为护刃齿间距。

该切割器割刀的切割速度较高，切割性能较好，对粗、细茎秆的适应性较强，但切割时茎秆倾斜度较大，割茬较高。这种切割器在国际上应用较为广泛，多用于麦类作物和牧草收割机。

在水稻收割机上，采用比标准尺寸小的切割器，其尺寸关系为

$$S=t=t_0=50\ \text{mm}(或\ 60,70\ \text{mm})$$

其特点如下：动刀片较窄长(切割角较小)，护刃器为钢板制成，无护舌，对立式割台的横向输送较为有利。其切割能力较强，割茬较低。

在粗茎秆作物收割机上，采用比标准尺寸大的切割器，其尺寸关系为

$$S=t=t_0=90\ \text{mm}(或\ 100\ \text{mm})$$

其特点如下：护刃齿的间距较大，专用于收割粗茎秆作物。青饲玉米收割机、高粱收割机和对行收割的玉米收获机常采用。

(2) 普通Ⅱ型(见图 3-16b)

其尺寸关系为

$$S=2t=2t_0=152.4\ \text{mm}$$

该切割器的动刀片间距 t 及护刃齿间距 t_0 与普通Ⅰ型相同，但其割刀行程为普通Ⅰ型的 2 倍。其割刀往复运动的频率较低，因而往复惯性力较小。这点对抗振性较差的小型机器具有特殊意义，适合在小型收割机和联合收获机上采用。

(3) 低割型(见图 3-16c)

其尺寸关系为

$$S=t=2t_0=76.2\ \text{mm}\ 或\ 101.6\ \text{mm}$$

该切割器的割刀行程 S 和动刀片间距 t 均较大，但护刃齿的间距 t_0 较小。切割时，茎秆倾斜量和摇动较小，因而割茬较低，对收割大豆和牧草较为有利，但对粗茎秆作物的适应性较差。

低割型切割器由于切割时割刀速度较低，在茎秆青湿和杂草较多时切割质量较差，割茬不整齐并有堵刀现象，目前在稻麦收割机上采用较少。

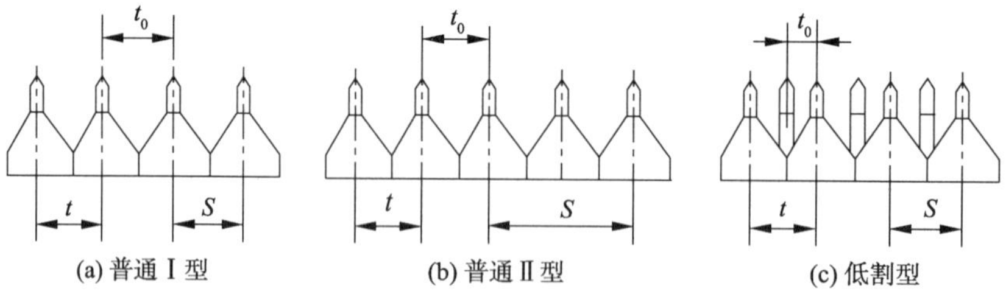

图 3-16　往复式切割器类型

3.5.3　往复式切割器的结构标准化

为了便于组织专业化生产和零配件供应，一般将切割器分为三种型式：

(1) Ⅰ型切割器：$t=t_0=76.2$ mm，动刀片为光刃，刀片水平倾角为 $6°30'$，护刃器为单齿，设有摩擦片，适用于割草机。

(2) Ⅱ型切割器：$t=t_0=76.2$ mm，动刀片为齿纹刃，护刃器为双齿，设有摩擦片，适

用于谷物收割机和联合收获机。

(3) Ⅲ型切割器：$t=t_0=76.2\ \mathrm{mm}$，动刀片为齿纹刃，护刃器为双齿，无摩擦片，适用于谷物收割机和谷物联合收获机。

3.5.4 割刀进距

割刀进距对切割图有重要的影响，割刀进距是指割刀走过一个行程(S)时，机器前进的距离。割刀进距用下式计算：

$$H=v_{\mathrm{m}}\frac{60}{2n}=\frac{30v_{\mathrm{m}}}{n} \tag{3-27}$$

或

$$H=\frac{\pi v_{\mathrm{m}}}{\omega}$$

式中：v_{m} 为机器前进速度；n 为割刀曲柄转速；ω 为割刀曲柄角速度。

3.5.5 切割图及传统绘制方法

往复式切割器的切割图是割刀动刀片刃部在两个行程中对地面的扫描图形。传统的绘制切割图的方法是描点法。

标准Ⅱ型切割器切割图绘制步骤如下：

(1) 先在图上画出两个相邻定刀片的中心线和刃线的轨迹(即纵向平行线)。

(2) 按给定的参数(v_{m} 及 n)计算割刀进距 H，并画出动刀片原始位置和走过两个行程后的位置。

(3) 以动刀片原始位置的刃部点 A 为基准，用作图法画出该点的轨迹线。

① 以点 A 为始点，以 r 为半径作半圆，将圆弧分成 n 等分，并做好标记。

② 将动刀片的进距线分成同等的 n 等分，并做好标记。

③ 在圆弧的各等分点，画纵向平行线；在进距线的等分点，画横向平行线。找出同样标记的纵、横平行线的交点并连成曲线，即为动刀片的轨迹线。

(4) 按点 A 的轨迹图形画出 AB 及 CD 两刃线的端点的轨迹线，即得动刀片刃部在两个行程中对地面的扫描图形——切割图(见图 3-12)。

3.6 倾斜输送装置的设计

输送装置作为连接割台与脱粒分离装置的重要部件，在联合收获机工作时，确保作物连续均匀地喂入脱粒分离装置，其可靠性也在很大程度上影响着联合收获机的工作效率。

3.6.1 输送装置的工作原理

输送装置工作时，与水平面呈一定角度，水稻经割台切割后缓缓喂入输送装置底部，输送装置主动链轮的旋转，带动传动链运动，使得固定在滚子链上的耙齿推动水稻在输送装置底板上向前运动，当水稻升至顶部时，被喂入脱粒分离装置，在脱粒分离装置中螺旋喂入头的旋转作用下，水稻最终进入脱粒室。输送装置结构示意图如图 3-17 所示。

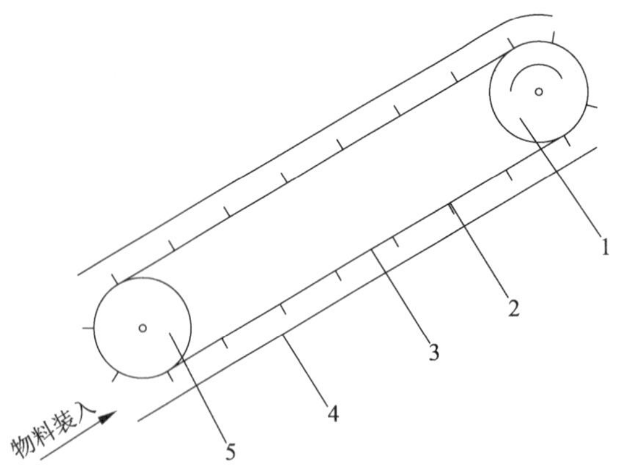

1—主动轮;2—耙齿;3—传动链;4—壳体;5—被动轮。

图 3-17 输送装置结构示意图

3.6.2 总体结构设计

现有的输送装置多为链耙式,该输送方式具有输送能力强,提升角度大,可使作物缓慢、均匀地喂入等优点,广泛应用于国内外联合收获机上。输送装置的结构主要包括输送装置壳体、主动轮、被动轮、传动链、耙齿、张紧机构等,其结构如图 3-18 所示。

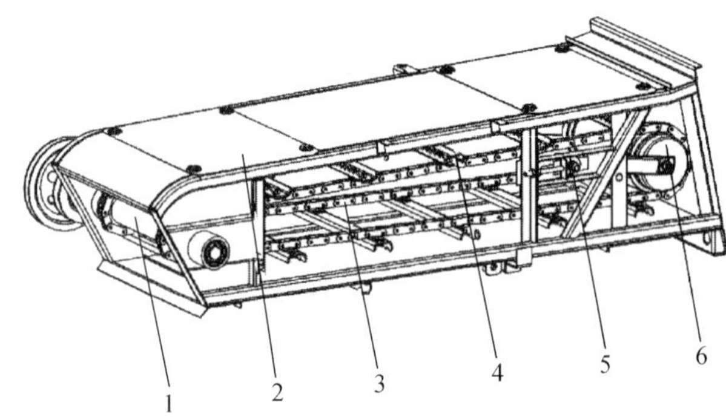

1—主动轮;2—输送装置壳体;3—传动链;4—耙齿;5—张紧机构;6—被动轮。

图 3-18 输送装置总体结构

3.6.3 主动轮设计

主动轮是整个输送装置的动力输入,它带动整个输送装置运动,核心部件为主动轴与链轮。输送装置主动轮的转速直接决定了传动链的线速度。传动链线速度过低时,容易造成输送装置堵塞,而传动链线速度过高则会引起输送装置剧烈振动,进而缩短机器的使用寿命。为保证输送装置不堵塞,传动链线速度应与所设计联合收获机的割台搅龙的线速度相匹配,一般传动链线速度为 3.5 m/s。

输送装置的传动链广泛采用滚子链,链轮主要参数选择以链条为主。本设计中链条节距 P 选 38.1 mm,链轮齿数 $Z_1=8$,故而链轮节圆直径

$$D_1=\frac{P}{\sin\frac{180°}{Z_1}} \tag{3-28}$$

根据计算结果，D_1 取 99 mm，主动轴转速 $n_1=670$ r/min，主动轴的直径一般为 35 mm。主动轮两链轮的间距决定了传动链的间距，传动链间距不能过大或者过小，过大易造成物料堆积在中间，过小则物料堆积在两侧。因此，传动链间距取 275 mm。

3.6.4　耙齿设计

输送装置耙齿的齿高一般为 25 mm，板厚为 4 mm，为保证输送效率，耙齿间距取 230 mm，由于输送物料多为籽粒，采取一耙齿一板齿交替安装的方式，以减少对籽粒的损伤。输送耙齿结构如图 3-19 所示。

耙齿与底板间隙直接影响物料输送效果，通过调节张紧装置，改变被动轮位置，可调节传动链的张紧度，同时调节耙齿与底板间隙，保证传动链张紧度不紧、不松，一般取耙齿与底板间隙为 10 mm，而被动轮上设有 3～30 mm 的浮动量，可根据喂入量调节，防止堵塞。为了物料喂入顺利，被动轮与割台搅龙的间隙要能够保证耙齿及时抓取作物，通常取 60～70 mm。

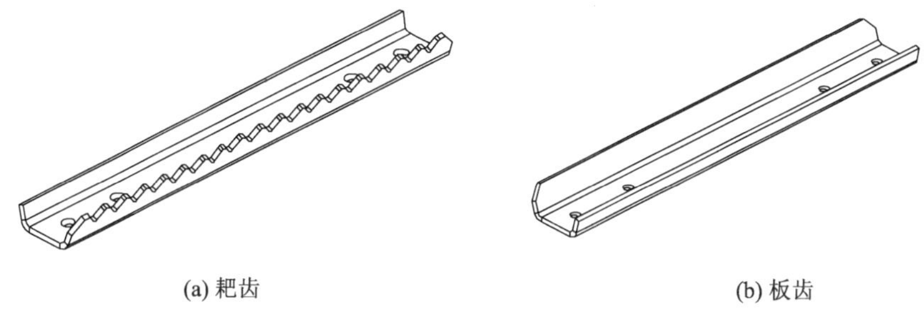

(a) 耙齿　　(b) 板齿

图 3-19　输送耙齿

3.6.5　输送装置壳体设计

输送装置壳体应具有良好的刚度和强度，此次所设计的输送装置壳体主要由方管、钣金件等焊接而成，材料使用 Q235 型钢。为减轻壳体质量，对壳体壁厚、板厚进行削减，同时为方便割台的拆卸，对壳体与割台连接部分进行简化，使用快速挂接的方式，减少了螺栓的使用。输送装置壳体结构如图 3-20 所示。

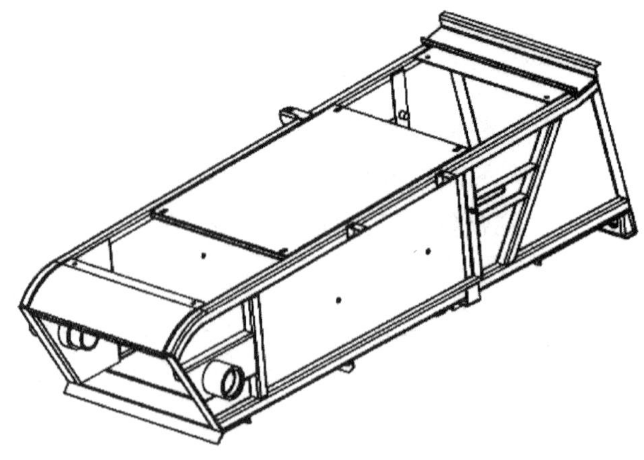

图 3-20　输送装置壳体结构

3.6.6　“中分收割”的总体配置设计

通过对小型履带式联合收获机进行总体设计及整机平衡分析，实现小型联合收获机的“中分收割”，可提高丘陵小田块机械收获的机动性与作业效率。本设计首次在小型水稻联合收获机上采用割台与输送槽“T”形配置(见图 3-21)，机器可从任意位置进入田间进行收获作业，提高了小型联合收获机的作业机动性，减少空行程，解决了传统小型全喂入联合收获机割台与输送槽呈“L”形配置不能进行“中分收割”的问题。

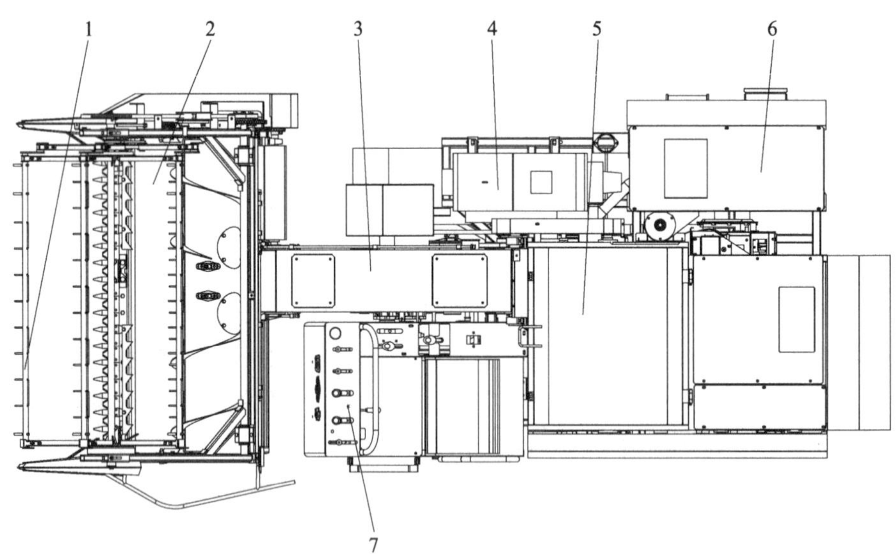

1—拨禾轮；2—割台；3—输送槽；4—柴油机；5—脱粒机体；6—粮箱；7—操纵台。

图 3-21　割台与输送槽“T”形配置

3.7　双动刀切割器及其驱动机构设计

3.7.1　割台的工作过程

双动刀往复式切割器具有切割速度快、振动小和切割倒伏作物时不会被架空等特点，在半喂入式稻麦联合收获机上已普遍应用。但应用于全喂入式联合收获机，尚需解决双动刀切割器的驱动机构设计和切割作物的横向支承问题，因为双动刀切割器没有定刀片和护刃器。全喂入式联合收获机的驱动机构一般设在收割台割幅以外，若驱动机构过宽，会影响开道作业，故要求驱动机构外伸宽度小于作物种植行距。关于双动刀切割器及其驱动机构的研究国内还不多见，日本的井上英二等进行过驱动机构相关研究，但不全面。因此，对双动刀切割器及其驱动机构进行理论与试验研究很有必要。本节在单动刀摇臂机构支点两端设计驱动摇臂，根据杠杆支点两端运动方向相反的原理设计了适合全喂入联合收获机应用的双层联合驱动机构，并应用于导禾器，解决了无护刃器切割器的导禾和横向切割支承问题。

3.7.2　基本结构及工作原理

如图 3-22 所示，双动刀切割器的上、下动刀组及压刃器等部件都安装在切割器梁 6 上，导禾器 12 为钢质“人”字结构，以一定间距固定在切割器梁 6 上，而切割器梁 6 作为一个组件安装在机架 5 上。双动刀驱动装置为两组上下配置的双层联动叠加式摇臂机构。该装置以原有的单动刀摇臂机构 19（三角摆块）驱动上动刀，并利用支点两端做反向运动的原理在三角摆块 19 上增设一段驱动下动刀的摇臂，其长度根据上、下动刀行程等要求通过平面机构综合求得。作业时，上动刀驱动摇臂机构 19 通过上动刀驱动头 16，下动刀驱动摇臂机构 3 通过下动刀驱动头 17，带动上、下动刀组做方向相反、行程相等的往复运动，从而切割作物。整个驱动机构及切割器梁 6 外伸收割台侧壁宽度小于作物种植行距，采用Ⅵ型切割器的动刀片、动刀杆与压刃器等标准元件，行程 S 和动刀距 t 相等，即 $S=t=50$ mm。

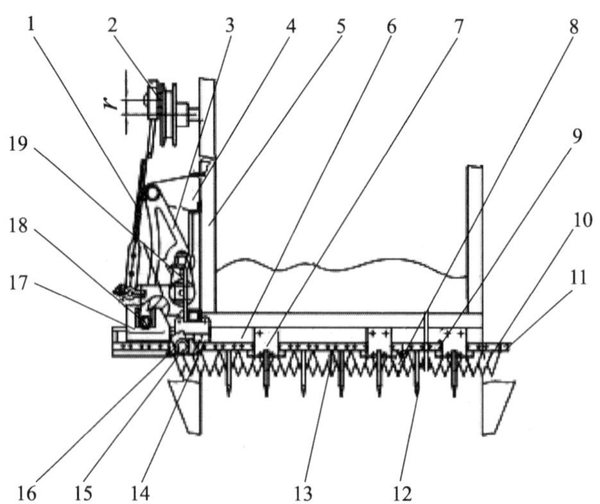

1—连杆；2—曲柄；3—下动刀驱动摇臂；4—支架；5—机架；6—切割器梁；7—压刃器；8—上动刀片；9—上动刀杆；10—下动刀片；11—下动刀杆；12—导禾器；13—下动刀杆限位条；14—上动刀滑道；15—上动刀驱动销；16—上动刀驱动头；17—下动刀驱动头；18—下动刀驱动销；19—上动刀驱动摇臂。

图 3-22 双动刀切割器及其驱动机构示意图

3.7.3 双动刀往复式切割器理论分析

(1) 双动刀切割器动刀片的位移 x、速度 v_x 和加速度 a_x

如图 3-23 所示，在上、下摇臂机构驱动下，上动刀 1 开始向右运动，下动刀 2 开始向左运动。此时，对应曲柄转角 $\varphi=0$，切割速度 $v_x=0$，加速度 $a_x=a_{max}$；随着曲柄转动，上动刀 1 的刃口 D 和下动刀 2 的刃口 E 在点 M 处相遇并开始切割作物，此时 $\varphi=\varphi_1$，$v_x=v_1$；当刃口 D 和刃口 E 在点 N 处相交时，第一次切割终止，此时 $\varphi=\varphi_2$，$v_x=v_2$；当上动刀 1 和下动刀 2 的中心线在 MN 处重合时，它们分别相向位移了 1/2 行程，此时 $\varphi=90°$，$v_x=v_{max}$，$a_x=0$。在下半个行程，上动刀 1 的刃口 D 与第二个下动刀 4 的刃口 F 在点 P 处相遇，继续切割作物，此时 $\varphi=\varphi_3$，$v_x=v_3$；当两刃口 D 和 F 在点 Q 处相交时，第二次切割终止，此时 $\varphi=\varphi_4$，$v_x=v_4$；当上动刀 1 和下动刀 4 的中心线在 PQ 处重合时，上动刀 1 完成了一个行程的切割，此时 $\varphi=180°$，$v_x=0$，$a_x=-a_{max}$。位移 x、速度 v_x 和加速度 a_x 的数学表达式为

$$x=-r\cos\omega t \tag{3-29}$$

$$v_x=r\omega\sin\omega t=\omega\sqrt{r^2-x^2} \tag{3-30}$$

$$a_x=r\omega^2\cos\omega t=-\omega^2 x \tag{3-31}$$

式中：r 为曲柄长度，m；ω 为曲柄角速度，rad/s。

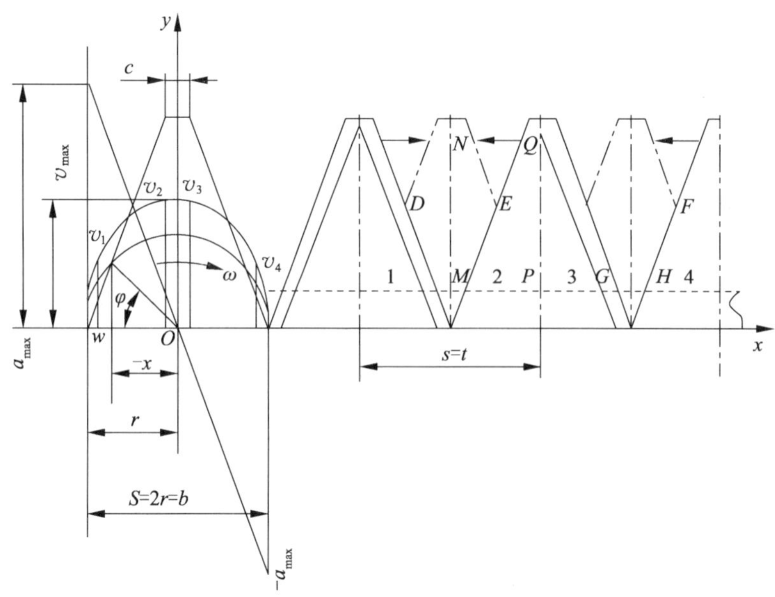

图 3-23　双动刀切割器动刀片的位移、速度和加速度

从图 3-23 中可知，上动刀 1 和第一个下动刀 2 切割时的始切速度 v_1 和终切速度 v_2，分别等于上动刀 1 和第二个下动刀 4 切割时的终切速度 v_4 和始切速度 v_3。其值可根据动刀片前桥宽度 c 和相邻动刀片安装间隔 GH（一般 $|GH|=c$）求得。

设曲柄转角为 φ_1，φ_2，φ_3、φ_4 时的绝对速度为 v_1'，v_2'，v_3'，v_4'，由于上、下动作反向等速，故 $v_1'=2v_1$，$v_2'=2v_2$，$v_3'=2v_3$，$v_4'=2v_4$，即

$$v_1'=v_4'=2\omega\sqrt{r^2-|OW|^2}=2\omega\sqrt{r^2-\left(r-\frac{c}{2}\right)^2} \tag{3-32}$$

$$v_2'=v_3'=2\omega\sqrt{r^2-|OZ|^2}=2\omega\sqrt{r^2-\left(\frac{c}{2}\right)^2} \tag{3-33}$$

同理，平均切割速度 v_p'，和平均剪切速度 v_j' 也为单动时的 2 倍，即

$$v_p'=\frac{2nS}{30}\times10^{-3} \tag{3-34}$$

$$v_j'=\frac{2}{\dfrac{\pi}{180°}(\varphi_2-\varphi_1)}\int_{\varphi_1}^{\varphi_2}r\omega\sin\varphi\,\mathrm{d}\varphi \tag{3-35}$$

式中：ω 为曲柄角速度，$\omega=\dfrac{\pi n}{30}$，rad/s；n 为曲柄转速，r/min；r 为曲柄半径，m；c 为动刀片前桥宽度，m；S 为动刀行程，m。

（2）双动刀切割器工作特性

如图 3-24 所示，上动刀 1 与下动刀 2，4 的切割分别在 MN 和 PQ 处完成，故可视 MN 和 PQ 为无形的“定刀中心线”，它们之间的距离可视作“定刀距”t_0，即 $S=t=2t_0$，因而可将双动刀切割器视为低割型切割器。它主要具有如下特点：

① 切割速度快。由于上、下动刀相向运动完成切割，双动刀切割器绝对切割速度是单动刀切割器的 2 倍，即可在较低的曲柄转速下获得较高的切割速度。与相同曲柄转速时的单动刀切割器(行程为 76.2 mm)相比，双动刀切割器平均切割速度可提高约 33%。由于相邻动刀片之间有一定的间隔 GH，故始切速度大于零。

② 切割负荷均匀。在一个行程的 180°曲柄转角中，用于切割的转角为 102.54°(约为单动刀切割器的 2 倍)，相当于 68%的行程用于切割，故双动刀切割器平均切割速度与平均剪切速度之差比单动刀切割器两者速度之差小。

3.7.4 导禾器的作用分析

往复式切割器属于有支承切割装置，当它工作时，为不推倒作物需要纵向支承，为顺利切割需要横向支承。单动刀切割器的动刀片下有定刀片，定刀片上有护刃器舌，工作时切刀片在定刀片和护刀器舌的横向支承下切割作物；其纵向支承有拨禾轮等。双动刀切割器的上动刀片下面有下动刀片支承，而上面没有支承，当双动刀上、下刀片间隙过大时，切割器阻力增大，甚至引起堵刀，因此需解决横向支承问题。半喂入式联合收获机多应用双动刀切割器，切割作物时茎秆由输送链夹持，纵向和横向支承问题均已解决。全喂入式联合收获机以拨禾轮作纵向支承，故需增设导禾器解决横向支承问题。

导禾器为“∠”型结构，按一定的间距(100 mm)安装在切割器梁上，其形状似一个护舌张开角度较大的“护刃器”。双动刀切割器工作时，利用护舌的横向支承作用顺利切割作物。

3.7.5 双层联动驱动机构分析

如图 3-24 所示，曲柄连杆机构 1 通过球铰 B 驱动上摇杆机构 3($ACBD$，三摇杆)，并联动下摇杆机构 2(DEF，双摇杆)形成双层联动摇杆机构。A 与 E 为两组摇杆机构与机架铰接的支点。

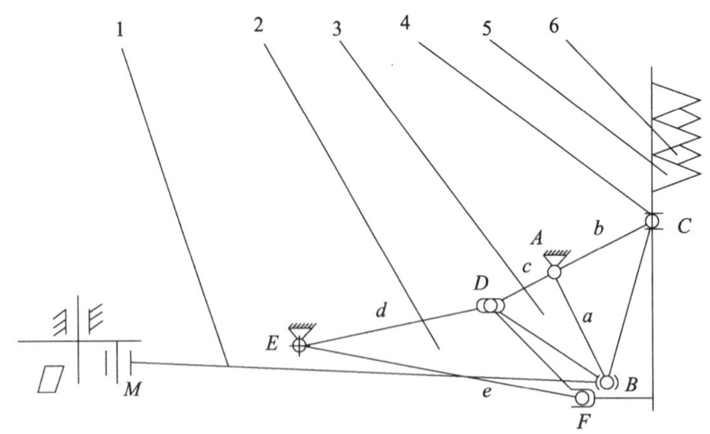

1—曲柄连杆机构；2—下摇杆机构 DEF；3—上摇杆机构 $ACBD$；4—滑块；5—上动刀；6—下动刀。

图 3-24 双动刀往复切割器驱动机构示意图

(1) 上动刀驱动点 C 的位移 x_C、速度 v_C 和加速度 a_C

由图3-24可知，在摇杆机构 $ACBD$（刚体）中，b 杆（设长度为 b）的运动源于 a 杆（设长度为 a）的点 B，故点 C 的运动参数为点 B 的 b/a 倍，令 $b/a=K_1$，则有

$$W_C=K_1W_B \tag{3-36}$$

式中：W_C 为点 C 的位移 x_C、速度 v_C 或加速度 a_C；W_B 为点 B 的位移 x_B、速度 v_B 或加速度 a_B。

(2) 下动刀驱动点 F 的位移 x_F、速度 v_F 和加速度 a_F

下动刀驱动力来自上摇杆机构 c 杆（设长度为 c，同理，设 d 杆的长度为 d，e 杆的长度为 e），由于 c 杆与 b 杆成一直线，故点 D 的位移 x_D、速度 v_D 和加速度 a_D 分别是点 C 的位移 x_C、速度 v_C 和加速度 a_C 的 c/b 倍。由于下摇杆机构的点 D 与上摇杆机构的点 D 速度相同，而下动刀驱动点 F 的运动由下摇杆机构（刚体）的点 D 控制，则点 F 处的位移 x_F、速度 v_F 和加速度 a_F 分别是点 D 处的位移 x_D、速度 v_D 和加速度 a_D 的 e/d 倍。令 $c/b=K_2$，$e/d=K_3$，则有

$$W_F=K_2K_3W_C=K_1K_2K_3W_B \tag{3-37}$$

式中：W_F 表示点 F 的位移 x_F、速度 v_F 或加速度 a_F。

由于以上各杆件长度已知，将数据代入可证明 x_F，v_F，a_F 分别与 x_C，v_C，a_C 数值相等、方向相反，从而使上、下动刀实现行程相等、方向相反的往复运动。

3.8 双动刀和单动刀切割器振动测定

3.8.1 测定条件及测定结果

分别对装有单动刀和双动刀的同割幅（1800 mm）联合收获机进行收割台驱动区振动测试，测试仪器为FPY-2型幅频测试仪。测试结果如下：振幅0～3 mm，加速度0～10 g，频率0～120 Hz。除行走装置外，其他部分均处于运转状态。传感器安装于收割台切割器驱动机构的上端。单、双动刀切割器结构特征如表3-2所示。

表3-2　单、双动刀切割器结构特征

参　数	双动刀	单动刀
动刀片数量/片	Ⅵ型/36	Ⅱ型/24
动刀杆长度/mm	1 990	1 940
动刀组质量/kg	上动刀5.2，下动刀5.1	动刀5.8

3.8.2 测定结果比较分析

割台传动系统做往复运动和旋转运动时产生不断变化的惯性力，是小中型联合收获机的主振源之一，因此减振是其技术改造的一个重要方面。单、双动刀切割器的振动测定结果（见表3-3）表明：在测定点，曲柄转速为210 r/min时，双动刀的加速度为单动刀的

80.6%，振幅为单动刀的68.2%；曲柄转速为480 r/min时，双动刀的加速度为单动刀的66.7%，振幅为单动刀的84.6%。其原因在于，双动刀往复式切割器上、下动刀做反向运动，由加速度引起的惯性力相互平衡。

表3-3 单、双动刀切割器振动测定结果

转数	210 r/min		480 r/min	
	双动刀	单动刀	双动刀	单动刀
加速度 $a/(m \cdot s^{-2})$	2.5 g	3.1 g	5.0 g	7.5 g
振幅 A/mm	0.15	0.22	1.1	1.3
频率 f/Hz	23.0	21.0	17.3	12.0

3.9 切割器驱动装置减振设计

机体振动是影响联合收获机耐久性、安全性的主要因素。振动源有行走装置、切割器驱动装置、发动机和脱粒装置等。切割器驱动装置由不平衡质量和往复运动所产生的不断变化的惯性力是联合收获机的主振源之一，可造成割台零部件微裂纹、磨损、疲劳断裂等破坏。国内对联合收获机切割器和驱动装置的研究主要集中在机构创新和结构优化、设计方面，在振动特性分析及减振设计方面的研究还处于起步阶段。例如，陈霓、陈德俊等设计了双动刀往复式切割器，并对叠加式驱动机构进行了机构分析。夏萍等对收割机械往复式切割器切割图进行了数值模拟与仿真，优化了切割器的运动参数和结构参数。朱聪玲、程志胜等对联合收割机割台进行了动力学仿真分析，并在试验的基础上提出了减振方案。陈翠英等通过计算机模拟分析和优化选择对联合收割机油菜收割台进行了设计。吴雪梅等建立了联合收割机往复式切割器摆环机构的运动学模型，模拟了在不同摆角下割刀的运动曲线。E. Inoue等对切割器驱动装置进行了过振动试验研究，认为联合收获机切割器驱动装置在工作时存在非线性振动。

切割器驱动装置主要由曲柄连杆机构组成，主要采用结构简单、物美价廉的平衡块方式进行减振。目前，平衡块安装位置和安装质量主要依靠试验的方法确定。本节从构建切割器驱动系统的力学模型着手，对平衡块减振设计参数进行理论推导，并通过试验验证了理论计算的正确性。切割器驱动装置的摇臂与切割器通过U形槽连接，长时间使用会导致轴承与U形槽之间间隙增加，这是产生非线性振动的主要原因。因此，有必要构建带间隙碰撞振动模型，考察间隙增加对切割器驱动装置减振效果的影响，为减振设计提供更充分的依据。

3.9.1 力学模型及理论计算

以曲柄轴中心为原点建立 XOY 坐标系，构建切割器驱动装置的力学模型，如图3-25所示。

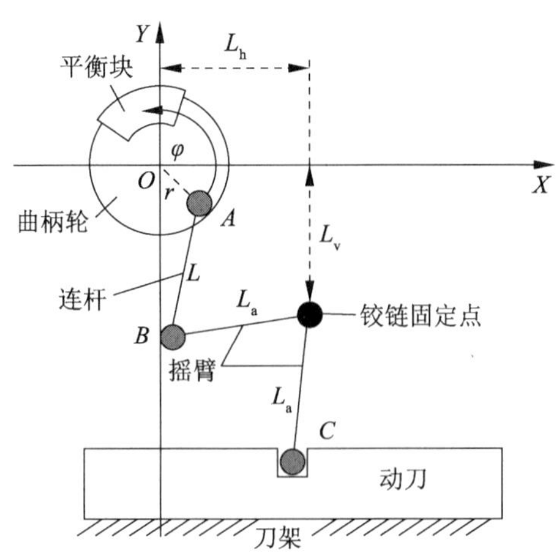

图 3-25　切割器驱动装置力学模型

点 A 是曲柄轴和连杆的连接点，点 B 是连杆和摇臂的连接点，点 C 是摇臂在切割器侧的端点。模型结构参数见表 3-4。

表 3-4　模型结构参数

符号	含义	数值	符号	含义	数值
g	重力加速度/($m\cdot s^{-2}$)	9.8	m_{pit}	连杆质量/kg	0.154
L	连杆长度/m	0.262	m_{lin}	摇臂质量/kg	0.904
L_a	摇臂长度/m	0.12	m_A,m_B,m_C	点 A，B，C 的等效质量/kg	
L_h	曲柄轮中心与铰链固定点的水平距离/m	0.165	m_{bal}	平衡块质量/kg	1.677
L_v	曲柄轮中心与铰链固定点的垂直距离/m	0.232	φ	平衡块安装位置/rad	4.29
r	点 A 旋转半径/m	0.025	F_A,F_B,F_C	点 A，B，C 的惯性力/N	
r_{bal}	平衡块旋转半径/m	0.055	F_{bal}	平衡块惯性力/N	
ω	曲柄轮旋转角速度/($rad\cdot s^{-1}$)	73.267	x_A,x_B,x_C	点 A，B，C 的水平位移/m	
m_{cut}	切割器质量/kg	3.032			

对于点 A,B,C 分别给定其等效质量 m_A,m_B,m_C，有

$$\begin{aligned} m_A &= m_{pit}/2 \\ m_B &= m_{pit}/2+m_{lin}/4 \\ m_C &= m_{pit}/4+m_{cut} \end{aligned} \tag{3-38}$$

点 A 坐标可表示为$(x_A,y_A)=(r\cos\omega t,r\sin\omega t)$，则点 A 的水平加速度可表示为

$$\ddot{x}_A(t)=-r\omega^2\sin\omega t \tag{3-39}$$

同理可求得 $\ddot{x}_B(t)$ 和 $\ddot{x}_C(t)$。各点的惯性力表示为

$$F_i(t)=-m_i\cdot\ddot{x}_i(t)\quad(i=A,B,C)\tag{3-40}$$

x 轴方向的不平衡力 $F_x(t)$ 表示为

$$F_x(t)=F_A(t)+F_B(t)+F_C(t)\tag{3-41}$$

平衡块配重质点坐标为$[r_{\text{bal}}\cos(\omega t+\varphi),r_{\text{bal}}\sin(\omega t+\varphi)]$。当曲柄轴回转时，由平衡块产生的 x 轴方向的惯性力 $F_{\text{bal}}(t)$ 表示为

$$F_{\text{bal}}(t)=-m_{\text{bal}}r_{\text{bal}}\omega^2\sin(\omega t+\varphi)\tag{3-42}$$

本模型中的 r_{bal} 取 0.055 m，角速度 ω 取常用转速下的角速度 73.3 rad/s(曲柄轴转速为 700 r/min 时的角速度)。模型中其他参数取值如表 3-5 所示。根据非线性最小二乘法计算可知，最佳平衡块质量为 $m_{\text{bal}}=1.677$ kg，平衡块安装位置为 $\varphi=4.29$ rad(约 246°)。

3.9.2 振动试验

(1) 试验设计

为了验证由上述力学模型计算所得最佳减振设计参数(平衡块质量和平衡块安装位置)的正确性，以 4LZS－1.8 型履带式全喂入联合收获机割台为对象进行振动试验，试验装置简图如图 3-26 所示。为使割台不受其他部位振动源的影响，将切割器驱动装置从联合收获机主体中分离出来，由固定的电机驱动。在割台导禾器左右两侧切割器梁上分别安装 CA－YD－103 型振动加速度传感器。传感器信号经 YE5852A 型电荷放大器放大，输入数据采集系统，以 1 kHz 的采样频率记录在电脑上，每一次试验数据记录时间为 30 s。FIR 滤波器容易实现线性相位，滤波后的波形失真较小，故采用该滤波器对振动加速度信号进行滤波处理。滤波器的设计采用窗函数法，窗函数选用哈明窗以同时获得较窄的过渡带宽和较大的阻带衰减系数。为了进一步减小过渡带宽，窗口宽度(N)取最大窗长，即数据长度的 1/3，相应滤波器的阶数为 $N-1$。利用设计的滤波器对测得的振动加速度信号进行滤波处理。点 A,B,C 的惯性力与平衡块质量由式(3-42)至式(3-45)计算得到，并利用尤格－库塔法计算驱动刀的位移、速度和加速度。根据振动加速度的采样频率进行时间序列分析时，时间间隔设置为 1 ms，根据振动加速度的均方根值(rms 值)来评价振动的情况，通过对惯性力理论计算振值和经去直流及滤波后的振动加速度测量值在时间序列上的比较来评价振动模型。

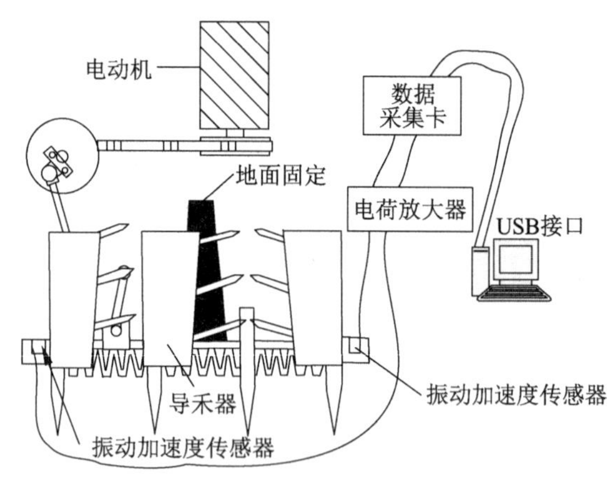

图 3-26 试验装置简图

(2) 试验结果与分析

未配置平衡块时，滤波后振动加速度测量值和惯性力计算值如图 3-27 所示，实测振动

加速度的均方根值(即振动加速度的有效值)为 0.95g。在 φ 为 0°,90°,180°,270°位置配置平衡块 1.677 kg 时,在时间序列上滤波后振动加速度测量值和惯性力计算值如图 3-28 所示。

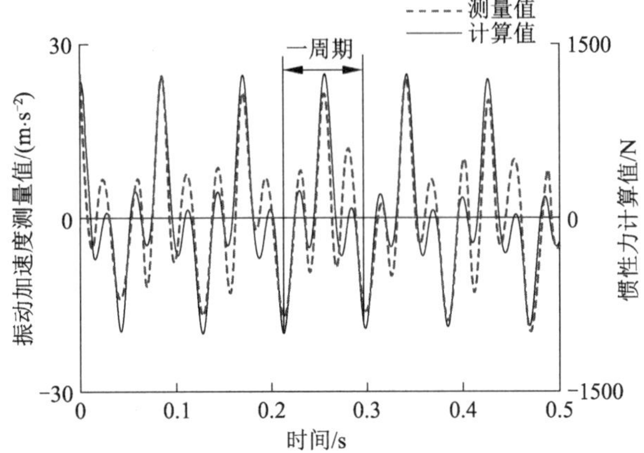

图 3-27　未配置平衡块时振动加速度测量值和惯性力计算值

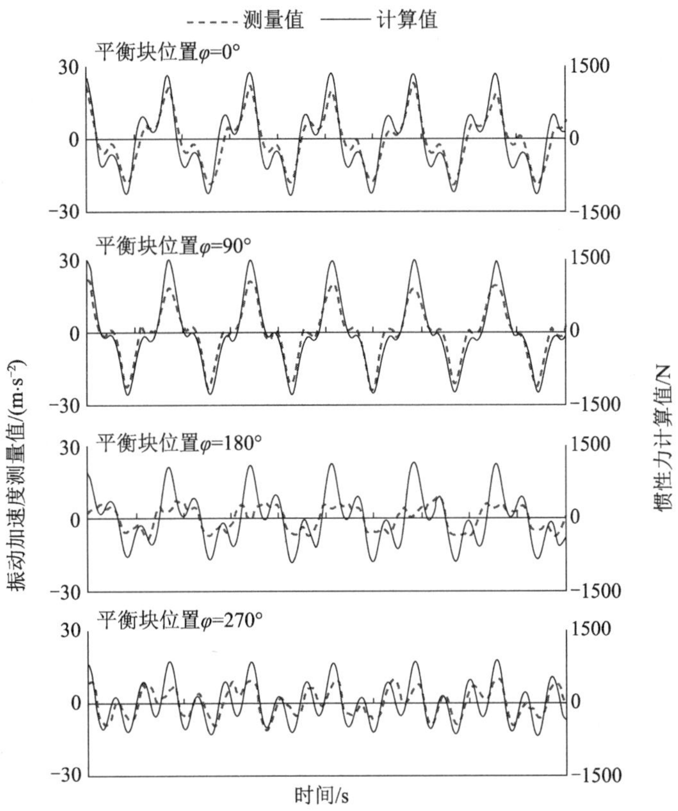

图 3-28　配置平衡块时振动加速度测量值和惯性力计算值

加载不同位置和不同质量的平衡块后,测量所得振动加速度的均方根值如表 3-5 所示,最佳减振设计参数的组合为 m_{bal}=1.677 kg,φ=246°,此时的振动加速度均方根值为 0.32g。

表 3-5　配置平衡块后振动加速度的均方根值　　9.8 m/s²

位置	配重/kg						
	0.500	1.000	1.300	1.500	1.677	1.800	2.000
0°	1.52	1.44	1.35	1.26	1.15	1.26	1.38
45°	1.55	1.51	1.47	1.38	1.33	1.41	1.56
90°	1.23	1.18	1.11	1.08	1.03	1.13	1.22
135°	0.98	0.91	0.85	0.79	0.78	0.89	0.95
180°	0.85	0.83	0.73	0.63	0.55	0.58	0.75
225°	0.83	0.71	0.66	0.45	0.38	0.49	0.68
246°	0.79	0.68	0.56	0.44	0.32	0.45	0.61
270°	0.95	0.79	0.69	0.58	0.53	0.72	0.85
315°	1.24	0.96	0.88	0.80	0.75	0.99	1.23

由图 3-27 和图 3-28 可知，滤波处理后振动加速度测量值和惯性力计算值在时间序列上的波形一致，表明该振动模型能较好地表达切割器驱动装置的振动特性，理论计算和振动试验结果一致，得到最佳减振设计参数的组合为 $m_{bal}=1.667$ kg，$\varphi=246°$，减振比为 $(0.95-0.32)\div0.95=66.3\%$。

由图 3-27 可知，振动加速度波形在一个周期内有 3 个峰值，表示切割器驱动装置在工作时存在非线性振动。切割器驱动装置属于往复式运动机械，其振动信号具有强烈的非线性和非稳定性。T. Kotera 和 T. Fukushima 等利用非线性理论中的混沌时间序列分析方法，对振动特征进行了定性分析，但不能具体指导减振设计。造成非线性振动的主要原因是切割器驱动装置中摇臂与切割器之间间隙碰撞产生的振动，如图 3-29 所示。联合收获机长时间工作会导致该处间隙不断增大，因此需要进一步研究该间隙对减振效果的影响情况。

图 3-29　摇臂与切割器之间的连接

3.9.3　间隙振动分析

(1) 间隙振动计算模型

构建摇臂末端与切割器相连处（U 形槽）间隙的振动模型如图 3-30 所示。摇臂末端（点 C）的水平位移为 x_C，驱动刀的水平位移为 x_k，摇臂末端与驱动刀之间的间隙 d 为变量，摇臂末端与驱动刀的相对位移 $x=x_k-x_C$。

点 C 与右侧接触时，有

$$m_k\ddot{x}=-k(x+d)-c\dot{x}\pm\mu m_k g \tag{3-43}$$

点 C 与左侧接触时，有

$$m_k\ddot{x}=-k(x-d)-c\dot{x}\pm\mu m_k g \tag{3-44}$$

点 C 与两侧均不接触时，有

$$m_k\cdot\ddot{x}=\pm\mu m_k g \tag{3-45}$$

式中：k 为刚度系数，取 145 000 N/m；c 为阻尼系数，取 15 N·s/m；μ 为摩擦系数，取 0.5；d 取 0～0.005 m。

根据以上取值可计算切割器驱动装置所受的惯性力。

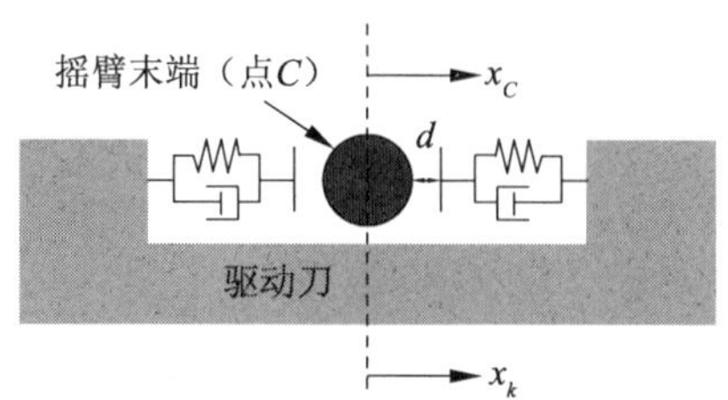

图 3-30　摇臂末端与切割器间隙振动模型

（2）间隙振动结果及分析

平衡块配重 1.677 kg，间隙距离 d 不同时切割器驱动装置惯性力的均方根值如图 3-31 所示。当平衡块位置在 225°～270°区域时，减振效果明显，其结果与不考虑间隙振动模型分析结果一致。当摇臂末端与切割器之间的间隙增大到 0.002 m 以上时，切割器驱动装置的惯性力随着间隙的增大而增大。

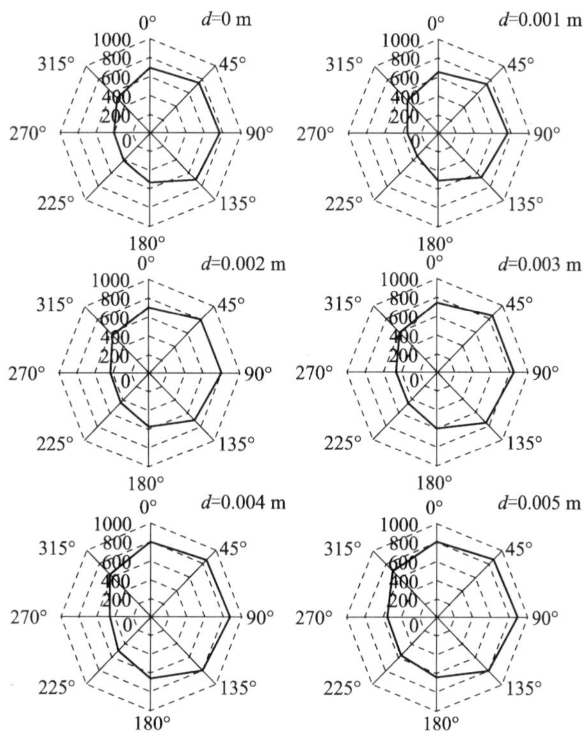

图 3-31　配置平衡块时间隙距离不同时惯性力均方根值

第 4 章 脱粒分离装置的设计与试验

脱粒分离装置是脱粒机和联合收获机的核心部件，其功能主要是将籽粒从稻穗上脱下来，并尽可能多地将籽粒从脱出物中分离出来。脱粒分离装置的性能不仅在很大程度上决定了脱粒质量和生产率，而且对分离和清选也有很大的影响。

4.1 脱粒分离装置的结构与脱粒原理

水稻的脱粒过程是将籽粒从稻穗上分离下来，而稻株其他部分保持不变，因此籽粒与粒柄之间的连接力直接决定了脱粒的难易程度。水稻籽粒与稻穗连接力是指主茎秆与枝梗、枝梗与粒柄及籽粒与粒柄之间的连接力，其大小可反映籽粒与稻穗之间的连接强度，也可反映脱落籽粒的难易程度。籽粒与粒柄间连接力越小，所需的脱粒力就越小，但是容易造成水稻落粒损失。反之，籽粒与粒柄间的连接力越大，籽粒越难从稻穗上脱落，脱粒相对困难，甚至脱不掉，容易造成脱粒不净。脱粒分离过程中，应尽量避免这两种损失。水稻穗头各部分连接力的大小不仅与水稻收获损失及功耗有关，对脱粒后籽粒带柄率也有影响。

脱粒过程是农作物收获过程中非常重要的环节，脱粒装置是稻麦联合收获机最核心的装置，其主要作用是将谷物籽粒从其连接的部分脱离，并从谷物籽粒、秸秆等混合物中分离出来。脱粒装置主要的技术要求：脱粒干净；籽粒破碎、暗伤尽可能少；分离性能好，这一点是联合收获机向高效率方向发展提出的要求；通用性好，能适应多种作物及多种作业条件；功率消耗低；在某些情况下能够保持茎秆完整或尽可能减少破碎。

4.1.1 脱粒分离装置的组成

脱粒分离装置一般由脱粒滚筒、弧形凹板筛、顶盖等组成，其中弧形凹板筛固定在脱粒滚筒下方，顶盖安装在脱粒滚筒的上方，如图 4-1 所示。

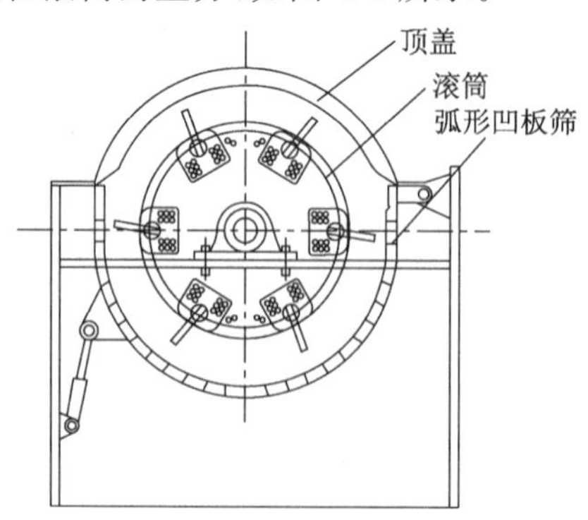

图 4-1 脱粒装置结构组成

（1）脱粒滚筒

脱粒滚筒是脱粒分离装置的核心部分，在很大程度上决定了脱粒机械的脱粒质量与生产率，对后续的清选工作也有很大的影响。脱粒滚筒常用的钉齿有板刀齿、楔齿和弓齿。板刀齿薄而长，抓取和梳刷脱粒作用强，对喂入不均匀的厚层作物适应性好，打击脱粒能力也比楔齿强；其梳刷作用强，齿侧间隙大，脱壳率低，这是板刀齿水稻脱粒的另一个优点。楔齿基宽顶尖，纵断面几乎呈正三角形，齿面向后弯曲，齿侧面斜度大，脱潮湿长秆作物时不易缠绕，且脱粒间隙的调整范围大。在水稻脱粒时，弓齿的脱粒效果比板刀齿好，凹板分离率较高，脱粒作用柔和，破碎率和破壳率均较低。虽然脱粒滚筒生产率主要取决于钉齿的数量，但是钉齿的排列对脱粒性能也有很大的影响，如果钉齿数量一定，而一个钉齿的运动轨迹内只有一个钉齿通过，则不仅脱粒生产率很低，而且滚筒必须很长。因此，设计时总是让若干个钉齿在同齿迹内回转，这就形成了按多头螺旋线排列钉齿的形式。

根据脱粒滚筒的结构形式，可以将脱粒滚筒分为开式结构和闭式结构，开式脱粒滚筒如图 4-2a 所示，它由支撑辐盘、脱粒齿杆及脱粒元件组成，整个脱粒滚筒为开放式结构，用于收获水稻、小麦、油菜等农作物。闭式脱粒滚筒如图 4-2b 所示，脱粒元件直接安装在脱粒滚筒上，整个脱粒滚筒为封闭式结构，主要用于收获玉米、大豆等农作物。

(a) 开式脱粒滚筒

(b) 闭式脱粒滚筒

图 4-2　脱粒滚筒

（2）凹板筛

凹板筛是脱粒分离装置中负责将脱下的籽粒与秸秆分离的部件。谷物经过滚筒脱粒后，脱下的籽粒和短秸秆落入凹板筛，经过凹板筛分离后，籽粒进入下一道清选工序，短秸秆等杂余则排出机器。凹板筛作为稻麦联合收获机械脱粒系统的关键部件，其与脱粒滚筒的配合是完成稻麦脱粒作业的关键，凹板筛性能的优劣直接决定脱粒装置的脱净和破碎指标。凹板筛一般采用半圆形结构，主要包括吊耳、护板、栅格和栅条，其三维结构如图 4-3a 所示。凹板筛可通过吊耳固定在基座上。在凹板筛结构中，固定参数包括凹板筛半径、筛孔、栅条及其数量；栅格参数为试验因素，主要包括栅格数量、栅格倒角和栅格高度。其中，栅格间隙可由相邻栅格与凹板筛圆心连线的夹角表示，如图 4-3b 所示。

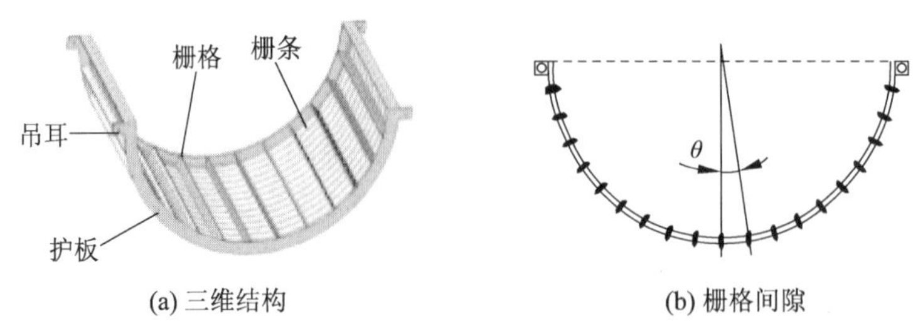

(a) 三维结构　　(b) 栅格间隙

图 4-3　凹板筛

凹板筛的参数决定了脱粒分离装置脱粒分离的能力及含杂率。若筛孔过大，则落入筛孔下方的杂余多，清选负荷大，含杂率高；若筛孔过小，则不利于籽粒的分离，对脱净率造成影响。凹板筛包角及尺寸同样影响其分离的能力，设计时应综合考虑且应与设计的滚筒相配合。凹板筛的筛分面积与凹板筛的包角息息相关，包角越大，其分离面积就越大，但包角越大筛子就越大，安装也就越困难。因此，包角并不是越大越好。试验显示，凹板筛包角从 180°增至 360°时，其分离效果改善并不明显。目前，凹板筛的形式也有多种，如栅格式、编织式和冲孔式等。

脱粒分离装置的脱粒间隙是指脱粒滚筒齿顶圆与凹板筛之间的距离，脱粒间隙大小对脱粒分离装置的性能影响显著。若脱粒间隙过大，则易造成脱粒不彻底，脱净率下降；若脱粒间隙过小，则脱粒空间小，作物传动受阻，脱粒功耗增加，容易造成滚筒堵塞且破碎率升高。在喂入量确定后，一般通过试验确定适宜的脱粒间隙。对于不同作物，适宜的脱粒间隙差异较大，因此适应多种作物脱粒的联合收获机常通过更换凹板筛或者利用拉杆调节凹板筛位置的方式调节脱粒间隙。由于联合收获机作业时，前进速度难以控制，且同一田块也会因水肥、光照等不同造成产量不一致，因此联合收获机喂入量难以稳定控制。而不同喂入量对应的适宜脱粒间隙不同，因此需要根据喂入量变化适时调节脱粒间隙，以提高脱粒质量。调研发现，现有联合收获机的脱粒间隙一般为 10～30 mm。

(3) 顶盖

联合收获机脱粒分离过程在脱粒滚筒、凹板筛和顶盖形成的脱粒室中完成。顶盖的作用不仅仅是作为盖板，顶盖的上部有导流板，导流板沿顶盖以一定角度倾斜安装，脱粒时作物可在导流板的作用下向后传动，使脱粒流畅，即顶盖还担负着作物导向及输送的作用。当导流板导角较小时，作物沿轴向传动的速度慢，脱粒时间相应变长，脱粒较充分，可提高脱净率，但脱粒时间过长也有可能导致破碎率升高、功耗增加；当导流板导角较大时，作物沿轴向传动的速度变快，脱粒时间相应变短，有可能导致脱粒不充分，脱净率降低。不同种类、品种，在不同环境下生长的谷物，其收割难易程度会有诸多不同，作物在脱粒室内的输送流畅度差异也很大。脱粒过程中，当喂入物料的速度大于物料沿顶盖导流板轴向运动速度时，就会发生堵塞。故合适的导流板角度也是影响脱粒分离性能的重要因素。根据收获机在收割水稻、小麦等作物时顶盖导板角度的调查与研究，结合理论计算值，确定顶盖导板角度可调节范围在 10°～30°时，可满足不同作物的收割需求。

导流板的高度对作物的传动也有影响，高度太小则起不到导流作用，高度太大则容易引起脱粒过程中秸秆堵塞，亦会使整机质量增加。脱粒滚筒顶盖与凹板筛配合形成密闭的圆筒形脱粒空间，使物料可以在脱粒空间内进行脱粒，如图 4-4 所示。

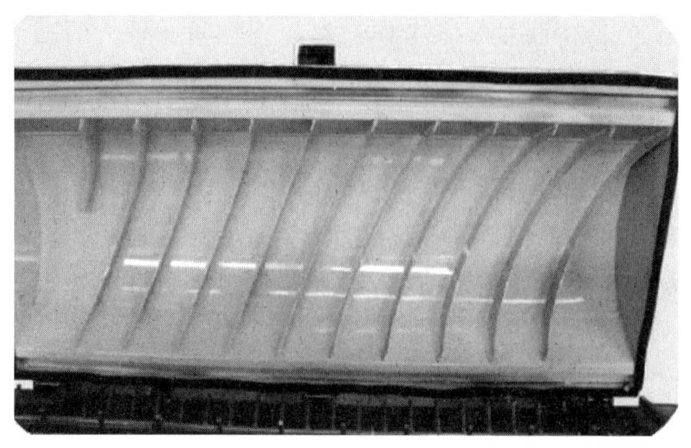

图 4-4　顶盖

4.1.2　脱粒分离装置的脱粒原理

作物的脱粒过程是比较复杂的，归纳起来，脱粒装置的脱粒原理主要有冲击脱粒（打击脱粒）、揉搓脱粒、碾压脱粒、梳刷脱粒、振动脱粒几种。

（1）冲击脱粒

冲击脱粒是指靠脱粒元件与谷物穗头之间的相互冲击作用而使谷物脱粒。提升冲击强度，虽然可以提高生产率和脱净率，但易使谷粒破碎和损伤增加；降低冲击强度，虽然能够减少谷粒的破碎和损伤，但是为了将作物脱粒干净，需要延长脱粒时间，因而降低了生产率。冲击强度一般用冲击速度来衡量，它随冲击速度的提高而增强。

（2）揉搓脱粒

揉搓脱粒是指靠谷物与脱粒元件之间的相互摩擦而使谷物脱粒。脱净的程度与摩擦力的大小有关，增强对谷物的搓擦可以提高生产率和脱净率，但会使谷粒脱壳和脱皮。在脱粒装置上改变滚筒与凹板筛之间间隙的大小，能调整搓擦作用的强度。

（3）碾压脱粒

碾压脱粒主要依靠脱粒部件对谷物的碾压、挤压作用完成脱粒。谷物在脱粒部件的碾压作用下，籽粒与粒柄间会发生横向移动。在这种情况下，附加在谷粒上的压力主要沿谷粒表面的法向作用，而其切向力很小，并且附加的压力不会对谷粒产生很大的冲击，所以碾压脱粒不易使谷粒破碎和脱皮。

（4）梳刷脱粒

梳刷脱粒方式的关键特点是，较窄的脱粒工作部件在谷穗之间通过时，依赖脱粒元件对谷物的冲击和拉力实现脱粒，优点是脱净率高、谷秆分离效果好，禾秆保持完整。

（5）振动脱粒

振动脱粒即依靠脱粒部件对谷物施加的高频率振动作用实现谷物脱粒。脱粒部件的振幅和振动频率对脱离装置的脱粒能力有重要影响。

4.1.3 脱粒原理的应用

脱粒原理既可单独应用，也可组合应用。运用各种脱粒原理均能达到脱粒的目的，但其效果有所不同。例如，冲击脱粒要求工作部件与谷粒间有较大的相对速度，因此这种脱粒通常出现在茎秆静止(如半喂入式)或运动速度很低(如纹秆、钉齿滚筒的喂入口处)的时候，而揉搓脱粒原理则不同，它发生在已经获得较大运动速度(如在脱粒间隙的后段)的谷层内部，通过相对搓擦完成脱粒。

脱粒分离装置不仅要具备破碎率低、脱净率高、分离性能好等优点，而且要对作物的种类、品种、水分等有很强的适应性。但是，在脱粒过程中提高脱净率，破碎率也会随之增加，为解决这一矛盾性问题，人们研制出不同结构形式的脱粒装置。联合收获机上应用的脱粒分离装置大多是滚筒式，根据作物沿脱粒滚筒运动的方向不同，可把脱粒分离装置分为切流型、轴流型(横轴流、纵轴流)和切轴流组合型。

切流式联合收获机采用切流脱粒装置与键式逐稿器组合的方式，实现作物的脱粒和分离过程。在切流式脱粒装置中，作物沿脱粒滚筒的切线方向喂入，脱粒后又从切线方向排出。如图 4-5a 所示，作物在该脱粒装置内的行程小、脱粒时间少，且滚筒转速高，大颗粒作物进行脱粒作业时，会产生较高的破碎率。该装置虽具有一定的分离功能，但仍然以脱粒为主，必须与分离装置配合才能完成作物的脱粒与分离全过程。

轴流型联合收获机采用轴流式脱粒装置。作物进入轴流式脱粒装置后，沿脱粒滚筒做螺旋运动(既有旋转运动又有轴向运动)，作物在轴流式脱粒装置中的行程长、运动圈数多。轴流脱粒装置具有脱粒时间长、脱粒过程柔和、脱净率高和破碎率低等优点，对玉米、小麦、大豆、水稻等作物具有很强的适应性。该装置的特点是作物进行脱粒的同时将籽粒和杂余分离，不必再配备分离装置，结构紧凑。

轴流型脱粒分离装置按照作物进入脱粒滚筒的方向不同，可分为横轴流、纵轴流两种。横轴流是指作物沿滚筒切向喂入、轴向输送、切向排出，即作物从横向布置滚筒的一端沿切线方向喂入，再沿脱粒滚筒轴向做螺旋运动完成脱粒、分离工作，脱粒后的茎秆从滚筒的另一端排出，如图 4-5b 所示。纵轴流是指作物沿滚筒轴向喂入、轴向输送、轴向排出，即作物从滚筒前端沿轴向喂入，脱粒分离装置后沿滚筒轴向做螺旋运动，同时，脱下来的籽粒由凹板筛孔分离出来，脱粒完成后的茎秆从滚筒后端沿轴向排出，如图 4-5c 所示。

(a) 切流型　　(b) 横轴流型　　(c) 纵轴流型

图 4-5　脱粒分离装置分类

4.2　脱粒分离装置的分类

根据谷物进入脱粒分离装置的情况，可以将脱粒分离装置分为半喂入式脱粒分离装置和全喂入式脱粒分离装置两大类，按脱粒滚筒上脱粒元件的形式，可将脱粒分离装置分为纹杆式、钉齿式、板齿式及不同脱粒元件的组合式。

4.2.1　全喂入式脱粒分离装置

全喂入式脱粒分离装置是指联合收获机在工作过程中，作物整株全部进入脱粒分离装置内部，在受到脱粒滚筒上脱粒元件高速打击的同时，做螺旋运动并不断与凹板筛产生搓擦、碰撞，使谷粒和部分短茎分离出来，随即通过凹板筛落到振动筛上，未通过凹板筛的大量茎秆在滚筒的高速回转作用下被排草板抛出机外。

按照谷物在脱粒分离装置内的运动情况，全喂入式脱粒分离装置又分为切流式、轴流式和组合式三大类。

（1）切流式脱粒分离装置

切流式脱粒分离装置使谷物顺脱粒滚筒圆周方向运动。装置运行时，滚筒首先抓取谷物，谷物沿着切向从滚筒与凹板筛之间的脱粒间隙通过，完成脱粒工作，如图 4-6 所示。由于离心力作用，大部分谷物在脱粒中心被击打脱落，然后从凹板筛漏下，脱粒后的谷穗和茎秆等则沿着滚筒转动方向从另一端流出，如图 4-5a 所示。然后利用逐稿器对脱出混合物进行后续分离，因逐稿器尺寸一般较大，所以这种装置会使整机体积庞大，在狭小地块转弯困难，不适合小地块使用，广泛使用于大型农场等收获区域。

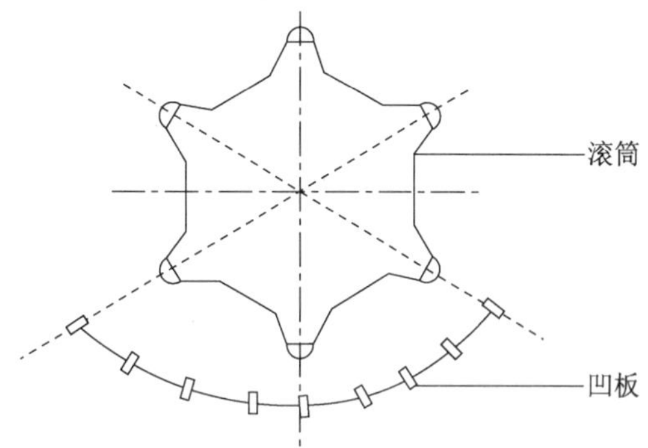

图 4-6　切流式脱粒分离装置

切流脱粒与键式逐稿分离装置组合使用在欧美发达国家较为普遍，德国 CLASS 公司 Lexion 的 670 型联合收获机就采用这种结构，如图 4-7 所示。该脱粒分离装置前端配置两个切流滚筒，对物料进行初脱与初分离，其中一部分物料通过凹板筛分离后进入清选室，另一部分物料通过强制喂入装置进入后续的键式逐稿器进行分离。为避免逐稿器中物料堆积，在逐稿器上方加一个前后滚动的挑松轮，从而增强逐稿器的分离能力。该装置也有一定的局限性，在收获含水率较高的谷物时，籽粒较难穿透茎秆层，分离效率大大降低。此外，逐稿器尺寸较大，在往复运动中整机振动增强，降低了部件的抗疲劳能力与整机的舒适性。

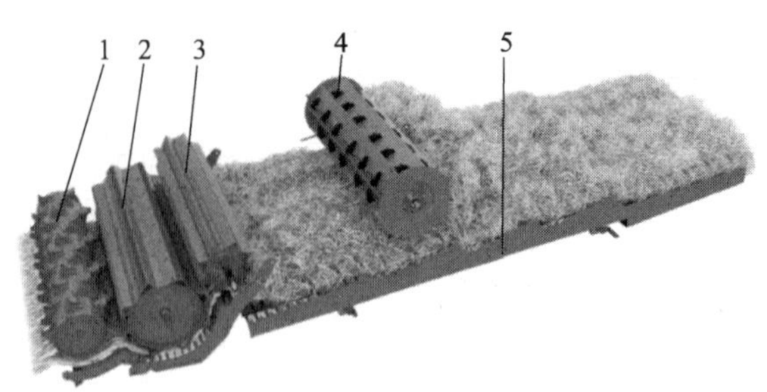

1—预脱粒切流滚筒；2—主脱粒切流滚筒；3—辅助喂入装置；4—挑松轮；5—键式逐稿器。

图 4-7　切流脱粒与键式逐稿分离装置

切流式脱谷机构是目前国内外使用最普遍的一种脱粒机构，其特点在于脱粒时谷物在脱粒机构中停留的时间只有百分之几秒，因此生产率高，但为了提高脱净率，滚筒脱粒能力必须要达到一定的标准，即脱粒滚筒必须具有很高的圆周速度。例如，水稻脱粒时，滚筒的圆周速度要高达 25～27 m/s。这种脱粒机构有一个很大的缺点——分离能力差，脱粒后一般只有 80%～90%的谷料从凹板筛中分离出来，其余 10%～20%的谷粒则混杂在茎秆中被抛出，因此这种脱谷机构只适合在旱地上使用。

(2) 轴流式脱粒分离装置

作物喂入轴流式脱粒分离装置后，一边随滚筒做螺旋运动，一边沿滚筒做轴向运动，即作物在滚筒内做螺旋运动，因此作物在滚筒内的脱粒时间较切流式长。

轴流式脱粒分离装置脱粒时，谷物在脱粒机构内停留时间比较长，约 1～2 秒(而切流式只有百分之几秒)，脱粒干净，又因其行程长，所以谷秆分离得清，从排草口抛出的茎秆夹带的谷粒已非常少，一般不超过 0.5%，从而省去了常规型收获机上复杂的逐稿器，使收获机组质量减轻，且纵向尺寸大大缩小。这两点对南方水田地区而言特别重要。再者，由于它的脱粒间隙比切流式的大得多，所以基本上对谷物没有揉搓作用，谷粒破碎和破壳都比较少，这也是它的优点之一。

全喂入式联合收获机按脱粒滚筒的布局不同，又可分为横轴流和纵轴流两类机型。

1) 横轴流脱粒分离装置

横轴流脱粒分离装置(见图 4-8)是谷物联合收获机的重要部件，在现有谷物联合收获机械中有着广泛地应用。横轴流脱粒分离装置主要包括脱粒滚筒、凹板筛、导向板、顶盖等。工作时，谷物混合物顺着滚筒轴的一端切向喂入，在脱粒滚筒的旋转和导向板的导向作用下，谷物混合物沿着滚筒的轴线方向穿过脱粒装置，脱粒元件通过打击、摩擦等形式直接作用于谷物混合物，从而达到脱粒的目的。脱粒后的绝大部分谷物籽粒、碎壳和碎秸秆等细小混合物通过凹板筛孔落下，长秸秆、少部分的谷物籽粒混合物通过排草口排出。相比于传统的切流式滚筒等，横轴流脱粒装置轴向尺寸较大，谷物混合物在脱粒装置内的运动时间较长，即脱粒时间较长，籽粒脱净率较高，籽粒损失率低但功耗更高。

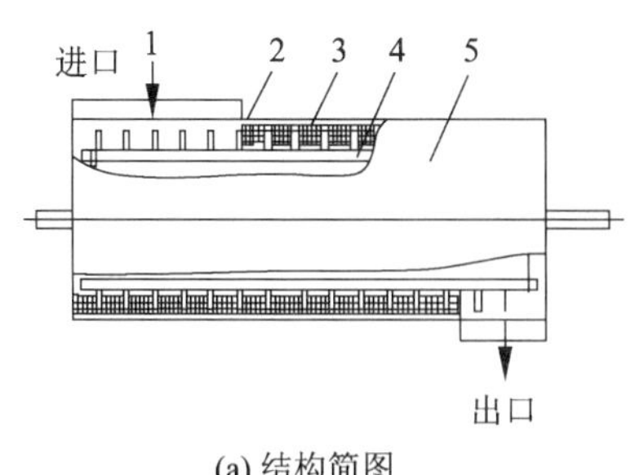

(a) 结构简图

(b) 实物图

1—输送槽；2—壳体；3—凹板筛；
4—脱粒滚筒；5—滚筒盖板。

图 4-8　横轴流脱粒分离装置

横轴流滚筒虽然只占据驾驶室后下方的一小部分，但如果长度较大，同样会使整机体积庞大。由于横轴流滚筒长度受到限制，因此一般安装在中小型联合收获机中。当收割高茬作物时，由于秸秆喂入量同比减小，谷物颗粒相对占比提高，故横轴流滚筒的分离能力较强，效率大幅度提升，但因收割位置较高，会影响秸秆的回收利用，割茬也会影响后续的旋耕效果。收割低茬作物时虽然没有这一问题，但因秸秆相对占比提高，使喂入量增大，所以滚筒的脱粒和分离能力都受到不同程度的影响，效率降低。解决这一问题的措施是放慢行进速度，使滚筒内的作物得以充分地“消化”。因作物在横轴流滚筒内横向移动，在清晨、傍晚及雨后等时段作业时，作物较潮湿，容易堵塞滚筒，给收获带来不便。

2）纵轴流脱粒分离装置

纵轴流脱粒分离装置主要由滚筒、凹板、导板和滚筒盖等部分组成，如图 4-9 所示。工作时，作物由滚筒的一端轴向喂入，然后贴着凹板与滚筒盖组成的圆筒内弧面运动，沿着滚筒轴线方向流过脱粒装置。籽粒、颖壳、碎秸秆、碎叶等脱出物在脱粒滚筒离心力的作用下穿过凹板筛孔落下，进入清选装置，秸秆等从滚筒的另一端排出。大部分成熟、饱满的籽粒在滚筒前半段脱下分离，一些生长不好或不太成熟的籽粒到滚筒后半段才被脱下。归纳起来纵轴流脱粒装置的主要特点如下：

① 脱粒时间长，脱粒能力强且籽粒损伤小，对难脱和易破碎的作物均有较好的适应性。

② 利用离心力分离谷物，可省去分离装置，且分离彻底，在一定程度上简化了机构，缩小了尺寸。

③ 反复脱粒，茎叶破碎严重，加大了清选装置的负荷。

④ 功耗比传统切流式脱粒装置有明显增加。

⑤ 谷物茎秆较长或较潮湿时，易把茎秆搓成辫子，功率耗用猛增，甚至造成滚筒堵塞。

尽管纵轴流脱粒有一定弊端，但其对作物和地理环境的适应性强，能完成多种作物的收获，因而应用较广泛。目前，从我国市场上应用的联合收获机看，纵轴流式联合收获机因适应性广且性能优越已占据主导地位。

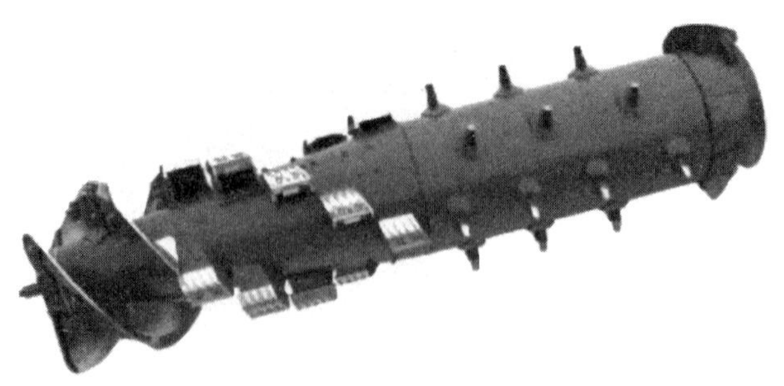

图 4-9　纵轴流脱粒分离装置

(3) 组合式脱粒分离装置

1) 切流脱粒滚筒加横轴流脱粒滚筒

这种形式的脱粒分离装置，由于初脱的脱粒滚筒(见图 4-10)为切流式，相对于轴流式来说在脱粒过程中容易使籽粒破碎，且在收割未完全成熟或外壳较硬的作物时，谷物脱净率和籽粒分离率都会受到影响。同样，在收割低茬或潮湿作物时，会存在堵塞脱粒滚筒的现象，严重影响作业质量和效率。

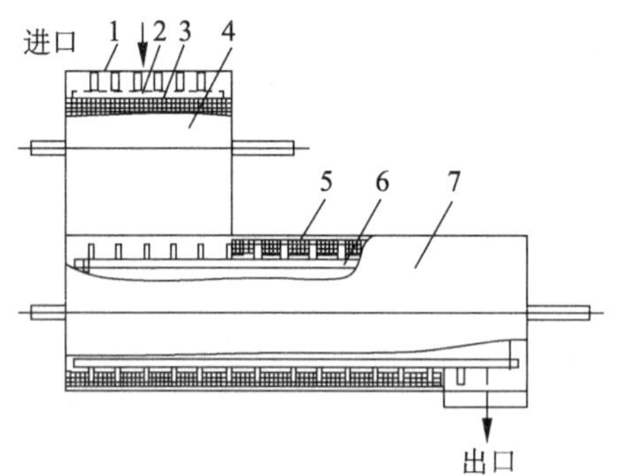

1—机架；2—切流滚筒；3—切流凹板；4—切流顶盖；5—横轴流凹板；6—横轴流滚筒；7—横轴流顶盖。

图 4-10　切流加横轴流双滚筒脱粒分离装置结构示意图

2) 切流脱粒滚筒加纵轴流脱粒滚筒

这一形式相对于单一的切流脱粒分离装置脱粒间隙变大，运转速度降低，脱粒作用更柔和，减轻了对谷物颗粒的损伤，切流脱粒滚筒未能脱净的作物进入纵轴流脱粒分离滚筒再次脱粒，弥补第一次脱粒的不足。这两个脱粒滚筒都是纵向放置的，使得脱粒及分离空间充足，其在脱净率、破碎率和分离率等检验指标上均比切流式脱粒分离装置好，因而广泛应用在大型联合收获机上。不足之处是整机重量较大，收获水稻时，在低洼及松软塌陷地段性能优势降低，行走后在地面留有较深的辙印，也给后续的土地平整工作带来很大负担。

John Deere C 系列的联合收获机采用"切流双滚筒＋纵轴流双滚筒"式脱粒分离系统，该系列收获机设置有滚筒拽拉和释放动作，可以让 C 系列联合收获机高效处理高含水率的作物，提高收获后茎秆质量。如图 4-11 所示，在脱分系统的前部设有直径为 60 mm 的纹杆式切流主脱粒滚筒，大尺寸的滚筒和凹板筛提供了更强的脱粒分离能力。在主脱粒滚筒后设置上击式滚筒，其转动方向与主脱粒滚筒转动方向相反，因此作物流方向没有突变，形成一个“几”字形运动轨迹，让作物平顺地从主脱粒滚筒和凹板流动到后端的装置中并维持茎秆的完整性。

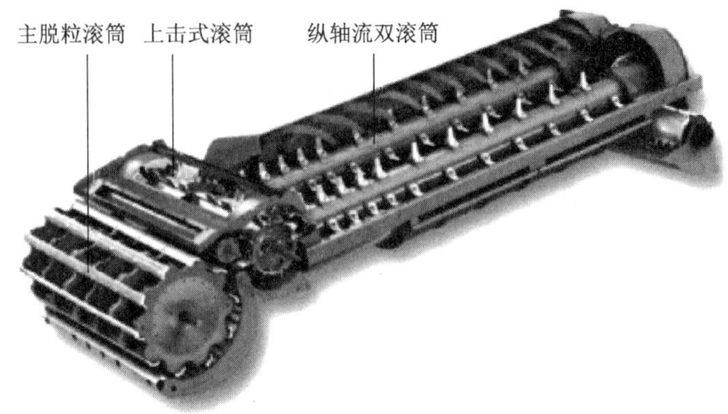

图 4-11　切流双滚筒＋纵轴流双滚筒结构示意图

4.2.2　半喂入式脱粒分离装置

（1）半喂入式脱粒装置的结构分类和特点

脱粒滚筒是影响半喂入式联合收获机脱粒性能的重要装置，它主要由脱粒夹持输送链、脱粒前喂入拔齿链、脱粒变速箱、落粒输送槽、脱粒旋转轴、脱粒固定梁、张紧装置、脱粒带、脱粒齿、脱粒装置喷油管及油箱、脱粒装置两端密封毛刷、脱粒底筛、防缠绕割刀、脱粒箱密封毛刷、脱粒盖板、导向条等部分组成。当割台脱粒夹持输送链将谷物运送至喂入链后，由喂入链沿滚筒轴线方向向切草装置运动，喂入链最先将谷物喂入脱粒滚筒的前端，然后通过平板脱粒滚筒表层的转动在弓齿的不断梳刷下将大部分籽粒脱下，有部分未脱净的茎秆籽粒会掉入平板脱粒滚筒的下部，再通过下部的梳刷揉搓进行复脱粒，剩下的则从下表面旋出，落入振动筛尾筛中。弓齿均匀地分布在平板装置表面，所以相对普通脱粒滚筒来说，它的有效脱粒面积较大，相对较矮的作物也可被脱粒。

半喂入式联合收获机脱粒装置可分为手持式和夹持式两种。

① 手持式脱粒装置。手持式脱粒装置常采用上脱式脱粒，广泛用于人力和机动打稻机，一般只有一个圆柱形脱粒滚筒。为了兼脱小麦，加强断穗的处理能力，避免滚筒缠草，在滚筒的前面装有斜板，在滚筒的下方装有凹板筛和切草刀。

② 夹持式脱粒装置。夹持式脱粒装置由夹持输送装置、弓齿滚筒、凹板筛、滚筒盖、切草刀和排杂装置等组成。工作时，作物茎秆基部由夹持输送装置夹紧，并沿着滚筒轴向移动，作物穗部在脱粒室经滚筒的打击和梳刷，以及凹板和翻草板的揉搓翻滚作用实现脱粒，谷粒通过凹板筛孔分离出来，秸草由夹持装置排出，碎草、残穗经排杂装置或复脱装置复脱和分离后排出。

（2）半喂入式脱粒装置脱粒方式的分类和特点

根据滚筒和作物相对位置的不同，弓齿滚筒式脱粒装置可分为倒挂侧脱式、平喂上脱式和平喂下脱式三种，如图 4-12 所示。倒挂侧脱式即作物穗头部分从滚筒的侧面进入脱粒间隙实现脱粒。平喂上脱式即作物茎秆大致呈水平状态进入滚筒上方实现脱粒。平喂下脱式即谷物茎秆约呈水平状态进入滚筒下方实现脱粒。

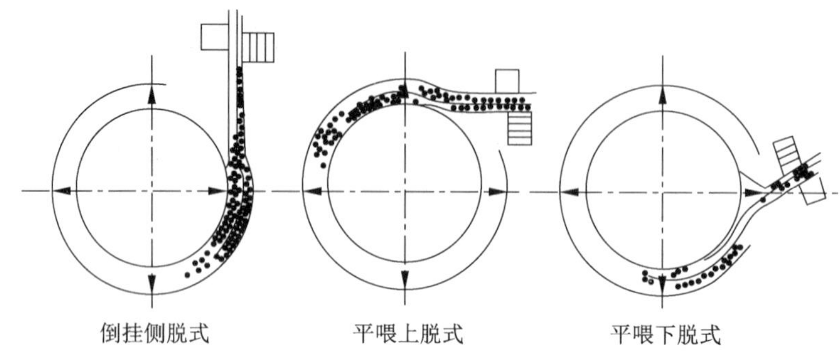

图 4-12　三种脱粒方式示意图

① 倒挂侧脱式主要用于卧式割台的联合收获机，因为割台上的作物原本就呈水平状态，夹持输送链夹住了茎秆的根部，当吊起作物时，就自然地转过 90°形成倒挂状态，并沿滚筒的轴向从端部贴着侧面送入脱粒间隙。这种脱粒方式因重力能使穗头自行下垂，为梳刷脱粒创造了良好条件，故断穗及抽草的现象少；茎秆挡住凹板下部的面积小，有效分离面积大，有助于谷粒的分离。

② 平喂上脱式和平喂下脱式适用于立式割台或圆盘割台，因为茎秆切割后根部被夹持输送时处于直立状态，在作物纵向输送过程中引导茎秆逐步倾倒到承托挡板上，即可使之呈水平状态进入滚筒实现脱粒。平喂上脱和平喂下脱的共同缺点是少量茎秆会折弯，穗头夹在茎秆中容易漏脱，形成未脱净损失。其中，平喂上脱式分离效果好，夹带和排杂损失小，但喂入性能差，断穗较多；平喂下脱式因茎秆挡住凹板筛孔影响籽粒的分离，易造成夹带损失，但喂入性能好，断穗、带柄均少，并且通用性较好，适用于一般夹持式脱粒机和联合收获机。

(3) 半喂入式脱粒装置脱粒工作性能的影响因素

脱粒分离装置作为联合收获机的核心工作部件，作物脱粒过程比较复杂，往往需同时运用几种脱粒原理(如冲击、揉搓、碾压、振动等)，因此其工作性能的好坏直接影响联合收获机的总体工作效果。影响半喂入式脱粒分离装置工作性能的因素非常多，包括脱粒滚筒及凹板筛的结构形式、滚筒转速、夹持链速度、脱粒间隙及凹板包角、滚筒直径、喂入量、喂入深度和作物特性等。

1) 脱粒滚筒的结构形式

半喂入式脱粒装置一般采用弓齿型滚筒，滚筒上弓齿的形状及排列关系会影响到脱粒能力的强弱、操作是否轻便省力、是否节省动力。在一定条件下，增加弓齿数有利于提高脱净率。另外，弓齿的齿迹距越小，即梳刷间隙越小(即梳刷痕迹越密)，梳刷作用就越强，脱净费时就越少，脱粒生产率也就越高。但齿迹距过小，会使茎秆振动变小，脱粒作用减弱。

2）凹板筛的结构形式

凹板筛结构对脱粒装置工作性能也有较大影响。编织筛处理断穗能力强、结构简单，但容易变形，易磨损。冲孔筛结构简单、耐磨、脱粒阻力小，但谷粒破碎较多，分离能力差。栅格筛刚度好、分离能力强、夹带损失小、湿脱适应性强，但结构和制造工艺复杂，用材多，断穗及带柄较多。

3）滚筒转速

滚筒转速也是影响脱粒装置工作性能的一个重要因素。当转速增加时，滚筒对作物的冲击和梳刷作用增强，脱粒比较干净，凹板筛的分离率也有所提高，但是，当滚筒转速增加时，消耗功率会增加，谷粒和茎秆的破碎率也会增加。

4）夹持链速度

夹持链的输送速度取决于滚筒长度、脱粒方式和凹板筛的分离效率等，它直接影响脱粒装置的脱粒质量和生产能力。提高夹持链速度可以增加工作量并降低单位工作量的功率消耗，但凹板筛分离率下降，断穗、带柄、未脱净和夹带损失均增加。

5）脱粒间隙及凹板筛包角

正确选择脱粒间隙对提高脱粒装置脱粒分离能力非常重要。当减小脱粒间隙时，脱粒作用增强，可以实现较低的未脱净损失率，但脱粒间隙过小，会使破碎谷物和碎茎秆明显增加。随着凹板筛包角的增大，谷物的脱粒率和分离率均会有一定的提高，但由于谷物受凹板筛作用时间加长，因此谷物和茎秆的破碎率有所增加。

6）滚筒直径

滚筒直径过小，会导致作物缠绕滚筒，不利于脱粒。随着滚筒直径的增大，作物喂入深度变大，有利于减小未脱净损失；滚筒直径增大，也可在脱粒原件线速度相同的情况下使滚筒转速降低，从而降低功耗；增大滚筒直径从而使凹板筛弧长变大，可使凹板筛的分离性能有所提高。另外，滚筒直径增大可使物料的喂入比较顺利。但是滚筒直径也不能一味地增大，否则会导致脱粒室尺寸过大。

7）喂入量

喂入量是指单位时间内进入脱粒滚筒的物料的质量，一般用每秒钟多少千克（或每小时多少吨）来表示。在保证作业质量的前提下，喂入量越大，该机作业效率就越高，但喂入量过大，会造成脱粒损失增加，甚至造成脱粒滚筒堵塞。

8）喂入深度

作物喂入深度对脱粒质量影响很大。喂入深度过小，会使作物的底部籽粒得不到脱粒元件的梳刷或梳刷不充分，从而引起脱粒不净；喂入深度过大，则过多茎秆受到梳刷、冲击，使脱粒装置功耗增加、碎草增多，给后面的清选增加负担。

9）作物特性

作物本身的生物特性、物理机械特性都对脱粒分离的效果有影响。不同的作物品种具有不同的脱粒性。物理机械特性包括作物的含水量、茎秆直径及强度、谷草比、籽粒的机械强度及连接力的大小等。

4.2.3 不同脱粒元件形式的脱粒分离装置

根据脱粒元件形式的不同，常见脱粒装置包括以下几种：

(1) 纹杆滚筒式脱粒装置

纹杆滚筒式脱粒装置由纹杆状滚筒和栅格状凹板组合而成，如图 4-13 所示。此装置的工作原理为依靠纹杆对作物的撞击作用和纹杆与凹板的相互作用，对作物进行搓擦脱下谷物颗粒。脱粒滚筒由辐盘和纹杆组合而成，辐盘经钢板冲压为多角形式，纹杆安装在辐盘的凸起部分；脱粒滚筒主体通常在圆周方向敞口，以利于作物在滚筒内流动；最外侧的两个辐盘与轮毂焊接在一起，轮毂与滚筒轴通过斜键连接在一起；中间的几个辐盘空套在滚筒轴上，且不与滚筒轴接触，以保证纹杆在装配时不发生弯曲，并改善滚筒轴的受力状况。纹杆作为滚筒脱粒元件的核心部分，其外曲面是工作表面，曲面上有凸起的纹路。纹杆在安装时，将带有齿纹的一端朝喂入方向，可增强对作物的揉搓作用。为避免作物在滚筒内轴向移动，并使纹杆在所有的齿纹上均匀受力，相邻位置的纹杆齿纹的旋向应相反。纹杆滚筒式脱粒装置的凹板通常是整体栅格式的，它由横格板、侧弧板和筛条组成。其中，横格板通过焊接与两侧弧板连接在一起，筛条穿入横格板中的孔里且两端固定在最外侧的横格板上，结合成牢固的焊接件。横格板的上顶面通常带有棱角，横格板比筛条高出一些，在拦截作物的同时使穗头被凹板撞击，在冲击和搓擦的过程中，成熟而饱满的谷穗发生脱粒。

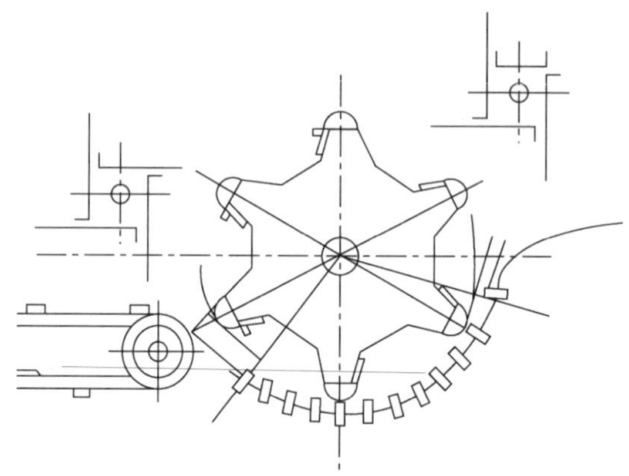

图 4-13 纹杆滚筒式脱粒装置

(2) 钉齿滚筒式脱粒装置

在钉齿滚筒式脱粒装置中，钉齿是主要的脱粒元件，安装在滚筒上，有的装置在凹板上也会安装钉齿，以提高脱净率，如图 4-14 所示。与纹杆式滚筒一样，钉齿滚筒通常为开式，由钉齿、齿杆、辐盘和滚筒轴组成。凹板主要有整体式与组合式两种。整体式凹板由侧板、凹板钉齿和钉齿固定板等组成，无活动凹板，在突然喂入大量作物时会产生脱不净现象。组合式凹板由钉齿凹板和栅格凹板组成，虽然灵活性好、脱粒效果优良，但结构较为复杂，给安装带来一定的困难。凹板上钉齿与滚筒上钉齿均为同一类型，不需加以区分。

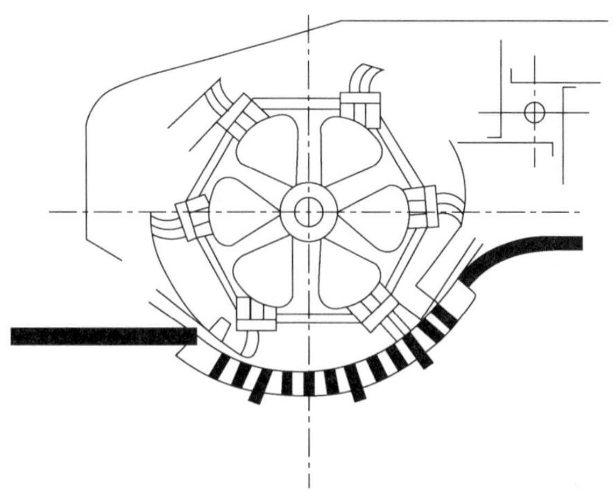

图 4-14　钉齿滚筒式脱粒装置

(3) 板齿式脱粒装置

脱粒滚筒上的板齿式脱粒元件一般与短纹杆脱粒元件组合进行脱粒作业,即形成短纹杆一板齿式脱粒滚筒,如图 4-15 所示。由于短纹杆一板齿式脱粒元件较大,脱粒过程中作物不易膨胀,再加上在短纹杆一板齿式脱粒滚筒中作物停留的时间较短,作物流出快,使得籽粒来不及分离就随茎秆被排出机体,因此其脱粒损失较钉齿式有所增加。但短纹杆一板齿式脱粒滚筒的脱出混合物分布得更均匀,脱出物的杂余含量比钉齿式小。短纹杆一板齿式脱粒滚筒能够减轻清选装置的负荷,能够提高整机的工作效率和作业质量。

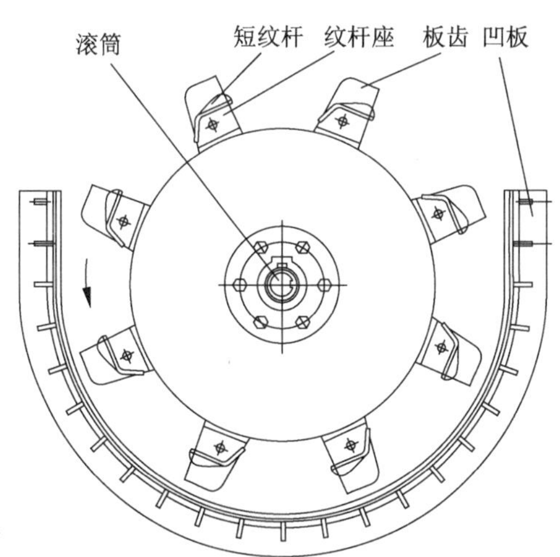

图 4-15　短纹杆一板齿滚筒与凹板装配示意图

4.3　水稻籽粒连接力与脱粒特性

水稻主要由主茎秆和穗头两部分组成,水稻主茎秆直径为 5～20 mm,高度为 80～120 cm,

茎秆的直径和高度因品种和栽培条件的不同有较大差异。水稻穗头主要由籽粒、粒柄、枝梗及中间的主茎秆组成。水稻穗头结构如图 4-16 所示。

水稻穗头的连接力主要包括籽粒与粒柄、粒柄与枝梗，以及枝梗与主茎秆之间的连接力，连接力大小反映了各部分之间的连接强度。籽粒与粒柄之间连接力的大小直接反映了脱粒的难易程度：连接力越小，籽粒越容易从穗头上脱下，但连接力过小，容易增加水稻的落粒损失；连接力越大，籽粒越难从穗头上脱落，易增加未脱净损失。粒柄与枝梗以及枝梗与主茎秆之间连接力的大小与水稻脱粒过程中带柄率的高低密切相关。在籽粒与粒柄间连接力一定的条件下，粒柄与枝梗以及枝梗与主茎秆间的连接力越大，脱粒后谷粒的带柄率越低；反之，则谷粒带柄率越高。因此，水稻穗头各部分间连接力的大小不仅与水稻的收获损失及功耗大小有很大的关系，而且对脱粒后谷粒的带柄率也有很大的影响。

图 4-16　水稻穗头结构

近年来，水稻品种不断改良，在产量提升和稻谷品质改善的同时，稻谷物理机械特性也发生了显著改变，使得单株穗头上能承受更大的重力。传统的脱粒装置在收获高产水稻时存在脱粒不尽、脱粒能力不足的问题，目前这些问题主要靠增加滚筒长度和提高滚筒转速的方法解决，有一定的局限性。因此，有必要在水稻籽粒连接力测定和分布频谱研究的基础上，建立籽粒平均连接力、脱粒滚筒齿顶线速度与滚筒转速的数学模型，为提升联合收获机脱粒性能提供新的思路和理论依据。

4.3.1　超级稻籽粒连接力测定

选择浙江省广泛种植的超级稻品种甬优 12 号（籼粳结合稻）、甬优 9 号（籼稻）、嘉优 2 号（粳稻）、甬优 11 号（糯稻）进行籽粒与粒柄间连接力的测定，如图 4-17 和图 4-18 所示。

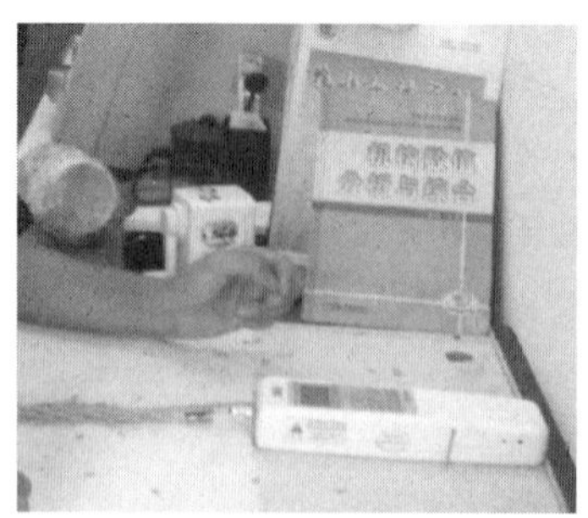
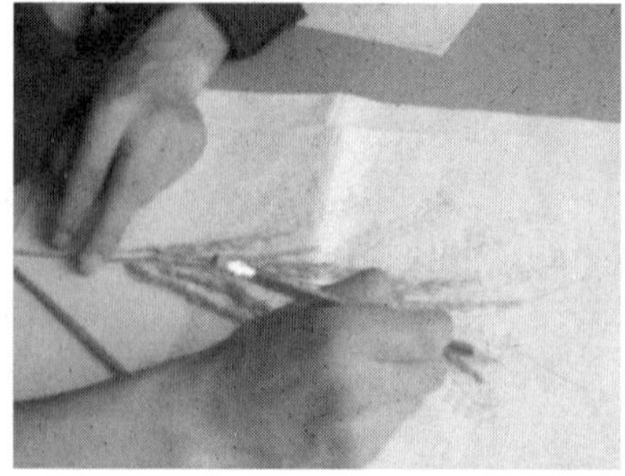

图 4-17　超级稻籽粒连接力测定

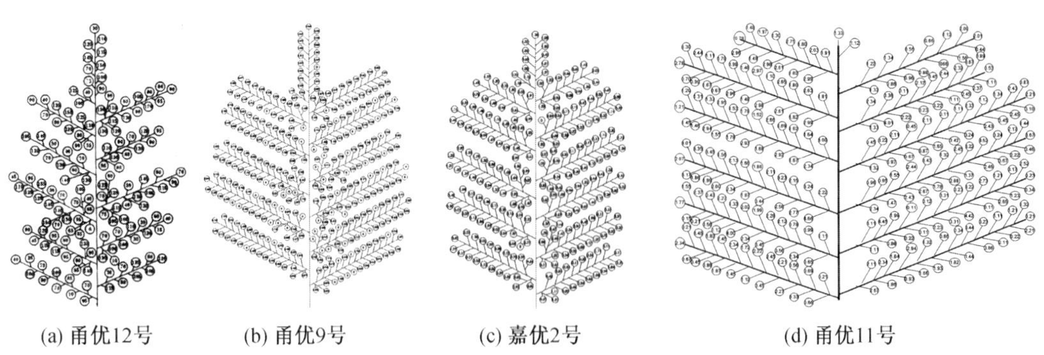

(a) 甬优12号　(b) 甬优9号　(c) 嘉优2号　(d) 甬优11号

图 4-18　4 个品种超级稻籽粒连接力测定

由于籽粒成熟度不一，因此同一穗上各个部位的连接力不同，且随机性很大，试验中每个品种测定三穗并按其生长部位标出连接力。取每个品种最有代表性的一穗计算籽粒连接力的平均值、标准差和变异系数，并测定籽粒含水率和茎秆含水率，结果如表 4-1 所示。

表 4-1　4 个品种籽粒连接力测定结果

品种	平均值 $\overline{f}$/N	标准差 s	变异系数 ν/%	籽粒含水率/%	茎秆含水率/%
甬优 12 号	1.35(137.72gf)	0.64	77.7	21.0	62.7
甬优 9 号	1.15(117.30gf)	0.475	46.7	22.1	63.4
嘉优 2 号	2.15(219.38gf)	1.02	55.0	24.3	64.1
甬优 11 号	1.47(149.94gf)	0.506	37.1	24.1	64.8

由表 4-1 可知，被测 4 个品种水稻籽粒平均连接力均超过 1 N，嘉优 2 号籽粒连接力比甬优系列大。从变异系数可以看出，甬优 12 号水稻籽粒连接力变异系数为 77.7%，其值在 4 个品种中最大，说明该品种籽粒连接力比其他品种更加离散。

4.3.2　超级稻籽粒连接力分布频谱

以 0.5 N 的频段对 4 个超级稻品种的籽粒连接力数据进行分布情况统计，绘制籽粒连接力分布频谱图，如图 4-19 所示。可以看出，同一稻穗上不同籽粒的连接力不同，各个品种之间籽粒连接力的分布范围有所差异。甬优 12 号籽粒连接力分布频谱曲线直线下降趋势明显，表明甬优 12 号连接力小的籽粒占绝大多数。嘉优 2 号的籽粒连接力分布频谱较平滑，表明其籽粒连接力分布较均匀。

由图 4-19 及表 4-1 可见，甬优 12 号变异系数最大，多数籽粒为易脱籽粒，难脱籽粒数少；嘉优 2 号分布带宽(0.5～4.5 N)，标准差数值大，籽粒平均连接力较大。4 种水稻籽粒连接力平均值为 1.15～2.15 N，多数籽粒连接力分布在 0.5～3.0 N，部分籽粒连接力达到 4.5 N。

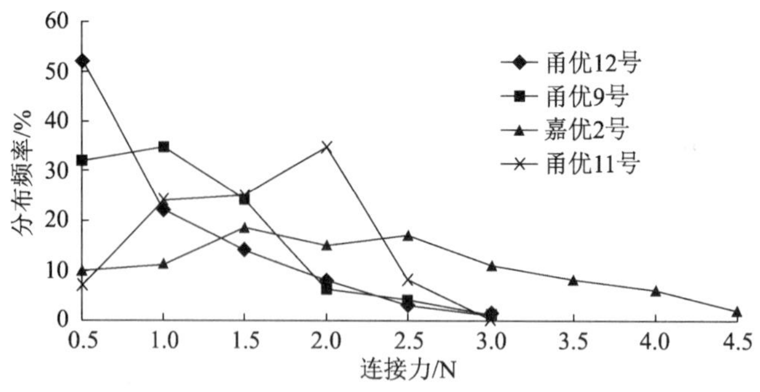

图 4-19　超级稻籽粒连接力分布频谱

由籽粒连接力分布频谱可知，同一穗上籽粒连接力变化较大，连接力小的籽粒占比大。工作中，应以不同的线速度进行脱粒，可以用低速脱下占比较大的连接力小的籽粒，用高速脱下占比较小的连接力大的籽粒，这样既可保证作业性能，又能节能。

4.3.3　籽粒连接力与滚筒齿顶线速度、脱粒滚筒转速关系数学模型

作物脱粒的难易程度通常用脱下一颗籽粒所需的功来表示。籽粒与粒柄连接力的大小决定了脱粒所需功的大小。令脱粒系数 C 为脱粒功耗 W 与籽粒平均连接力 $\bar{f}$ 之比，即

$$C=W/\bar{f} \tag{4-1}$$

以梳刷方式脱下一粒水稻籽粒所耗的功 $W=0.0039\sim0.0127\ \text{N}\cdot\text{m}$，将脱下一粒水稻籽粒所耗功 W 的两个边界值和 4 个水稻品种的籽粒平均连接力 $\bar{f}$ 代入式(4-1)，可求得 4 个水稻品种脱粒系数 C 的两个边界值，如表 4-2 所示。

表 4-2　不同水稻品种的脱粒系数

品种	甬优 12 号	甬优 9 号	嘉优 2 号	甬优 11 号
脱粒系数 C/ cm	0.29～0.94	0.34～1.10	0.18～0.59	0.27～0.86

脱粒滚筒常见形式包括杆齿式脱粒滚筒、弓齿式脱粒滚筒、钉齿式脱粒滚筒和纹杆式脱粒滚筒等。在我国南方水稻种植区，全喂入式联合收获机普遍使用杆齿式脱粒滚筒，而半喂入式联合收获机普遍使用弓齿式脱粒滚筒。以杆齿式脱粒滚筒和弓齿式脱粒滚筒为例，建立籽粒平均连接力、滚筒齿顶线速度和滚筒转速的数学计算模型。

弓齿滚筒脱粒所需滚筒齿顶线速度的最低值与杆齿滚筒脱粒所需滚筒齿顶线速度的最低值相除，或弓齿滚筒脱粒所需滚筒齿顶线速度的最高值与杆齿滚筒脱粒所需滚筒齿顶线速度的最高值相除，记为速度比 λ，即

$$\lambda=v_{弓}/v_{杆} \tag{4-2}$$

根据相关文献和手册资料，籼稻脱粒所需滚筒齿顶线速度如下：杆齿滚筒 $v_{杆}=15\sim19$ m/s，弓齿滚筒 $v_{弓}=6\sim8$ m/s；粳稻、糯稻脱粒所需滚筒齿顶线速度如下：杆齿滚筒 $v_{杆}=20\sim24$ m/s，弓齿滚筒 $v_{弓}=10\sim12$ m/s。将以上数据代入式(4-2)可得：脱籼稻 λ 为 0.4～0.42，脱粳稻、糯稻为 λ 为 0.5。以上结果 λ 值均接近 0.5，为简化计算，取弓齿滚筒

脱粒所需滚筒齿顶线速度与杆齿滚筒脱粒所需滚筒齿顶线速度比 $\lambda=0.5$。

脱粒滚筒脱下一颗水稻籽粒所需之线速度 v 由式(4-3)求得

$$v=\frac{\lambda}{(1+\varepsilon)\cos\alpha}\sqrt{\frac{2W}{m}}<v_k \quad \text{m/s} \tag{4-3}$$

式中:λ 为弓齿齿顶线速度与杆齿齿顶线速度之比(杆齿滚筒脱粒取 $\lambda=1$,弓齿滚筒脱粒取 $\lambda=0.5$);ε 为籽粒受杆齿打击表膜的回复系数(籽粒含水率为 15% 时,$\varepsilon=0.2$;籽粒含水率<15%时,$\varepsilon=0.1$);v_k 为杆齿或弓齿破损谷粒时的临界速度,m/s($v_k\approx1.3\,v$);m 为籽粒质量,g(取水稻籽粒质量 $m=31.5\times10^{-6}$ g)。

根据式(4-1)将 W 以 $C\cdot\overline{f}$ 取代,并将有关数据代入式(4-3),可得求解弓齿滚筒齿顶线速度数学计算模型:

$$v_{弓}=\frac{0.5}{(1+0.25)\times0.64}\sqrt{\frac{2C\cdot\overline{f}}{31.5\times10^{-6}}}=157\sqrt{C\cdot\overline{f}} \quad \text{cm/s} \tag{4-4}$$

同理可得,弓齿滚筒转速数学计算模型:

$$n_{弓}=\frac{30v_{弓}}{\pi R}=\frac{4710\sqrt{C\cdot\overline{f}}}{\pi R} \quad \text{r/min} \tag{4-5}$$

杆齿滚筒齿顶线速度数学计算模型:

$$v_{杆}=2v_{弓}=314\sqrt{C\cdot\overline{f}} \quad \text{cm/s} \tag{4-6}$$

杆齿滚筒转速数学计算模型:

$$n_{杆}=\frac{30v_{杆}}{\pi R}=\frac{9420\sqrt{C\cdot\overline{f}}}{\pi R} \quad \text{r/min} \tag{4-7}$$

4.3.4　不同类型滚筒齿顶线速度及转速的计算

针对半喂入式联合收获机普遍使用的弓齿式脱粒滚筒,用籽粒连接力最小的甬优 9 号 C 值区间的最小值代入式(4-4)求得最小线速度 $v_{弓1}$,用籽粒连接力最大的嘉优 2 号 C 值区间的最大值代入式(4-4)求得最大线速度 $v_{弓2}$,则有

$$v_{弓1}=157\sqrt{0.34\times117.3}\approx991 \text{ cm/s}=9.91 \text{ m/s}$$

$$v_{弓2}=157\sqrt{0.59\times219.38}\approx1786 \text{ cm/s}=17.86 \text{ m/s}$$

当滚筒筒体直径 $d=400$ mm,弓齿高度 $h=75$ mm,滚筒齿顶外径 $D=550$ mm,弓齿齿顶线速度计算半径 $R=275$ mm,将水稻籽粒平均连接力 $\overline{f}$ 和 C 值代入式(4-5),可求出弓齿脱粒滚筒转速。以籽粒连接力最小的品种甬优 9 号籽粒连接力数据代入甬优 9 号籽粒平均连接力和脱粒系数数据,可求得弓齿滚筒最低转速 $n_{弓1}$;以代表最大连接力的品种嘉优 2 号籽粒连接力和脱粒系数数据,可求得弓齿滚筒最高转速 $n_{弓2}$。即

$$n_{弓1}=\frac{30v_{弓1}}{\pi R}=\frac{4710\sqrt{C\cdot\overline{f}}}{\pi R}\approx400 \text{ r/min}$$

$$n_{弓2}=\frac{30v_{弓2}}{\pi R}=\frac{4710\sqrt{C\cdot\overline{f}}}{\pi R}\approx720 \text{ r/min}$$

可见，针对弓齿式脱粒滚筒，当滚筒筒体直径 $d=400$ mm，弓齿高度 $h=75$ mm，滚筒齿顶外径 $D=550$ mm 时，滚筒转速在 $n=400\sim720$ r/min 范围选择，即能满足常见水稻品种脱粒性能的要求。

同理，针对杆齿式脱粒滚筒，当滚筒筒体直径 $d=400$ mm，杆齿高度 $h=75$ mm，滚筒齿顶外径 $D=550$ mm 时，将水稻籽粒平均连接力 $\overline{f}$ 和 C 值区间的最小值代入式(4-7)，可求出杆齿滚筒转速。以代表最小连接力的品种甬优 9 号籽粒平均连接力和脱粒系数数据，可求得杆齿滚筒最低转速 $n_{杆1}$；以代表最大连接力的品种嘉优 2 号籽粒平均连接力和脱粒系数数据，可求得杆齿滚筒最大转速 $n_{杆2}$。即

$$n_{杆1}=\frac{30v_{杆1}}{\pi R}=\frac{9420\sqrt{C\cdot\overline{f}}}{\pi R}=800\ \text{r/min}$$

$$n_{杆2}=\frac{30v_{杆2}}{\pi R}=\frac{9420\sqrt{C\cdot\overline{f}}}{\pi R}=1440\ \text{r/min}$$

可见，针对杆齿式脱粒滚筒，转速在 $n=800\sim1440$ r/min 范围选择，即能满足常见水稻品种脱粒性能的要求。

4.4 脱出混合物在脱粒空间的运动规律研究

由脱粒滚筒和凹板筛组成的脱粒分离装置是联合收获机的关键工作部件之一，它可将稻穗上的籽粒脱下，并将籽粒从脱出混合物中分离出来。脱粒干净、分离彻底、破碎籽粒少、夹带损失少等是脱粒分离装置工作性能良好的表现。此外，脱粒功耗、对不同收获对象和作业工况的适应性也是判断脱粒分离装置工作性能的重要指标。建立脱粒分离数学模型和脱粒过程中谷物的损伤数学模型，掌握脱出混合物在脱粒空间的运动规律，对研究联合收获机脱粒分离性能有重要意义。本节采用概率统计方法建立了轴流滚筒脱粒分离装置的数学模型，并通过理论分析、数值模拟和高速摄像试验相结合的方法，揭示了联合收获机脱粒分离工作机理，为联合收获机脱粒分离装置的结构优化设计与性能评价提供理论依据。

4.4.1 稻麦脱粒分析模型

滚筒一凹板筛脱粒从两百多年前一直沿用至今，现仍为谷物脱粒的主要方式，其基本原理未发生较大改变。很多学者对脱粒分离装置数学模型展开了研究，主要研究方法有两种：一是在假设的基础上，建立数学模型进行理论分析；二是在试验的基础上用回归分析法得到数学模型。回归分析法具有较为完善的理论基础，但回归方程建立在大量实验的基础之上，而脱粒分离实验的可重复性较差，因而有一定的局限性。因此，目前脱粒分离装置的设计和优化仍以经验为主，很有必要从理论上建立切合实际的脱粒分离装置数学模型。

(1) 轴流滚筒脱粒分离模型

轴流滚筒脱粒分离装置的工作过程如下：首先让籽粒在滚筒和凹板筛的配合作用下

从稻穗上脱下，而后籽粒与杂质透过茎秆层掉落到凹板筛上，最后穿过凹板栅格孔得以分离。为了便于对轴流滚筒脱粒分离过程进行建模和分析，做出如下假设：

① 籽粒在凹板筛上任意位置被脱粒分离的概率相同，即脱粒分离是随机行为。

② 籽粒被脱下的概率与脱粒空间内未被脱粒的籽粒数量成正比。

③ 籽粒被分离的概率与脱粒空间内已脱下但未分离的籽粒数量成正比。

轴流滚筒根据物料喂入方式不同可分为横轴流滚筒和纵轴流滚筒。横轴流滚筒在联合收获机上横向布置，被脱粒物料由横轴流滚筒端部切向喂入；纵轴流滚筒在联合收获机上纵向布置，被脱粒物料由纵轴流滚筒端部纵向喂入。

进入轴流滚筒脱粒分离装置的籽粒喂入量 q 包括自由籽粒（已脱粒但未被分离籽粒）和未脱粒籽粒两部分，有

$$q=s_i+s_j \tag{4-8}$$

式中：s_i 为自由籽粒占比，%；s_j 为未脱粒籽粒占比，%。

设轴流滚筒脱粒分离装置凹板上任意一点的脱粒系数为 λ，在该位置籽粒被脱粒的概率 $f(x)$ 为

$$f(x)=\lambda[1-F(x)] \tag{4-9}$$

式中：x 为分离起点至脱粒发生部位沿滚筒轴向的距离；$f(x)$ 为凹板筛轴向 x 处发生脱粒的概率；$F(x)$ 为分离起点至 x 处累计被脱下的籽粒占比，%；λ 为轴流滚筒脱粒分离装置的脱粒系数。

将式(4-9)变形可得

$$F(x)=\int_0^x f(\zeta)\mathrm{d}\zeta \tag{4-10}$$

对式(4-10)两边求导，再代入式(4-9)可得

$$\frac{\mathrm{d}F(x)}{1-F(x)}=\lambda\mathrm{d}x \tag{4-11}$$

对式(4-11)两边积分可得

$$F(x)=1-\mathrm{e}^{-\lambda x} \tag{4-12}$$

将式(4-10)代入式(4-12)求导，得轴流滚筒脱粒分离装置凹板筛轴向 x 处籽粒被脱下的概率密度函数为

$$f(x)=s_j\lambda\mathrm{e}^{-\lambda x} \tag{4-13}$$

同理，设轴流滚筒脱粒分离装置凹板筛上任意一点处（从分离起点沿滚筒轴向距离为 x）的分离系数为 β，可求得轴流滚筒脱粒分离装置凹板筛轴向 x 处籽粒被分离的概率密度函数为

$$g(x)=\beta\mathrm{e}^{-\beta x} \tag{4-14}$$

在[0，L]范围内，未脱下的籽粒量为

$$s_n(x)=s_j(1-\int_\theta^x\lambda\mathrm{e}^{-\lambda\zeta}d\zeta)=s_j\mathrm{e}^{-\lambda x} \tag{4-15}$$

当 $x=L$（L 为滚筒总长）时，未脱下的籽粒将随茎秆从排草口排出机体，成为未脱净

损失量，则未脱净籽粒率为

$$s_n(L)=s_j e^{-\lambda x} \tag{4-16}$$

在轴流滚筒脱粒分离装置中，被分离的籽粒包括从穗头脱下并被分离的籽粒和被分离的自由籽粒两部分。根据概率论可知，籽粒有效分离的概率是脱粒概率密度函数与自由籽粒被分离概率密度函数的卷积，因此籽粒被分离的概率密度函数为

$$h'(x)=f(\xi)\cdot g(x-\xi)=\int_0^x f(x)g(x-\xi)\mathrm{d}\xi \tag{4-17}$$

通过积分可得，轴流滚筒脱粒分离装置的分离籽粒函数密度为

$$h'(x)=\frac{\lambda\beta}{\lambda-\beta}(e^{-\beta x}-e^{-\lambda x}) \tag{4-18}$$

则轴流滚筒脱离分离装置内被脱下籽粒和自由籽粒的分离密度为

$$h(x)=s_j h'(x)+s_i g(x)=s_j\frac{\lambda\beta}{\lambda-\beta}(e^{-\beta x}-e^{-\lambda x})+s_i\beta e^{-\beta x} \tag{4-19}$$

轴流滚筒下累计分离籽粒量 $H(x)$ 为

$$H(x)=s_j\int_0^x\frac{\lambda\beta}{\lambda-\beta}(e^{-\beta\zeta}-e^{-\lambda\zeta})d\zeta+s_i\int_0^x\beta e^{-\beta\zeta}\mathrm{d}\zeta \tag{4-20}$$

将式(4-20)积分可得轴流滚筒下累计分离籽粒量为

$$H(x)=s_j\frac{\beta e^{-\lambda x}-\lambda e^{-\beta x}}{\lambda-\beta}+s_j+s_i(1-e^{-\beta x}) \tag{4-21}$$

轴流滚筒脱粒分离装置中，总籽粒 q_j 等于累计分离籽粒量 $H(x)$、未脱下籽粒量 $s_n(x)$ 和脱粒空间中自由籽粒量(已脱下未分离籽粒)量 $s_f(x)$ 之和，即有

$$H(x)+s_n(x)+s_f(x)=q_j \tag{4-22}$$

由式(4-22)可求得，经轴流滚筒脱粒分离装置脱粒分离后未被分离的自由籽粒量为 $s_f(x)=q_j-H(x)-s_n(x)$。当 $x=L$ 时，未被分离的自由籽粒被茎秆夹带排出脱粒分离装置，形成夹带损失。将式(4-16)和式(4-21)代入式(4-22)，可得轴流滚筒脱粒分离后的夹带损失率为

$$s_f(L)=s_i e^{-\beta L}-s_j\left(e^{-\lambda L}+\frac{\beta e^{-\lambda L}-\lambda e^{-\beta L}}{\lambda-\beta}\right) \tag{4-23}$$

当喂入被脱物料中自由籽粒数为零时(即 $s_i=0$，$s_j=1$，为单轴流滚筒脱粒分离模型)，由式(4-23)可得单轴流滚筒脱粒分离后的夹带损失率 $s_f(L)$、累计分离籽粒量 $H(x)$、未脱净籽粒量 $s_n(L)$ 为

$$\begin{cases} s_f(L)=\dfrac{\lambda(e^{-\beta\lambda}-e^{-\lambda x})}{\beta-\lambda} \\ H(x)=\dfrac{\lambda(1-e^{-\beta x})-\beta(1-e^{-\lambda x})}{\lambda-\beta} \\ s_n(L)=s_j e^{-\lambda L} \end{cases} \tag{4-24}$$

利用 Matlab 软件绘制单轴流滚筒脱粒分离后的夹带损失率 $s_f(L)$、累计分离籽粒量 $H(x)$、未脱净籽粒量 $s_n(L)$ 之间的关系曲线如图 4-20 所示。

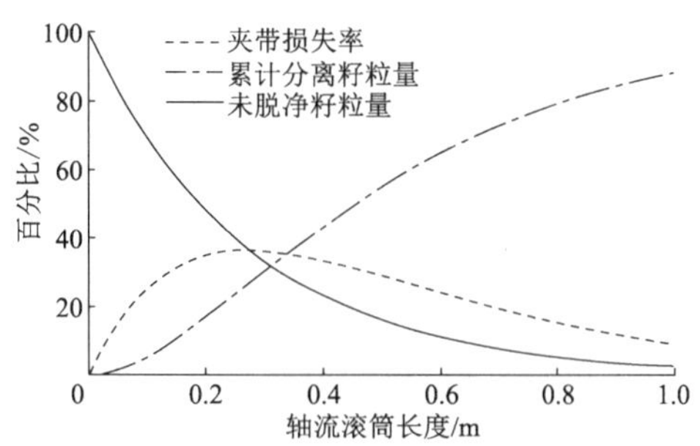

图 4-20　单轴流滚筒脱粒分离性能曲线

由图 4-20 可知，累计分离籽粒量沿滚筒轴向不断增加，表明籽粒在脱粒空间不断得到脱粒；被脱下的籽粒夹带损失在滚筒前半段迅速增大，表明籽粒虽然在滚筒前半段得到脱粒，但很多籽粒被茎秆带至滚筒后半段才得到分离，在距滚筒端口 0.8～1 m 区间的夹带损失率对应于被茎秆夹带排出机体的损失；未脱净籽粒量沿滚筒轴向呈指数形态下降，在距滚筒端口 0.8～1 m 区间的未脱净籽粒将随茎秆排出机体，造成未脱净损失，但与夹带损失相比，未脱净损失较小，表明夹带损失是造成联合收获机损失的主要原因。

（2）谷物脱粒损伤模型

谷物脱粒损伤是指在谷物脱粒过程中，籽粒在脱粒元件碰撞、揉搓、挤压等作用下形成以塑性或脆性破坏为主的损伤，是谷物损伤最主要的源头之一。谷物机械化收获中形成的脱粒损伤直接影响后续的输送、储藏、加工等环节，因此开展谷物脱粒损伤的研究，揭示稻谷损伤原因，在保证脱粒性能的前提下最大限度地减少谷物的脱粒损伤，对优化现有脱粒分离装置和寻找新的脱粒方式有重要的意义。

图 4-21 为脱粒元件与籽粒碰撞示意图。以脱粒元件和籽粒的碰撞接触初始点为原点，接触处的切平面为 $x-y$ 平面，按照右手定则建立如图 4-21 所示的坐标系 $Oxyz$。

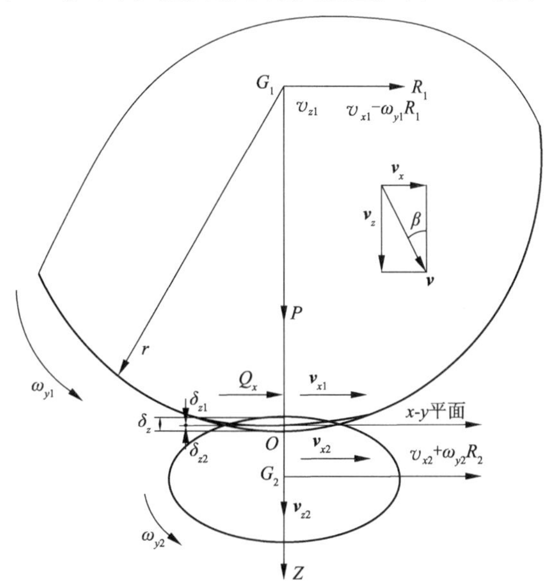

图 4-21　脱粒元件与稻谷碰撞示意图

图 4-21 中 v_{z1}，v_{z2} 为碰撞前脱粒元件与谷物的法向运动速度，m/s；v_{x1}，v_{x2} 为碰撞前脱粒元件与谷物的切向运动速度，m/s；ω_{y1}，ω_{y2} 为碰撞前脱粒元件与谷物的切向运动角速度，rad/s；v_z，v_x 为谷物和脱粒元件碰撞前相对法向、切向速度，m/s；β 为稻谷和脱粒元件碰撞前入射角，(°)；G_1，G_2 为脱粒元件与谷物的质心；P 为法向相互作用力，N；Q_x 为切向摩擦力，N；δ_z 为脱粒元件与稻谷质心相互接近的法向位移(法向压缩量)，m。

为便于对籽粒的损伤机理进行分析，做如下假设：

① 谷物颗粒形状为椭球体，a 为长轴，b 为短轴，各向同性。

② 碰撞发生时，视谷物颗粒和脱粒元件为弹性体，谷物的接触面为短轴侧。

③ 碰撞后，稻谷颗粒和脱粒元件的变形量均远远小于其自身尺寸。

谷物颗粒与脱粒元件碰撞时，其接触区为椭圆形，依据 Hertz 接触理论，可得等效接触半径计算公式为

$$c=(ab)^{\frac{1}{2}}=\left(\frac{3PR_e}{4E^*}\right)^{\frac{1}{3}}F_1(e) \tag{4-25}$$

式中：c 为等效接触半径，m；$R_e=(R'R'')^{\frac{1}{2}}$ 为等效相对半径，其中 R' 和 R'' 为相对曲率半径，E^* 为弹性模量。

$$\frac{1}{R'}=\frac{1}{R_1'}+\frac{1}{R_2'} \tag{4-26}$$

$$\frac{1}{R''}=\frac{1}{R_1''}+\frac{1}{R_2''} \tag{4-27}$$

式中：R_1'，R_1'' 分别为脱粒元件碰撞变形前后最大、最小半径，m；R_2'，R_2'' 分别为稻谷碰撞变形前后最大、最小半径，m。

$$\frac{1}{E^*}=\frac{1-\mu_1^2}{E_1}+\frac{1-\mu_2^2}{E_2} \tag{4-28}$$

式中：E_1，E_2 分别为脱粒元件和谷物的弹性模量，Pa；μ_1，μ_2 为脱粒元件和稻谷的泊松比；$F_1(e)$为修正因子，可根据$\left(\frac{R'}{R''}\right)^{\frac{1}{2}}$的值得出。

依据 Hertz 接触理论，可得接触面上法向压缩量为

$$\delta=\left(\frac{9P^2}{16E^{*2}R_e}\right)^{\frac{1}{3}}F_2(e)$$

式中：$F_2(e)$为修正因子，可根据$\left(\frac{R'}{R''}\right)^{\frac{1}{2}}$的值得出；$R_e$ 为等效相对半径。

接触面上最大压力 P_0 为

$$P_0=\frac{3P}{2\pi ab}=\left(\frac{6PE^{*2}}{\pi^3R_e^2}\right)^{\frac{1}{3}}\{F_1(e)\}^{-\frac{2}{3}} \tag{4-29}$$

碰撞发生后，谷物颗粒与脱粒元件两物体形心中心距在法向上缩短了 δ_z。谷物与脱粒元件的法向相对速度为

$$v_{z1}-v_{z2}=\frac{\mathrm{d}\delta_z}{\mathrm{d}t} \tag{4-30}$$

任意瞬间，稻谷与脱粒元件在法向的相互作用力是时间 t 的函数，记为 $P(t)$，则有

$$P(t)=-m_1\frac{\mathrm{d}v_{z1}}{\mathrm{d}t}=m_2\frac{\mathrm{d}v_{z2}}{\mathrm{d}t} \tag{4-31}$$

式中：m_1 为脱粒元件质量，kg；m_2 为谷物质量，kg。

令$\frac{1}{m}=\frac{1}{m_1}+\frac{1}{m_2}$，则

$$-\frac{1}{m}P(t)=-\frac{m_1+m_2}{m_1m_2}P(t)=\frac{\mathrm{d}}{\mathrm{d}t}(v_{z1}-v_{z2})=\frac{\mathrm{d}^2\delta_z}{\mathrm{d}t^2} \tag{4-32}$$

由式(4-32)可知

$$P(t)=\frac{4}{3}F_2(e)^{-\frac{3}{2}}R_e^{\frac{1}{2}}E^*\delta_z^{\frac{3}{2}} \tag{4-33}$$

将式(4-33)代入式(4-32)，有

$$m\frac{\mathrm{d}^2\delta_z}{\mathrm{d}t^2}=-\frac{4}{3}F_2(e)^{-\frac{3}{2}}R_e^{\frac{1}{2}}E^*\delta_z^{\frac{3}{2}} \tag{4-34}$$

对式(4-34)两边积分，整理得

$$\frac{1}{2}\left\{v_z^2-\left(\frac{\mathrm{d}\delta_z}{\mathrm{d}t}\right)^2\right\}=\frac{8}{15m}F_2(e)^{-\frac{3}{2}}R_e^{\frac{1}{2}}E^*\delta_z^{\frac{5}{2}} \tag{4-35}$$

式(4-35)中，$v_z=(v_{z1}-v_{z2})_{t=0}$ 为碰撞发生时稻谷颗粒与脱粒元件法向相对运动速度。当两物体形心相对位移 δ_z 达到最大压缩量 δ_z^* 时，$\frac{\mathrm{d}\delta_z}{\mathrm{d}t}=0$，由式(4-35)可得

$$\delta_z^*=\left(\frac{15mv_z^2F_2(e)^{\frac{3}{2}}}{16R_e^{\frac{1}{2}}E^*}\right)^{\frac{2}{5}} \tag{4-36}$$

同样可得，最大法向力为

$$P^*=\frac{4}{3}F_2(e)^{-\frac{3}{2}}R_e^{\frac{1}{2}}E^*(\delta_z^*)^{\frac{3}{2}} \tag{4-37}$$

联立式(4-35)、式(4-36)和式(4-37)可得

$$P_0^*=\frac{3P}{2\pi ab}=\frac{3}{2\pi}\{F_1(e)\}^{-2}\{F_2(e)\}^{-\frac{1}{5}}\left(\frac{4E^*}{3R_e^{\frac{3}{4}}}\right)^{\frac{4}{5}}\left(\frac{5}{4}mv_z^2\right)^{\frac{1}{5}} \tag{4-38}$$

式中：P_0^* 为最大法向接触压力，Pa。

由式(4-35)可得

$$1-\frac{1}{v_z^2}\left(\frac{\mathrm{d}\delta_z}{\mathrm{d}t}\right)^2=\frac{16R_e^{\frac{1}{2}}E^*}{15mv_z^2F_2(e)^{\frac{3}{2}}}\delta_z^{\frac{5}{2}} \tag{4-39}$$

将式(4-37)代入(4-38)，两边积分可得法向压缩量与时间的函数关系

$$t=\frac{\delta_z^*}{v_z}\int\frac{\mathrm{d}(\delta_z/\delta_z^*)}{\{1-(\delta_z/\delta_z^*)^{\frac{5}{2}}\}^{\frac{1}{2}}}\tag{4-40}$$

根据式(4-40)采用数值计算方法，可得从开始碰撞到最大压缩时刻法向压缩量 δ_z、法向压缩力 p 与时间 t 的关系曲线如图 4-22 所示。由图可以看出，随着时间的增加法向压缩量 δ_z、法向压缩力 P 迅速增大，其中法向压缩量 δ_z 增加较快，在最大压缩时刻 $t=t^*$，法向压缩量和法向压缩力同时达到最大值 δ_z^* 和 P^*。

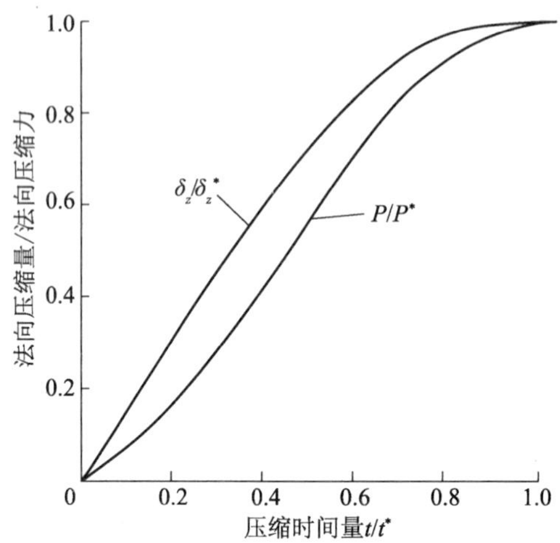

图 4-22　法向压缩量 δ_z、法向压缩力 P 与时间 t 的关系曲线

从碰撞开始到最大压缩时刻的时间为

$$t^*=\frac{\delta_z^*}{v_z}\int_0^1\frac{\mathrm{d}(\delta_z/\delta_z^*)}{(1-(\delta_z/\delta_z^*)^{\frac{5}{2}})^{\frac{1}{2}}}=2.94\frac{\delta_z^*}{v_z}=2.87\left[\frac{m^2F_2(e)^3}{R_e(E^*)^2v_z}\right]^{\frac{1}{5}}\tag{4-41}$$

同样，在切平面内，x 方向有

$$Q_x=-m_1\frac{\mathrm{d}}{\mathrm{d}t}(v_{x1}-\omega_{y1}R_1)=m_2\frac{\mathrm{d}}{\mathrm{d}t}(v_{x2}+\omega_{y2}R_2)\tag{4-42}$$

式(4-42)中，$R_1=(R_1'R_1'')^{\frac{1}{2}}$，$R_2=(R_2'R_2'')^{\frac{1}{2}}$ 分别为脱粒元件和稻谷的等效半径，则脱粒元件和谷物关于 y 轴的动量矩守恒，即

$$\frac{\mathrm{d}}{\mathrm{d}t}[-m_1v_{x1}R_1+m_1(R_1^2+k_1^2)\omega_{y1}]=\frac{\mathrm{d}}{\mathrm{d}t}[m_1v_{x1}R_2+m_1(R_2^2+k_2^2)\omega_{y2}]=0\tag{4-43}$$

式中：k_1，k_2 为脱粒元件和谷物关于其质心的回转半径，m。

联合式(4-42)、式(4-43)消去 ω_{y1}，ω_{y2} 后整理得

$$Q_x=-\frac{m_1}{1+R_1^2/k_1^2}\frac{\mathrm{d}v_{x1}}{\mathrm{d}t}=\frac{m_2}{1+R_2^2/k_2^2}\frac{\mathrm{d}v_{x2}}{\mathrm{d}t}\tag{4-44}$$

若记 $m_i^*=\dfrac{m_i}{1+R_1^2/k_1^2}$，$\dfrac{1}{m^*}=\dfrac{1}{m_1^*}+\dfrac{1}{m_2^*}$，可得

$$\frac{1}{m^*}Q_x=\frac{\mathrm{d}}{\mathrm{d}t}(v_{x2}-v_{x1})=\frac{\mathrm{d}^2\delta_x}{\mathrm{d}t^2}\tag{4-45}$$

式中：δ_x 为接触点处脱粒元件与谷物之间的切向弹性位移，m。

当 $Q_x < |\mu_P P|$（μ_P 为脱粒元件与谷物的动摩擦系数）时，脱粒元件与稻谷之间不会有滑动或在压力很低的接触区边缘上轻微滑动，此时切向力比较复杂，不仅与 P, Q_x 值有关，而且取决于 P, Q_x 的历史载荷，在这里只讨论与实际脱粒相关的两种情况。

① 当入射角 $\beta > \arctan\left(\frac{\mu_P}{\lambda}\right)$（$\lambda$ 为脱粒元件与稻谷的刚度比，是材料常数）时，法向力 P 是主要因素，切向力 Q_x 很小，脱粒元件与谷物为正碰撞。冲击脱粒方式中稻谷与杆齿碰撞属于这一类。

② 当入射角 $\beta > \arctan\left[\mu_P\left(\frac{2m}{m^*} - \frac{1}{\lambda}\right)\right]$时，碰撞过程中滑动始终存在，此时 $Q_x < |\mu_P P|$。以搓擦为主、冲击脱粒为辅的纹杆与稻谷碰撞属于这一类。

对于入射角较小的情况，在最大的压缩时刻，根据 Von Mises 准则，当接触压力 $P_0 = 1.6\sigma_{\mathrm{by}}$（$\sigma_{\mathrm{by}}$ 为稻谷在单向压缩下的抗压强度）时，稻谷颗粒超过弹性变形极限而发生塑性变形，将造成稻谷的破裂。

稻谷颗粒发生塑性变形产生裂纹的临界状态与接触压力有关

$$P_0 = 1.6\sigma_{\mathrm{by}} \tag{4-46}$$

此时，$t = t^*$，$\delta_z = \delta_z^*$，$P = P^*$，$P_0 = P_0^*$，即

$$P_0^* = \frac{3P}{2\pi ab} = \frac{3}{2\pi}\{F_1(e)\}^{-2}\{F_2(e)\}^{-\frac{1}{5}}\left(\frac{4E^*}{3R_e^{\frac{3}{4}}}\right)^{\frac{4}{5}}\left(\frac{5}{4}mv_z^2\right)^{\frac{1}{5}} = 1.6\sigma_{\mathrm{by}} \tag{4-47}$$

整理得

$$v_z^2 \approx 106.96\{F_1(e)\}^{10}\,\frac{\sigma_{\mathrm{by}}^5 R_e^3}{m(E^*)^4} \tag{4-48}$$

从式(4-48)可得，当稻谷和脱粒元件的几何尺寸、泊松比及脱粒元件的弹性模量确定后，稻谷与脱粒元件碰撞不发生塑性形变的临界速度只与稻谷的抗压强度、稻谷的弹性模量及泊松比有关，且均为非线性关系。

当入射角较大时，除了上述可能存在的法向作用形成应力裂纹外，若碰撞过程中切向作用力的最大值超过稻壳的极限拉力，稻壳将被撕裂，形成外部损伤（破壳）。稻谷发生破壳损伤的临界状态为

$$Q_x^* = |\mu_P P^*| = F_{\mathrm{k}} \tag{4-49}$$

式中：Q_x^* 为切向作用力的最大值，N；F_{k} 为稻壳的极限拉力，N。

将式(4-38)、式(4-39)代入式(4-49)，整理可得

$$v_z^2 \approx 0.66\,\frac{F_2(e)}{m}\left[\frac{F_{\mathrm{k}}^5}{\mu_P^5 R_e (E^*)^2}\right]^{\frac{1}{3}} \tag{4-50}$$

计算纹杆搓擦脱粒的临界相对速度时，应同时考虑式(4-48)和式(4-50)的计算结果，并取其中较小的一个。

4.4.2 脱粒空间物料运动模型

(1) 轴流滚筒脱粒过程分析

轴流滚筒脱粒分离装置在实际工作时,谷物由输送槽切向低速喂入脱粒滚筒后,被高速旋转的脱粒滚筒杆齿抓进脱粒室,并在分离凹板区受到凹板栅格和脱粒滚筒杆齿配合下的强烈打击,部分籽粒被脱下。随后,混合物在滚筒的旋转作用下被高速抛至脱粒滚筒顶盖区,依靠惯性在滚筒盖板螺旋导向板作用下沿着脱粒滚筒顶盖做螺旋轴向运动,直至籽粒被完全脱粒分离——籽粒经过分离凹板筛孔分离出去,而茎秆从滚筒另一端的排草口排出。随着脱粒过程的进行,脱粒空间内的籽粒不断地从凹板分离出去,落入清选室。脱出混合物在脱粒空间既做圆周运动,又做轴向运动,轴流脱粒滚筒的这种特征,使得脱出混合物在脱粒空间内滞留时间较长(1~2 秒),因而籽粒脱粒分离较为彻底,夹带损失小于 0.5%。脱粒空间内脱出的混合物中,籽粒的比重最大,但由于籽粒不断被分离出脱粒空间,在进行脱出混合物运动规律研究时,需要考虑物料在脱粒空间中的质量变化。

在分离凹板区和滚筒顶盖区,籽粒的受力情况不同,其运动状态也不一样,需要分别建立运动模型进行分析。

因此,在建模时做如下假设:

① 物料的喂入是连续地、均匀地。

② 脱出混合物紧贴脱粒滚筒顶盖或分离凹板表面运动。

③ 物料与脱粒部件发生弹性碰撞,接触时间极短。

④ 碰撞后,脱出混合物切向运动速度等于滚筒齿杆顶端处的速度。

(2) 脱出混合物在滚筒顶盖区的运动模型

将轴流滚筒在平面上展开可得齿杆排列分布图,如图 4-23 所示。设轴流滚筒上齿杆的作用半径为 R(约等于滚筒半径),滚筒齿杆排列螺旋线的螺距为 L_d、螺旋角为 θ,相邻两个齿迹之间的距离(齿迹距)为 L_{cj},滚筒齿杆排列的螺旋头数为 N_r,列数为 N_c(一般取 N_c 为 N_r 的整数倍,且 $N_c \geqslant N_r$),则一个完整的螺旋线上的齿数为 $N_c N_r$。

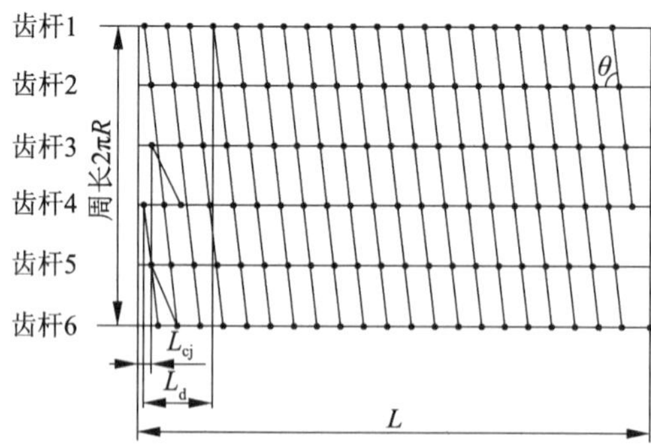

图 4-23 脱粒滚筒齿杆排列平面展开分布图

用 C_{ij} 来表示第 i 根齿杆上第 j 个齿在图 4-23 柱面坐标系$(O, \boldsymbol{r}, \theta, \boldsymbol{z})$下的坐标,则所有滚筒杆齿可用矩阵 $\boldsymbol{C}$ 来表示,即

$$\boldsymbol{C}=\begin{bmatrix} C_{11} & C_{12} & \cdots & C_{1n} \\ C_{21} & C_{22} & \cdots & C_{2n} \\ \vdots & \vdots & & \vdots \\ C_{m1} & C_{m2} & \cdots & C_{mn} \end{bmatrix} \tag{4-51}$$

式中：n 为每根齿杆上滚筒杆齿数，$n=\dfrac{L}{L_{\mathrm{d}}}N_{\mathrm{r}}$；$m$ 为齿杆数，$m=N_{\mathrm{c}}$。

$$C_{ij}=\left[R,(i-1)\frac{2\pi}{N_{\mathrm{c}}}+\omega t,(j-1)\frac{L_{\mathrm{d}}}{N_{\mathrm{r}}}+(\mathrm{MOD}(i,\frac{N_{\mathrm{c}}}{N_{\mathrm{r}}})-1)L_{\mathrm{cj}}\right] \tag{4-52}$$

式中：$\mathrm{MOD}\left(i,\dfrac{N_{\mathrm{c}}}{N_{\mathrm{r}}}\right)$表示 i 对$\dfrac{N_{\mathrm{c}}}{N_{\mathrm{r}}}$取余；$\omega$ 为脱粒滚筒旋转的角速度。

脱出混合物进入脱粒滚筒顶盖区后，任意一点 A 的受力如图 4-24 所示。

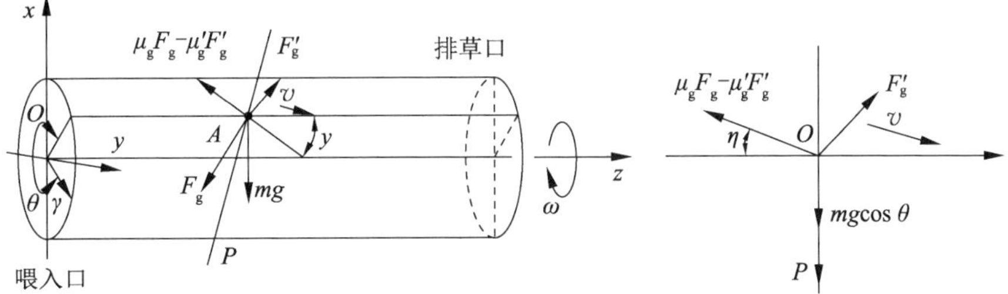

图 4-24　脱出混合物在脱粒滚筒顶盖区的受力示意图

图 4-24 中，mg 为脱出混合物质点的重力，方向竖直向下；μ'_{g} 为螺旋导向板与脱出混合物之间的滑动摩擦系数；F'_{g} 为螺旋导向板对脱出混合物的反力；$\mu'_{\mathrm{g}}F'_{\mathrm{g}}$ 为螺旋导向板与脱出混合物之间的摩擦力；μ_{g} 为滚筒顶盖与脱出混合物之间的滑动摩擦系数；F_{g} 为滚筒顶盖对脱出混合物的支持力；$\mu_{\mathrm{g}}F_{\mathrm{g}}$ 为滚筒顶盖与脱出混合物之间的摩擦力；η 为螺旋导向板的螺旋角；$F'_{\mathrm{g}}\mu'_{\mathrm{g}}$ 和 $\mu_{\mathrm{g}}F_{\mathrm{g}}$ 均在脱粒滚筒作用圆柱面过点 A 的切平面内。将各力向 $\boldsymbol{r},\boldsymbol{\theta},\boldsymbol{z}$ 方向投影，建立脱出混合物在脱粒滚筒顶盖区的运动方程

$$\begin{cases} R_{\mathrm{g}}\dot{\theta}^{2}=-mg\sin\theta+F_{g} \\ R_{\mathrm{g}}\ddot{\theta}=mg\cos\theta-F'_{\mathrm{g}}\cos\eta-(\mu_{\mathrm{g}}F_{\mathrm{g}}+\mu'_{\mathrm{g}}F'_{\mathrm{g}})\sin\eta \\ \ddot{z}=F'_{\mathrm{g}}\sin\eta-(\mu_{\mathrm{g}}F_{\mathrm{g}}+\mu'_{\mathrm{g}}F_{\mathrm{g}})\cos\eta \end{cases} \tag{4-53}$$

式中：$\dot{\theta}$，$\ddot{\theta}$ 分别表示 θ 对时间的一阶和二阶导数，$\theta\in\left[2n\pi+\dfrac{\alpha+\pi}{2},(2n+1)\pi-\dfrac{\alpha-\pi}{2}\right]$；$\ddot{z}$ 表示 z 对时间的二阶导数；R_{g} 为脱粒滚筒顶盖半径；η 为脱出混合物运动的螺旋角，即单位时间内脱出混合物在 θ 方向转过的弧长与 z 方向行进距离之比的反正切。

$$\eta=\tan^{-1}\left(\frac{R_{\mathrm{g}}\dot{\theta}}{\dot{z}}\right) \tag{4-54}$$

脱出混合物在脱粒滚筒顶盖区运动结束的条件，即脱出混合物飞离脱粒滚筒顶盖区的条件：$\theta\notin\left[2n\pi+\dfrac{\alpha+\pi}{2},(2n+1)\pi-\dfrac{\alpha-\pi}{2}\right]$。

(3) 脱出混合物在分离凹板区的运动模型

栅格式凹板筛安装在轴流脱粒滚筒下方，包角一般为 270°。根据水稻的物理机械特性，联合收割机在收获水稻时，脱粒滚筒与分离凹板之间的间隙(脱粒间隙)一般比较小，通常为 4～10 mm，当脱出混合物进入分离凹板区后，其在任意一点 B 处的受力情况如图 4-25 所示。

脱出混合物飞离滚筒顶盖区进入凹板区时，在两者过渡处的运动比较复杂，为了研究方便，需对该运动进行简化：① 假设脱出混合物经过过渡区时，切向速度和轴向速度保持不变；② 假设脱出混合物越过过渡区在分离凹板区滑行时，杆齿对脱出混合物的打击力 F_d 及杆齿和脱出混合物之间的摩擦力 $\mu_d F_d$ 均不存在。

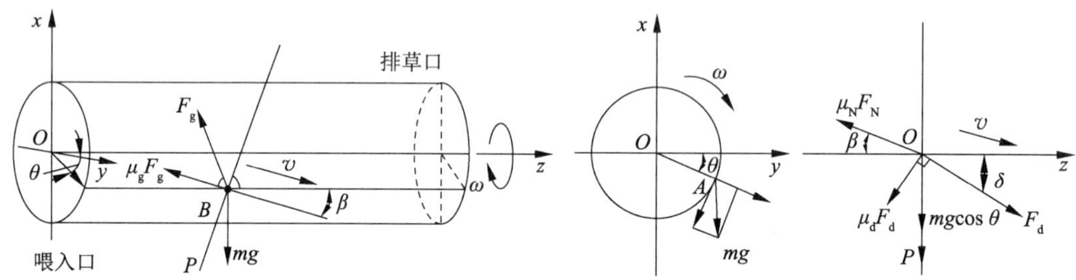

图 4-25　脱出混合物在分离凹板区的受力示意图

图 4-25 中，mg 为脱出混合物质点的重力，方向竖直向下；μ_N 为分离凹板与脱出混合物之间的相对滑动摩擦系数；F_N 为分离凹板对脱出混合物的支持力；$\mu_N F_N$ 为分离凹板对脱出混合物产生的摩擦力；β 为脱出混合物运动螺旋角，F_d，$\mu_d F_d$ 和 $\mu_N F_N$ 在过点 A 的圆柱切平面内。

将各力向 $\boldsymbol{\gamma}$，$\boldsymbol{\theta}$，$\boldsymbol{z}$ 方向上投影，建立脱出混合物在分离凹板区的运动方程为

$$\begin{cases} R\dot{\theta}^2 = -mg\sin\theta + F_N \\ R\ddot{\theta} = mg\cos\theta - \mu_N F_N \sin\beta \\ \ddot{z} = -\mu_N F_N \cos\beta \end{cases} \tag{4-55}$$

式中：$\dot{\theta}$，$\ddot{\theta}$ 分别表示 θ 对时间的一阶和二阶导数；$\ddot{z}$ 表示 z 对时间的二阶导数；β 为脱出混合物运动的螺旋角，即单位时间内脱出混合物在 θ 方向转过的弧长与 z 方向行进距离之比的反正切：

$$\beta = \tan^{-1}\left(\frac{R\dot{\theta}}{\dot{z}}\right) \qquad \theta \in \left[2n\pi - \frac{\alpha - \pi}{2}, 2n\pi + \frac{\alpha + \pi}{2}\right] \tag{4-56}$$

脱出混合物在分离凹板区运动结束的条件：脱出混合物飞离凹板区，即 $\theta \notin \left[2n\pi - \frac{\alpha - \pi}{2}, 2n\pi + \frac{\alpha + \pi}{2}\right]$，$n = 1, 2, 3, \cdots$

(4) 脱出混合物与脱粒部件发生碰撞时的运动模型

设有单位质量的脱出混合物质点 C，在其进入脱粒空间后的 t 时刻在点 $A(\boldsymbol{\gamma}, \theta, \boldsymbol{z})$ 与

钉齿或弓齿齿杆 $C_{ij}\left[R,(i-1)\frac{2\pi}{N_c}+\omega t,(j-1)\frac{L_d}{N_r}+\mathrm{MOD}\left(i,\frac{N_c}{N_r}\right)-1)L_{cj}\right]$处发生碰撞，根据建模假设，碰撞时质点 C 处于凹板筛表面，所以有

$$r\approx R\approx R_1$$

$$\theta=(i-1)\frac{2\pi}{N_c}+\omega t$$

$$z=(j-1)\frac{L_d}{N_r}+\left[\mathrm{MOD}(i,\frac{N_c}{N_r})-1\right]L_{cj}$$

脱出混合物与脱粒部件碰撞时，质点 C 的受力如图 4-26 所示。

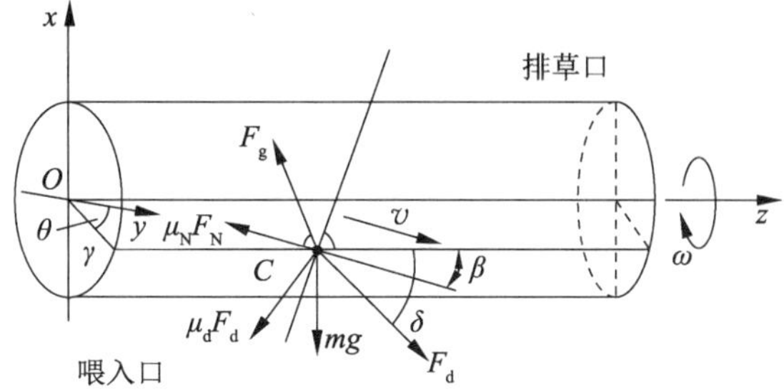

图 4-26　脱出混合物与脱粒部件发生碰撞时的受力示意图

图 4-26 中，mg 为脱出混合物质点的重力，方向竖直向下；μ_d 为脱粒滚筒齿杆和脱出混合物之间的相对滑动摩擦系数；F_d 为脱粒滚筒齿杆对脱出混合物的打击力；$\mu_d F_d$ 为脱粒滚筒齿杆与脱出混合物间的摩擦力；μ_N 为凹板筛和脱出混合物之间的相对滑动摩擦系数；F_N 为凹板筛对脱出混合物的支撑力；$\mu_N F_N$ 为凹板筛和脱出混合物之间的摩擦力；β 为脱出混合物运动螺旋角；F_d，$\mu_d F_d$ 和 $\mu_N F_N$ 在过 A 点的脱粒滚筒作用圆柱面的切平面内。

因为碰撞发生的时间很短，可以把脱出混合物与脱粒滚筒齿杆之间的碰撞看作一个小球与一个大直径球体之间的对心斜碰撞，且脱出混合物与脱粒滚筒齿杆的碰撞为弹性碰撞，弹性恢复系数为 $k_{弹}$，碰撞前后的速度变化如图 4-27 所示。

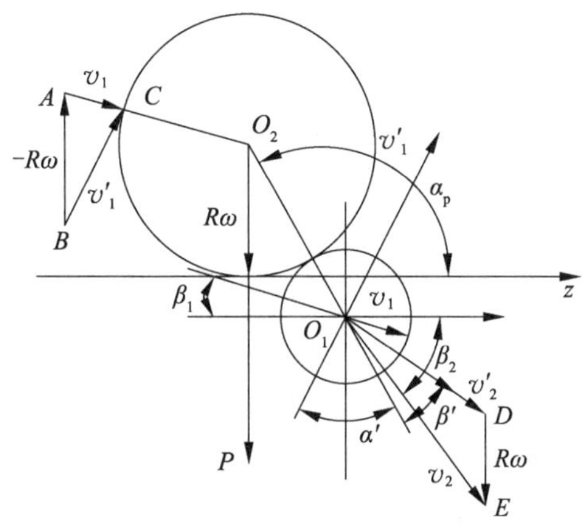

图 4-27　脱出混合物与滚筒齿杆发生碰撞前后速度变化示意图

图 4-27 中，v_1，v_2 分别为碰撞前后脱出混合物 O_1 的绝对运动速度；v_1'，v_2' 分别为碰撞前后脱出混合物 O_1 相对于脱粒滚筒齿杆 O_2 的相对运动速度；β_1，β_2 分别为碰撞前后脱出混合物 O_1 的运动螺旋角，其值为 v_1，v_2 与 z 轴形成的夹角；α'，β' 分别为 v_1'，v_2' 与中心连线 O_1O_2 的夹角；α_p 为碰撞角，即 O_1O_2 中心连线与 z 轴正向的夹角，当 $\alpha_p=90°$时，脱出混合物与脱粒滚筒齿杆发生对心正碰撞。

在图 4-27 所示的三角形 ABC 中，由于 β_1 等于 v_1 与 z 轴形成的夹角，而 $R\omega$ 与 z 轴垂直，则有$\angle CAB=\frac{\pi}{2}-\beta_1$，$AB$ 的长度在数值上等于$|R\omega|$，AC 的长度数值上等于$|v_1|$，BC 的长度数值上等于$|v_1'|$。因此可分别由余弦、正弦定理得

$$\cos\left(\frac{\pi}{2}-\beta_1\right)=\frac{v_1^2+(R\omega)^2-v_1'^2}{2R\omega v_1} \tag{4-57}$$

$$\frac{v_1}{\sin\left[\alpha'-\left(\alpha_p-\frac{\pi}{2}\right)\right]}=\frac{v_1'}{\sin\left(\frac{\pi}{2}-\beta_1\right)} \tag{4-58}$$

由对心斜碰撞的规律可得

$$k_{弹}=\frac{\tan\alpha'}{\tan\beta'} \tag{4-59}$$

$$v_1'\sin\alpha'=v_2'\sin\beta' \tag{4-60}$$

同理，在三角形 O_1DE 中分别由余弦、正弦定理得

$$\cos\left[\pi-\left(\alpha_p-\frac{\pi}{2}+\beta'\right)\right]=\frac{(v_2')^2+(R\omega)^2-v_2^2}{2v_2'R\omega} \tag{4-61}$$

$$\frac{v_2}{\sin\left(\frac{3\pi}{2}-\alpha_p-\beta'\right)}=\frac{v_2'}{\sin\left(\frac{\pi}{2}-\beta_2\right)} \tag{4-62}$$

式(4-57)至(4-62)即为脱出混合物与脱粒部件发生碰撞时的运动模型。应用该模型时，认为 v_1，β_1 是已知量，由模型可求得碰撞后脱出混合物的绝对运动速度 v_2 和运动螺旋角 β_2。

4.4.3 脱粒过程高速摄像分析

高速图像获取技术是以极高的时间分辨率对快速过程进行的照相记录，其获取的信息被记录在以时间发展为顺序的一幅幅图片上，通过慢速放映可再现被记录对象的运动或变形过程，即通过对时间尺度的放大来实现对快速过程的研究。从数学的角度来看，高速图像获取的过程就是对连续运动过程进行时间自变量的高分辨率离散化，从而得到时间序列的帧图的过程。高速图像获取目前有两种方法，即高速摄影法和高速摄像法。高速摄影和高速摄像的区别在于两者存储信息的介质不同，高速摄影把信息存储在胶片上，其缺点是设备昂贵，耗费胶卷，且暗室工作译码和计算要耗费大量的劳动；高速摄像是将图像信息转换为数字信号存储在半导体芯片中，不需要胶片。

高速摄像技术可以清晰地记录物体高速运动过程中的某一瞬时状态，能为研究高速

运动现象和运动规律提供可靠的依据，已广泛应用于航空航天、电影、体育、农业、工业和科研等领域。目前，高速摄像技术在联合收获机研究领域的应用主要是对脱粒装置的脱粒分离过程和清选装置的筛分清选过程进行观察和分析，通过对籽粒在脱粒空间的运动状态和轨迹的观察和分析、籽粒在清选室中的筛分运动的定量计量和分析，研究脱出混合物在脱粒空间和清选空间的运动变化规律，揭示联合收获机脱粒分离装置和清选装置的工作机理，为优化装置结构设计方案和作业参数提供依据。

(1) 试验装置

脱粒过程高速摄像试验装置由物料传输装置、带透明观察窗的脱粒分离装置、高速摄像机、大功率光源、数据采集系统、动力系统及控制系统等组成，如图 4-28 所示。

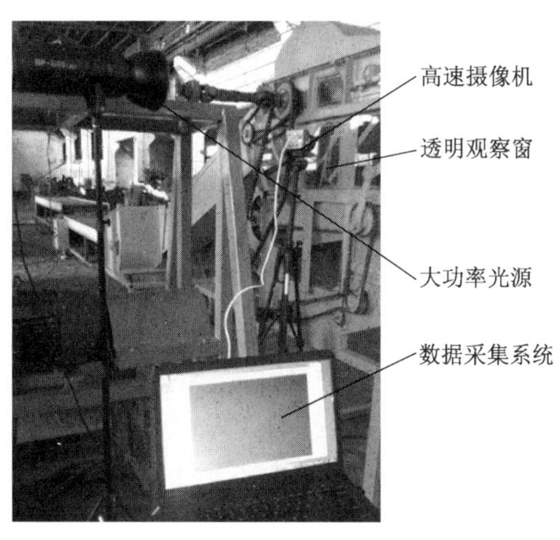

图 4-28　脱粒过程高速摄像试验装置

在线拍摄的高速摄像机选用“千眼狼 2F16 型”，其性能参数如下：全幅分辨率为 4 600×3 440，可以获得 52FPS 的高帧率；小像素，适合微细颗粒运动的拍摄；像元尺寸 3.9 μm×3.9 μm；曝光时间>2 μs；灵敏度 3 600 DN/(Lux · S)，550 nm；接口 CameraLink 80bit / USB 3.0。大功率光源的功率为 1.3 kW，高速摄像机固定于透明观察窗一侧 500 mm 处，数据处理采用 Tracker 和 Excel 软件。

本试验在自制脱粒性能试验台上进行，主要结构参数和工作参数如下：脱粒滚筒长度为 1 m，转速为 750 r/min，喂入量为 1.8 kg/s，板齿间距为 16 cm，螺旋导向板导角为 45°，滚筒杆齿顶端与滚筒盖板间距为 30 mm，滚筒杆齿顶端与凹板间距(脱粒间隙)为 30 mm，凹板栅格尺寸为 16 mm×50 mm，凹板包角为 270°。试验水稻品种为“协优 9308”，其植株自然高度 1.3 m，产量为 7800 kg/hm^2，草谷比(割茬高度 15 cm 时)为 2.6∶1，籽粒含水率为 25.9%，茎秆含水率 66.4%。

脱粒过程高速摄像试验现场如图 4-29 所示。

图 4-29　脱粒过程高速摄像试验现场

(2) 高速摄像判读与分析

1) 物料在脱粒空间的状态分析

将采集到的高速摄像视频进行慢速回放,可以看到:物料从喂入口进入后,茎秆与茎秆缠绕在一起,并向分离凹板涌动,在凹板区受到杆齿和凹板栅格的强烈冲击和梳刷作用后,物料被压缩。此时,如果喂入量过大,容易造成滚筒堵塞。随后,物料在滚筒的旋转作用下被抛离滚筒底部的凹板区到达滚筒顶部的盖板区。物料被抛起的过程中,茎秆层变松散,部分被脱下的籽粒、断穗、短茎秆、碎茎叶等脱出混合物穿过茎秆层落到凹板筛上,并通过凹板筛筛孔分离出去,部分脱出混合物夹杂在茎秆中沿轴向向滚筒后部移动。在脱粒空间,茎秆不断被压缩、受打击、被抛起、变松散,同时不断沿轴向运动到排草口,此过程不断重复,形成连续脱粒分离作业过程。

2) 稻穗脱粒过程的观察与分析

从高速摄像视频中截取某一株稻穗脱粒过程中不同时刻的画面,如图 4-30 所示。

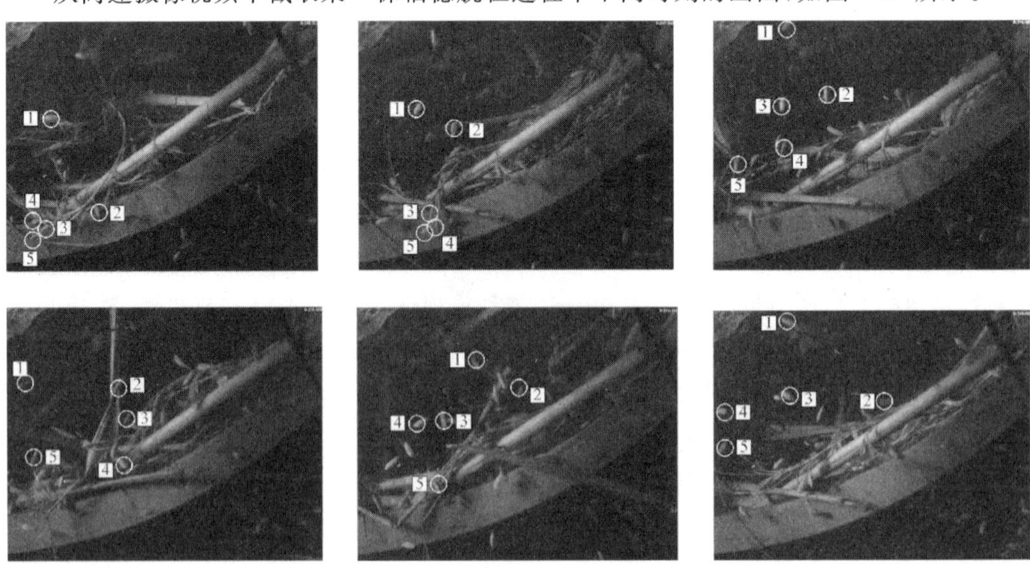

图 4-30　稻穗的脱粒过程

图中 1,2 号是第 1 次脱下的籽粒,3～5 号为第 2 次脱下的籽粒。由图可见:当物料进入脱粒空间后,稻穗绕滚筒旋转并沿滚筒轴向涌动,旋转前进的角度与前 1 次脱粒部件对稻穗的打击位置、冲击力的大小和方向等因素有关,同时受到茎秆和物料群的影响。

物料在脱粒空间螺旋前进,籽粒不断从枝梗上脱下并被分离,稻穗在脱粒空间以与齿杆发生第 1 次碰撞的碰撞点为基点,做环扣状运动,而籽粒则以环扣为中心向四周散射,大部分籽粒在脱粒后沿滚筒切向并偏向轴向一定角度的方向运动。籽粒被脱下的同时,也产生了大量的短茎秆、碎茎叶和少量的断穗,形成脱出混合物。物料运动呈现出以 2π 为周期的周期函数形式,从物料喂入到从排草口排出机体,完成整个脱粒分离过程共需要 6 个周期。物料运动角位移为 $\pi/2$ 周期(前 1/4 周期)内,被脱下的绝大部分籽粒与短茎秆、碎茎叶等轻杂物能通过凹板筛筛孔得到及时分离;当物料转过 1/4 周期后,被脱下的籽粒成为自由籽粒,与其他脱出物一起夹杂在茎秆中继续做轴向运动,直至被凹板筛分离。

3) 籽粒运动轨迹与运动速度分析

利用 Tracker 数据采集分析软件对上述稻穗脱粒过程中标记为第 1,2,3 号的 3 颗籽粒脱粒后的运动轨迹和速度进行数据采集和处理,得到的籽粒运动轨迹如图 4-31 所示。经测算,籽粒 1 的运动轨迹曲线与脱粒滚筒轴向的夹角最大,达到 77.9°,而籽粒 2、籽粒 3 的运动轨迹曲线与脱粒滚筒轴向夹角分别为 42.8°,45.3°。运动轨迹曲线与脱粒滚筒轴向的夹角为籽粒脱粒后运动的螺旋角,角度大说明该籽粒脱粒后运动能力强,由此可知,与籽粒 2、籽粒 3 相比,籽粒 1 受脱粒部件打击的力度大,且脱下后籽粒的运动能力强,容易被分离。

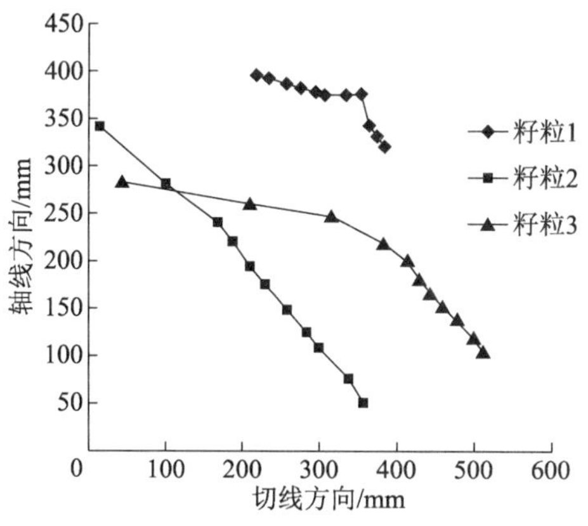

图 4-31　脱粒后籽粒的运动轨迹

图 4-32 至图 4-34 分别为脱粒前后 3 颗籽粒的运动速度变化图,图中的 v_t,v_z 和 v 分别代表籽粒脱粒前、脱粒后沿滚筒切向运动分速度、沿滚筒轴向运动分速度和绝对运动速度(切向分速度和轴向分速度的合成速度),其中速度为正值,表示籽粒运动方向与滚筒转速切向正方向或滚筒轴向正方向一致。

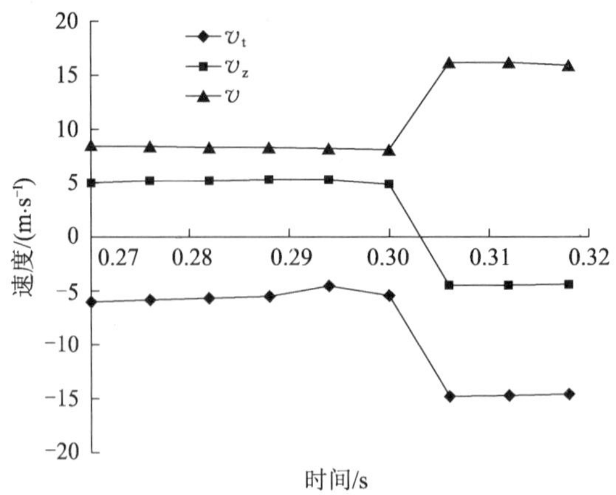

图 4-32　脱粒前后籽粒 1 运动速度变化

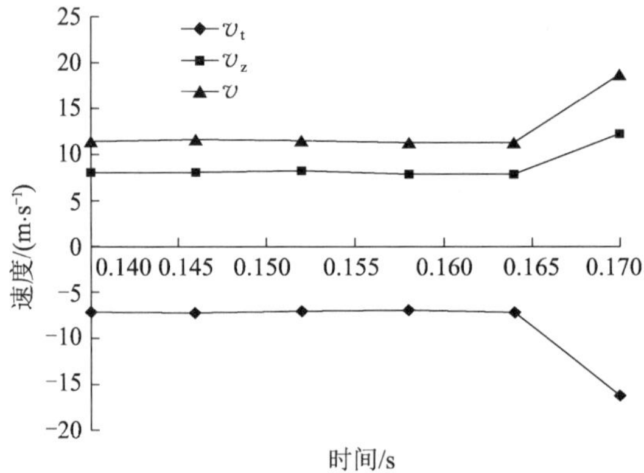

图 4-33　脱粒前后籽粒 2 运动速度变化

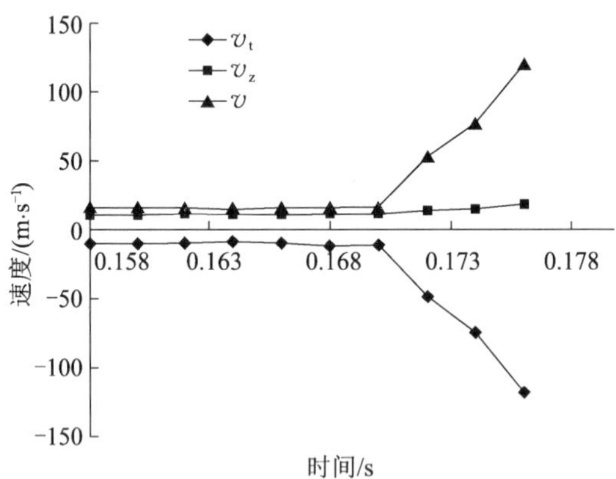

图 4-34　脱粒前后籽粒 3 运动速度变化

由图 4-32 至图 4-34 可知，籽粒被脱下瞬间，其沿滚筒切向运动分速度、沿滚筒轴向运动分速度和绝对运动的速度大小和方向均发生了改变。

由图 4-32 可知，1 号籽粒在受到滚筒内高速旋转的齿杆的打击之后速度由脱粒前的 8.16 m/s 急剧增加至 16.34 m/s，大约增加了 1 倍；当速度达到 17.21 m/s 时籽粒的运动趋于平稳。此时，切线方向的速度 v_t 为 18 m/s 左右，轴向速度约为 6 m/s，切向速度是轴向速度的 3 倍，可见切向速度 v_t 是构成合速度的主导因素。

由图 4-33 可知，2 号籽粒碰撞前后的速度和运动的方向都发生明显变化，平均速度由碰撞前的 11.12 m/s 迅速增加至 22.68 m/s；碰撞后，切向速度 v_t 随着时间的增加而快速增加，约达到 16.54 m/s 时趋于平稳，轴向速度 v_z 在碰撞前后的速度的变化范围在 8～15 m/s 之间，变化幅度小于切线方向的速度。因此，v_t 是构成合速度的主导因素。

由图 4-34 可知，3 号籽粒受脱粒部件作用后，其绝对运动速度由 16.29 m/s 增至 120.56 m/s，变化幅度是 3 颗籽粒中最大的，但该籽粒被脱粒前后，沿滚筒轴向运动的分速度曲线较为平稳，表明该籽粒将夹杂在茎秆层中被带至滚筒后半段分离。

4）滚筒不同转速下脱粒空间籽粒运动状态分析

设定喂入量不变(1.8 kg/s)，将滚筒转速设定为 750 r/min 和 850 r/min，对两种工况下的脱粒过程进行高速摄像，采集有代表性的 10 颗籽粒进行标记，通过数据采集和处理，记录籽粒运动轨迹，分别如图 4-35 和图 4-36 所示。

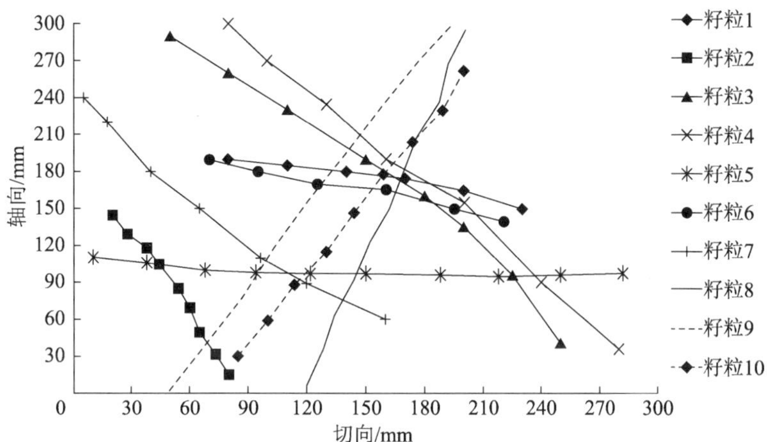

图 4-35　滚筒转速为 750 r/min 工况下籽粒运动轨迹

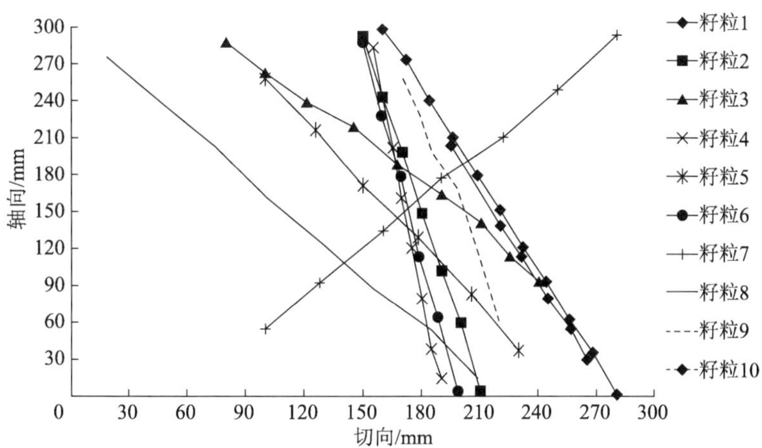

图 4-36　滚筒转速为 850 r/min 工况下籽粒运动轨迹

由图 4-35 和图 4-36 可知，多数籽粒在脱分空间无外界干扰时做直线运动，运动方向与轴线方向成一定角度，夹角各不相同，差异较大。夹角越大，籽粒沿滚筒轴线方向移动的能力越强；多数自由籽粒在脱分空间内做正向运动，少数籽粒做反向运动。

两种工况下，籽粒的绝对运动速度（合成速度）如图 4-37 和图 4-38 所示。

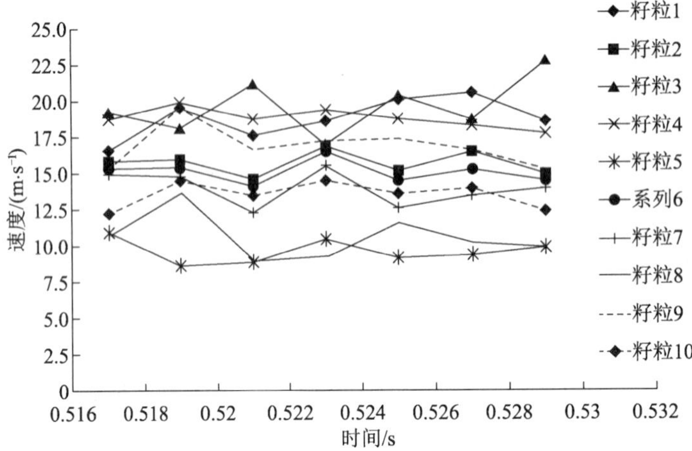

图 4-37　滚筒转速为 750 r/min 工况下籽粒的绝对运动速度

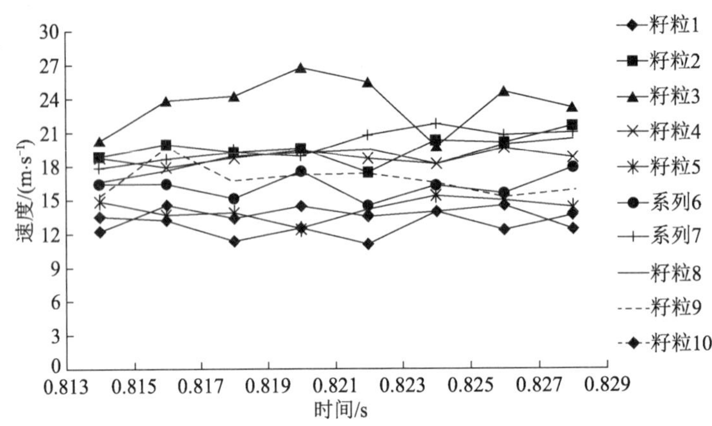

图 4-38　滚筒转速为 850 r/min 工况下籽粒的绝对运动速度

由图 4-37 和图 4-38 可知，自由籽粒在脱粒空间内的绝对运动速度可分为高速运动、中速运动、低速运动三个区间，在中速区运动的籽粒较多。当滚筒转速增大时，脱粒空间内籽粒平均运动速度有所增加，且绝对运动速度的变化范围相应增大。可以看出，两种工况下均存在绝对运动速度较大或较小的籽粒，但多数籽粒的绝对运动速度小于滚筒杆齿顶端的线速度。

通过谷物脱粒的慢放过程可见，稻谷进入脱粒空间后交缠在一起，在螺旋叶片的推动下形成谷物层向前涌动，当其受到板齿的冲击和梳刷作用后，稻谷层瞬间被压缩，并以作用点为支点向上抛起，与上盖板相碰后下落。谷物层在上抛与下落的过程中变得蓬松，被脱下的籽粒、断穗、轻杂物等有机会穿过蓬松茎秆层并通过分离凹板分离出去，松散的茎秆层又与随后而来的谷物层汇合继续向前涌动,此过程不断重复。在一定条件下谷物层越薄,谷物层的上述脉动现象越明显,谷物被分离的机会越大。稻谷在脱粒空间随着滚筒转动向前的过程中,在脱粒部件的梳刷、打击、碰撞及物料之间相互搓擦的作用下,籽粒从枝梗上不断被分离下来。脱粒过程中,稻穗呈环扣状,籽粒以环扣为中心向四周散射,同时还产生大量的短茎秆、碎叶等轻杂物和少量的断穗。

第 5 章　同轴差速脱粒分离装置设计与试验

目前，稻麦机械收获有分段收获和联合收获两种收获方式。分段收获是在不同阶段分别通过割晒机、割捆机、脱粒机等机械完成收获作业，而联合收获主要采用全喂入、半喂入和割前梳脱式三类联合收获机一次性完成收获作业。由我国自行开发的履带式全喂入稻麦联合收获机和近年发展起来的半喂入稻麦联合收获机，是我国当前水稻收获的主导机型，约占水稻联合收获机市场总量的 80%。

5.1　同轴差速脱粒滚筒工作原理

5.1.1　传统杆齿式脱分装置工作原理

传统杆齿式脱粒分离装置如图 5-1 所示，该类型脱粒分离装置多用于横轴流全喂入联合收获机。工作时，滚筒高速旋转，从输送槽送来的谷物被滚筒上的杆齿抓进脱粒装置内，在凹板筛和滚筒杆齿的配合作用下，谷物受到强烈打击，使部分籽粒从穗头脱下，脱出混合物又被高速抛送到滚筒盖板区，在自身惯性和顶盖螺旋导向板作用下，沿滚筒轴向螺旋前进，转离滚筒盖板区后又重新进入凹板区，再次受脱粒部件的打击作用。该过程反复进行，直至籽粒完全脱下且茎秆被排出。被脱下的籽粒连同部分短茎秆和碎茎叶穿过凹板筛孔落到清选筛上，而禾秆则由于体积大被阻留在凹板筛上方，在滚筒和导向板的联合作用下，最终从排草口抛出机体，落在田间。

图 5-1　传统杆齿式脱粒分离装置

从该类型脱粒分离装置的工作流程可以看出，谷物在脱粒空间做螺旋前进运动，停留时间较长(有 1～2 秒)，所以脱粒较干净；又因其运动流程长，籽粒与茎秆分离得较彻底，从排草口抛出的茎秆中夹带的籽粒较少，因此省去了逐稿器机构，不仅减轻了联合收获机自身重量，也大大缩小了机器的纵向尺寸。再者，由于其凹版间隙较大，对谷物基本没有揉搓作用，因此籽粒破碎较少。但是，该类型滚筒脱粒时，谷物在脱粒装置内被反复抛打，脱出物中含杂物较多，加重了后续清选作业的负担。

5.1.2　传统弓齿式脱分装置工作原理

传统弓齿式脱粒分离装置如图 5-2 所示，该新型脱粒分离装置多用于半喂入轴流式联合收获机。工作时，作物根部被夹持输送链整齐夹住，从割台输送至脱粒装置，禾穗部分进入脱粒室内，在滚筒弓齿和凹板筛的配合作用下，禾穗不断受到梳刷、打击和振动，籽粒从禾穗上脱下；禾根部分在夹持输送链作用下沿着滚筒轴向移动，并不进入脱粒空间。被脱下的籽粒连同碎茎叶和短茎秆穿过凹板筛孔落在振动筛上，经风筛式清选装置清选后进入集粮装置，而禾秆则在滚筒尾部的夹持链作用下从排草口排出，整齐地铺放在田地上。该类型装置由于主茎秆不进入脱粒空间，故而脱粒功耗较小，且脱出物中杂质较少，籽粒清洁度高。

图 5-2　传统弓齿式脱粒分离装置

脱粒是水稻联合收获过程中一个至关重要的环节，而籽粒与粒柄之间的连接力是衡量脱粒难易程度的重要因素。传统的脱粒分离装置在收获超级稻等高产水稻时存在脱粒不尽、脱粒能力不足的问题，目前主要靠增加滚筒长度和提高滚筒转速的方法解决。对于横轴流式全喂入联合收获机，其横向宽度受限，不能一味地增加脱粒滚筒长度，而提高滚筒转速又势必会提高籽粒的破碎率，因此有必要通过结构创新提升脱粒装置的工作性能。

上述传统的杆齿滚筒和弓齿滚筒均由同一动力驱动，滚筒各处转速相同，为使稻穗上的籽粒完全脱粒，需要增大滚筒转速：这一方面增加了脱粒功耗，另一方面势必产生更多的破碎籽粒和碎茎叶，造成籽粒破碎率和含杂率过高的不利后果。有人提出将滚筒结构改成圆锥形，使不同部位的滚筒杆齿具有不同的齿顶线速度，实践表明，该类型的滚筒在脱粒作业时，物料流动不畅，容易造成滚筒堵塞。也有的厂家采用并列双脱粒滚筒，两个滚筒直径大小不一，也可获得不同的齿顶线速度，但该设计方案的动力驱动线路复杂，脱粒装置占用空间较大。为此，本章设计了一种结构紧凑、制造简单、工作可靠的同轴差速脱粒滚筒，其中设有防堵塞和防干涉装置，应用该设计不改变原单转速联合收获机脱粒室的结构。

5.1.3 同轴差速脱粒滚筒工作原理

同轴差速脱分装置的工作原理:将滚筒分成低速段和高速段,两段滚筒同轴且直径相等,低速段滚筒主要用于大部分易脱籽粒的脱粒分离,高速段滚筒主要用于少量难脱籽粒的脱粒分离和低速滚筒未分离籽粒的分离。这样,利用低速脱粒降低籽粒和茎秆的破碎率,利用高速脱粒降低脱不净损失率并提高分离率,可在不增加滚筒长度的条件下提高横轴流式脱粒分选系统的脱粒分离能力,从而较好地解决了脱净率、籽粒破碎率和含杂率三项指标之间的矛盾。同时,改变驱动链轮的配置可使高低速滚筒获得不同转速的组合,满足不同品种作物的脱粒要求。

5.2 杆齿式同轴差速脱粒分离装置结构设计

杆齿式同轴差速脱粒分离装置结构如图 5-3 所示。

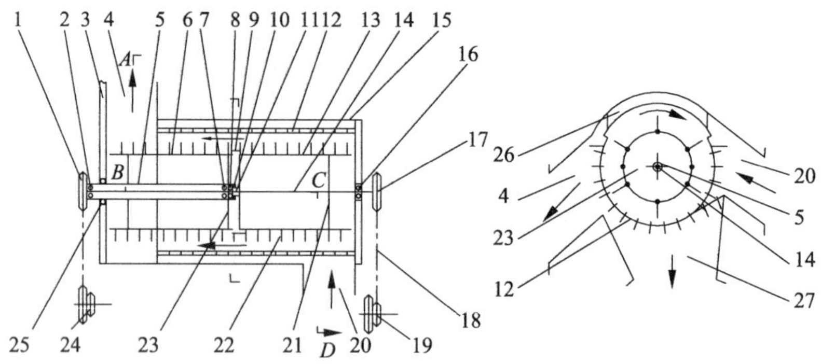

1—高速滚筒驱动链轮;2—滚动轴承;3—机架;4—排草口;5—空心轴;6—高速滚筒;7—滚动轴承;8—推力轴承;9—过渡圈;10—密封圈;11—套;12—栅格式凹板筛;13—低速滚筒;14—滚筒轴;15—脱粒室机壳;16—滚动轴承;17—低速滚筒驱动链轮;18—传动链;19—工作转动轴链轮;20—喂入口;21—低速滚筒墙板;22—脱粒齿;23—高速滚筒墙板;24—风机驱动轴链轮;25—滚动轴承;26—螺旋导向板;27—籽粒分离口。

图 5-3 杆齿式同轴差速脱粒分离装置结构示意图

该装置由杆齿式同轴差速脱粒滚筒、栅格式凹板筛和滚筒盖等部件组成。同轴差速脱粒滚筒由低速滚筒 13 和高速滚筒 6 两段组成,分别由滚筒轴 14 和空心轴 5 驱动,滚筒轴 14 的动力来自工作转动轴链轮 19,空心轴 5 则由从风机驱动轴链轮 24 传出的动力驱动。空心轴 5 较短,通过滚动轴承 7 套装在滚筒轴 14 上,使空心轴和滚筒轴能以不同的转速独自转动,两段滚筒连接处安装推力轴承 8 和过渡圈 9,可防止高速滚筒沿轴向移动,并设有密封圈 10,防止杂质进入影响转动;低速滚筒 13 沿圆周设置 6 排齿杆,每排齿杆上的脱粒齿相互错开,齿杆通过低速滚筒墙板 21 焊装在滚筒轴 14 上;高速滚筒 6 同样具有 6 排齿杆,通过高速滚筒墙板 23 焊装在空心轴 5 上;低速滚筒 13 和高速滚筒 6 连接处设置过渡圈 9,过渡圈 9 随低速滚筒 13 转动,过渡圈 9 上焊装一组齿杆,可防止作物沿轴向运动时高、低速滚筒转速不同导致的物料流动不畅，同时避免物料落入低速滚筒墙板和高速滚筒墙板中间的缝隙而造成滚筒堵塞。

工作时，物料从喂入口 20 进入低速段脱粒空间，大部分易脱籽粒在低速滚筒齿杆作用下完成脱粒分离，部分自由籽粒被夹带至高速滚筒段分离，同时在高速滚筒段完成少部分难脱籽粒的脱粒分离；在滚筒顶盖螺旋导向板 26 的作用下，物料在脱粒空间整体上沿轴向移动，先经过低速滚筒，后经过高速滚筒，最后从排草口 4 排出机体，而被脱下的籽粒通过栅格式凹板筛 12 分离，掉落到滚筒下方的振动筛上，完成整个脱粒过程。

杆齿式同轴差速脱粒滚筒三维模型如图 5-4 所示，高、低速滚筒直径均为 550 cm，脱粒滚筒总工作长度为 1 000 mm。

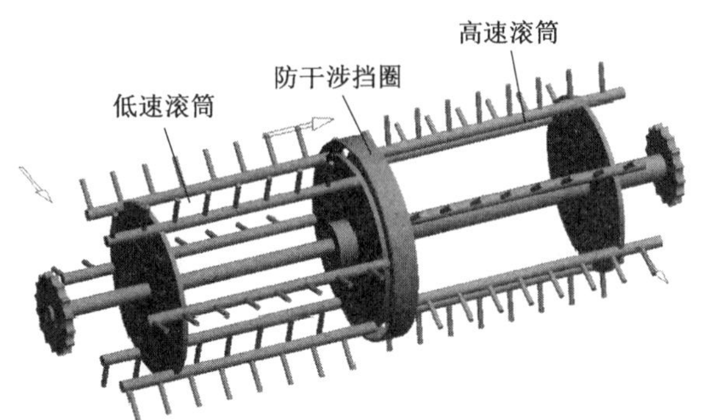

图 5-4　杆齿式同轴差速脱粒滚筒三维模型

杆齿式同轴差速脱粒滚筒实物如图 5-5 所示。

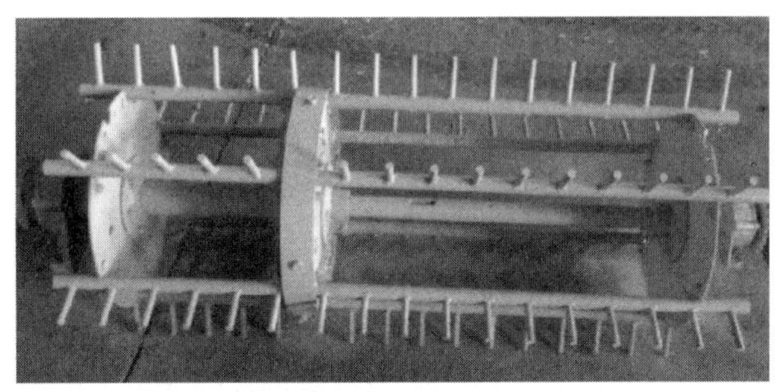

图 5-5　杆齿式同轴差速脱粒滚筒实物

一般情况下，脱粒滚筒上装有六条齿杆。齿杆数量由作物的品种、产量、成熟程度而定，用户在使用过程中可视作物情况调整齿杆条数，如图 5-6 所示。收获粳稻时，选择六杆状态；收获籼稻时，滚筒可拆下部分齿杆，采用三杆的方式安装齿杆；若作物茎秆长，可在滚筒幅板上装上四条齿杆；若有脱不干净损失，也可装全部齿杆；收获大麦、小麦时，如遇产量较高或不够成熟，则脱粒滚筒安装四条齿杆，若成熟程度合适（90％～95％成熟），则安装三条齿杆。

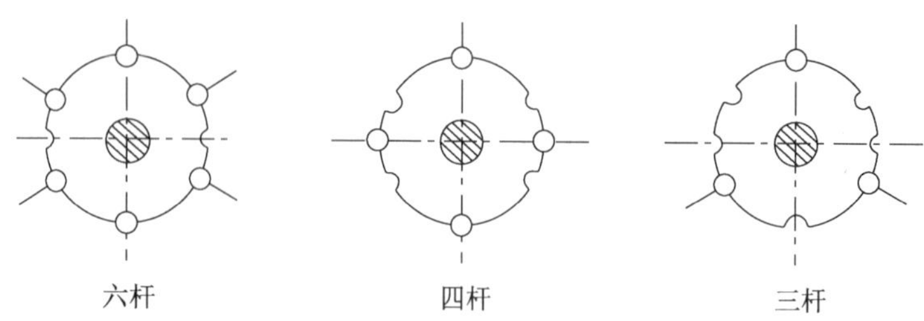

图 5-6 脱粒滚筒齿杆安装示意图

栅格式凹板筛结构如图 5-7 所示。凹板筛包角为 230°，长度为 1 010 mm，筛孔由钢丝和扁钢组成，钢丝从扁钢的对称中心穿过。为了提高其脱粒分离能力，横隔条凸起较高，其特点是分离面积大、分离性能好，能减少茎秆的夹带损失。

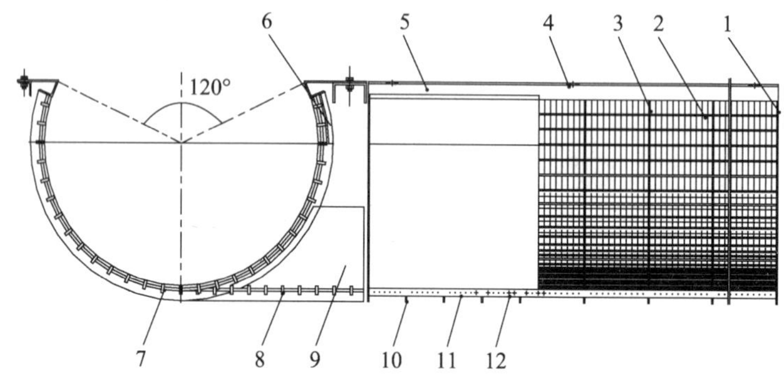

1—两端边圈；2—中圈；3—穿丝短条；4—连接板；5—穿丝角钢；6—挡板；7—穿丝长条；8—进口穿丝条；9—隔板；10—进粮圈；11—短铁丝；12—长铁丝。

图 5-7 栅格式凹板筛结构示意图

栅格式凹板筛实物如图 5-8 所示。

图 5-8 栅格式凹板筛实物

滚筒盖结构如图 5-9 所示。滚筒盖与凹板筛镶接形成筒状的脱粒空间，滚筒盖内侧装有螺旋角为 32°的导向板，调整螺旋角的大小可以控制作物在脱粒空间的轴向移动速度。在 4 条螺旋形导向板的作用下，作物不断向右端运动，把脱粒后的茎秆从排草口抛出机外。当遇到收割粳稻等难脱粒的作物品种时，可将出口方向的第 2 根导向板拆去，让作物在滚筒内多停留一些时间，增加打击次数，使之能脱净籽粒。

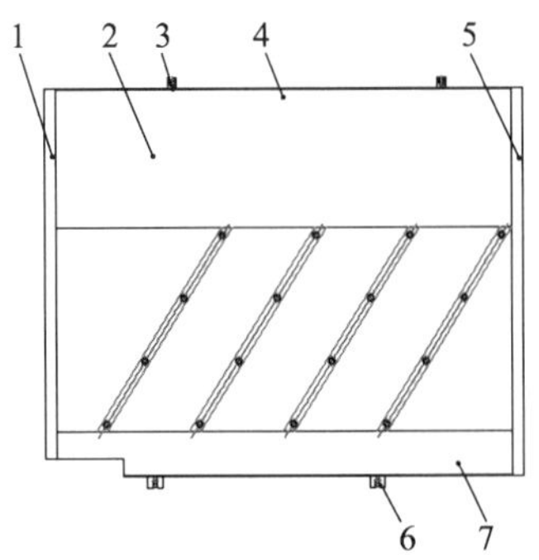

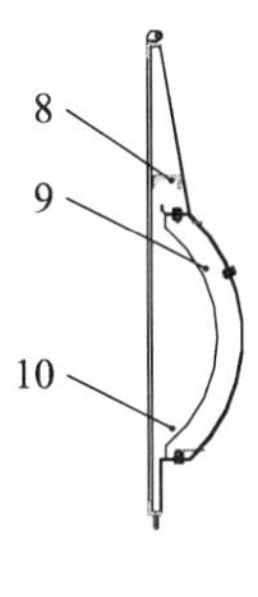

1—左墙板；2—顶盖板；3—合页；4—后盖架；5—两端盖架；6—紧固座；
7—前盖架；8—加强板；9—螺旋导向板；10—右墙板。

图 5-9　滚筒盖结构示意图

5.3　弓齿式同轴差速脱粒分离装置结构设计

弓齿式同轴差速脱粒分离装置由差速脱粒滚筒、栅格式凹板筛和带螺旋导向板的滚筒盖组成，其结构如图 5-10 所示。

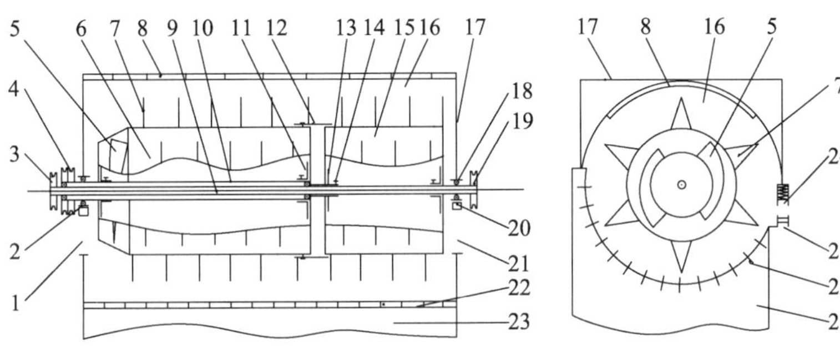

1—喂入口；2—空心轴滚动轴承；3—三角带轮；4—双排三角带轮；5—导入片；6—低速滚筒；7—弓齿；
8—螺旋导向板；9—滚筒轴；10—空心轴；11—低速滚筒法兰盘；12—过渡圈；13—高速滚筒法兰盘；
14—紧定螺钉；15—高速滚筒；16—脱粒室；17—滚筒盖；18—滚筒轴滚动轴承；19—排草链驱动链轮；
20—脱粒室机架；21—排草口；22—栅格式凹板筛；23—清选室；24—夹持板；25—喂入链。

图 5-10　弓齿式同轴差速脱粒装置结构示意图

弓齿式同轴差速脱粒分离装置左右两侧分别为物料喂入口 1 和排草口 21。高、低速滚筒筒体表面均装有呈螺线形排列的若干弓齿 7，高速滚筒通过 2 个法兰盘 13 固定在滚筒轴右端，低速滚筒通过另外 2 个法兰盘 11 固定在空心轴 10 上，空心轴 10 通过 2 个滚动轴承套装在滚筒轴 9 上。驱动低速滚筒和高速滚筒转动的 2 组三角带轮(3，4)均装在滚筒轴的左端，由动力轴上的两个带轮以不同传动比分别驱动。滚筒轴的另一端安装排草链驱动链轮 19，将动力传输至排草机构；低速滚筒和高速滚筒连接处设置过渡圈 12，过渡圈随低速滚筒转动，过渡圈上焊装一组弓齿，使物料沿滚筒轴向移动顺畅，同时避免物料落入低速滚筒侧板和高速滚筒侧板中间的缝隙而造成滚筒堵塞。

工作时，物料从喂入口 1 进入后，受低速滚筒前部的导入片 5 的作用，进入脱粒空间，并在喂入链 25 和夹持板 24 的作用下，自左向右移动，先经低速滚筒脱粒分离，后经高速滚筒脱粒分离，直至从排草口排出；脱粒过程中，仅稻穗头部进入脱粒空间，籽粒在脱粒部件(脱粒滚筒和栅格式凹板筛)作用下完成脱粒分离，其中，低速滚筒段脱下大部分籽粒并进行分离，少部分难脱籽粒和部分自由籽粒在高速滚筒段得到脱粒和分离。

弓齿式同轴差速脱粒滚筒三维模型如图 5-11 所示，脱粒滚筒体直径 $D=400$ mm，脱粒滚筒总长为 1 000 mm，低速滚筒段占滚筒总长的 2/3，约 667 mm，高速滚筒长度约为 333 mm。

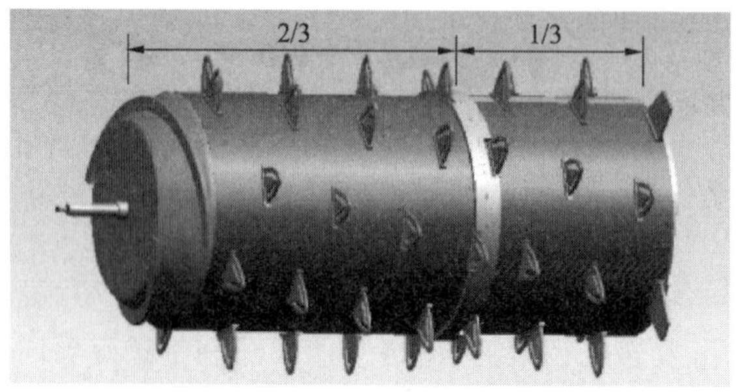

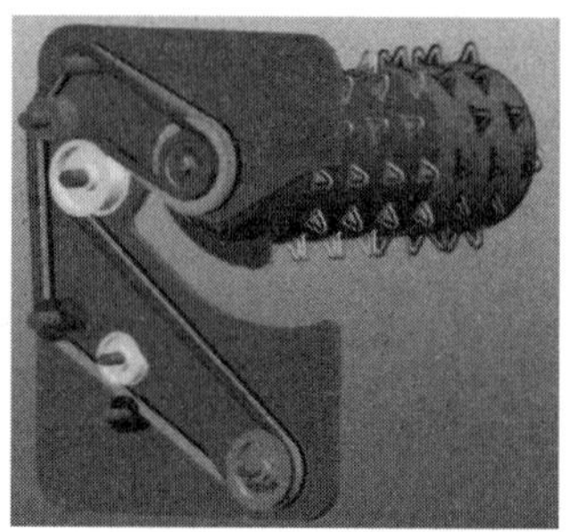

图 5-11　弓齿式同轴差速脱粒滚筒三维模型

弓齿式同轴差速脱粒滚筒实物如图 5-12 所示。

图 5-12　弓齿式同轴差速脱粒滚筒实物

弓齿式同轴差速脱粒滚筒弓齿排列展开如图 5-13 所示。螺纹头数 $K=4$，齿迹距 $a=$ 50 mm，螺旋角 $\alpha=50°$，齿排数 $M=11$。

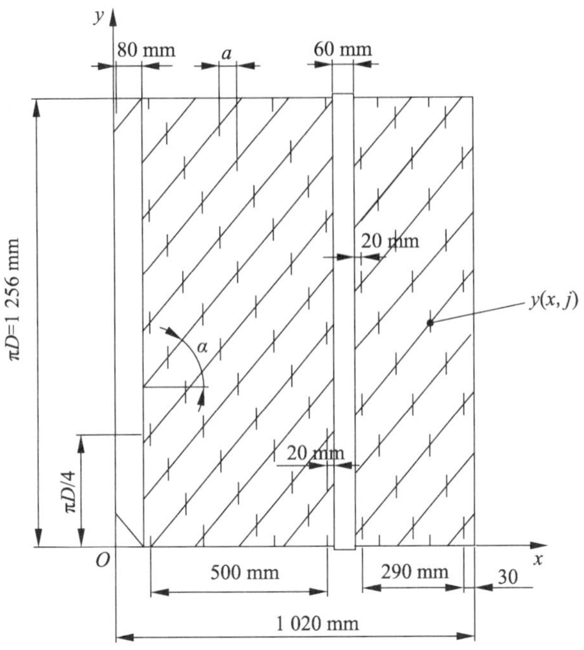

图 5-13　弓齿式同轴差速脱粒滚筒弓齿排列展开示意图

5.3.1　关键部件设计

(1) 双速脱粒滚筒

双速脱粒滚筒主要由同轴同径高低速脱粒滚筒、脱粒弓齿、低速滚筒轴、高速滚筒轴、滚筒连接装置、高速带轮和低速带轮等组成，如图 5-14 所示。

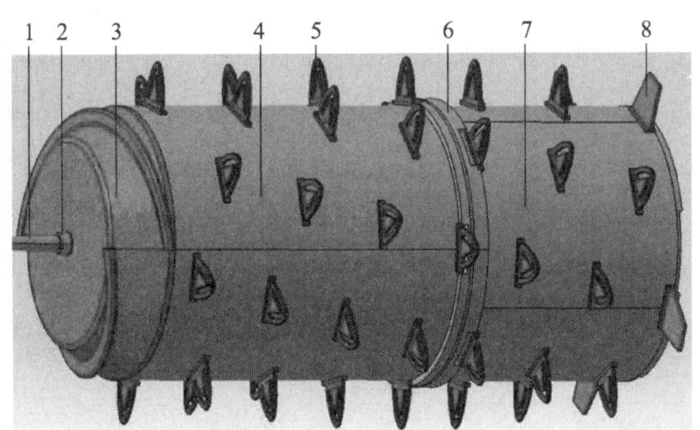

1—高速滚筒轴；2—低速滚筒轴；3—导入螺旋；4—低速脱粒滚筒；5—脱粒弓齿；6—中间装置；7—高速脱粒滚筒；8—碎草切刀。

图 5-14　双速脱粒滚筒结构

根据脱分装置工作原理，设计高速脱粒滚筒长度占双速脱粒滚筒总长度的 1/3，螺旋喂入段与低速脱粒滚筒固结；高、低速脱粒滚筒通过连接装置连接，滚筒连接装置随低速脱粒滚筒转动；低速滚筒轴为空心轴，由低速带轮驱动低速脱粒滚筒转动；高速滚筒轴借助轴承套装在低速滚筒轴内，由高速带轮驱动高速脱粒滚筒转动；高、低速带轮安装于滚筒轴左侧，由机具动力输出轴带轮以不同传动比分别驱动。

1）脱粒滚筒转速

半喂入式联合收获机双速回转脱分装置主要依靠脱粒弓齿对稻穗梳刷、冲击等的作用，使籽粒获得能量从穗头脱落，实现籽粒脱粒分离。根据水稻籽粒连接力与脱粒线速度数学模型，确定高、低速滚筒转速的关系为

$$n_3 = kn_2 \tag{5-1}$$

式中：n_2 为低速脱粒滚筒脱粒所需最低转速，r/min；n_3 为高速脱粒滚筒转速，r/min；k 为脱粒滚筒脱粒所需最高线速度和最低线速度之比，这里 k 取值为 1.35。

依据试验结果，确定双速脱粒滚筒直径为 550 mm，弓齿高度为 75 mm，齿迹距为 50 mm。脱粒滚筒弓齿为四头螺旋排列，螺旋角度为 50°；低速滚筒前部锥体设置 2 条螺旋导向叶片，可对稻穗起到梳整和推送作用。由双速回转脱分装置工作原理可知，当脱粒滚筒线速度较低时，脱粒弓齿对籽粒作用力减弱，连接力大的籽粒不易脱粒；脱粒滚筒线速度较高时，脱粒弓齿对籽粒的脱分作用增强，但易导致破碎籽粒增加。因此高、低速脱粒滚筒线速度的组合（即脱粒滚筒转速组合）对滚筒脱分性能的影响，需在后续试验中进一步验证。

2）脱粒滚筒长度

脱粒滚筒长度决定了脱粒流程的时长，通常滚筒越长，稻穗在脱粒室内停留的时间越长，脱粒弓齿对稻穗作用的时间也越长，但增加了脱粒功耗。双速回转脱分装置脱粒滚筒长度及低、高速滚筒长度比例，需根据脱分装置整体结构及前期水稻脱出物分布规律研究结果确定，脱粒滚筒总长度为 1 000 mm 时，低速脱粒滚筒的长度（即低速段栅格凹板长度）可由式（5-2）求得

$$L = \frac{\varepsilon Q}{\eta \gamma R_1} \tag{5-2}$$

式中：L 为低速脱粒滚筒长度，m；ε 为由低速脱粒滚筒承担的喂入量比例，取 $\varepsilon = 0.85$；Q 为喂入量，kg/s；R_1 为回转栅格凹板半径，m；r 为回转栅格凹板包角，rad；M 为栅格凹板单位面积生产率，kg/(m^2·s)。

将相关数值代入式（5-2）得到 L 为 0.682 m，实取脱粒滚筒总长度的 2/3（即 0.667 m）为低速脱粒滚筒，余下的 1/3 长度为高速脱粒滚筒。

（2）回转式栅格凹板筛

回转式栅格凹板筛结构如图 5-15 所示，若干栅条套装在 3 组 A12 型套筒滚子链销孔内，形成柔性栅条筛面，连接滚子链两端即为宽 800 mm 的半环形栅条凹板筛。其中每个栅格孔宽即栅条间距为 11 mm、栅格孔长为 50 mm，凹板栅条内芯为直径 5 mm 的钢丝，外套装 8 mm 钢管并可绕内芯转动，筛面的振动可使脱出物快速分离，防止脱粒滚筒堵塞。凹板栅条以上、下定型压板为回转轨道，由与驱动带轮同轴的主动链轮驱动凹板栅条链，使栅格凹板沿回转轨道绕从动链轮循环运转。

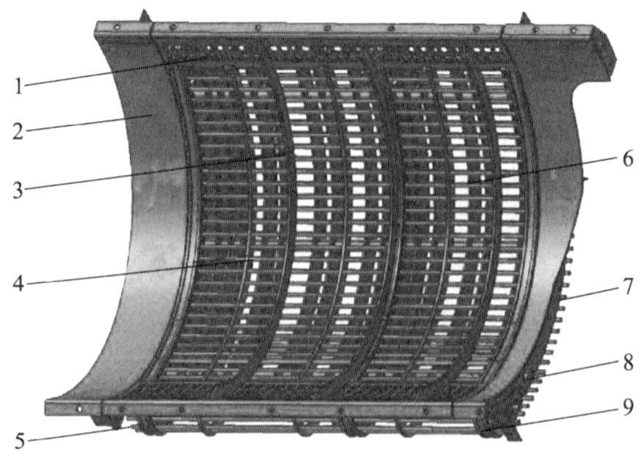

1—多孔侧板;2—凹板筛架;3—上定型压板;4—栅条安装链条;5—栅条驱动链条;6—下定型压板;7—栅条;8—横轴;9—从动轴。

图 5-15　回转式栅格凹板筛

1）凹板包角和面积

双速回转脱分装置的作业效率与栅格凹板作用面积(回转栅格凹板包围面积)有关。

$$S=\frac{Q}{\eta}=E\cdot R_1\cdot\gamma \tag{5-3}$$

式中:S 为回转栅格凹板包围面积,m^2;η 为栅格凹板单位面积生产率,取 2.0 kg /($m^2\cdot s$);Q 为喂入量,即工作流量,取 1.5 kg/s;E 为半喂入栅格凹板宽度,取 0.8 m;R_1 为回转栅格凹板半径,取 0.295 m;γ 为回转栅格凹板包角,rad。

将相关数值代入式(5-3),得到回转栅格凹板包围面积为 0.75 m^2,包角取整为 180°。

2）回转栅格凹板转速

依据单速滚筒脱粒试验结果,水稻脱粒的滚筒弓齿齿顶线速度应为 13～18 m/s,即脱粒弓齿齿顶与回转栅格凹板的相对线速度差应达到此值,故二者需保持较大的速度差。

$$n_1=\frac{30v}{\pi R_2} \tag{5-4}$$

式中:n_1 为回转栅格凹板驱动轮转速,r/min;v 为回转栅格凹板线速度,m/s;R_2 为主动链轮半径,m。

设计栅格凹板主动链轮半径为 41 mm,回转栅格凹板线速度为 1 m/s 左右,回转栅格凹板线速度与脱粒弓齿齿顶线速度比值约为 1/17。

5.3.2　性能试验

(1）试验台架与物料

半喂入式联合收获机双速回转脱分试验台包括稻株输送台、双速回转脱分装置(低/高速脱粒滚筒、夹持链、回转栅格凹板、清选振动筛)、调速电动机及控制台等,如图 5-16 所示。稻株输送台由 2 台输送器串联组成(高度可调),输送速度为 0～2 m/s 无级调速;脱粒滚筒调速电动机功率为 15 kW,低/高速脱粒滚筒转速无级可调;夹持链驱动电动机功率为 7.5 kW，回转栅格凹板驱动电动机功率为 2 kW，均通过变频器调节转速并对相关数据进行记录。

(a) 试验台

(b) 双速回转脱分装置

图 5-16　回转脱分试验台

试验物料选用浙江省广泛种植的“甬优 15 号”，水稻采用人工收割，当日进行台架试验。水稻基本特性参数如表 5-1 所示。

表 5-1　水稻基本特性参数

项目	株高/cm	穗长/cm	籽粒含水率/%	茎秆含水率/%	草谷比(割茬 15 cm)	千粒重/g	单产/(kg·hm^{-2})
参数	100～115	17.5～26.4	23.3～24.5	45.4～48.6	3∶1	30.6	10 020

(2) 性能指标

试验前，按设定的喂入量(工作流量)1.5 kg/s 设置输送器速度，每组试验将稻株均匀铺放在输送器指定范围，稻株长度方向与输送方向垂直，穗头朝向脱粒滚筒。根据喂入量和草谷比计算每次试验所得籽粒总质量，记为 m；接粮口取样，记总质量 m_1；手工挑选破碎籽粒、杂质分别称重，记为 m_p，m_z。在清选室出口和排草口收集的排出物中分别挑选籽粒、含籽粒断穗和未脱净籽粒称重，记为清选损失 m_q 和夹带损失 m_j。损失率 y_1、破碎率 y_2 和含杂率 y_3 分别由以下公式计算得到：

$$y_1=\frac{m_q+m_j}{m}\times 100\% \tag{5-5}$$

$$y_2=\frac{m_p}{m_1}\times 100\% \tag{5-6}$$

$$y_3=\frac{m_z}{m_1}\times 100\% \tag{5-7}$$

(3) 试验方案与分析

为了探究低/高速脱粒滚筒转速、回转栅格凹板线速度和夹持链速度等参数对滚筒脱分性能的影响，依据生产实际和单因素试验合理控制各参数变化范围，在此基础上采用三因素二次回归正交旋转组合设计进行试验，试验中各因素水平如表 5-2 所示。

表 5-2　试验因素水平

编码值	低/高速脱粒滚筒转速 $x_1/(\mathrm{r\cdot min^{-1}})$	回转栅格凹板线速度 $x_2/(\mathrm{m\cdot s^{-1}})$	夹持链速度 $x_3/(\mathrm{m\cdot s^{-1}})$
−1.682	460/620	0.40	0.50
−1	485/655	0.64	0.80
0	520/700	1.00	1.25
1	555/750	1.36	1.70
1.682	580/780	1.60	2.00

二次回归正交旋转组合设计 23 组试验的试验方案与结果如表 5-3 所示。其中 y_1 为损失率、y_2 为破碎率、y_3 为含杂率。

表 5-3　试验方案与结果

试验号	试验因素			试验指标		
	滚筒脱粒转速 $x_1/(\mathrm{r\cdot min^{-1}})$	回转栅格凹板线速度 $x_2/(\mathrm{m\cdot s^{-1}})$	夹持链速度/ $x_3/(\mathrm{m\cdot s^{-1}})$	损失率 $y_1/\%$	破碎率 $y_2/\%$	含杂率 $y_3/\%$
1	485/655	0.64	0.80	1.78	0.56	0.85
2	555/750	0.64	0.80	2.34	1.03	0.95
3	485/655	1.36	0.80	1.96	0.53	0.85
4	555/750	1.36	0.80	2.28	1.13	1.42
5	485/655	0.64	1.70	2.86	0.17	0.78
6	555/750	0.64	1.70	2.62	0.39	0.71
7	485/655	1.36	1.70	2.82	0.27	0.67
8	555/750	1.36	1.70	2.40	0.42	1.12
9	460/620	1.00	1.25	2.42	0.33	0.63
10	580/780	1.00	1.25	2.91	0.96	1.57
11	520/700	0.40	1.25	2.61	0.32	0.74
12	520/700	1.60	1.25	2.40	0.37	0.75
13	520/700	1.00	0.50	1.78	1.12	1.35
14	520/700	1.00	2.00	2.93	0.17	0.65
15	520/700	1.00	1.25	1.55	0.33	0.61
16	520/700	1.00	1.25	1.92	0.15	0.37
17	520/700	1.00	1.25	2.07	0.16	0.43
18	520/700	1.00	1.25	1.94	0.25	0.64
19	520/700	1.00	1.25	1.75	0.27	0.62
20	520/700	1.00	1.25	1.95	0.18	0.60
21	520/700	1.00	1.25	1.66	0.17	0.50
22	520/700	1.00	1.25	1.98	0.28	0.62
23	520/700	1.00	1.25	1.88	0.31	0.78

应用 Design-Expert. V6.0.10 软件对试验数据进行回归分析，选用低/高速脱粒滚筒转速 x_1、回转栅格凹板线速度 x_2 和夹持链速度 x_3 为因素，得到相应的回归方程：

$$\begin{cases} y_1 = 48.08 - 0.19x_1 - 3.14x_2 + 5.19x_3 + 0.000\ 2x_1^2 + 1.52x_2^2 - 0.01x_1x_3 \\ y_2 = 26.98 - 0.11x_1 - 0.56x_2 + 0.44x_3 + 0.000\ 1x_1^2 + 0.31x_2^2 + 0.73x_3^2 - 0.005x_1x_3 \\ y_3 = 41.29 - 0.15x_1 - 4.89x_2 - 2.07x_3 + 0.000\ 1x_1^2 + 0.70x_3^2 + 0.01x_1x_2 \end{cases} \tag{5-8}$$

回归方程的方差分析结果如表 5-4。

表 5-4　回归方程方差分析结果

项目	来源	平方和	自由度	均方	F 值	p 值
损失率	模型	3.32	6	0.55	12.04	<0.000 1
	剩余	0.740	16	0.046		
	失拟	0.510	8	0.064	2.27	0.133 7
	误差	0.230	8	0.028		
	总和	4.060	22			
破碎率	模型	2.16	7	0.31	96.22	<0.000 1
	剩余	0.048	15	0.003		
	失拟	0.010	7	0.001	0.30	0.936 6
	误差	0.038	8	0.005		
	总和	2.21	22			
含杂率	模型	1.75	6	0.29	14.36	<0.000 1
	剩余	0.320	16	0.020		
	失拟	0.200	8	0.025	1.68	0.239 0
	误差	0.120	8	0.015		
	总和	2.07	22			

为了直观地分析各参数与脱分性能指标间的关系，运用 Design-Expert. V6.0.10 软件得到响应曲面，如图 5-17 所示。

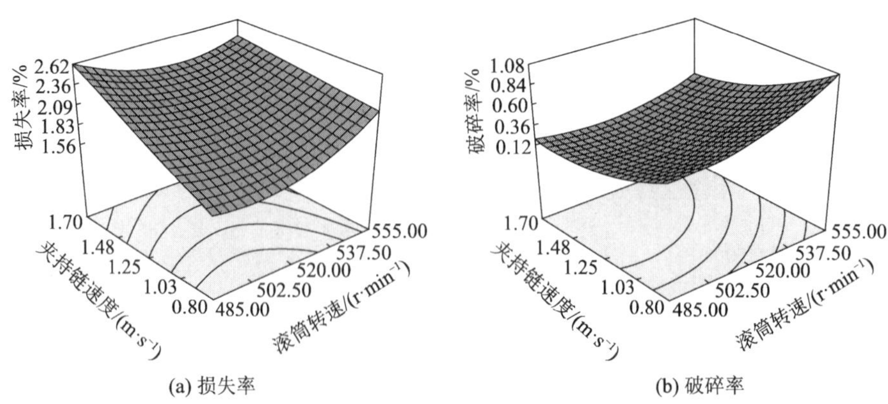

(a) 损失率　　(b) 破碎率

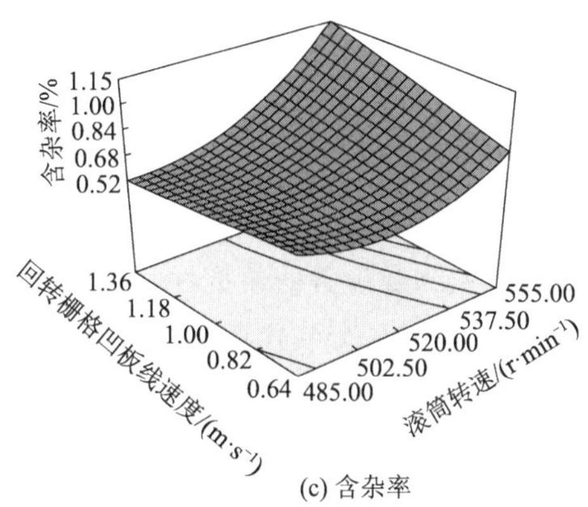

(c) 含杂率

图 5-17　各因素对脱分性能指标影响的响应曲面

依据式(5-8)、表 5-4 和图 5-17 进行综合分析，由图 5-17a 可知，在低/高速脱粒滚筒转速 x_1 和夹持链速度 x_3 交互作用中，低/高速脱粒滚筒转速对损失率影响比较显著，随着低/高速脱粒滚筒转速增加，夹持链速度增加，脱分装置损失率逐渐增大；当滚筒转速一定时，损失率随夹持链速度的降低而减小，当夹持链速度为 0.80 m/s、低速滚筒转速为 500 r/min 左右时，损失率最小。由图 5-17b 可知，在低/高速脱粒滚筒转速 x_1 和夹持链速度 x_3 交互作用中，二者对脱分装置破碎率影响均显著，当夹持链速度较低时，脱粒滚筒对稻穗籽粒的作用次数增加，且滚筒转速越高，籽粒破碎率越大；当夹持链速度一定时，破碎率随滚筒转速的增加而增大，当夹持链速度为 1.56 m/s 左右、低速滚筒转速为 500 r/min 左右时，破碎率最低。由图 5-17c 可知，在低/高速脱粒滚筒转速 x_1 和回转栅格凹板线速度 x_2 交互作用中，低/高速脱粒滚筒转速对含杂率影响比较显著，随着脱粒滚筒转速的增加，脱分空间内碎茎叶增多，导致籽粒含杂率逐渐增大；当回转栅格凹板线速度一定时，随着滚筒转速的增加，含杂率先减小后增大，当回转栅格凹板线速度为 1.36 m/s 左右、低速滚筒转速为 490 r/min 左右时，含杂率最低。

籽粒损失率、破碎率和含杂率是评价双速回转脱分装置工作性能的重要指标，在各自约束条件下应达到最小值。为得到约束条件下的最优组合，采用多目标变量优化方法，并结合各因素边界条件建立非线性模型为

$$\begin{cases} \min\ y_1 \\ \min\ y_2 \\ \min\ y_3 \\ \text{s. t.}\ (460/620)\ \text{r/min} \leqslant x_1 \leqslant (580/780)\ \text{r/min} \\ 0.4\ \text{m/s} \leqslant x_2 \leqslant 1.6\ \text{m/s} \\ 0.5\ \text{m/s} \leqslant x_3 \leqslant 2.0\ \text{m/s} \\ 0 \leqslant y_i(x_1, x_2, x_3) \leqslant 1 \end{cases} \tag{5-9}$$

由式(5-9)并基于 Design-Expert. V6.0.10 软件 Optimization 模块进行多目标参数优化可得，当低/高速脱粒滚筒转速为(506/683) r/min、回转栅格凹板线速度为 1.00 m/s、

夹持链速度为 1.26 m/s 时，对应的籽粒损失率、破碎率和含杂率分别为 1.87%，0.18%，0.55%。

5.3.3 脱分装置性能对比

为了验证双速回转脱分装置的性能并与传统单速脱分装置进行对比试验，根据试验设计各因素的水平变化幅度及试验参数设置的便捷性，将具体数值向接近值圆整靠近，最终选取三因素参数组合方案：双速回转脱分装置滚筒转速为(505/680) r/min、回转栅格凹板线速度为 1.00 m/s、夹持链速度为 1.26 m/s。两种脱分装置外形尺寸、结构基本相同，区别在于一种为“双速滚筒＋回转式凹板”，另一种为“单速滚筒＋固定式凹板”。对比试验水稻品种为“甬优 15 号”，其特性参数如表 5-1 所示。脱出物经各自栅格凹板分离后，由取样盘接取、统计。取样盘沿脱粒滚筒轴向分为 6 格，每格长约 167 mm，对低/高速脱粒滚筒而言，有 4 格位于中低速脱粒滚筒段下面，有 2 格位于高速脱粒滚筒段下面。两种脱分装置喂入量均为 1.5 kg/s，设定双速回转脱分装置与传统单速脱分装置均为最优工作参数组合。性能对比试验重复 3 次取平均值，绘制籽粒损失率、破碎率和含杂率轴向分布曲线如图 5-18 所示。

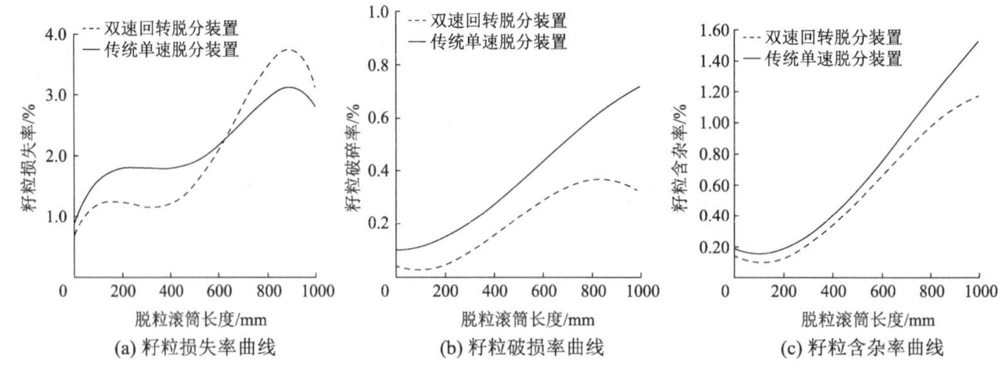

图 5-18 两种脱粒滚筒脱出物各项指标轴向分布曲线

脱粒滚筒轴向 0～667 mm 段(即取样盘第 1～4 格，低/高速脱粒滚筒中低速段)，传统单速脱分装置的轴向各处的籽粒的损失率、破碎率和含杂率均比双速回转脱分装置高，表明脱粒滚筒转速对脱分性能三项指标的影响比较显著。

在脱粒滚筒轴向 667～1 000 mm 段(即取样盘第 5～6 格，低/高速脱粒滚筒中高速段)，虽然双速回转脱分装置高速段脱粒滚筒转速比传统单速脱粒滚筒转速高，但在籽粒破碎率和含杂率方面，传统单速脱分装置仍比双速回转脱分装置高，原因为单速脱分装置前半段产生的破碎籽粒被茎秆层夹带到后半段进行分离，造成该段含杂率高于双速回转脱分装置，这也说明滚筒后半段区间对脱粒分离有重要的作用。

双速回转脱分装置与传统单速脱分装置三项性能指标对比如表 5-5 所示。

表 5-5　籽粒破碎率、含杂率、损失率比较

脱分装置	破碎率/%	含杂率/%	损失率/%
行业标准要求	<1.5	<2.0	<2.8
单速滚筒+固定式凹板	0.38	0.70	2.07
双速滚筒+回转式凹板	0.21	0.56	1.94

由表 5-5 可知，双速回转脱分装置对“甬优 15 号”水稻品种的脱分性能优于传统单速脱分装置。原因如下：双速回转脱分装置利用双速脱粒滚筒低速脱粒降低籽粒破碎，高速脱粒减少未脱净损失；利用回转式凹板筛循环运转使脱出物快速分离，凹板筛表面较少积留籽粒或碎茎叶，减少了脱粒滚筒堵塞情况的发生，籽粒和碎茎叶均匀撒布在清选装置上，有利于脱出物进一步清选。

5.4　钉齿式同轴差速脱粒分离装置结构设计

钉齿式同轴差速（双速双动）脱粒分离装置主要由低/高速脱粒滚筒、回转式凹板筛、驱动箱、顶盖及相关配件等组成，如图 5-19 所示。双速双动脱分装置由同轴同径的高、低速脱粒滚筒通过中间装置连接；低/高速脱粒滚筒与回转式凹板筛配合间隙为 15 mm；驱动箱位于双速双动脱粒分离装置喂入端，驱动箱内为 2 组相互啮合的锥齿轮，分别为高速脱粒滚筒齿轮和低速脱粒滚筒齿轮；回转式凹板筛由链条驱动，驱动链条位于高速脱粒滚筒末端，动力由高速脱粒滚筒轴提供。

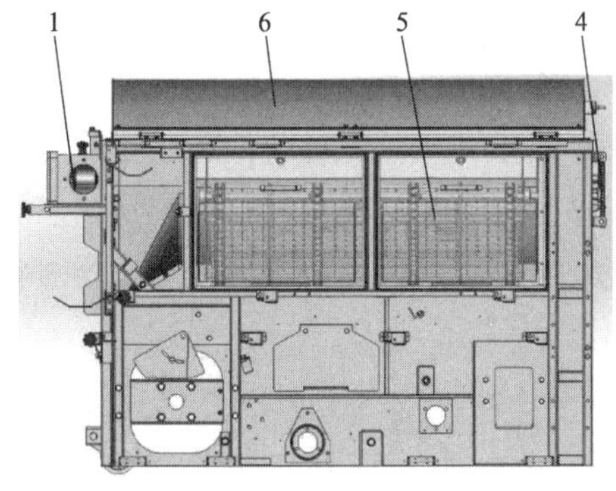

1—驱动箱；2—低速脱粒滚筒；3—高速脱粒滚筒；4—驱动链条；5—回转式凹板筛；6—顶盖。

图 5-19　双速双动脱分装置

当纵轴流双速双动脱粒分离装置作业时，稻株由低速脱粒滚筒端通过喂入螺旋进入脱粒室，喂入螺旋主要起将稻株迅速推送、换向做螺旋运动的作用，随着脱粒滚筒旋转，稻穗在脱分装置的作用下脱粒、分离，稻株沿着脱粒滚筒轴线方向运动，籽粒、颖壳等脱出物穿过回转式凹板筛，长茎秆及杂余等运动到高速脱粒滚筒末端，通过排草口排出脱分装置。

水稻脱粒的难易程度不仅因品种而异，而且同一稻穗易脱和难脱籽粒连接力也存在差异。因此，双速双动脱粒分离装置利用低速脱粒滚筒降低籽粒和茎秆的破碎损失，利用高速脱粒滚筒降低脱不净损失并提高分离效率；通过回转式凹板筛循环运转，筛面不会积留籽粒或茎叶(尤其在带露水作业时)，防止栅格孔堵塞，籽粒通过上筛面落到下筛面的过程中，凹板筛循环运转使籽粒更均匀地撒布在振动筛面上，有利于提高后续清选性能。

5.4.1 关键部件设计

(1) 喂入螺旋

为增加喂入的可靠性，在轴流滚筒前端设计强制喂入螺旋。为了简化研究过程进行如下假设：在脱粒过程中将水稻茎秆视为刚体，当螺旋叶片抓取水稻后，水稻立即沿着喂入螺旋运动，运动速度即为喂入螺旋的线速度，忽略抓取过程中的加速度变化；作物由输送槽输送的过程中喂入连续且均匀，忽略含水率高低对输送过程的影响；作物在滚筒内始终连续运动，不考虑作物层之间的相对运动。

喂入螺旋是脱粒装置的关键工作部件之一，也是脱粒滚筒的重要组成部分。脱粒滚筒工作时转速较高(喂入螺旋线速度为 25～28 m/s)，会产生较大的离心力让谷物充满螺旋叶片空间。本脱粒装置采用传统形式的喂入螺旋——螺旋叶片式喂入螺旋，它具有较好的导送性能，有利于作物顺利进入脱粒滚筒进行脱粒分离。考虑到不同品种的水稻株高差别较大，故选择上底直径 $D_1=330$ mm，以提高脱粒装置的适应性。圆台下底应与辐条的圆周面大小相当，取下底直径 $D_2=480$ mm，螺旋叶片外径应比脱粒滚筒齿顶圆直径略小，以便作物能螺旋输送进入脱粒室，故螺旋叶片外径设计为ϕ 600 mm。

(2) 双速脱粒滚筒

双速脱粒滚筒主要由喂入段、低速脱粒段、高速脱粒段、中间装置、低速滚筒轴、高速滚筒轴等构成，如图 5-20 所示。低/高速脱粒滚筒均由辐板、齿杆(共 6 根)、钉齿(共 81 根)组成，其中喂入螺旋与低速脱粒滚筒固结；低速滚筒轴为空心结构，高速滚筒轴借助轴承套安装于低速滚筒轴内；低/高速脱粒滚筒锥齿轮安置在低速脱粒滚筒轴左侧，分别与低/高速滚筒轴固结，以不同传动比分别驱动低/高速脱粒滚筒。

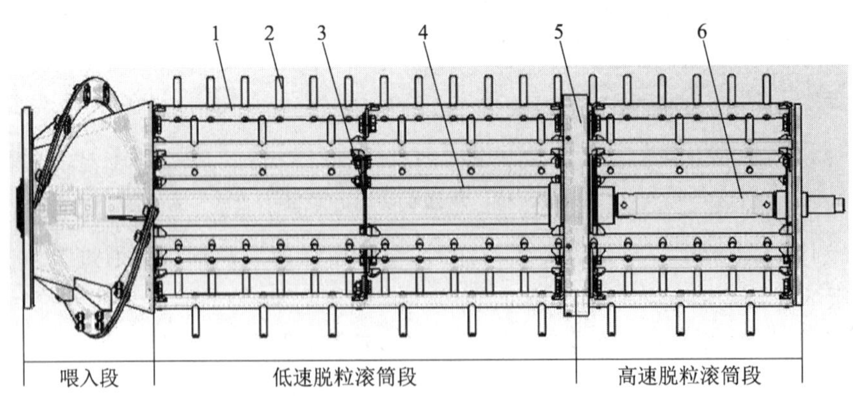

1—齿杆；2—钉齿；3—辐板；4—低速滚筒轴；5—中间装置；6—高速滚筒轴。

图 5-20 双速脱粒滚筒结构

1）低/高速脱粒滚筒转速

低/高速脱粒滚筒主要依靠钉齿配合回转式凹板筛打击稻穗，使籽粒获得能量从穗头脱落，从而实现脱粒分离。依据国内外学者建立的籽粒连接力与脱粒线速度关系的数学模型，确定高、低速滚筒转速关系为

$$n_2 = kn_1 \tag{5-10}$$

式中：n_1 为低速脱粒滚筒转速，r/min；n_2 为高速脱粒滚筒转速，r/min；k 为脱粒滚筒所需最低线速度和可用最高线速度之比，取 $k=26/18\approx1.44$。

由双速双动脱粒分离装置工作原理可知，当脱粒滚筒线速度较低时，钉齿对籽粒的作用力减弱，连接力大的籽粒不易脱粒；当脱粒滚筒线速度较高时，钉齿对籽粒的脱分作用增强，但易导致破碎籽粒增加。低/高速脱粒滚筒线速度（脱粒滚筒转速）对脱分性能的影响，需在后续试验中进一步验证。

2）脱粒滚筒直径

纵轴流脱粒滚筒直径与凹板筛包角相互作用，对脱分装置性能产生较显著的影响。当脱粒滚筒直径增大时，凹板筛有效分离面积增大，滚筒脱粒能力和生产率有极大的提高，但随着脱粒滚筒直径的增大，脱分装置体积和质量也相应增加，设备功耗增加。因此，确定纵轴流脱粒滚筒齿顶圆直径为

$$D_z = \frac{M \cdot N}{\pi} + 2h \tag{5-11}$$

式中：D_z 为脱粒滚筒齿顶圆直径，mm；h 为脱粒滚筒钉齿高度，取 65 mm；N 为齿杆间距，mm；M 为齿杆数量。

考虑到双速双动脱粒分离装置脱粒滚筒纵向布置，其直径方向的尺寸不受限制，同时为了尽可能增大回转式凹板筛的面积，确定脱粒滚筒齿顶圆直径为 520 mm。

3）脱粒滚筒总长度

为探究脱出物纵向分布规律，确定低/高速脱粒滚筒长度比例关系，以水稻“甬优 15 号”为试验物料，在单速纵轴流脱分试验台分别以 2.0，3.0，4.0 kg/s 的喂入量进行台架试验。试验使用传统单速纵轴流脱粒滚筒，滚筒直径为 520 mm，总长为 1 520 mm，滚筒转速为 820 r/min；栅格凹板筛为固定式，脱粒间隙为 15 mm；试验水稻籽粒千粒重为 28.2 g，平均草谷比为 2.6∶1，籽粒含水率为 26.2%，茎秆含水率为 66.4%。

试验时，调整试验台脱粒分离系统各参数及物料喂入时输送带的速度；将稻株均匀铺放在输送带上，稻株经喂入搅龙和输送槽进入脱分装置，经脱分装置完成脱粒分离过程，脱出物经栅格凹板筛分离后落入其下方的接料盒（9×6 个）内，茎秆经排草口排出；对接料盒内脱出物进行人工清选并称量。每组试验重复 3 次，取平均值并记录数据，计算得到传统纵轴流脱分装置不同喂入量时脱出物纵向分布情况，如表 5-6 所示。

表 5-6 不同喂入量时脱出物纵向分布

喂入量/(kg·s^{-1})	纵向分布/%								
	1	2	3	4	5	6	7	8	9
2.0	11.07	23.27	24.87	13.63	11.45	8.41	3.00	2.50	1.80
3.0	12.56	21.45	23.88	14.20	13.10	6.23	4.56	2.87	1.15
4.0	13.22	20.45	22.53	15.85	11.09	7.05	4.93	2.43	2.45

根据试验台架喂入量为 2.0,3.0,4.0 kg/s 时的测试结果,对其进行非线性拟合,3 组试验拟合曲线决定系数 R^2 均大于 0.99,得到的拟合结果如图 5-21 所示。

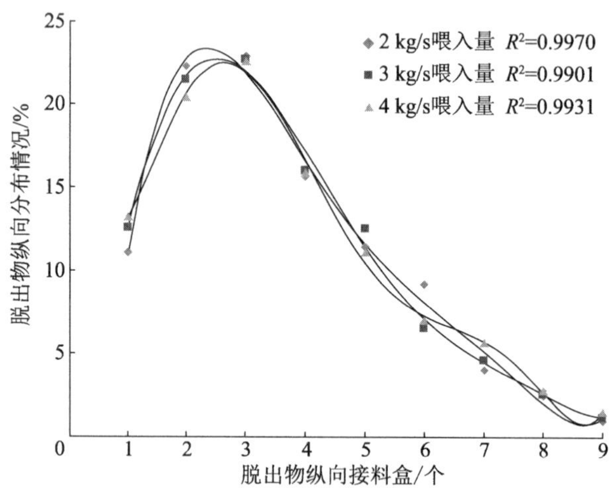

图 5-21 不同喂入量时脱出物沿纵向分布情况拟合结果

由图 5-21 可得,传统单速纵轴流脱分装置脱粒滚筒纵向 1～7 接料盒内脱出物占脱出物总量的 95.00%以上。分析可知,在脱粒滚筒前段已脱粒和分离大部分易脱籽粒,脱粒滚筒后段主要进行少部分难脱籽粒的脱粒、分离。根据双速双动脱粒分离装置工作原理和传统单速纵轴流脱粒分离装置脱出物纵向分布结果设计双速双动脱粒分离装置,低速脱粒滚筒长度占脱粒滚筒总长度的 7/9,即长度约为 1 200 mm,从而确定双速脱粒滚筒总长度为 1 543 mm。

(3) 回转式凹板筛

回转式凹板筛是双速双动脱分装置的重要组成部分,它是在全喂入纵轴流联合收获机固定式栅格凹板筛的基础上研制而成的。回转式凹板筛三维结构如图 5-22 所示,凹板筛架下部固定若干支撑横轴,凹板栅条穿过多条凹板栅条链并由驱动轮带动循环运转,动力由高速脱粒滚筒轴提供,形成上下两层间距为 80 mm 的活动栅格。

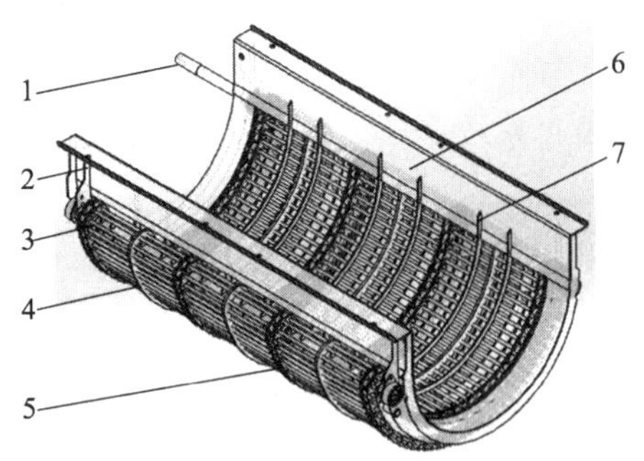

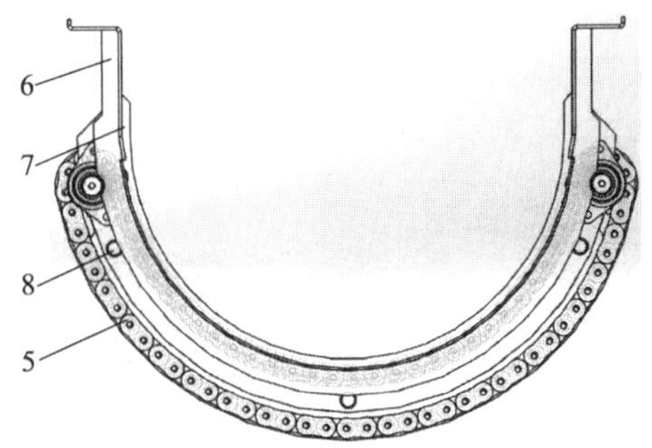

1—凹板筛驱动轴；2—下定型片；3—栅条链片；4—凹板栅条；
5—凹板栅条链；6—凹板筛架；7—上定型片；8—支撑横轴。

图 5-22　回转式凹板筛三维结构

1）凹板筛栅格尺寸

回转式凹板筛安装在弧形凹板筛架上，筛架下部有若干条由横轴按等间距穿接并固定的下定型片（厚 3.0 mm）托着环形栅条筛片的上筛面，筛架上部固定有多条厚 3.0 mm 的上定型片压在上筛面上，上、下定型片形成的径向空间即为回转栅格凹板运行轨道。凹板栅条内芯为直径 5.0 mm 的钢丝，外套装直径为 8.0 mm 的钢管并可绕内芯转动，凹板筛回转时，钢管在上、下定型片之间滚动运行，保证脱粒间隙稳定不变。在栅条的两端和中部分别穿过销孔套装多组 A12 型滚子链和多组 A12 型滚子链链片（中心距为 19.05 mm），构成了环形回转凹板筛面。定型片回转栅格凹板的横隔板与下定型片、链片及栅条形成一系列孔宽为 11.00 mm、孔长为 50.00 mm 的栅格。

2）凹板筛包角和面积

全喂入式联合收获机双速双动脱分装置，主要依靠脱粒滚筒和凹板筛对稻株的作用完成脱粒和分离，因此决定其生产率的因素除与脱分装置结构有关，还取决于脱粒滚筒和凹板筛的作用面积（即回转式凹板筛包围面积）S。

$$S=\frac{Q}{\eta}=B\cdot R\cdot \beta \tag{5-12}$$

式中：S 为回转式凹板筛包围面积，$\mathrm{m^2}$；η 为凹板筛单位面积生产率，取 2.0 $\mathrm{kg/(m^2\cdot s)}$；Q 为喂入量（工作流量），取 2.5 kg/s；B 为脱粒滚筒总长度，取 1.50 m；R 为脱粒滚筒半径，取 0.26 m；β 为凹板筛包角，rad。

将相关数值代入式(5-12)，可求得回转式凹板筛包围面积 $S=1.25\ \mathrm{m^2}$，凹板筛包角 $\beta\approx 3.205$ rad$=183.7°$，取整为 180°。回转式凹板筛上筛面线速度方向与脱粒钉齿线速度方向相同。凹板筛循环运转，上筛面不会积留籽粒或碎茎叶，脱出物通过凹板筛上筛面穿过凹板筛下筛面，均匀撒布在振动筛面上，有利于脱出物进一步清选。

5.4.2　性能试验

（1）试验条件

双速双动脱粒分离装置性能试验台主要由稻株输送台、双速双动脱分装置、调速电动机及控制台等组成，如图5-23所示。稻株输送台为高度可调传送带，输送速度在0～3 m/s无级调速；调速电动机功率为15 kW，脱粒滚筒转速无级可调；回转式凹板筛驱动电动机功率为2 kW，各电动机通过变频控制台调节，并由采集系统对相关数据进行统计。

1—控制台；2—传送带；3—电动机；4—双速双动脱分装置。

图5-23　双速双动脱粒分离装置性能试验台

试验物料为浙江省广泛种植的"甬优15号"超级杂交稻，喂入量为2.10 kg/s，水稻部分特性如表5-7所示。

表5-7　水稻部分特性参数

特性参数	数值/形式
作物自然高度/cm	150.4
作物成熟期	黄熟期
作物倒伏程度	直立无倒伏
籽粒含水率/%	18.2
千粒重/g	30.2
割茬高度/cm	42.5
草谷比	2.4
测区平均单产/(kg·hm^{-2})	2.1
穗长/cm	17.5～26.4

(2) 性能指标

根据喂入量和草谷比计算每次试验所得籽粒总质量，记为m；接粮口取样，记总质量为m_1；手工挑选破碎籽粒、杂质分别称重，记为m_p,m_z。由清选室出口和排草箱收集排出物，挑选籽粒和含籽粒断穗称重，记为清选损失m_q和夹带损失m_j。籽粒损失率y_1、破碎率y_2和含杂率y_3分别可由以下公式计算得到：

$$y_1=\frac{m_q+m_j}{m}\times 100\% \tag{5-13}$$

$$y_2=\frac{m_p}{m_1}\times 100\% \tag{5-14}$$

$$y_3=\frac{m_z}{m_1}\times 100\% \tag{5-15}$$

(3) 试验内容与方法

依据作业实际和单因素预备试验合理控制各因素变化范围。在此基础上，采用三因素旋转正交组合设计试验，试验因素编码如表 5-8 所示。

表 5-8　试验因素编码

编码	因素		
	低/高速脱粒滚筒转速 x_1/(r·min^{-1})	回转式凹板筛线速度 x_2/(m·s^{-1})	脱粒间隙 x_3/mm
1.682	22.92/27.50	1.60	30.00
1	21.40/25.68	1.36	27.16
0	19.17/23.00	1.00	23.00
−1	16.94/20.32	0.64	18.84
−1.682	15.42/18.50	0.40	16.00

根据试验数据进行结果分析，并对影响脱分性能指标的主要因素进行显著性分析，探求同轴双速脱分装置最优工作参数组合，具体试验方案与结果如表 5-9 所示。

表 5-9　试验方案与结果

序号	试验因素			性能指标/%		
	x_1/(r·min^{-1})	x_2/(m·s^{-1})	x_3/mm	损失率 y_1	破碎率 y_2	含杂率 y_3
1	16.94/20.32	0.64	18.84	1.19	0.37	0.57
2	21.40/25.68	0.64	18.84	1.56	0.69	0.63
3	16.94/20.32	1.36	18.84	1.31	0.35	0.57
4	21.40/25.68	1.36	18.84	1.52	0.75	1.08
5	16.94/20.32	0.64	27.16	1.91	0.11	0.52
6	21.40/25.68	0.64	27.16	1.75	0.26	0.47
7	16.94/20.32	1.36	27.16	1.88	0.18	0.45
8	21.40/25.68	1.36	27.16	1.60	0.28	0.75
9	15.42/18.50	1.00	23.00	1.61	0.22	0.42
10	22.92/27.50	1.00	23.00	1.94	0.64	0.78
11	19.17/23.00	0.40	23.00	1.74	0.21	0.49
12	19.17/23.00	1.60	23.00	1.60	0.25	0.50
13	19.17/23.00	1.00	16.00	1.19	0.75	0.90
14	19.17/23.00	1.00	30.00	1.95	0.11	0.43
15	19.17/23.00	1.00	23.00	1.03	0.22	0.27
16	19.17/23.00	1.00	23.00	1.28	0.10	0.31
17	19.17/23.00	1.00	23.00	1.38	0.11	0.29
18	19.17/23.00	1.00	23.00	1.29	0.17	0.29
19	19.17/23.00	1.00	23.00	1.17	0.18	0.28

续表

序号	试验因素			性能指标/%		
	$x_1/(\mathrm{r\cdot min^{-1}})$	$x_2/(\mathrm{m\cdot s^{-1}})$	x_3/mm	损失率 y_1	破碎率 y_2	含杂率 y_3
20	19.17/23.00	1.00	23.00	1.30	0.12	0.21
21	19.17/23.00	1.00	23.00	1.11	0.11	0.23
22	19.17/23.00	1.00	23.00	1.32	0.19	0.35
23	19.17/23.00	1.00	23.00	1.25	0.21	0.52

5.4.3 试验结果分析

采用 Design-Expert. V6.0.10 软件进行试验数据的回归分析，得到回归方程为

$$y_1=8.613-0.758x_1-0.780x_2+0.085x_3-0.037x_1x_2-0.012x_1x_3-0.021x_2x_3+0.023x_1^2+1.023x_2^2+0.005x_3^2 \tag{5-16}$$

$$y_2=7.783-0.461x_1-0.570x_2-0.182x_3+0.005x_1x_2-0.005x_1x_3+0.003x_2x_3+0.014x_1^2+0.205x_2^2+0.006x_3^2 \tag{5-17}$$

$$y_3=12.494-0.681x_1-2.916x_2-0.272x_3+0.104x_1x_2-0.004x_1x_3-0.021x_2x_3+0.015x_1^2+0.569x_2^2+0.008x_3^2 \tag{5-18}$$

分析各试验因素变化对性能指标响应值影响的显著性程度，破碎率、含杂率和损失率方差分析结果如表 5-10 所示。

表 5-10 破碎率、含杂率和损失率方差分析结果

来源	自由度	破碎率		含杂率		损失率	
		均方	p	均方	p	均方	p
x_1	1	0.200 0	<0.000 1**	0.150	0.000 6**	0.035	0.119 7
x_2	1	0.003 0	0.224 4	0.032	0.062 4	0.008	0.445 5
x_3	1	0.420 0	<0.000 1**	0.150	0.000 6**	0.590	<0.000 1**
x_1x_2	1	0.000 2	0.730 5	0.079	0.006 8**	0.010	0.397 2
x_1x_3	1	0.027 0	0.001 2**	0.013	0.208 9	0.130	0.006 8**
x_2x_3	1	0.000 2	0.730 5	0.008	0.336 3	0.008	0.442 5
误差	8	0.002 0		0.008		0.013	
合计	22						

注：** 表示 $p<0.01$，有极显著性差异。

为直观研究各参数与脱分性能指标间的关系，运用 Design-Expert. V6.0.10 软件得到响应曲面，为方便显示，图 5-24 中只列出了低/高速脱粒滚筒转速。

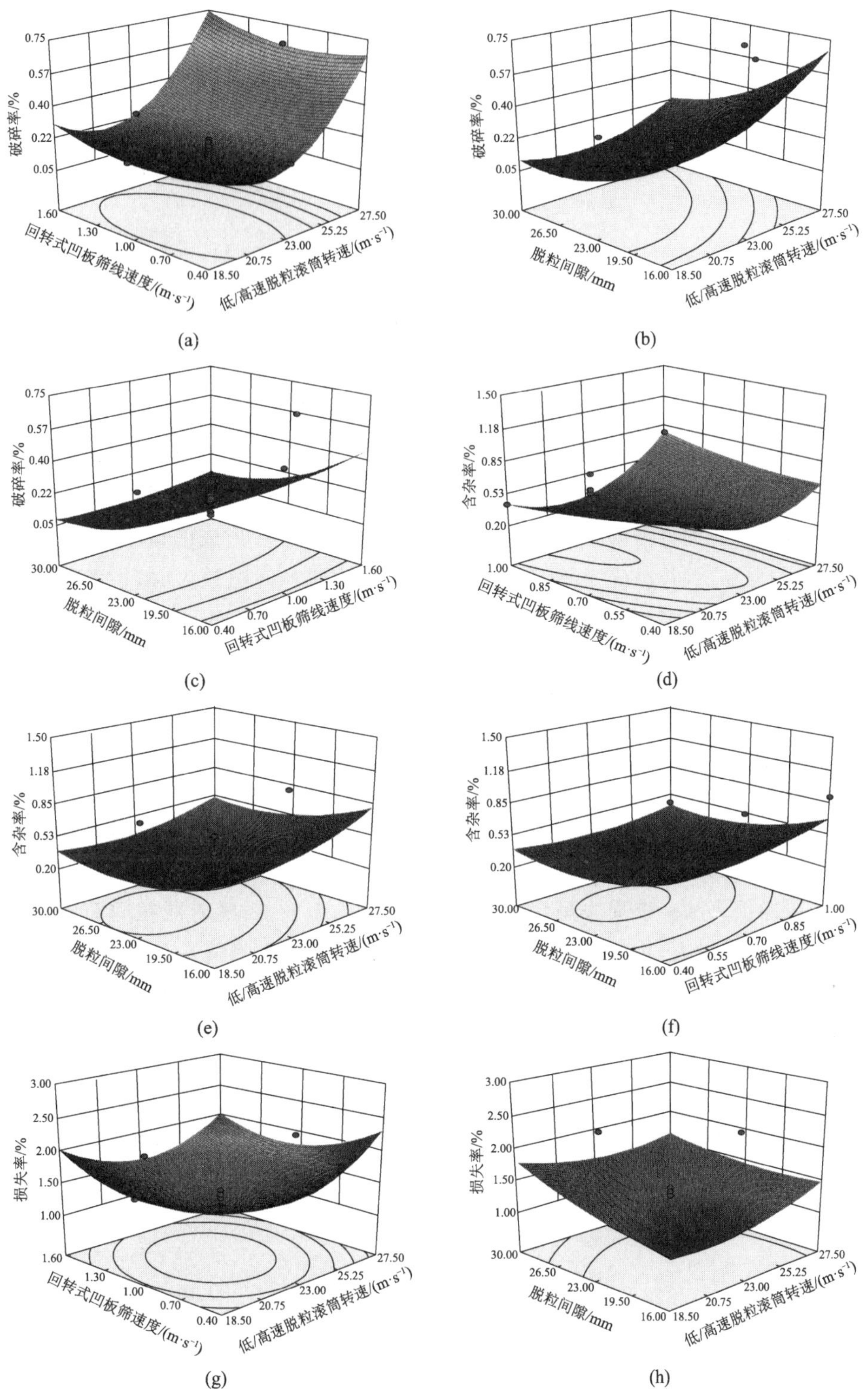

破碎率/%
回转式凹板筛线速度/(m·s⁻¹)
低/高速脱粒滚筒转速/(m·s⁻¹)
脱粒间隙/mm
含杂率/%
损失率/%
回转式凹板筛速度/(m·s⁻¹)
(a)
(b)
(c)
(d)
(e)
(f)
(g)
(h)

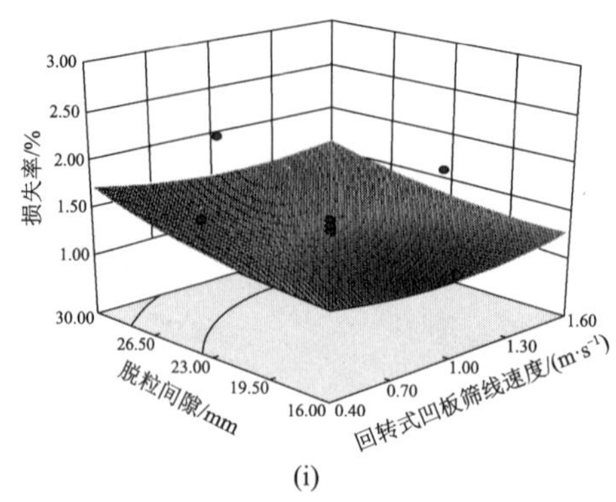

(i)

图 5-24　各因素对性能指标影响的响应曲面

由表 5-10 与图 5-24a 至图 5-24c 可知，低/高速脱粒滚筒转速（$p<0.0001$）与脱粒间隙（$p<0.0001$）对破碎率影响极其显著，二者交互作用对破碎率影响显著（$p=0.0002$）。随着低/高速脱粒滚筒转速的提高，籽粒破碎率逐渐增大，原因可能为脱粒滚筒转速较高时，脱粒元件对籽粒的打击频率增高、打击强度增大，破碎籽粒形成的概率也相应增加；随着脱粒间隙的增加，籽粒破碎率逐渐减小，原因可能为脱粒间隙较大时，物料在同轴双速脱分装置内受到回转式凹板筛、低/高速脱粒滚筒等的挤压作用较小，且物料层相对较厚，脱粒元件对籽粒打击频率降低，故籽粒的破碎率较低。

由表 5-10 与图 5-24d 至图 5-24f 可知，低/高速脱粒滚筒转速与回转式凹板筛线速度的交互作用对含杂率的影响极其显著（$p=0.0068$）。随着低/高速脱粒滚筒转速和回转式凹板筛线速度的增大，脱粒元件对物料的打击强度增大，脱分装置内碎茎叶增多。

由表 5-10 与图 5-24g 至图 5-24i 可知，低/高速脱粒滚筒转速与脱粒间隙的交互作用对损失率的影响极其显著（$p=0.0068$）。随着脱粒间隙的增大，低/高速脱粒滚筒转速降低，籽粒未脱净损失和夹带损失呈缓慢上升趋势，损失率较高；随着脱粒间隙的减小，低/高速脱粒滚筒转速增大，物料在脱分装置内受到凹板筛、脱粒滚筒等的反作用力较大，物料层被压得较薄，脱粒元件对籽粒的打击作用增强，故破碎率较高，损失率仍相对较高。

脱粒损失率、破碎率、含杂率是评价同轴双速脱分选装置性能的重要指标，其在各自的约束条件下应达到最小值。为得到约束条件下的最优参数组合，采用多目标变量优化方法并结合各因素边界条件，建立非线性参数模型如下：

$$
\begin{cases}
\min\ y_1 \\
\min\ y_2 \\
\min\ y_3 \\
\text{s.t.}\ (15.42/18.50)\ \text{m/s} \leqslant x_1 \leqslant (22.92/27.50)\ \text{m/s} \\
0.40\ \text{m/s} \leqslant x_2 \leqslant 1.60\ \text{m/s} \\
16\ \text{mm} \leqslant x_3 \leqslant 30\ \text{mm}
\end{cases}
\tag{5-19}
$$

基于 Design-Expert. V6.0.10 软件 Optimization 模块进行多目标参数优化可得，当低/高速脱粒滚筒转速为(18.36/21.99) m/s、回转式凹板筛速度为 0.99 m/s、脱粒间隙为

22.60 mm 时，对应的籽粒损失率、破碎率和含杂率分别为 1.22%，0.14%，0.29%。

5.5　差速脱粒与单速脱粒对比试验

5.5.1　试验方案

① 为验证杆齿式同轴差速脱粒分离装置的脱粒性能，在分别装有杆齿式差速滚筒和杆齿式单速滚筒的两种全喂入联合收获机上进行脱粒对比试验，杆齿式差速滚筒脱粒试验如图 5-25 所示。试验所用杆齿式差速滚筒和杆齿式单速滚筒直径和长度相同，栅格凹板包角均为 230°，罩壳导向板螺旋角均为 32°，差速滚筒低速段转速设为 750 r/min，高速段转速设为 1 050 r/min，传统单速滚筒的转速设为 850 r/min。试验水稻品种为“嘉优 2 号”，作物主要特性参数如下：籽粒千粒重均值为 26.2 g，产量为 8 441 kg/hm²，草谷比为 1.98∶1，籽粒含水率为 17.4%，茎秆含水率为 50.7%。试验重复 3 次，作物喂入量设定为 1.8 kg/s，接料斗沿滚筒轴向分为 6 格，每格宽度为 167 mm，脱出物经栅格式凹板筛分离后全部落入接料斗。

图 5-25　杆齿式差速滚筒脱粒试验

② 为验证弓齿式同轴差速脱粒装置的脱粒性能，在分别安装有弓齿式差速滚筒和弓齿式单速滚筒的两种半喂入联合收获机上进行脱粒对比试验，弓齿式同轴差速滚筒脱粒试验如图 5-26 所示。试验时，差速滚筒低速段转速设为 480 r/min，高速段转速设为 650 r/min，传统单速滚筒的转速设为 520 r/min。水稻由人工喂入，脱粒后脱出混合物落入栅格凹板筛下的接料斗，接料斗共 40 格，每格面积为 10 cm×12 cm。试验水稻品种为“甬优 12 号”，作物主要特性参数如下：籽粒含水率为 26.7%，茎叶含水率为 64.4%，草谷比为 2.13∶1，平均产量为 11 950 kg/hm²。

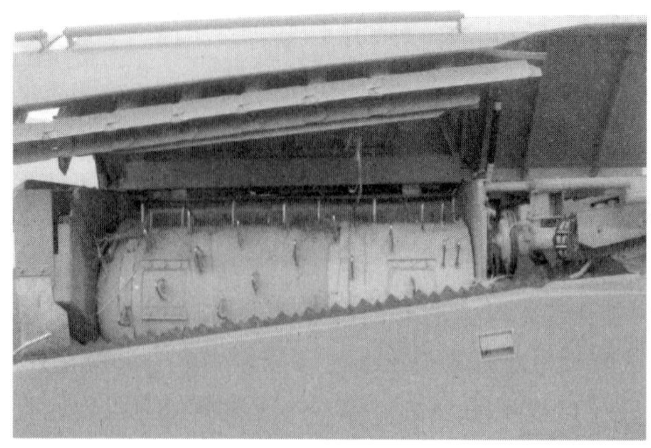

图 5-26　弓齿式同轴差速滚筒脱粒试验

5.5.2　杆齿式滚筒脱粒对比试验结果分析

利用 Matlab 离散余弦函数傅里叶变换分析法，分别建立杆齿式脱粒滚筒脱出物各分布曲线的数学模型。

差速滚筒脱出物轴向分布模型如下：

$$y_a(x)=y_{a0}+A_{a1}\cos\left(\frac{2\pi x}{\lambda}-\alpha_{a1}\right)+A_{a2}\cos\left(\frac{4\pi x}{\lambda}-\alpha_{a2}\right)-A_{a4}\cos\left(\frac{8\pi x}{\lambda}-\alpha_{a4}\right)-A_{a5}\cos\left(\frac{10\pi x}{\lambda}-\alpha_{a5}\right) \tag{5-20}$$

式中：y_{a0} 为理想值；A_{a_i} 为设计影响因子；α_{a_i} 为制造影响因子；λ 为操作影响因子。

采集 6 格接料斗的脱出物进行测量，得到沿滚筒轴向 6 格接料斗中的脱出物质量占总脱出物质量的比例分别为 28.51%，34.59%，15.35%，13.63%，4.91%，3.01%。

传统单速滚筒脱出物轴向分布模型如下：

$$y_a(x)=y'_{a0}+A'_{a1}\cos\left(\frac{2\pi x}{\lambda}-\alpha'_{a1}\right)+A'_{a2}\cos\left(\frac{4\pi x}{\lambda}-\alpha'_{a2}\right)-A'_{a4}\cos\left(\frac{8\pi x}{\lambda}-\alpha'_{a4}\right)-A'_{a5}\cos\left(\frac{10\pi x}{\lambda}-\alpha'_{a5}\right)-A'_{a6}\cos\left(\frac{12\pi x}{\lambda}-\alpha'_{a6}\right) \tag{5-21}$$

式中：y'_{a0} 为理想值；A'_{a_i} 为设计影响因子；α'_{a_i} 为制造影响因子；λ 为操作影响因子。

采集单速滚筒试验后 6 格接料斗的脱出物进行测量，沿滚筒轴向 6 格接料斗中的脱出物质量占总脱出物质量的比例分别为 35.54%，39.39%，10.76%，8.11%，4.14%，2.06%。

差速滚筒籽粒轴向分布模型如下：

$$y_b(x)=y_{b0}+A_{b1}\cos\left(\frac{2\pi x}{\lambda}-\alpha_{b1}\right)+A_{b2}\cos\left(\frac{4\pi x}{\lambda}-\alpha_{b2}\right)-A_{b4}\cos\left(\frac{8\pi x}{\lambda}-\alpha_{b4}\right)-A_{b5}\cos\left(\frac{10\pi x}{\lambda}-\alpha_{b5}\right) \tag{5-22}$$

采集差速滚筒试验后 6 格接料斗的籽粒进行测量，沿滚筒轴向 6 格接料斗中的籽粒质量占总脱出籽粒质量的比例分别为 30.96%,35.83%,15.81%,10.72%,3.60%,3.08%。

单速滚筒籽粒轴向分布模型如下：

$$y_b(x)=y'_{b0}+A'_{b1}\cos\left(\frac{2\pi x}{\lambda}-\alpha'_{b1}\right)+A'_{b2}\cos\left(\frac{4\pi x}{\lambda}-\alpha'_{b2}\right)-A'_{b4}\cos\left(\frac{8\pi x}{\lambda}-\alpha'_{b4}\right)-A'_{b5}\cos\left(\frac{10\pi x}{\lambda}-\alpha'_{b5}\right) \tag{5-23}$$

采集单速滚筒试验后 6 格接料斗的籽粒进行测量,沿滚筒轴向 6 格接料斗中的籽粒质量占总脱出籽粒质量的比例分别为 36.23%,40.49%,10.61%,8.89%,2.49%,1.29%。

差速滚筒杂余轴向分布模型如下：

$$y_c(x)=y_{c0}-A_{c1}\cos\left(\frac{2\pi x}{\lambda}-\alpha_{c1}\right)-A_{c2}\cos\left(\frac{4\pi x}{\lambda}-\alpha_{c2}\right)+A_{c3}\cos\left(\frac{6\pi x}{\lambda}-\alpha_{c3}\right)+A_{c4}\cos\left(\frac{8\pi x}{\lambda}-\alpha_{c4}\right)-A_{c5}\cos\left(\frac{10\pi x}{\lambda}-\alpha_{c5}\right) \tag{5-24}$$

采集差速滚筒试验后 6 格接料斗的杂余进行测量,沿滚筒轴向 6 格接料斗中的杂余质量占该接料斗中脱出物总质量的比例分别为 13.49%,15.44%,18.67%,23.00%,16.50%,12.89%。

单速滚筒杂余轴向分布模型如下：

$$y_c(x)=y'_{c0}+A'_{c1}\cos\left(\frac{2\pi x}{\lambda}-\alpha'_{c1}\right)+A'_{c2}\cos\left(\frac{4\pi x}{\lambda}-\alpha'_{c2}\right)-A'_{c3}\cos\left(\frac{6\pi x}{\lambda}-\alpha'_{c3}\right)-A'_{c4}\cos\left(\frac{8\pi x}{\lambda}-\alpha'_{c4}\right)-A'_{c5}\cos\left(\frac{10\pi x}{\lambda}-\alpha'_{c5}\right) \tag{5-25}$$

采集单速滚筒试验后 6 格接料斗的杂余进行测量,沿滚筒轴向 6 格接料斗中的杂余质量占该接料斗中脱出物总质量的比例分别为 20.12%,23.65%,15.34%,12.05%,13.15%,15.69%。

差速滚筒破碎籽粒轴向分布模型如下：

$$y_d(x)=y_{d0}-A_{d1}\cos\left(\frac{2\pi x}{\lambda}-\alpha_{d1}\right)+A_{d3}\cos\left(\frac{6\pi x}{\lambda}-\alpha_{d3}\right)-A_{d4}\cos\left(\frac{8\pi x}{\lambda}-\alpha_{d4}\right)-A_{d5}\cos\left(\frac{10\pi x}{\lambda}-\alpha_{d5}\right)-A_{d6}\cos\left(\frac{12\pi x}{\lambda}-\alpha_{d6}\right) \tag{5-26}$$

采集差速滚筒试验后 6 格接料斗的破碎籽粒进行测量,沿滚筒轴向 6 格接料斗中的破碎籽粒质量占全部破碎籽粒总质量的比例分别为 22.39%,24.31%,16.45%,15.53%,14.11%,7.21%。

单速滚筒破碎籽粒轴向分布模型如下：

$$y_d(x)=y'_{d0}+A'_{d1}\cos\left(\frac{2\pi x}{\lambda}-\alpha'_{d1}\right)+A'_{d2}\cos\left(\frac{4\pi x}{\lambda}-\alpha'_{d2}\right)-A'_{d4}\cos\left(\frac{8\pi x}{\lambda}-\alpha'_{d4}\right)-A'_{d5}\cos\left(\frac{10\pi x}{\lambda}-\alpha'_{d5}\right)-A'_{d6}\cos\left(\frac{12\pi x}{\lambda}-\alpha'_{d6}\right) \tag{5-27}$$

采集单速滚筒试验后 6 格接料斗的破碎籽粒进行测量,沿滚筒轴向 6 格接料斗中的破碎籽粒质量占全部破碎籽粒总质量的比例分别为 24.38%,29.36%,15.44%,14.53%,10.42%,5.81%。

差速滚筒籽粒破碎率轴向分布模型如下:

$$y(x)=a_y x^4+b_y x^3+c_y x^2+d_y x+e_y \tag{5-28}$$

计算差速脱粒试验后 6 格接料斗的籽粒破碎率,分别为 0.43%,0.44%,0.71%,0.82%,2.12%,2.19%。

单速滚筒籽粒破碎率轴向分布模型如下:

$$y(x)=a'_y x^4+b'_y x^3+c'_y x^2+d'_y x+e'_y \tag{5-29}$$

计算单速脱粒试验后 6 格接料斗的籽粒破碎率,分别为 0.73%,0.81%,1.49%,2.52%,3.78%,4.82%。

差速滚筒含杂率轴向分布模型如下:

$$z(x)=a_z x^4+b_z x^3+c_z x^2+d_z x+e_z \tag{5-30}$$

计算差速脱粒试验后 6 格接料斗的籽粒含杂率,分别为 3.71%,3.88%,10.89%,15.02%,30.11%,32.09%。

单速滚筒含杂率轴向分布模型如下:

$$z(x)=a'_z x^4+b'_z x^3+c'_z x^2+d'_z x+e'_z \tag{5-31}$$

计算单速脱粒试验后 6 格接料斗的籽粒含杂率,分别为 6.48%,8.13%,15.01%,25.48%,45.22%,55.77%。

经数据整理并采用三次样条插值法,绘制杆齿式差速脱粒滚筒和传统单速滚筒对比试验后所得的脱出物、籽粒、杂质、破碎籽粒、籽粒破碎率及含杂率等指标在滚筒轴向的分布图,如图 5-27 所示。

如图 5-27a 所示,不同类型滚筒的脱出物总体质量差异不大,但差速滚筒脱出物的分布曲线在滚筒轴向的变化比单速滚筒更平缓。特别是在脱粒滚筒轴向 0~334 mm 区间(对应接料斗前两格)内,单速滚筒的脱出物质量占总脱出物质量的 74.93%,而差速滚筒此占比为 63.10%,单速滚筒的脱出物在滚筒前段明显比差速滚筒更集中,容易在滚筒下方的振动筛上产生物料集聚现象;在滚筒轴向 0~667 mm 区间内,差速滚筒和单速滚筒均已脱下并分离出大部分脱出物,差速滚筒脱出物质量占总脱出物质量的 92.08%,单速滚筒此占比为 93.8%,这表明,不管是单速滚筒还是差速滚筒,在滚筒后段,脱出物已很少。

如图 5-27b 所示,脱出物中籽粒的分布规律与图 5-27a 脱出物总重的分布规律相似。在滚筒轴向 0~334 mm 区间内,差速滚筒脱下的籽粒占总籽粒质量的 66.79%,单速滚筒此占比为 76.72%;在滚筒轴向 0~667 mm 区间(对应接料斗前四格,即滚筒前 2/3 段)内,差速滚筒和单速滚筒均已脱下绝大部分籽粒,差速滚筒脱出籽粒的质量占总脱出物质量的 93.32%,单速滚筒此占比为 96.22%,这表明,不管是单速滚筒还是差速滚筒,在滚筒后段脱粒分离的籽粒数量已很少。

如图 5-27c 所示,差速滚筒在滚筒轴向 334~667 mm 区间(对应接料斗第三、第四两格)内落下的杂余最多,该区间下落的杂余占全部杂余的 41.67%;单速滚筒落下杂余最多的区间为 0～334 mm，该区间落下的杂余占全部杂余的 43.67%。在滚筒轴向 667～1 000 mm 区间（对应接料斗第五、第六两格），差速滚筒下落的杂余占比为 29.39%，大于单速滚筒在该区间下落的杂余占比 28.84%。可见，差速滚筒杂余的峰值比单速滚筒的短 336 mm，在整个轴向的分布更为均匀，有利于后期籽粒的清选。

如图 5-27d 所示，差速滚筒脱粒产生的破碎籽粒比单速滚筒少，差速滚筒和单速滚筒的破碎籽粒测定最大值均出现在图 5-27b 中籽粒峰值附近，在该区间内（脱粒滚筒 167～334 mm 区间，对应接料斗的第二格），差速滚筒破碎籽粒占总破碎籽粒的 24.31%，单速滚筒此占比为 29.36%，而在滚筒轴向 667～1 000 mm 区间（对应接料斗第五、第六两格），差速滚筒破碎籽粒比单速滚筒多，表明滚筒转速对籽粒破碎影响较大，转速越高，破碎籽粒越多。

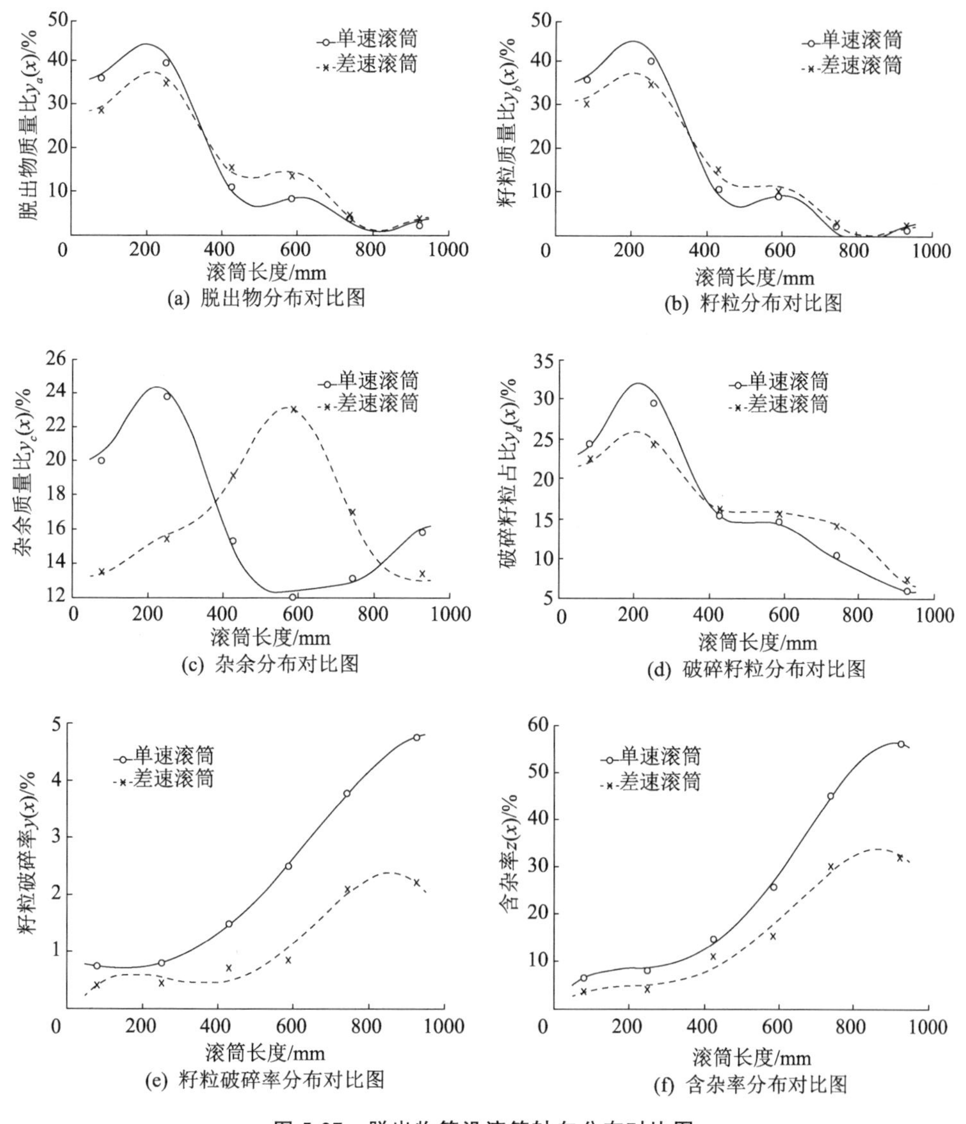

图 5-27　脱出物等沿滚筒轴向分布对比图

如图 5-27e 所示，籽粒破碎率沿滚筒轴向分布情况与破碎籽粒分布情况相反，在滚筒前段对应区域内籽粒数量多，而该区域籽粒破碎率反而较低。在滚筒轴向 0～167 mm 区间（对应接料斗第一格）和 167～334 mm 区间（对应接料斗第二格）两个对应的下落区域内，差速滚筒产生的籽粒分别占籽粒总数的 30.96％和 35.83％，单速滚筒产生的籽粒分别占籽粒总数的 36.23％和 40.49％（见图 5-27b）；相同区域内，差速滚筒产生的破碎籽粒分别占破碎籽粒总数的 22.39％和 24.31％，单速滚筒产生的破碎籽粒分别占破碎籽粒总数的 24.38％和 29.36％（见图 5-27d）。在相同的区域内，差速滚筒产生的籽粒破碎率分别为 0.43％和 0.44％，单速滚筒产生的籽粒破碎率分别为 0.73％和 0.81％。由数据对比可以看出，脱粒滚筒前段产生的籽粒和破碎籽粒较多，但籽粒破碎率低，而在滚筒后段（滚筒轴向 667～1 000 mm 区间），籽粒和破碎籽粒较少，但该区间的籽粒破碎率较高。这是由于在该段未被脱下的籽粒及稻穗上的茎叶已很少，此时籽粒受滚筒齿杆和凹板筛打击的机会增大，且该区域为高速滚筒段，滚筒转速较高，容易造成籽粒破碎。分析滚筒后段 667～834 mm 和 834～1 000 mm 两个区间的破碎率数据，差速滚筒造成的破碎率为 2.12％和 2.19％，而单速滚筒造成的破碎率为 3.78％和 4.82％，这主要是由于单速滚筒前半段产生的破碎籽粒被茎秆层夹带到后半段进行分离，也表明滚筒末段 667～1 000 mm 区间对籽粒的分离有重要作用。

如图 5-27f 所示，滚筒转速对杂质的含量有重要的影响。在滚筒前 2/3 段（0～667 mm 区间），单速滚筒转速比差速滚筒低速段转速高，对应部位籽粒含杂率也相对较高，说明转速高会产生更多的碎茎叶，导致含杂率提高。差速滚筒在滚筒轴向 667～834 mm 区间（对应接料斗第五格）和 834～1 000 mm 区间（对应接料斗第六格）的含杂率数据分别为 30.11％和 32.09％，在相同区域，单速滚筒对应的含杂率数据分别为 45.22％和 55.77％，可见单速滚筒在滚筒末段产生的含杂率明显高于差速滚筒。

差速滚筒和单速滚筒脱粒性能指标对比如表 5-11 所示。差速滚筒脱粒后籽粒的破碎率、含杂率和损失率分别为 0.65％，8.53％，0.72％，而单速滚筒对应 3 项性能指标值为 1.22％，12.35％，1.21％。数据中的含杂率指未经清选的含杂率数据，损失率包括未脱净损失和夹带损失两部分。可见，差速滚筒工作性能明显优于单速滚筒。

表 5-11　差速滚筒和单速滚筒脱粒性能指标比较

脱粒装置类型	破碎率/％	含杂率/％	损失率/％
差速滚筒	0.65	8.53	0.72
单速滚筒	1.22	12.35	1.21

5.5.3　弓齿式滚筒脱粒对比试验结果分析

根据弓齿式滚筒脱粒对比试验中脱出物及各成分分布情况绘制 3D 模型，如图 5-28 至图 5-30 所示。

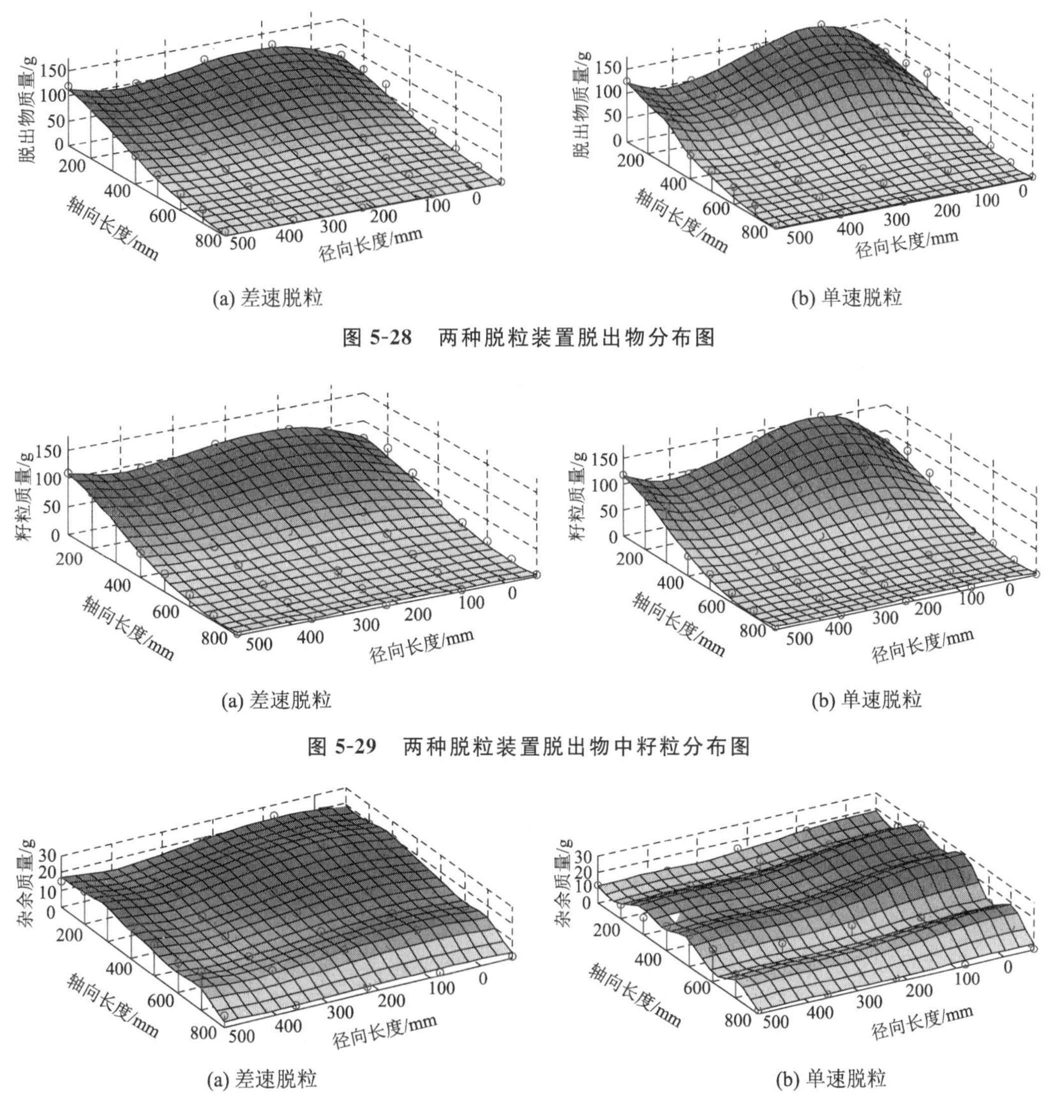

(a) 差速脱粒　　(b) 单速脱粒

图 5-28　两种脱粒装置脱出物分布图

(a) 差速脱粒　　(b) 单速脱粒

图 5-29　两种脱粒装置脱出物中籽粒分布图

(a) 差速脱粒　　(b) 单速脱粒

图 5-30　两种脱粒装置脱出物中杂余分布图

图 5-28 为对比试验中两种脱粒装置脱出物分布图。由图可知，在脱粒滚筒前段下方掉落的脱出物较多，单速滚筒脱粒在该区域脱出物集聚情况比差速滚筒脱粒明显[这是因为在该区域单速滚筒的转速比差速滚筒(低速段)的转速高]，脱出物掉落到振动筛上产生物料集聚会造成清选负荷不均；差速滚筒脱出物在轴向和径向上的分布比单速滚筒均匀，有利于后续清选作业。

图 5-29 为对比试验中两种脱粒装置脱出物中籽粒分布图。由图可知，两种脱粒装置籽粒分布情况与脱出物分布情况基本一致，绝大部分籽粒已在脱粒滚筒前 2/3 段(0～667 mm)脱下，差速脱粒装置的籽粒分布较单速脱粒均匀。

图 5-30 为对比试验中两种脱粒装置脱出物中杂余分布图。由图可知，与单速滚筒相比，差速滚筒后段产生的杂余较多，但和前部低速段比较，所产生的杂余增加不多，这是因

为作物到高速段时，茎秆已经过低速段弓齿梳刷，茎叶较少。

对脱粒试验后接料斗中的脱出物进行整理和测量，得到接料斗 40 个格子中脱出物总质量、籽粒质量、杂余质量等数据，利用 Matlab 软件三次样条插值法和离散傅里叶变换法，可得到各成分在轴向分布的数学表达式 $Z(x)$ 以及各成分在径向分布的数学表达式 $Z(y)$，从而得到各成分的三维空间分布模型：

$$Z=f(x,y)=\sqrt{Z(x)\cdot Z(y)}$$

单速滚筒脱出物分布模型如下：

$$Z(x)=n_y\{Z_{x0}+B_2\cos[2(P_x+\alpha_x)]+B_3\cos[3(P_x+\alpha_x)]+B_5\cos[5(P_x+\alpha_x)]+B_7\cos[7(P_x+\alpha_x)]\} \tag{5-32}$$

$$Z(y)=n_x\{Z_{y0}+A_1\cos(Q_y+\alpha_y)+A_2\cos[2(Q_y+\alpha_y)]+A_4\cos[4(Q_y+\alpha_y)]+A_7\cos[7(Q_y+\alpha_y)]\} \tag{5-33}$$

$$Z=\sqrt{Z(x)\cdot Z(y)} \tag{5-34}$$

差速滚筒脱出物分布模型如下：

$$Z(x)=n_y\{Z_{x0}+B_2\cos[2(P_x+\alpha_x)]+B_3\cos[3(P_x+\alpha_x)]+B_5\cos[5(P_x+\alpha_x)]+B_7\cos[7(P_x+\alpha_x)]\} \tag{5-35}$$

$$Z(y)=n_x\{Z_{y0}+A_1\cos(Q_y+\alpha_y)+A_2\cos[2(Q_y+\alpha_y)] \tag{5-36}$$

$$Z=\sqrt{Z(x)\cdot Z(y)} \tag{5-37}$$

式中：n 为插值后数据量，其值为 21；Z_{x0}，Z_{y0} 为表示分布均匀的常数项，其具体数值见表 5-12；P，Q 为滚筒轴向和径向的空间圆频率，取 $P=5.343\times10^{-3}$ rad/s，$Q=4.274\times10^{-3}$ rad/s；α_x，α_y 为滚筒轴向和径向的空间初相位，取 $\alpha_x=\alpha_y=(7.480\times10^{-2})°$；$A_i$，$B_i$ 为系数，其具体数值见表 5-12。

表 5-12 脱出物分布数学模型中相关数值

项目	差速滚筒		单速滚筒	
	脱出物	籽粒	脱出物	籽粒
Z_{x0}	184.071	171.442	159.570	159.570
Z_{y0}	100.342	83.712	82.561	67.105
A_1	−106.552	−101.911	77.485	−77.818
A_2	25.201	29.263	12.759	20.590
A_4	−10.386	−8.287		
A_7	−11.824	−8.462		
B_1	−24.941	−23.445		
B_2	−25.561	−23.359	−15.194	−14.012
B_3	33.728	31.659	19.464	16.338
B_4	−5.703	−5.102		
B_5	12.980	12.184	7.454	6.242
B_7	6.588	6.184	3.780	3.162

将 x，y 值和各数值、系数代入式(5-32)(5-33)(5-35)(5-36)，即可求得不同脱粒滚筒的 $Z(x)$ 和 $Z(y)$，进而可以用式(5-33)和式(5-36)求得各测点的 Z 值。

对两种脱粒装置的脱出物成分进行测定，结果如表 5-13 所示。

表 5-13　两种脱粒装置的脱出物成分比较

脱粒装置	试样总质量/kg	杂余质量/kg	籽粒质量/kg	未脱下籽粒质量/kg	未脱净率/%
差速滚筒	10	1.24	3.09	2.83	0.09
单速滚筒	10	1.10	2.93	7.65	0.26

由表 5-13 可知，与传统单速弓齿滚筒相比，弓齿式差速滚筒产生的杂余较多。结合图 5-30 可以看出，增加的杂余主要产生于脱粒滚筒高速段，虽然差速滚筒高速段的转速较高，但滚筒后半段脱粒分离的籽粒数量很少，该处的杂余容易在后续的清选作业环节被清出机体外，不会对最终的籽粒含杂率产生很大的影响。对比两种装置的未脱净率指标可以看出，差速滚筒作业脱不净损失几乎为零。差速滚筒脱粒后回收的籽粒质量大于单速滚筒，表明差速滚筒高速段脱粒强度大、分离彻底，其夹带损失比单速滚筒小。

第 6 章　变直径滚筒脱粒装置设计与试验

脱粒间隙调节方式主要有两种：一种是通过改变滚筒直径来调节脱粒间隙，即滚筒调节式；另一种是通过改变凹板筛相对于脱粒滚筒的高低位置来调节脱粒间隙，即凹板调节式。其中滚筒调节式由于脱粒滚筒位于脱粒装置内部，联合收获机无法在收获过程中对滚筒直径进行调节，需要停机后打开脱粒装置的顶盖进行调节，操作比较烦琐。凹板调节式与之相反，由于凹板筛始终保持静止，可以在收获过程中于脱粒装置外侧进行调节，操作相对简单。从调节效果方面进行对比，两种调节方式在改变脱粒间隙的效果上有明显的区别：凹板调节式只能改变凹板筛底部与滚筒之间的间隙，无法改变滚筒两侧的脱粒间隙，这种调节方式由于移动后的凹板筛与脱粒滚筒不同心，会使脱粒装置形成非同心的脱粒间隙；滚筒调节式只是改变滚筒的直径，滚筒与凹板筛的位置不会发生变化，滚筒与凹板筛脱粒间隙依然同心，可以改变脱粒装置内整体的脱粒间隙。因此，两种脱粒间隙调节方式会对脱粒装置的脱粒分离能力、输送能力产生不同的影响。

6.1　同心与非同心脱粒间隙下水稻脱粒性能仿真

6.1.1　脱粒间隙调节原理对比分析

凹板调节式及滚筒调节式如图 6-1a 和图 6-1b 所示，这两种调节方式得到的脱粒间隙横截面如图 6-1c 和图 6-1d 所示，假设脱粒滚筒与凹板筛之间的初始脱粒间隙为 15 mm。在凹板调节式中，上下移动凹板筛将脱粒间隙增大到 20 mm 或减小到 10 mm 时，只能改变凹板筛底部距离滚筒的脱粒间隙，而无法改变凹板筛两侧及顶盖距离滚筒的脱粒间隙，脱粒装置内的脱粒间隙调节不彻底、脱粒间隙不均匀。当喂入量过大时，仅增大凹板筛底部的脱粒间隙很难保证脱粒装置不发生堵塞。当脱粒装置的作业性能指标，如夹带损失率、破损率发生变化，需要减小脱粒间隙时，仅减小凹板筛底部的脱粒间隙很难充分保证脱粒装置的作业性能。在滚筒调节式中，改变滚筒直径将脱粒间隙增大到 20 mm 或减小到 10 mm 时，脱粒装置内的脱粒间隙会同时发生变化，脱粒间隙均匀一致。因此，当喂入量过大时，均匀地增大脱粒间隙可以有效防止脱粒装置发生堵塞；均匀地减小脱粒间隙也可以有效保证脱粒装置的作业性能。

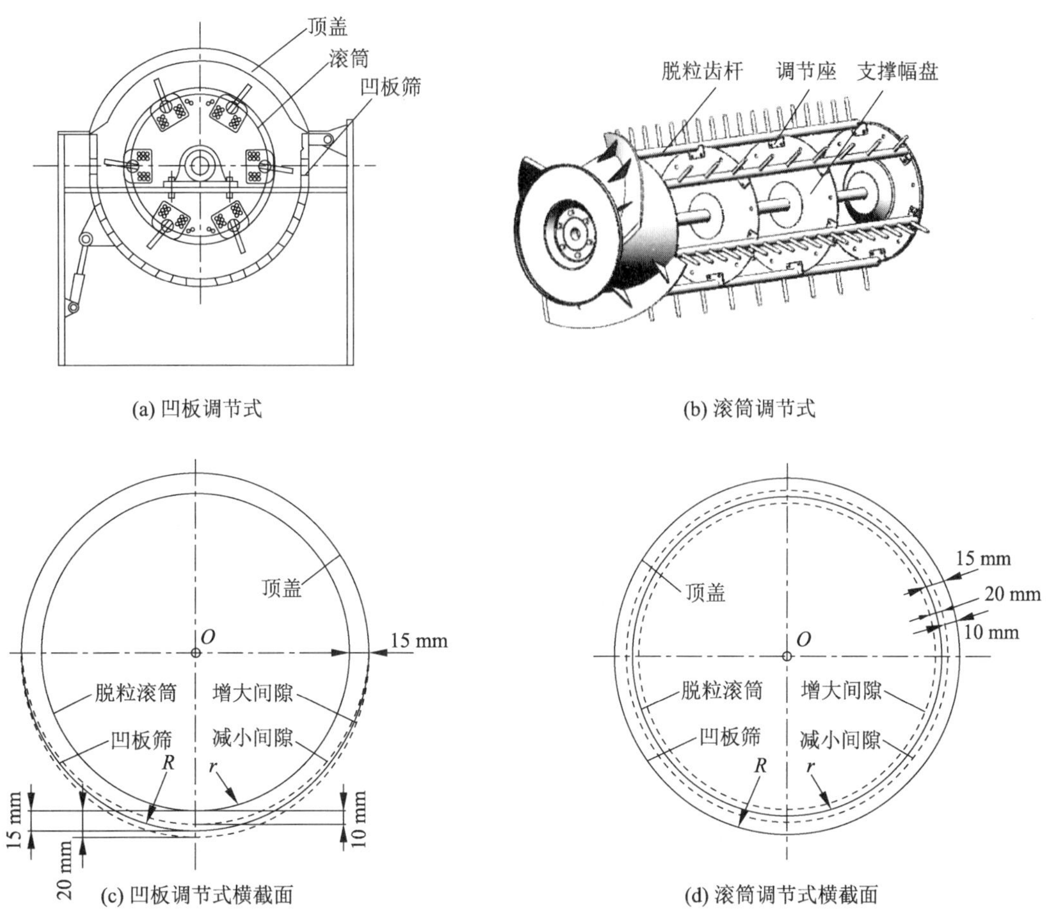

图 6-1　两种脱粒间隙调节方式

为了准确地说明两种调节方式对脱粒间隙的影响，对脱粒间隙横截面积进行分析，当增大脱粒间隙时，凹板调节式及滚筒调节式的脱粒间隙横截面积计算公式如下：

$$S_1 = \pi R^2 + 2R \cdot \Delta L - \pi r^2 \tag{6-1}$$

$$S_2 = \pi R^2 - \pi (r - \Delta L)^2 \tag{6-2}$$

两者之间横截面积差

$$\Delta S = S_2 - S_1 = \pi r^2 - 2R \cdot \Delta L - \pi (r - \Delta L)^2 \tag{6-3}$$

式中：S_1 为凹板调节式脱粒间隙横截面积，mm^2；S_2 为滚筒调节式脱粒间隙横截面积，mm^2；R 为凹板筛半径，mm；r 为滚筒半径，mm；ΔL 为脱粒间隙变化量，mm。

当需要减小脱粒间隙时，凹板调节式 S_1 及滚筒调节式 S_2 的脱粒间隙横截面积计算公式如下：

$$S_1 = \pi R^2 - 2R \cdot \Delta L - \pi r^2 \tag{6-4}$$

$$S_2 = \pi R^2 - \pi (r + \Delta L)^2 \tag{6-5}$$

两者之间横截面积差

$$\Delta S = S_2 - S_1 = \pi r^2 + 2R \cdot \Delta L - \pi (r + \Delta L)^2 \tag{6-6}$$

由上述公式可知，两种脱粒间隙调节方式得到的脱粒间隙横截面积不同，凹板筛半径和滚筒半径越大，两者之间的脱粒间隙横截面积之差 ΔS 越大。假设滚筒半径 $r=300$ mm、凹板筛半径 $R=315$ mm、$\Delta L=5$ mm，当增大脱粒间隙时，凹板调节式及滚筒调节式的脱粒间隙横截面积分别为 $S_1=32\ 116.5$ mm^2 和 $S_2=38\ 308$ mm^2，$\Delta S=6\ 191$ mm^2，即滚筒调节式比凹板调节式的脱粒间隙横截面积大 19.3%。当减小脱粒间隙时，凹板调节式及滚筒调节式的脱粒间隙横截面积分别为 $S_1=25\ 816.5$ mm^2 和 $S_2=19\ 468$ mm^2，$\Delta S=6\ 348$ mm^2，即滚筒调节式比凹板调节式的脱粒间隙横截面积少 24.6%。

6.1.2 水稻脱粒仿真建模

由于脱粒装置内物料的运动十分复杂且极不规律，为了分析两种脱粒间隙调节方式对脱粒装置作业性能的影响，现采用离散元法对两种脱粒间隙调节方式下脱粒装置内物料的运动过程进行仿真。

(1) 水稻籽粒接触模型

非球形颗粒离散元模型主要有多面体、超二次曲面等较复杂的非球形颗粒模型。虽然这些模型可以精准地体现物料的特性，但也极大地增加了仿真模拟时间，而本书旨在利用 EDEM 离散元分析软件仿真研究物料在脱粒空间的运动情况，因此对颗粒离散元模型的精度要求并不高。李洪昌等采用少量球形单元建立的椭球体水稻颗粒模型较好地模拟了水稻籽粒和茎秆在三维振动筛中的筛分过程。因此，本书中的水稻籽粒接触模型同样采用椭球形模型。通过水稻籽粒物料特性试验，得到水稻籽粒的平均三轴尺寸：长 6.5 mm，宽和高均为 3.5 mm；然后利用 EDEM 2.7 软件，根据籽粒三轴尺寸建立水稻籽粒模型，如图 6-2 所示。

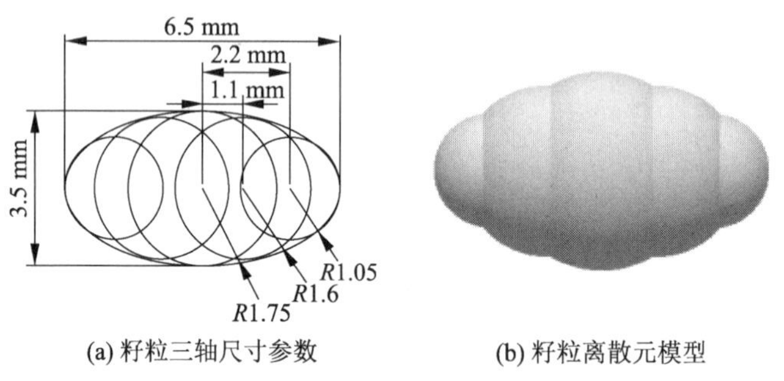

(a) 籽粒三轴尺寸参数　　(b) 籽粒离散元模型

图 6-2　籽粒三轴离散元模型

现阶段应用在农业物料模拟中的黏弹性接触模型特点如表 6-1 所述。

表 6-1　三种接触模型特点分析

接触模型	优点	缺点
Linear spring	① 计算量较小； ② 计算时间步长较大	① 力与位移的关系是完全线性相关，不符合大部分农业材料的生物力学特性； ② 计算法向弹簧刚度前，需先确定颗粒特征速度
Hertz Mindlin(no slip)	计算精度较高	① 恢复系数恒定不变； ② 未考虑塑性变形
Kuwabara and Kono	恢复系数与颗粒实际碰撞情况相吻合	① 颗粒的散体黏度系数较难测量； ② 未考虑塑性变形

本书中的籽粒接触模型采用 EDEM 软件内置的具有计算精度高、计算速率快等特点的 Hertz-Mindlin(no slip)接触模型。

该模型法向接触力 F_n 的计算公式如下：

$$F_n=\frac{4}{3}E^*\sqrt{R^*}\ \sqrt{\delta_n^3}+C_n\sqrt[4]{\delta_n}v_n^{rel} \tag{6-7}$$

式中：E^* 为等效弹性模量，Pa；R^* 为等效半径，m；δ_n 为法向重叠量，m；v_n^{rel} 为颗粒间相对速度法向分量，m/s；C_n 为法向阻尼系数，C_n 计算公式如下：

$$C_n=-2\sqrt{\frac{5}{6}}\frac{\ln e}{\sqrt{\ln^2 e+\pi^2}}(2m^*E^*\sqrt{R^*})^{\frac{1}{2}} \tag{6-8}$$

切向接触力 F_t 包含弹性分量 F_{te} 和阻尼分量 F_{td}，其计算公式如下：

$$F_t=F_{te}+F_{td}=8G^*\sqrt{R^*\delta_n}\delta_t+C_t\sqrt[4]{\delta_n}v_t^{rel} \tag{6-9}$$

其中，G^*，C_t 分别为等效剪切模量和切向阻尼系数，公式如下：

$$\begin{cases} G^*=\dfrac{1}{\dfrac{2-v_i}{G_i}+\dfrac{2-v_j}{G_j}} \\ C_t=-2\sqrt{\dfrac{5}{6}}\dfrac{\ln e}{\sqrt{\ln^2 e+\pi^2}}(8m^*G^*\sqrt{R^*})^{\frac{1}{2}} \end{cases} \tag{6-10}$$

式中：G_i，G_j 为颗粒 i 和颗粒 j 的剪切模量，Pa。

切向力同样受到静摩擦力的限制，切向力小于静摩擦力，

$$F_t=\min(F_{te}+F_{td},\mu F_n) \tag{6-11}$$

同时模拟中的滚动摩擦可以通过接触面上的力矩表示：

$$T_i=\mu_r F_n R_i \omega_i \tag{6-12}$$

式中：μ_r 为滚筒摩擦系数；ω_i 为在接触点处颗粒的单位角速度矢量，rad/s。

(2) 柔性水稻茎秆建模

在脱粒过程仿真中，将进入脱粒装置内的物料根据体积大小分为三类：体积最小的颗粒为水稻籽粒；被脱粒元件打碎，可以透过凹板筛掉落至清选装置的水稻短茎秆；体积最

大的是无法透过凹板筛，只能从脱粒装置尾部排草口排出的水稻长茎秆。通过田间试验测得的数据，水稻短茎秆的长度大多集中在 20～80 mm，长茎秆的长度大多集中在 150～500 mm。由于长茎秆较长，如果采用刚性模型进行水稻茎秆建模，则不能弯曲的茎秆无法在脱粒装置内运动，因此需要建立柔性水稻茎秆模型，模型中所用颗粒均采用软颗粒接触。利用 EDEM 2.7 软件颗粒工厂 API 将多个球形颗粒沿茎秆径向圆周排列、沿茎秆轴向依次排列，并采用 Hertz-Mindlin 模型将各颗粒粘结起来，合成可以弯曲的柔性茎秆模型，如图 6-3 所示。

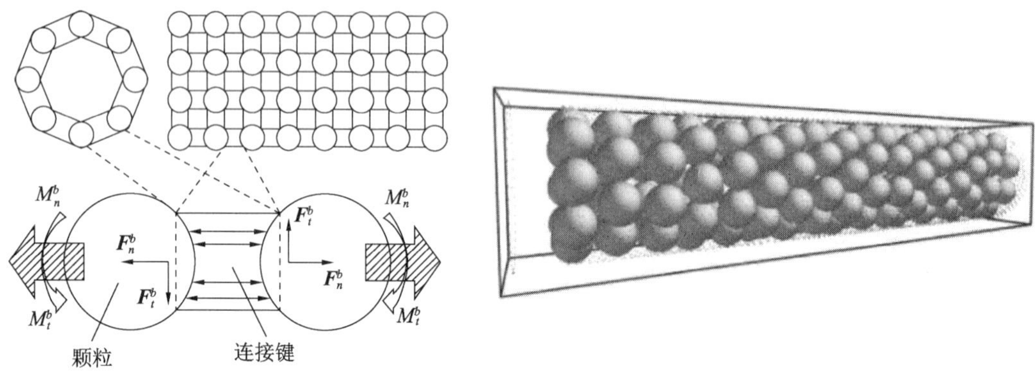

图 6-3　柔性水稻茎秆模型

颗粒之间的粘结力即法向、切向力 F_n^b，F_t^b 和法向、切向力矩 M_n^b，M_t^b 随着时间步长的增加，根据颗粒的法向和切向速度及角速度的数值变化，按式(6-13)从零开始叠加。

$$\begin{cases}\delta F_n^b=-v_n S_n A\delta t\\ \delta M_n^b=-\omega_n S_n J\delta t\\ \delta F_t^b=-v_t S_t A\delta t\\ \delta M_t^b=-\omega_t S_t J\delta t\end{cases} \tag{6-13}$$

式中：δt 为时间步长，s；A 为横截面积，$A=\pi R^2$，mm^2；J 为极惯性矩，$J=\pi R^4/2$，mm^2；R 为粘结半径，mm；S_n 和 S_t 分别为法向和切向刚度，$\mathrm{N/m^3}$；v_n 和 v_t 为法向和切向速度，m/s；ω_n 和 ω_t 为法向和切向角速度，rad/s。

(3) 茎秆模型弯曲试验

由于本书只分析在不同脱粒间隙调节方式下，物料在脱粒装置内的运动、分离情况和脱出混合物的分布情况，而茎秆在脱粒装置内发生的断裂与破损等情况对以上分析结果造成的影响很小，因此在不考虑茎秆断裂的情况下，脱粒装置内的茎秆主要以变形为主，采用三点弯曲试验法研究水稻茎秆在受力时的弯曲特性。为了分析水稻柔性茎秆的弯曲弹性模量受粘结参数的影响情况，首先应用 EDEM 2.7 软件建立水稻柔性茎秆模型，并对其进行三点弯曲模拟试验。刘凡一等通过三点弯曲试验对所建立的小麦柔性茎秆粘结参数进行灵敏度分析，确定了各粘结参数对茎秆弯曲弹性模量的影响程度，并基于三点弯曲试验对粘结参数进行了标定，研究发现粘结半径、法向粘结刚度和切向粘结刚度均对茎秆弯曲弹性模量有较大的影响。采用其研究方法对水稻进行茎秆弯曲特性研究，得到水稻茎秆的材料参数、接触参数和粘结参数如表 6-2 所示。

表 6-2　茎秆弯曲试验仿真参数

项目	模拟参数	数值
材料参数	水稻茎秆密度/(kg・m^{-3})	215
	水稻茎秆弹性模量 E/MPa	2.8
接触参数	钢板一水稻茎秆恢复系数	0.2
	钢板一水稻茎秆静摩擦系数	0.8
	钢板一水稻茎秆滚动摩擦系数	0.01
粘结参数	粘结半径/mm	2.09
	法向粘结刚度/(N・m^{-3})	2.25×10^{9}
	切向粘结刚度/(N・m^{-3})	7.94×10^{9}

采用上述参数模拟柔性茎秆三点弯曲试验，如图 6-4a 所示。为了保证所选定的茎秆参数可以较好地模拟茎秆在受力时的弯曲变形特性，应用 RGM-3005 万能试验机对真实水稻茎秆进行三点弯曲试验。选取 10 根水稻同一部位上长度为 100 mm 的水稻茎秆，分别放置在水平支座上，采用圆柱形压头，以 20 mm/min 的速度向茎秆中心加载，进行 10 次试验，获得相关数据，如图 6-4b 所示，茎秆弯曲弹性模量公式如下：

$$E_b=\frac{FL^3}{48SI} \tag{6-14}$$

式中：F 为加载力，N；L 为两支座间距，mm；S 为茎秆的弯曲挠度，mm；I 为茎秆横截面的惯性矩，mm^4。其中，$I=\frac{\pi}{64}[d^4-(d-2w)^4]$；$d$ 为水稻茎秆外径，mm；w 为水稻茎秆壁厚，mm。得到其弯曲弹性模量为 1.958 MPa。

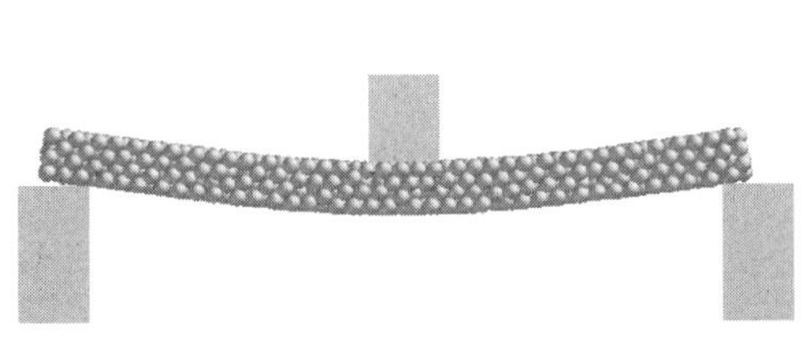

(a) 柔性茎秆三点弯曲模型

(b) 水稻茎秆三点弯曲试验

图 6-4　柔性茎秆三点弯曲及试验

本试验中弯曲挠度 S 均取值 0.3 mm，根据式(6-14)可以计算出 10 根水稻茎秆的弯曲模量值如表 6-3 所示，其平均值为 2.084 MPa。真实试验得到的茎秆弹性模量

(2.084 GPa)与三点弯曲模拟试验得到的结果(1.958 MPa)的相对误差为6.0%,说明所建立的柔性茎秆模型可以较好地模拟水稻茎秆在受力时的弯曲特性。

表 6-3 实测水稻茎秆弯曲弹性模量

试验序号	1	2	3	4	5	6	7	8	9	10	平均值
弯曲弹性模量/MPa	1.922	2.237	2.158	2.046	1.908	1.892	1.983	2.215	2.193	2.283	2.084

6.1.3 仿真试验

(1) 设计方案

联合收获机脱粒装置包括脱粒滚筒、滚筒顶盖及凹板筛等,为了更准确地获得和分析仿真结果,本书在上述装置的基础上于凹板筛两侧安装挡板,并在凹板筛下方安装接料盒。

首先对脱粒装置模型进行简化处理,对脱粒滚筒、凹板筛、滚筒顶盖进行建模(模型三维尺寸参照洋马AW82G联合收获机的脱粒装置),并分别建立两种不同脱粒间隙调节方式的仿真模型(滚筒调节式和凹板调节式),仿真分析两种不同调节方式下脱粒装置内物料的流动性及分离能力,如物料的运动位移、速度和物料脱出混合物分布情况。脱出混合物的分布情况将直接影响后续清选装置的作业效率。为精准分析脱出混合物的分布情况,将脱粒装置下方设置的长方形接料盒均分为12个小接料盒,整体脱粒仿真试验装置模型如图6-5所示。

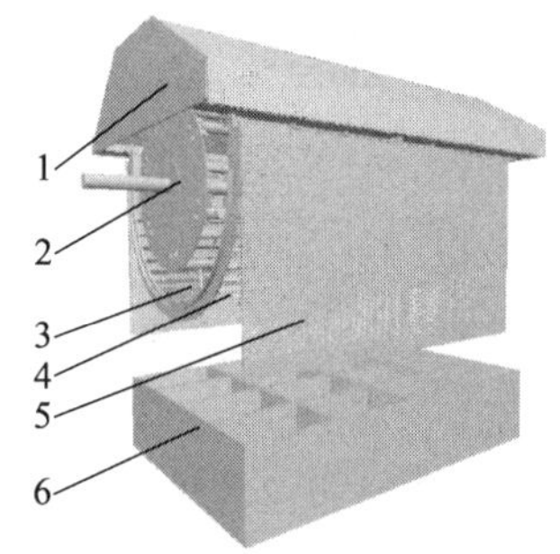

1—滚筒顶盖;2—滚筒;3—喂入口;4—凹板筛;5—挡板;6—接料盒

图 6-5 脱粒装置仿真模型

将脱粒装置模型和颗粒模型设置好后,需要定义脱粒装置的运动特性和颗粒工厂。联合收获机在收获水稻时,其滚筒转速一般在500~800 r/min,因此设定脱粒滚筒在仿真过程中的转速为600 r/min。颗粒工厂可以定义仿真中颗粒产生的时间、数量、位置及方式。本次仿真试验中,颗粒工厂生成三种颗粒,分别为水稻籽粒、短茎秆和长茎秆。李耀明等在研究脱出混合物成分时,通过脱粒台架试验,统计了脱粒装置下方,每个小接料盒中的籽粒、短茎秆、长茎秆占总体数量的百分比,求得平均值后得到脱出混合物中三种颗粒的数量百分比为82∶15∶3。根据此数据,仿真过程中设置每秒生成籽粒1 093个、短茎秆200个、长茎秆40个,生成颗粒时间1 s,仿真时间3 s,颗粒初始速度为2.5 m/s,生成于脱粒装置喂入口处。根据学者对水稻、小麦等农作物籽粒材料参数特性和相互作用特性的研究,得到物料及脱粒装置的相互作用参数如表6-4和表6-5所示。

表 6-4　材料参数

模拟材料	泊松比	弹性模量 E/MPa	密度/(kg·m^{-3})
水稻籽粒	0.28	375	1 350
水稻茎秆	0.4	2.8	215
钢	0.3	2.06×10^5	7 800

表 6-5　各材料间接触参数

接触参数	恢复系数	静摩擦系数	滚动摩擦系数
籽粒—籽粒	0.5	0.425	0.01
籽粒—茎秆	0.2	0.8	0.01
籽粒—钢	0.5	0.58	0.01
茎秆—茎秆	0.2	0.9	0.01
茎秆—钢	0.2	0.8	0.01

(2) 试验方案

在保证仿真参数不变的前提下，进行两组单因素试验，只改变两种脱粒间隙调节方式，分析在两种脱粒间隙调节方式下脱粒装置内脱粒混合物的运动情况、籽粒和茎秆的平均速度、籽粒和茎秆的位移情况，以及仿真结束后脱出混合物在接料盒中的分布情况。具体仿真试验方案如表 6-6 所示，设定脱粒装置的初始脱粒间隙为 15 mm。试验序号为 1 的对比试验中，采用滚筒调节式和凹板调节式同时增大 5 mm 脱粒间隙，此时滚筒调节式的脱粒间隙为滚筒距凹板筛 20 mm，凹板调节式的脱粒间隙为滚筒两侧距凹板筛 15 mm，滚筒底部距凹板筛 20 mm。试验序号为 2 的对比试验中，采用滚筒调节式和凹板调节式同时减小 5 mm 脱粒间隙，此时滚筒调节式的脱粒间隙为滚筒距凹板筛 10 mm，凹板调节式的脱粒间隙为滚筒两侧距凹板筛 15 mm，滚筒底部距凹板筛 10 mm。

表 6-6　仿真试验方案

试验序号	调节类型	脱粒间隙/mm
1	滚筒调节式	20
	凹板调节式	15～20
2	滚筒调节式	10
	凹板调节式	10～15

6.1.4　仿真试验结果分析

(1) 物料在脱粒装置内运动过程整体分析

取试验序号为 1 的对比试验，对采用滚筒调节式和凹板调节式同时增大 5 mm 脱粒间隙的仿真模型中的脱粒过程进行分析，得到仿真时间为 0.5 s 和 1 s 时脱粒装置内三种物料颗粒的运动速度变化情况，如图 6-6 和图 6-7 所示。从图中可以看出，三种颗粒在一定初速度下进入脱粒装置内并做不规则的圆周螺旋运动，籽粒及短茎秆在滚筒的打击作用下大部分落入下方的接料盒中，长茎秆在滚筒及顶盖导流板的作用下从脱粒装置尾部被排出。仿真时间为 0.5 s 时，在滚筒调节式仿真中，如图 6-6a 所示，大部分物料颗粒已经被脱粒滚筒输送到脱粒装置的中后部分，其中籽粒的速度较快，大部分呈红色（红色代表物料处于高速状态，速度在 4.6～5.8 m/s 之间）；还在脱粒装置内运动的短茎秆及长茎秆大部分呈绿色（绿色代表物料处于中速状态，速度在 1.2～4.6 m/s 之间）；已经运动到脱粒装置尾部，将要被排出脱粒装置的长茎秆及将要落入接料盒的短茎秆大部分呈蓝色（蓝色代表物料处于低速状态，速度在 0～1.2 m/s 之间）。如图 6-6b 所示，在凹板调节式仿真试验中，三种物料颗粒还处于脱粒装置的前中部位置，一些籽粒已落入前端接料盒中，脱粒装置内的短茎秆及长茎秆大部分呈蓝色，仅少部分为绿色。仿真时间为 1 s 时，滚筒调节式仿真中的籽粒及短茎秆基本已掉落到接料盒中，仅少部分长茎秆未被排出脱粒装置，如图 6-7a 所示。在凹板调节式仿真中，脱粒装置内还有部分籽粒和短茎秆未掉落到接料盒中，脱粒装置内还在运动的长茎秆大部分呈蓝色，如图 6-7b 所示。从上述分析中可以看出，均匀一致的脱粒间隙更有助于物料在脱粒装置内流动，可以提高作业效率，有效减少滚筒堵塞等情况的发生。

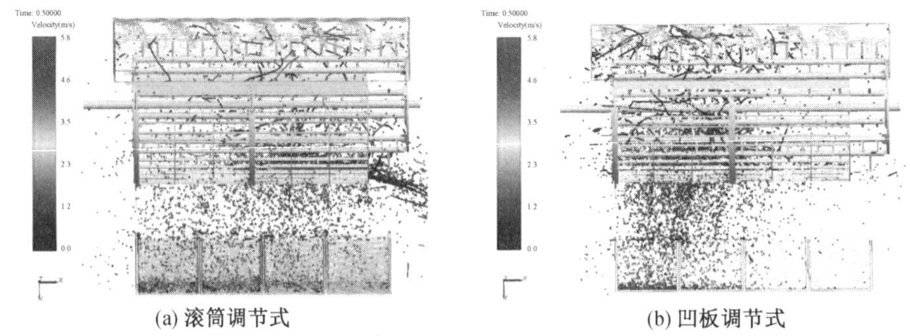

(a) 滚筒调节式　　(b) 凹板调节式

图 6-6　0.5 s 时两种调节方式下的物料运动情况

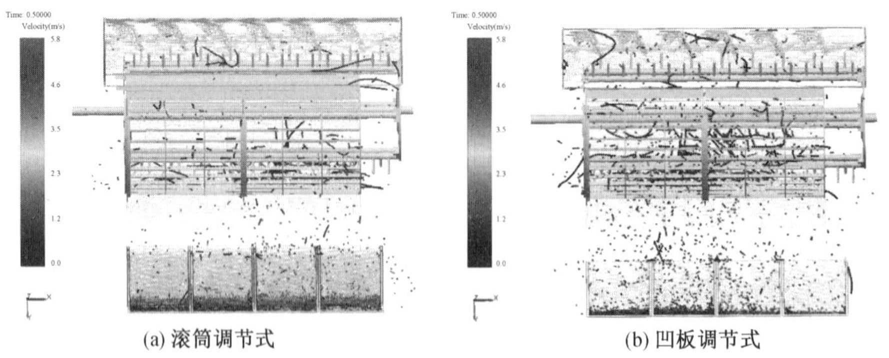

(a) 滚筒调节式　　(b) 凹板调节式

图 6-7　1 s 时两种调节方式下的物料运动情况

扫码看彩图

利用 EDEM 中的分析模块，以 X 轴为速度，Y 轴为颗粒数量，得出两种调节方式仿真模型中，籽粒、短茎秆、长茎秆在 0.5 s 和 1 s 时的颗粒速度与数量关系图，并导出其数据，根据图 6-6 和图 6-7 中的速度颜色分布，将三种颗粒中不同速度颗粒所占百分比绘制成图 6-8 所示的对比图。

在 0.5 s 时的颗粒速度分布对比图中，滚筒调节式的高速籽粒所占百分比比凹板调节式中高速籽粒所占百分之高 13%，中速籽粒占比低 4%，低速籽粒占比低 9%；滚筒调节式的高速短茎秆比凹板调节式的高速短茎秆占比高 3%，中速短茎秆占比高 20%，低速短茎秆占比低 23%；滚筒调节式的高速长茎秆和凹板调节式的高速长茎秆所占比例相同，中速长茎秆占比高出 20%，低速长茎秆占比低 20%。这说明在 0.5 s 仿真时，滚筒调节式中三种物料颗粒的运动速度高于凹板调节式中三种物料的运动速度。在 1 s 时的颗粒速度分布对比图中，滚筒调节式中三种颗粒运动速度均低于凹板调节式中三种颗粒的运动速度。这是因为在仿真时间为 1 s 时，滚筒调节式的大部分物料颗粒已经完成分离，籽粒和短茎秆大部分落入接料盒中，长茎秆大部分被排出，均已停止运动。因此物料颗粒速度中低速部分所占比例较大，而凹板调节式的三种物料颗粒还在脱粒装置内运动，因此颗粒速度中高速及中速部分所占比例较大。

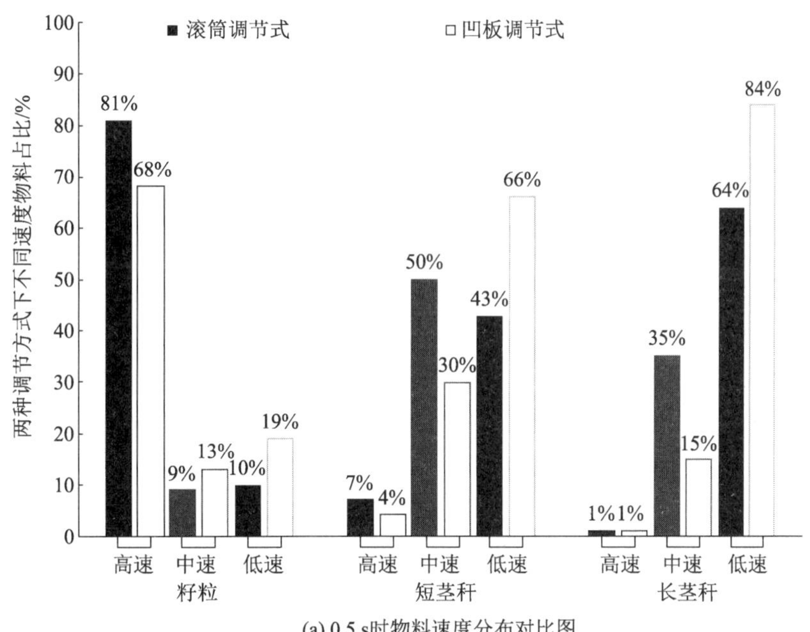

(a) 0.5 s时物料速度分布对比图

扫码看彩图

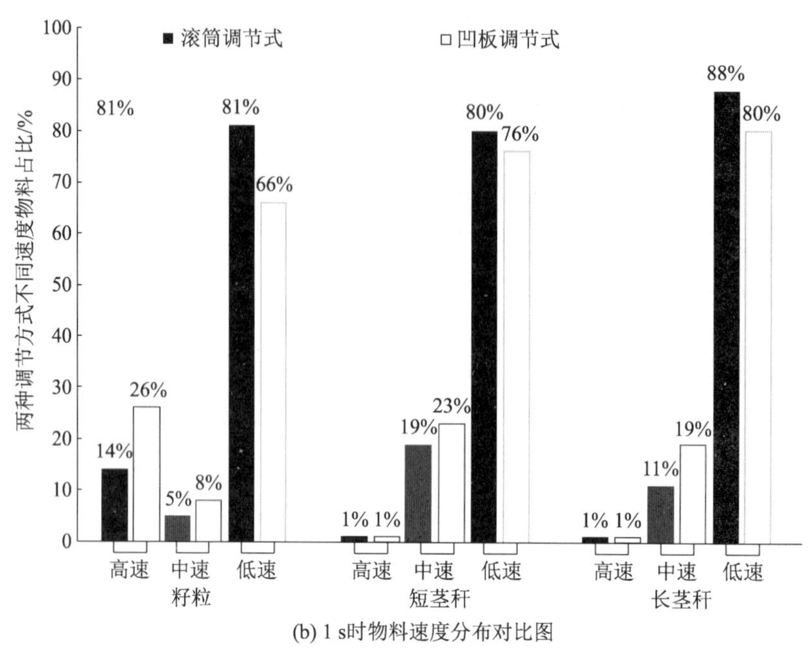

(b) 1 s时物料速度分布对比图

图 6-8　两种调节方式物料速度对比图

(2) 物料速度及位移变化分析

对两种调节方式下的脱粒仿真模型进行分析，从图 6-9 中可以看出，三种物料颗粒的平均速度在初始时基本相同。在仿真时间为 0.2 s 时，凹板调节式中三种颗粒的速度曲线发生骤降，这是因为此时物料已运动到滚筒距离凹板筛两侧脱粒间隙最小的位置，较小的脱粒间隙增加了物料之间的碰撞次数，降低了物料的平均速度。两组仿真模型中的三种物料颗粒在脱粒装置内运动，最终落入接料盒或被排出脱粒装置。其中，籽粒在 1.12 s 时已基本停止运动，短茎秆在 1.48 s 时基本停止运动，一部分长茎秆在仿真结束时依然在滚筒内运动。滚筒调节式中籽粒及短茎秆的平均速度均大于凹板调节式下相应的平均速度，其中滚筒调节式中籽粒的平均速度在 0.6 s 之后低于凹板调节式籽粒的平均速度，短茎秆的平均速度在 0.76 s 时低于凹板调节式中短茎秆的平均速度。结合图 6-6、图 6-7 进行分析，这是因为此时籽粒及短茎秆在滚筒调节式中大部分已停止运动，而在凹板调节式中还处于运动状态，所以在这两个时间点后滚筒调节式中籽粒和短茎秆的平均速度会低于凹板调节式中籽粒和短茎秆的平均速度。这在一定程度上反映出滚筒调节式相对于凹板调节式有更好的物料分离能力。同样在两种仿真模型中，长茎秆的平均速度变化曲线也符合上述趋势，在 2.0 s 后凹板调节式中长茎秆的平均速度高于滚筒调节式中长茎秆的平均速度，这是因为 2.0 s 之后还在运动的长茎秆残留在凹板调节式中的数量比残留在滚筒调节式中的多。这也说明滚筒调节式在物料输送能力方面要强于凹板调节式，更有利于物料的输送。

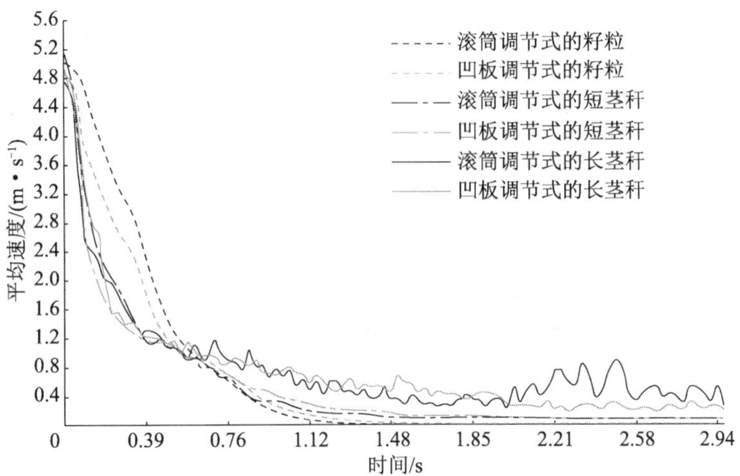

图 6-9　物料平均速度随时间变化曲线

从图 6-10 中可以看出，滚筒调节式中籽粒及短茎秆的平均位移小于凹板调节式中籽粒及短茎秆的平均位移，但相差不大。滚筒调节式中籽粒的平均位移曲线在 1.12 s 后趋于平稳，凹板调节式中籽粒的平均位移曲线在 1.30 s 后趋于平稳，说明滚筒调节式的籽粒率先从脱粒装置中分离并落入接料盒中。滚筒调节式中长茎秆的平均位移曲线在 1.48 s 后趋于平稳，而凹板调节式中长茎秆的平均位移曲线持续变化。这是因为滚筒调节式中的长茎秆在 1.48 s 后基本都从脱粒装置内排出，而凹板调节式中还有部分长茎秆正在运动，因此平均位移曲线才会一直变化。

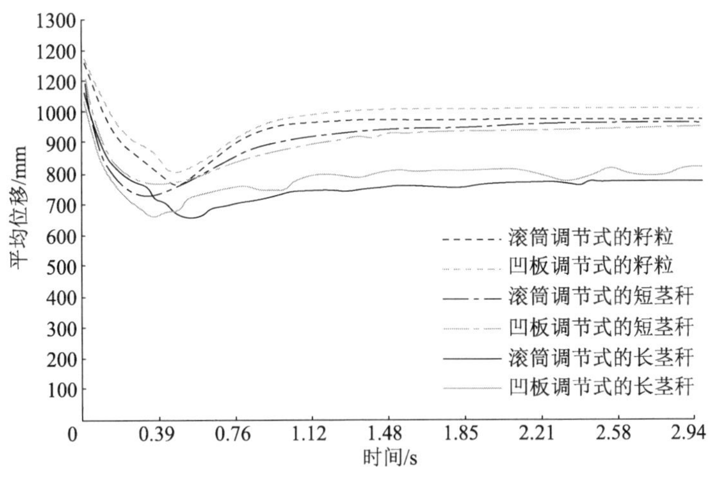

图 6-10　物料平均位移随时间变化曲线

(3) 脱出混合物分布情况分析

由于物料经过脱粒装置的脱粒分离作业后，籽粒会透过凹板筛掉落在脱粒装置下方的清选筛上，由清选装置对脱出混合物进行清选。因此滚筒脱出混合物在凹板筛下方的分布情况对清选作业性能有很大的影响。如果脱出混合物在清选筛上分布不均匀，堆积较厚的脱出混合物会阻塞清选塞孔，直接影响后期清选质量和清选负荷。

分析滚筒调节式和凹板调节式同时增大和减小 5 mm 脱粒间隙的仿真模型，脱出混合物分布情况如图 6-11 所示。

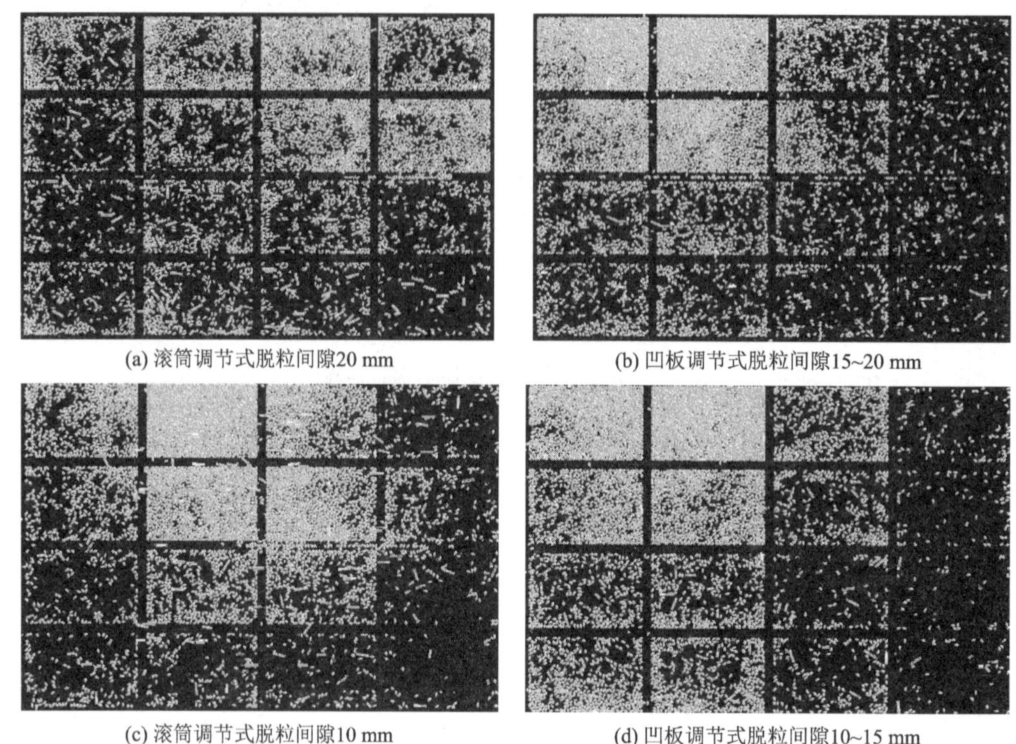

(a) 滚筒调节式脱粒间隙20 mm (b) 凹板调节式脱粒间隙15~20 mm (c) 滚筒调节式脱粒间隙10 mm (d) 凹板调节式脱粒间隙10~15 mm

图 6-11　4 种仿真模型中脱出混合物分析情况

由图 6-11 可见，4 种仿真模型中的脱出混合物大部分集中在接料盒的上半区，这是由于脱粒滚筒单一的转动方向将大部分物料打击到了接料盒的上半区。对比脱粒间隙为 20 mm 的滚筒调节式及脱粒间隙为 15～20 mm 的凹板调节式中脱出混合物的分布情况，可以看出脱粒间隙为 20 mm 的滚筒调节式中脱出混合物在接料盒中分布较为均匀，而脱粒间隙为 15～20 mm 的凹板调节式中脱出混合物大部分分布在接料盒的轴向前半区，轴向后半区较少。对比脱粒间隙为 10 mm 的滚筒调节式及脱粒间隙为 10～15 mm 的凹板调节式中脱出混合物的分布情况，可以看出脱粒间隙为 10 mm 的滚筒调节式中的脱出混合物大部分分布在接料盒轴向的中间区域，其余接料盒中的脱出混合物分布也相对均匀，在脱粒间隙为 10～15 mm 的凹板调节式中，脱出混合物大部分分布在接料盒轴向的前半区。从仿真结果可以看出，在脱粒间隙相同的情况下，滚筒调节式仿真模型中的脱出混合物分布比凹板调节式仿真模型中的脱出混合物分布更均匀，因此滚筒调节式产生的脱出混合物更有利于清选装置的后续清选作业。

6.1.5　台架试验验证

(1) 台架试验方案

为验证两种不同调节方式仿真模型得出的脱出混合物分布情况的准确性，在纵轴流联合收获机上进行试验。将输送台放置在联合收获机前端，并将联合收获机下方的振动筛更换为接料盒，接料盒总体尺寸为长 1 100 mm，宽 650 mm，如图 6-12 所示。联合收获机的初始脱粒间隙为 15 mm，结合仿真试验，以喂入量为 2.5 kg/s 进行两组脱粒试验。一组为采用两种不同调节方式增大 5 mm 脱粒间隙，滚筒调节式脱粒间隙为 20 mm，凹板调节式脱粒间隙为 15～20 mm。一组为采用两种调节方式减小 5 mm 脱粒间隙，滚筒调节式脱粒间隙为 10 mm，凹板调节式脱粒间隙为 10～15 mm。脱粒试验时，在保证喂入量、滚筒转速不变的情况下，每组试验重复 3 次并取平均值，通过试验得到两种脱粒间隙调节方式下脱粒装置下方脱出混合物的分布情况。

(a) 物料输送带　　(b) 脱粒装置　　(c) 接料盒

图 6-12　联合收获机脱粒及脱出混合物分布研究试验

仿真试验与台架试验所使用的试验水稻品种均为“武运粳 24”，该水稻的部分参数如表 6-7 所示。

表 6-7　水稻部分参数特性

参数	平均数值
作物高度/cm	95.3
穗头高度/cm	17.0
籽粒含水率/%	24.6
茎秆含水率/%	66.8
草谷比	2.85
单穗籽粒数	139
籽粒千粒重/g	26
产量/($kg \cdot hm^{-2}$)	10247

(2) 试验结果分析

通过水稻脱粒试验分别获得 4 种不同脱粒间隙条件下脱出混合物的分布数据，统计并计算出每个小接料盒内脱出混合物质量占接料盒内脱出混合物总质量的百分数。统计沿滚筒径向分布的 4 行接料盒及沿滚筒轴向分布的 7 列接料盒中脱出混合物质量所占百分比总和，如表 6-8 和表 6-9 所示。在 Matlab 中绘制 4 个试验中每个小接料盒内脱出混合物质量百分数的三维分布图，如图 6-13 所示。

表 6-8　接料盒径向脱出混合物质量分数

径向接料盒序号	接料盒径向脱出混合物质量分数/%			
	滚筒调节式脱粒间隙 20 mm	凹板调节式脱粒间隙 15～20 mm	滚筒调节式脱粒间隙 10 mm	凹板调节式脱粒间隙 10～15 mm
1	24.86	24.04	24.52	24.26
2	23.83	22.05	24.06	22.69
3	24.80	27.71	25.32	26.64
4	26.51	26.20	26.10	26.41
方差 S^2	1.23	6.13	0.80	3.52

表 6-9　接料盒轴向脱出混合物质量分数

轴向接料盒序号	接料盒轴向脱出混合物质量分数/%			
	滚筒调节式脱粒间隙 20 mm	凹板调节式脱粒间隙 15～20 mm	滚筒调节式脱粒间隙 10 mm	凹板调节式脱粒间隙 10～15 mm
1	13.39	13.19	13.01	13.39
2	14.85	14.10	15.08	14.67
3	15.33	17.68	16.08	17.78
4	15.10	17.08	15.25	16.82
5	14.77	15.23	14.75	14.04
6	13.77	12.22	13.72	12.27
7	12.79	10.50	12.11	11.03
方差 S^2	0.93	6.67	1.94	5.71

从表 6-8 中可以看出滚筒径向分布的 4 行接料盒内脱出混合物的质量分数，通过方差分析可知，采用同一种脱粒间隙调节方式时，脱粒间隙越小，脱出混合物径向分布越均匀；采用不同脱粒间隙方式调节时，滚筒调节式的脱出混合物径向分布比凹板调节式更均匀。从表 6-9 中可以看出滚筒轴向分布的 7 列接料盒内脱出混合物的质量分数。通过方差分析可知，采用滚筒调节式调节脱粒间隙为 20 mm 时，脱出混合物的轴向分布最均匀；采用不同脱粒间隙方式调节时，滚筒调节式的脱出混合物轴向分布比凹板调节式更均匀。

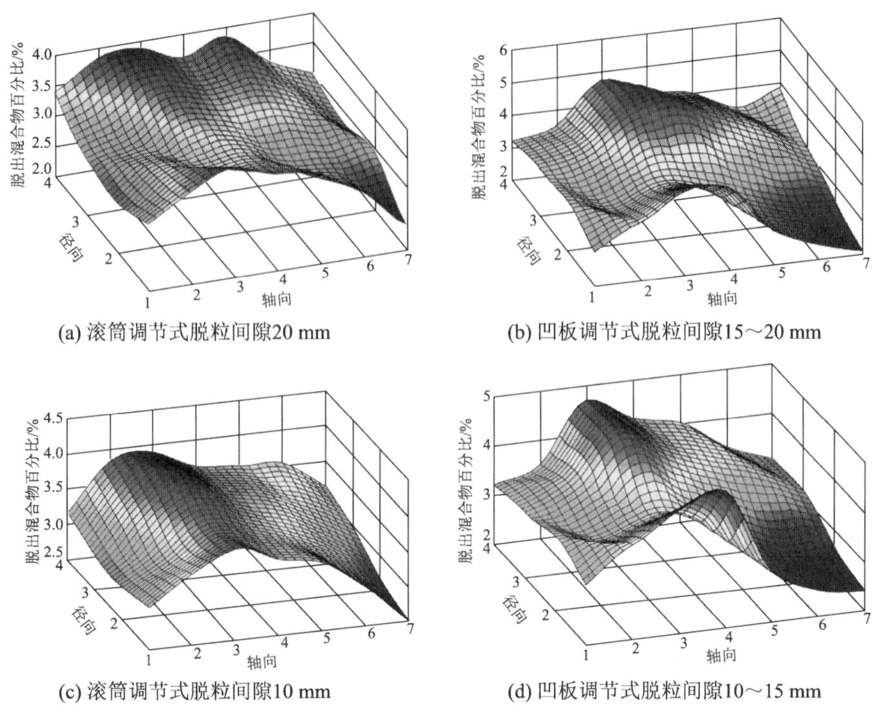

(a) 滚筒调节式脱粒间隙20 mm　(b) 凹板调节式脱粒间隙15～20 mm

(c) 滚筒调节式脱粒间隙10 mm　(d) 凹板调节式脱粒间隙10～15 mm

图 6-13　不同脱粒试验中脱出混合物分布情况

由图 6-13a 可以看出，滚筒调节式脱粒间隙为 20 mm 时，脱粒滚筒下脱出混合物整体分布相对均匀，沿滚筒轴向呈现先增高后降低再增高再降低的趋势，沿脱粒滚筒径向分布两侧的接料盒中脱出物质量分数略高。由图 6-13b 可以看出，脱粒间隙为 15～20 mm 时脱粒滚筒下脱出混合物质量百分数整体分布不均，沿滚筒轴向呈现先大幅增高后缓慢降低的趋势，沿滚筒径向呈现两侧高中间低的趋势，其中径向第 4 行接料盒中脱出混合物的质量百分数最高。由图 6-13c 可以看出，滚筒调节式脱粒间隙为 10 mm 时，脱粒滚筒下脱出混合物整体分布相对均匀，沿滚筒轴向呈现先大幅增高后缓慢降低的趋势，沿滚筒径向分布相对较为均匀，径向第三、四行接料盒中的脱出混合物质量分数略高于其他两行。由图 6-13d 可以看出，凹板调节式脱粒间隙为 10～15 mm 时，脱粒滚筒下脱出混合物整体分布并不均匀，沿滚筒轴向呈现大幅增高后大幅降低的趋势，沿滚筒径向呈现两侧高中间低的趋势。

结合图 6-11 和图 6-13，将脱粒试验获得的脱出混合物分布情况与仿真模型中脱出混合物的分布情况进行对比。沿脱粒滚筒轴向进行分析：仿真模型中脱出混合物质量百分数较高区域在轴向 1/4 到 1/2 之间，脱粒试验中脱出混合物质量分数较高区域在轴向 2/7 到 4/7 之间，脱粒试验中脱出混合物质量较高的区域位于仿真模型脱出混合物质量分数较高区域的后方。这是因为仿真模型中生成的三种颗粒均处于分离状态下，而脱粒试验时喂入的物料是整株水稻，籽粒、短茎秆等尚未分离。整株水稻进入脱粒装置后，先经过脱粒，颗粒才能分离并落入下方接料盒中，因此脱粒试验时脱出混合物质量分数较高的区域位置相对靠后。沿脱粒滚筒径向进行分析:仿真模型中的脱出混合物大多集中在接料盒的上半区,这是因为仿真时间较短,物料经过 1～2 次滚筒打击后就已落入接料盒中,颗粒生成数量也相对较少。脱粒试验中脱出混合物在接料盒两侧都有分布,但同样是沿滚筒转动方向(接料盒上半区)混合脱出物质量分数较高。虽然脱粒试验结果与仿真模型中的结果存在差异,但脱出混合物的整体分布趋势相似。由此可以看出,仿真模型中的脱粒情况与试验脱粒情况较为接近,可以较好地反映两种不同脱粒间隙调节方式对于脱粒装置作业性能的影响情况。

6.2 变直径滚筒脱粒装置设计

6.2.1 整体设计思路

通过上一节的分析可知,滚筒调节式对脱粒间隙的改变优于凹板调节式,但与凹板调节式相比,滚筒调节式操作烦琐,不能在联合收获机工作过程中进行实时调节。为了充分发挥滚筒调节式的优势,解决滚筒调节式操作烦琐,无法在联合收获机工作过程中实时调节等问题。本节设计了变直径滚筒,在设计之前需要解决以下三个问题:

① 在调整滚筒直径时,应设计一种直径调节机构,可以快速、整体地调整每个脱粒齿杆和支撑板的相对位置。

② 为了确保脱粒滚筒在高速旋转时的稳定性,需要保证脱粒滚筒上的调节装置在离心力和物料作用力的作用下不会松动或变形。

③ 需要保证脱粒滚筒的稳定性,避免因增加调节装置造成滚筒动平衡不稳定。

为了解决上述问题,实现滚筒直径的整体、快速调节,首先设计变直径滚筒手动调节装置,它充分考虑了结构参数和工作参数均可调的设计需求,在现有联合收获机的横轴流和纵轴流脱粒滚筒的基础上,将变直径滚筒分为喂入段、脱粒分离段及调节自锁段,重新设计了这三个部分的结构尺寸,并将一对直径调节装置安装在滚筒的前、后支撑辐盘内侧,两个直径调节装置之间通过套筒连接。然后理论分析直径调节装置的可行性,并安装传动机构保证直径调节装置的联动性,将自锁装置安装在变直径滚筒尾部,保证变直径滚筒的工作稳定性。通过变直径滚筒的研制,可以探索防止脱粒装置堵塞、提高联合收获机收获适应性的最佳途径,同时可为联合收获机变直径滚筒及其自适应控制系统的设计提供参考。变直径滚筒三维结构如图 6-14 所示。

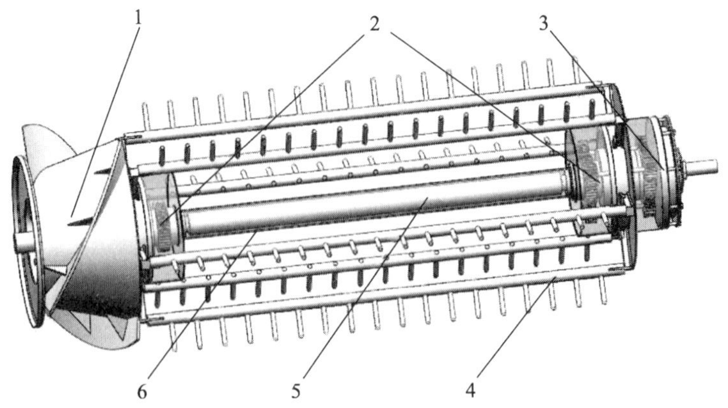

1—喂入轮；2—直径调节装置；3—调节自锁装置；4—脱粒齿杆；5—滚筒主轴；6—套筒。

图 6-14　变直径滚筒三维结构

6.2.2　变直径滚筒关键部件

(1) 喂入轮

喂入轮起到将联合收获机输送装置输送的物料顺利平稳地喂入脱粒装置中进行脱粒作业的作用，其一般采用圆台形结构，这种结构有利于提高物料的输送能力。喂入轮上的叶片数量直接影响其对物料的抓取、喂入能力及输送能力，如果喂入轮上的叶片数量过少，喂入轮旋转过程中容易出现物料喂入不均匀的现象。反之，如果增加喂入轮上的叶片数量，那么喂入轮转动一周，其上的每个叶片会将物料的输送量分化为多次输送，这样物料的输送虽然较为均匀，但是随着叶片数量的增加，在喂入轮高速旋转的过程中，喂入轮上的叶片会在喂入段形成一个闭区间，物料很难被输送到脱粒装置内。因此，喂入轮上设置合理的叶片数量极其重要。

为了确保喂入轮可以有效地将物料输送到脱粒装置内，保证物料输送的畅通，在喂入轮上任取一点 O，对点 O 的输送物料进行受力分析，如图 6-15 所示。

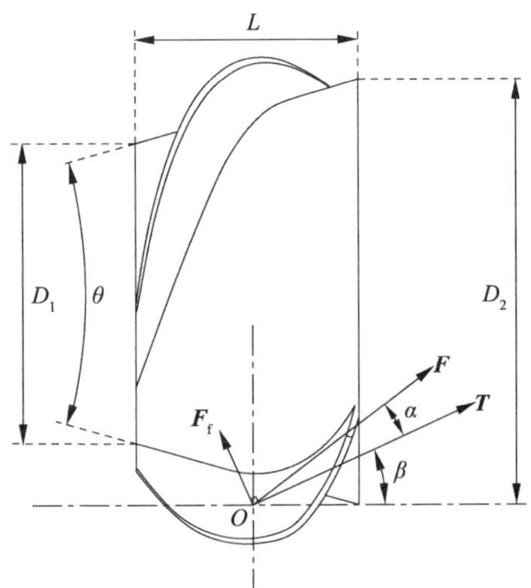

图 6-15　物料受力分析示意图

根据图 6-15 中的受力分析可知，喂入轮叶片与物料间存在两种力，即叶片对物料的法向推力 T 和叶片与物料的摩擦力 F_f，两者的合力 F 偏离法向推力 T 一个角度，设此角为 α，α 角为物料与叶片的摩擦角。要使物料能顺利沿滚筒轴向进行输送，需要满足一个条件：物料所受的轴向阻力应小于轴向输送力，计算公式如下：

$$F_f \sin\beta < T\cos\beta \tag{6-15}$$

$$F_f = T\tan\alpha \tag{6-16}$$

式中：β 为叶片螺旋角，(°)；α 为物料与叶片的摩擦角，取 17°。

由式(6-15)和式(6-16)可知，为了使物料完全输送到脱粒装置内，需使 $\beta<90°-\alpha$，此处设螺旋角 β 为 30°。

喂入轮长度 L 的计算公式如下：

$$L_{喂} = \frac{S}{K} \tag{6-17}$$

式中：S 为螺旋导程，mm；K 为叶片数量。

喂入轮的长度直接决定了物料进入脱粒装置后轴向推送的时间，螺旋导程的大小直接决定物料输送的速度，而叶片的数量则与物料输送能力显著相关。本设计采用传统型的圆台式喂入轮，设计参数如下：物料与叶片的摩擦角 $\theta=17°$，螺旋导程 $S=700$ mm，螺旋叶片数量 $K=2$，喂入轮的前端直径取 $D_1=300$ mm，后端直径取 $D_2=410$ mm，喂入轮叶片外径取 600 mm。通过式(6-17)计算得出喂入轮长度 $L_{喂}=350$ mm。

喂入轮的主要结构参数如表 6-10 所示。

表 6-10　喂入轮的主要结构参数　　mm

结构参数	数值
喂入轮前端外径/内径	600/300
喂入轮后端外径/内径	560/410
螺旋导程	700
厚度	5

(2) 脱粒分离段

纵轴流滚筒脱粒部分的长度直接决定了脱粒滚筒的脱粒与分离能力，滚筒的脱粒分离段越长，所允许的物料喂入量就越大，同时物料也能更充分地被脱粒分离。但如果脱粒滚筒过长，则脱粒过程中功耗增大且物料受打击次数过多，进而导致籽粒的含杂率与破损率大幅提高。因此，合理的脱粒滚筒脱粒分离段长度可以有效保证脱粒滚筒的作业效率。

传统的纵轴流脱粒滚筒实物图如图 6-16 所示，它只包括喂入段与脱粒分离段。本书所设计的变直径滚筒包括喂入段、脱粒分离段和调节自锁段三部分，并以洋马 AW82G 联合收获机中的纵轴流脱粒滚筒尺寸为设计依据，滚筒脱粒分离段采用开式结构。脱粒滚筒上的齿杆数量直接关系到脱粒元件的数量，脱粒元件数量过多，会增大对物料的打击作用，使脱粒过程中物料茎秆与籽粒的破损率升高，因此脱粒齿杆的数量不宜过多，变直径滚筒的脱粒齿杆数量为 6 根。脱粒元件采用钉齿式，钉齿式脱粒元件对物料具有较强的抓取能力和脱粒分离能力，同时在收获喂入量不均匀的潮湿水稻时，其脱粒适应性也较强。受此机型脱粒装置空间尺寸的限制，在保证物料在脱粒装置内可以被充分脱粒分离的前提下，需要为变直径滚筒预留出调节自锁段的设计空间，因此变直径滚筒的脱粒分离部分的长度需具体计算。

图 6-16　传统纵轴流脱粒滚筒实物图

参照《农业机械设计手册》(中国农业机械化科学研究所编，下同)，得到脱粒装置的生产率的计算公式为

$$W \geqslant \frac{(1-\delta)q}{0.6q_t} \tag{6-18}$$

式中：q 为喂入量；δ 为物料中籽粒所占的比重；q_t 为当 $\delta=0.4$ 时每根脱粒齿杆的脱粒能力。

由于本次试验样机(洋马 AW82G)的凹板筛上不带有脱粒钉齿，因此每根脱粒齿杆的脱粒能力 q_t 取值为 0.013，通过计算得出脱粒齿杆上的总齿数 Z 应大于等于 108。

变直径滚筒的脱粒钉齿采用三头螺线排列，布置在 6 根脱粒齿杆上，每根脱粒齿杆上的钉齿数量为 18，杆齿长度为 65 mm，齿间距为 65 mm，齿迹距为 35 mm。

参照《农业机械设计手册》，滚筒脱粒分离段长度的计算公式为

$$L_{分}=a\left(\frac{Z}{K}-1\right)+2\Delta L \tag{6-19}$$

式中：a 为齿迹距，一般为 25～50 mm，这里取 35 mm；Z 为钉齿总数，值为 108；K 为螺旋头数，即每个齿迹上的钉齿数量，取 3；ΔL 为端部钉齿距齿杆端部的距离，本次设计其值取 65 mm。

通过式(6-19)计算可得，变直径滚筒脱粒分离部分长度 $L=1\ 355$ mm，喂入段长度 $L_{喂}=350$ mm。通过测量得到本次试验样机脱粒装置内脱粒空间的总长为 2 100 mm，因此变直径滚筒调节自锁部分预留长度 $L_{锁}=395$ mm。

(3) 直径调节装置

从图 6-14 中可以看出，传统的调节滚筒直径的方法需要逐一改变每根脱粒齿杆下方连接座的位置，操作耗时费力。每根齿杆连接座下方设有数个孔位，滚筒直径只能进行有

级调节。本书设计的直径调节装置可以整体、快速地改变每根脱粒齿杆与支撑辐盘的相对位置,实现滚筒直径的无级调节。

变直径滚筒直径调节装置有两个,分别安装固定在脱粒滚筒的前后支撑辐盘内侧,整个直径调节装置可随脱粒滚筒一起转动。直径调节装置的核心是根据阿基米德螺线原理设计的等速螺线盘及配套卡爪,如图 6-17a 所示。等速螺线盘内侧端面设有平面螺纹,6 根卡爪一端平面设有螺纹牙,将其嵌入等速螺线盘的凹槽中。直径调节装置的整体结构如图 6-17b 所示,主要由等速螺线盘、限位盘、卡爪、连接杆、太阳轮、行星轮和花键套等构成。等速螺线盘与太阳轮共同安装在花键套上,花键套与滚筒轴同心并安装在滚筒轴上,等速螺线盘及太阳轮均位于限位盘内侧,其安装顺序沿脱粒滚筒喂入方向由前至后依次为太阳轮、等速螺线盘、限位盘。限位盘固定在支撑辐盘上且与滚筒轴同心,其上设有 6 个“工”形槽口导轨,6 根卡爪分别贯穿各“工”形槽口,“工”形槽口导轨是 6 根卡爪的中心线,始终穿过阿基米德等速螺线盘的中心。连接卡爪一端与等速螺线盘内的平面螺纹啮合,另一端与连接杆焊接,连接杆与脱粒齿杆焊接。阿基米德等速螺线盘转动时,会带动 6 根卡爪同时向等速螺线盘中心靠拢或向外侧扩散一段相同的距离,从而带动卡爪与连接杆,连接杆带动脱粒齿杆移动,6 根脱粒齿杆同时被带动则会改变脱粒滚筒的直径。

等速螺线盘上盘丝的极坐标方程为

$$\rho=\alpha\theta(\theta_1\leqslant\theta\leqslant\theta_1+2k\pi) \tag{6-20}$$

式中:k 为等速螺线盘的圈数。为了保证等速螺线盘内侧端面上平面螺纹的凹槽与卡爪的凹槽可以啮合得较好,选取卡爪上凹槽最内侧弧线为平面螺纹盘丝内端点 $N(\theta_1,\rho_1)$ 的曲率圆的一段圆弧,此圆为平面螺纹曲线各点曲率圆中最小的一个。同样选取卡爪凹槽最外侧弧线为平面螺纹盘丝外端点 $P(\theta_2,\rho_2)$ 的曲率圆的一段圆弧,此圆为平面螺纹曲线各点曲率圆中最大的一个,如图 6-17a 所示。因此,为了配制能与等速螺线盘较好地啮合的配套卡爪,一定要计算出阿基米德螺线在这两点上的曲率半径 R 及曲率中心距配制卡爪中心线 OO_1 的距离 d(偏心距)。直线 OO_1 的方程为

$$\theta=\theta_1=\theta_2+2k\pi \tag{6-21}$$

为推算出曲率半径 R 与偏心距 d 的公式,在阿基米德等速螺线 $\rho=\alpha\theta$ 上任取一点 $A(\theta,\rho)$。

曲率半径的计算公式为

$$R=\frac{1}{K}=\alpha\,\frac{(\theta^2+1)^{\frac{3}{2}}}{\theta^2+2} \tag{6-22}$$

曲率 K 的计算公式为

$$K=\left|\frac{\rho^2+2\rho'^2-\rho\rho''}{(\rho^2+\rho'^2)^{\frac{3}{2}}}\right| \tag{6-23}$$

偏心距 D 的计算公式为

$$D=\alpha\,\frac{\theta^2+1}{\theta^2+2} \tag{6-24}$$

可以通过测量得到等速螺线盘的端面螺纹的螺距 T、内外圈端点到中心的距离 l_1 及 l_2 这三项数据。根据 $T=2\pi\cdot\alpha$，可得 $\alpha=\frac{T}{2\pi}$，螺距 T 一般为 6，8，10，12 等偶数。变直径滚筒直径调节装置中的等速螺线盘螺纹的传动螺距 $T=8$ mm，螺纹直径 $D_{螺}=130$ mm。

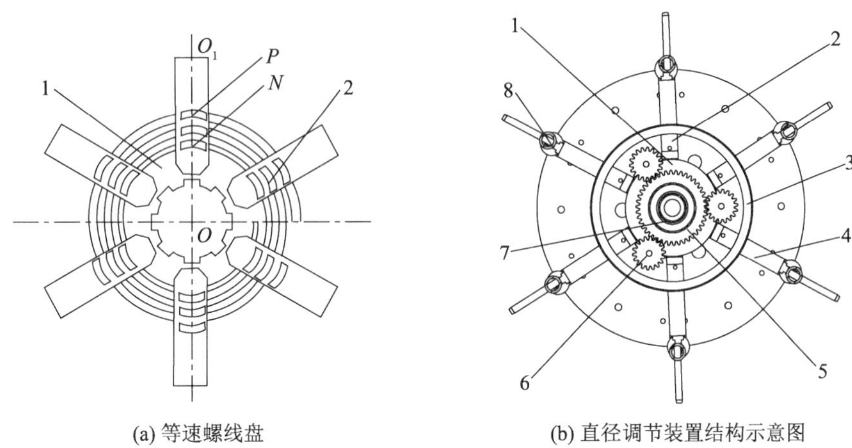

(a) 等速螺线盘　　(b) 直径调节装置结构示意图

1—等速螺线盘；2—限位盘；3—卡爪；4—连接杆；5—太阳轮；6—行星轮；7—花键套；8—脱粒齿杆。

图 6-17　脱粒滚筒直径调节装置

由于联合收获机在田间收获过程中要面临高温、尘土飞扬等较为恶劣的作业环境，而脱粒装置在收获高含水率、大喂入量物料时要面临更为复杂、恶劣、多变的作业环境，因此故障率比其他收获装置部件高很多。同时，由于变直径滚筒设计较复杂且加工精度要求较高，因此，为了确保变直径滚筒在脱粒过程中的作业稳定性，防止脱粒过程中脱粒滚筒上的脱粒齿杆受离心力的作用及在击打、输送物料过程中受力较大，连接杆与卡爪发生径向位移，导致等速螺线盘出现旋转的情况，对直径调节装置中的等速螺线盘及卡爪进行受力分析。

将等速螺线盘上的平面螺纹简化成单齿平面螺纹并对其进行受力分析。首先对卡爪进行受力分析，如图 6-18a 所示，假设卡爪上的离心力 F 集中作用在螺线圆周上的啮合点，反力 N 与啮合点的切线垂直，切线的倾斜角 λ 为螺旋升角。对啮合点做进一步的受力分析，如图 6-18b 所示，当卡爪在离心力的作用向下移动时，其所受的摩擦力 F_f 向上。图中，R 为 N 和 F_f 的合力，F_t 是 R 的水平分力，摩擦角 ρ 为 R 和 N 的夹角，R 和 F 的夹角为 $(\lambda-\rho)$，则有

$$F_t=F\tan(\lambda-\rho) \tag{6-25}$$

式中：F_t 为使等速螺线盘转动的圆周力；F 为使卡爪移动的径向力；λ 为螺纹升角，$\lambda=\arctan(T/\pi D)$（T 为螺距，D 为螺纹直径）；ρ 为摩擦角，$\rho=\arctan f$（f 为摩擦系数）。

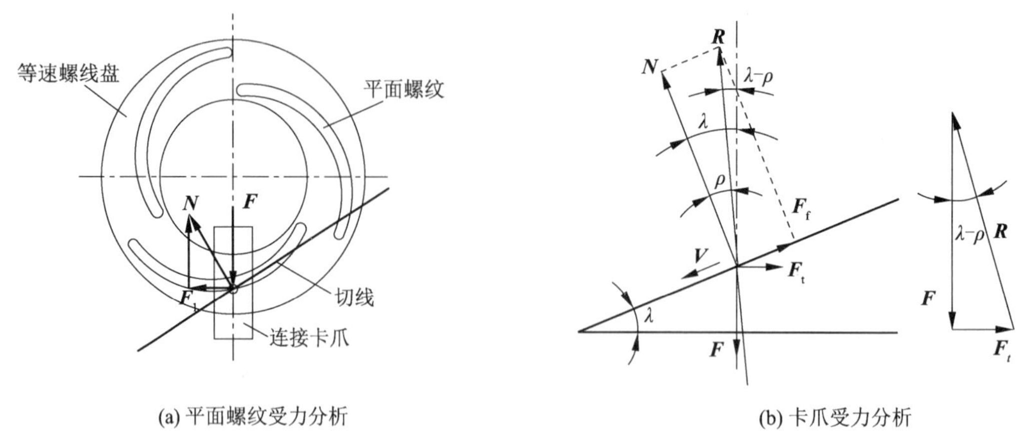

(a) 平面螺纹受力分析　　(b) 卡爪受力分析

图 6-18　平面螺纹及卡爪受力分析

由式(6-25)可得,若 $\lambda<\rho$,则 F_t 为负值,因此只要满足条件 $\lambda<\rho$,则不论离心力 F 的值为多大,卡爪都不会受其作用而发生径向移动,即可以形成自锁。钢的最低摩擦系数 $f=0.05$,最小摩擦角 ρ 为 3°。又因

$$\lambda=\arctan\left(\frac{T}{\pi D}\right)<\rho(\rho=\arctan f) \tag{6-26}$$

则

$$\frac{T}{\pi D}<f(f=0.05)$$

$$\frac{T}{D}<0.05\pi(=0.16)$$

直径调节装置中的等速螺线盘平面螺纹采用螺距 $T=8$ mm,直径 $D=130$ mm,$T/D=8/130=0.06$,完全满足 $T/D<0.16$ 的自锁条件。

(4) 调节自锁装置

通过对直径调节装置进行受力分析,在确保直径调节装置内的卡爪在滚筒转动过程中可以有效自锁的前提下,将调节自锁装置安装在变直径滚筒尾部,起到为直径调节装置提供动力输入、动力传递及保证直径调节装置工作稳定的作用,如图 6-19a 所示,调节自锁装置分为传动机构和自锁机构两部分。

如图 6-19b 所示,传动机构由两个分别安装在后支撑辐盘两侧的内、外行星齿轮组构成,每个行星齿轮组由 1 个位于中心的太阳轮和 3 个位于四周的行星轮构成,内行星齿轮组中的太阳轮和外行星齿轮组中的太阳轮均安装在滚筒主轴上并与主轴同心。内行星齿轮组中的太阳轮与直径调节装置中的等速螺线盘通过花键套连接,外行星齿轮组中的太阳轮与自锁装置中的内棘轮通过花键套连接,两组行星齿轮组中的 3 对行星轮之间通过 3 根贯穿后支撑辐盘的短轴联动。

如图 6-19c 所示,自锁机构包括能够随滚筒主轴一同旋转的棘轮机构、棘轮自锁机构及调节转盘,具体包括内棘轮、棘爪、自锁轮、调节转盘及防尘罩。内棘轮与外行星齿轮组中的太阳轮共同安装在平键套上,内棘轮外圈设有数个螺纹孔,其与调节转盘之间通过螺

栓连接，转动调节转盘即可带动内棘轮旋转。自锁轮尾端通过两根螺栓固定在滚筒主轴上，自锁轮前端面上设有一对棘爪，棘爪一侧设有弹簧片。弹簧片一端固定在自锁轮端面上，另一端与棘轮连接，被挤压的弹簧片始终给予棘爪一侧固定的作用力将棘爪拉紧，以此保证内棘轮转动后，自锁轮端面上的棘爪可以与内棘轮内侧的棘齿啮合。内棘轮内侧的棘齿方向始终与脱粒滚筒的旋转方向相反，这样可以保证在滚筒转动过程中，固定在滚筒轴上的自锁轮通过棘爪将内棘轮锁死，形成单方向的一级自锁。滚筒转速越高，锁死的效果越好。通过螺栓固定在滚筒主轴上的自锁轮为二级自锁。上述调节自锁装置可以保证在脱粒滚筒转动过程中传动装置不会因受外力作用而发生转动。

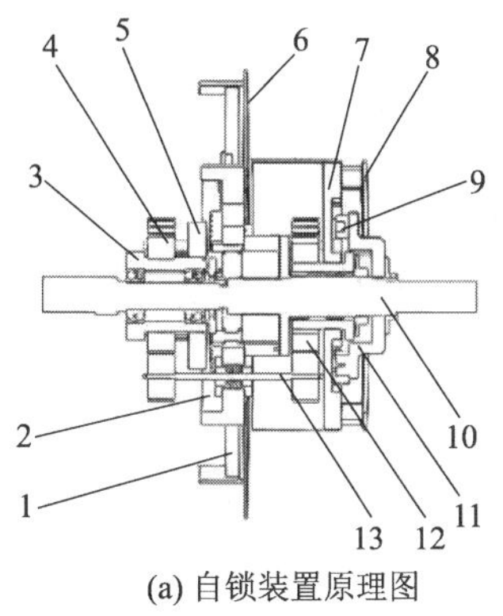

(a) 自锁装置原理图

(b) 自锁装置侧视图

(c) 自锁装置主视图

1—卡爪；2—限位盘；3—花键套；4—内侧行星齿轮组；5—等速螺线盘；6—后支撑辐盘；7—内棘轮；8—调节扶手；9—棘爪；10—滚筒轴；11—自锁轮；12—外侧行星齿轮组；13—连接轴。

图 6-19　变直径滚筒自锁装置

传动机构转动内棘轮，带动两组行星齿轮组及等速螺线盘转动，内棘轮每转动一圈相当于等速螺线盘转动一圈。因此卡爪的位移量 S 与等速螺线盘端面上的平面螺纹的螺距 T 相等，即 $S=T=8$ mm，已知内棘轮的齿数 $Z=20$，因此内棘轮每转动一级，卡爪位移量 $L=S/Z=0.4$ mm。

6.2.3　变直径滚筒结构及工作原理

变直径滚筒由喂入段、脱粒分离段和调节自锁段三部分组成。其中滚筒主轴由喂入段喂入轮端的短外花键轴和脱粒分离段的长内花键轴，以及调节自锁段的短外花键轴三部分组成。变直径滚筒各部分中的关键部件之间均采用可拆卸式连接，如直径调节装置、传动装置、自锁装置和脱粒齿杆均可拆卸，方便调节。同时直径调节装置、传动装置、自锁装置和其各自的零部件之间也为可拆卸式连接，因此变直径滚筒的组装和拆卸较为简单且易于操作。

直径调节装置的安装简图如图 6-20a 所示，先将限位盘固定在支撑辐盘上，且与滚筒主轴同轴。然后将 6 根卡爪及连接杆贯穿限位盘并紧贴支撑辐盘，之后将等速螺线盘安装于花键套上并安装在限位盘内侧。等速螺线盘上的端面螺纹与卡爪上的凹槽啮合，之后将内行星齿轮组中的太阳轮安装在花键套上，再将 3 个行星轮安装在连接轴上，最后安装防尘罩。

调节自锁装置的安装简图如图 6-20b 所示，首先将外行星齿轮组中的太阳轮通过平键套安装在支撑辐盘外侧，并将 3 个行星轮分别安装在连接轴上，与安装在中心位置的太阳轮啮合。这样，安装在后支撑辐盘两侧的内、外行星齿轮组即可联动。然后将内棘轮安装在平键套上，平键套内侧与滚筒主轴连接处设有轴承。接着将自锁轮的棘爪与内棘轮的棘齿啮合并将内棘轮固定在滚筒轴上。最后将调节转盘通过螺栓与内棘轮固定，转动内棘轮即可进行调节作业。

(a) 直径调节装置安装

(b) 调节自锁装置安装

图 6-20　变直径滚筒安装简图

变直径滚筒的总体安装流程：将组装后的直径调节装置分别安装在喂入轮后方的支撑辐盘上和滚筒尾部(调节自锁装置)的支撑辐盘上。喂入轮与调节自锁装置通过滚筒主轴中的长内花键轴及 6 根脱粒齿杆连接，一对直径调节装置通过套筒连接，使直径调节装置中的等速螺线盘等部件可以相对主轴转动。装配后的变直径滚筒如图 6-21 所示，由于变直径滚筒设计时考虑到了滚筒的动平衡问题，所设计的装置均为对称式结构，因此需对装配后的变直径滚筒进行静平衡检测及动平衡检测并进行配重，确保变直径滚筒的动平衡稳定性。

图 6-21　变直径滚筒装配实物

变直径滚筒的具体工作原理：联合收获机在收获过程中根据不同情况需要调节脱粒滚筒的直径时，首先拧开自锁轮与滚筒轴固定的螺栓，此时自锁轮可随内棘轮转动，之后通过调节转盘转动内棘轮，内棘轮通过平键套使外行星齿轮组中的太阳轮及行星轮转动。其上的行星轮通过连接轴带动内行星齿轮组中的行星轮转动，行星轮带动太阳轮转动。内行星齿轮组中的太阳轮通过花键套及连接套筒分别带动位于后支撑辐盘内侧的等速螺线盘和位于前支撑辐盘(喂入轮后方)内侧的等速螺线盘转动。等速螺线盘内侧的平面螺纹转动使卡爪顺着限位盘的"工"形槽口导轨沿脱粒滚筒径向做往复运动，即可改变卡爪顶端脱粒齿杆的相对位置，实现整体、快速地调节脱粒滚筒直径的目的。当滚筒脱粒直径调节到指定目标后需要锁定滚筒直径时，调节自锁装置中的内棘轮与棘爪可以形成一级单方向自锁，自锁轮可以形成二级自锁。当需要再次调节滚筒直径时，需要使联合收获机停止工作后，打开脱粒装置顶盖，进行直径调节工作。

由于变直径滚筒手动调节装置在设计时考虑到了滚筒动平衡的问题，各装置均对称设计，以保证滚筒的动平衡稳定性。本书采用上海动亦静试验机有限公司生产的DYJ-580D型动平衡检测仪，按照国家标准对变直径滚筒手动调节装置进行动平衡校核及配重，确保其达到国标规定要求。

6.2.4　变直径滚筒脱粒性能试验

为验证变直径滚筒的作业稳定性，将其安装在由洋马AW82G联合收获机改造的联合收获机田间试验样机上。同时，为了对比改变滚筒直径调节脱粒间隙的方式和改变凹板筛相对位置调节脱粒间隙的方式对脱粒装置作业性能的影响，以脱粒间隙和喂入量作为影响因素，进行了籽粒夹带损失率、破损率、脱净率和脱粒功耗为脱粒装置作业性能指标的对比试验。当联合收获机工作时，喂入量会随着联合收获机的前进速度、割幅宽度、留茬高度和作物生长密度等因素的变化而不断变化。联合收获机喂入量与作物单位面积产量、作物草谷比及联合收获机前进速度、割幅宽度存在一定相关性，可将其表示为

$$q=\rho Lv(1+\alpha) \tag{6-27}$$

式中：q 为喂入量，kg/s；ρ 为作物单位面积产量，kg/m^2；L 为割幅宽度，m；v 为联合收获机的前进速度，m/s；α 为草谷比。草谷比主要受联合收获机留茬高度的影响，因此，在留茬高度、割幅宽度与作物单位面积产量一定时，通过控制联合收获机的前进速度即可控制整机喂入量。

联合收获机田间试验方案如表6-11所示，设初始脱粒间隙为20 mm，在6种不同前进速度工况下分别进行两组对比试验。一组分别采用两种调节方式增大脱粒间隙，即滚筒调节式脱粒间隙为30 mm，凹板调节式脱粒间隙为20～30 mm；另一组分别采用两种调节方式减小脱粒间隙，即滚筒调节式脱粒间隙为10 mm，凹板调节式脱粒间隙为10～20 mm。由于初始脱粒间隙为20 mm时，滚筒调节式和凹板调节式的脱粒间隙一致，所以脱粒间隙为20 mm时只做一组试验。

表 6-11　试验方案

编号	前进速度/($m \cdot s^{-1}$)	初始间隙/mm	滚筒调节式/mm	凹板调节式/mm
1	0.6	20	30	20～30
			10	10～20
2	0.8	20	30	20～30
			10	10～20
3	1.0	20	30	20～30
			10	10～20
4	1.2	20	30	20～30
			10	10～20
5	1.4	20	30	20～30
			10	10～20
6	1.6	20	30	20～30
			10	10～20

田间试验在江苏省苏州市进行，水稻品种为“嘉花”，物料特性如表 6-12 所示。联合收获机以 YANMAR－AW82G(YANMAR，Osaka，Japan)为原型，其上安装有籽粒含杂率、破损率、损失率在线监测装置及滚筒转速、扭矩传感器，具有调节割台高度、凹板筛位置、鱼鳞筛开度和前进速度等控制功能，可以实时监测联合收获机的作业参数和性能参数。

表 6-12　“嘉花”水稻物料特性

参数	数值
作物高度/cm	79.2
穗头高度/cm	16.1
籽粒含水率/%	20.6
茎秆含水率/%	70.8
草谷比	2.25
单穗籽粒数	135
籽粒千粒重/g	32.4
产量/($kg \cdot hm^{-2}$)	6632

如图 6-22 所示，试验前选取数块长势均匀的水稻田，以长度 15 m 为一组进行试验。联合收获机在收割区域保持匀速前进以确保喂入量相同，其平均割幅为 2.08 m、留茬高度为 20 cm、机器前进速度为 0.6～1.6 m/s。物料被脱粒分离后，其中部分籽粒及长茎秆被脱粒滚筒输送到脱粒装置尾部的排草口排出，这部分脱出混合物会掉在接料布上。在一

组试验结束后，人工收集并称量掉落在接料布上的茎秆、籽粒及未脱净的籽粒的质量，进而计算出籽粒的夹带损失率、破损率及脱净率。将人工获取的数据与联合收获机在线监测的数据进行对比拟合后获得脱粒性能相关数据。

图 6-22　联合收获机田间试验

6.2.5　试验结果与分析

在应用变直径滚筒进行田间收获试验时发现，变直径滚筒只有前后两个支撑辐盘上的 6 根卡爪对脱粒齿杆起到支撑固定的作用，无法像传统的脱粒滚筒一样在滚筒中间加入支撑辐盘来固定脱粒齿杆，如图 6-23 所示。如果在变直径滚筒中间加入固定脱粒齿杆的支撑辐盘，就无法调节滚筒的直径。但是没有了中间幅盘的支撑固定，在滚筒高速旋转的过程中，6 根脱粒齿杆受到较大的离心力作用会发生形变，脱粒齿杆从中心位置向外弯曲，引发脱粒故障无法继续田间作业。为了保证本次田间试验能够顺利进行，在原变直径滚筒设计基础上，将两个支撑辐盘安装在变直径滚筒脱粒分离段。如图 6-24 所示，支撑辐盘与脱粒齿杆间通过可上下移动的连接座连接固定，当需要调节直径大小时，可以改变连接座相对于支撑辐盘的位置来保证滚筒直径可顺利调节。后续 **6.3** 将介绍高强度脱粒齿杆设计，确保脱粒滚筒在高速旋转的过程中也可以调节滚筒直径。

图 6-23　无支撑辐盘脱粒滚筒

图 6-24　安装支撑辐盘脱粒滚筒

(1) 籽粒夹带损失率

首先对采用滚筒和凹板两种不同调节方式在不同前进速度(喂入量)、不同脱粒间隙下获得的籽粒夹带损失率的情况进行对比分析,如图 6-25 所示。

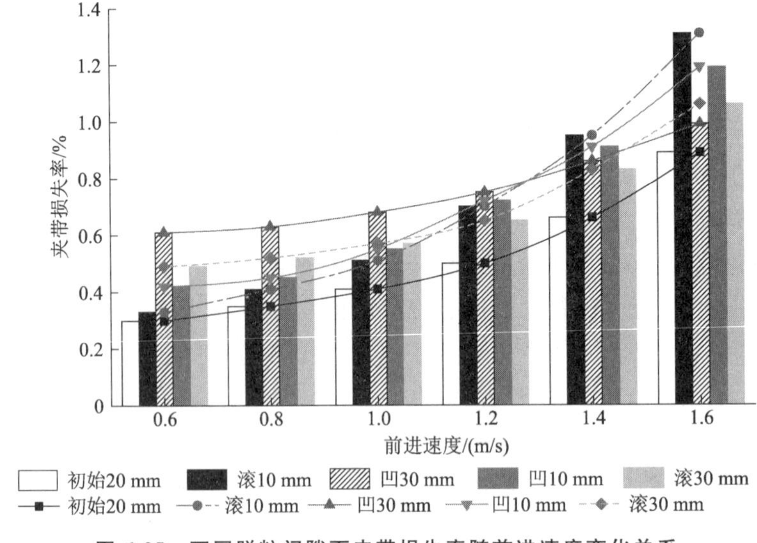

图 6-25　不同脱粒间隙下夹带损失率随前进速度变化关系

当联合收获机前进速度在 0.6～0.8 m/s 时定义为低速前进,可通过式(6-27)计算得出此时喂入量为 2.7～3.6 kg/s,喂入量较低。联合收获机前进速度在 1.0～1.2 m/s 时定义为中速前进,计算得出此时喂入量为 4.5～5.4 kg/s,喂入量近似为联合收获机的额定喂入量。联合收获机前进速度在 1.4～1.6 m/s 时定义为高速前进,计算得出此时喂入量为 6.3～7.2 kg/s,喂入量较大。

通过图 6-25 所示柱状图可以看出,5 种不同脱粒间隙下的籽粒夹带损失率均随着联合收获机前进速度的增大而上升。在低速区间内夹带损失率由低到高排序依次为初始脱粒间隙 20 mm、滚筒调节式 10 mm、凹板调节式 10 mm、滚筒调节式 30 mm 和凹板调节式 30 mm。在中速区间内随着前进速度的增大,凹板调节式 30 mm 的夹带损失率依然最高,凹板调节式 10 mm 和滚筒调节式 10 mm 的夹带损失率均超过了滚筒调节式 30 mm 的夹带损失率并上升到第二、第三位,初始脱粒间隙为 20 mm 时的夹带损失率依然最低。在高速区间内，滚筒调节式 10 mm 的夹带损失率最高，凹板调节式 10 mm 次之，滚筒调节式 30 mm 的夹带损失率超过了凹板调节式 30 mm 的夹带损失率上升到第三，初始脱粒间隙为 20 mm 时的夹带损失率依然最低。总体来说，籽粒夹带损失率随着脱粒间隙的增大呈先减小后增大的趋势。这是因为随着脱粒间隙的增大，脱粒装置内的物料层变得更稀疏，籽粒穿过物料层的概率相应增大，因此夹带损失逐渐降低，而脱粒间隙过大时并不利于籽粒的分离，因此夹带损失会有所增加。

通过图 6-25 所示的曲线图可以发现，随着前进速度的增大，初始脱粒间隙为 20 mm 时的夹带损失率始终最低，但在高速区间内这一脱粒间隙下夹带损失率的增幅有所提高。前进速度对滚筒调节式脱粒间隙为 30 mm 时的夹带损失率的影响并不明显，对滚筒调节式脱粒间隙为 10 mm 时的夹带损失率影响最为明显。在低速区间内，滚筒调节式 10 mm 的夹带损失率第二低，凹板调节式 10 mm 的夹带损失率第三低。但随着前进速度的增大，滚筒调节式脱粒间隙 10 mm 的夹带损失率增幅大于凹板调节式脱粒间隙 10 mm 的夹带损失率，并且在前进速度为 1.2～1.4 m/s 时超过凹板调节式脱粒间隙 10 mm 的夹带损失率，在高速时其夹带损失率最高。这是由于在脱粒装置内，凹板调节式 10 mm 的脱粒间隙大于滚筒调节式 10 mm 的脱粒间隙，当联合收获机前进速度较低、喂入量较小时，较小的脱粒间隙使得脱粒装置内籽粒与物料分离的能力更强，此时滚筒调节式脱粒间隙 10 mm 的夹带损失率小于凹板调节式脱粒间隙 10 mm 的夹带损失率。随着联合收获机前进速度的提高，喂入量增大，脱粒装置内的物料层厚度增加，降低了经过脱粒滚筒击打后脱落下来的籽粒透过物料层的概率，导致夹带损失率逐渐增大，因此出现滚筒调节式脱粒间隙 10 mm 的夹带损失率增幅较大，并超过凹板调节式脱粒间隙 10 mm 的情况。

在低速区间内，滚筒调节式脱粒间隙 30 mm 的夹带损失率高于凹板调节式脱粒间隙 30 mm 时的夹带损失率，并且随着前进速度的增大，两者的增幅都较小。当前进速度继续增大时，滚筒调节式脱粒间隙 30 mm 的夹带损失率增幅变大，并在前进速度为 1.4～1.6 m/s 时超过凹板调节式脱粒间隙 30 mm 的夹带损失率。这是因为在脱粒装置内滚筒调节式 30 mm 的脱粒间隙大于凹板调节式 30 mm 的脱粒间隙，虽然此时喂入量较小，但脱粒装置内的脱粒间隙较大。凹板调节式 30 mm 滚筒两侧的脱粒间隙较小，相对较小的脱粒空间使得籽粒与物料的分离能力更强，因此其夹带损失率低于滚筒调节式 30 mm。但随着前进速度的提高，喂入量随之上升，脱粒装置内的物料层厚度增加，相对而言凹板调节式 30 mm 的物料层厚更密，籽粒穿过物料层的概率更小，因此夹带损失率会大幅上升。

（2）籽粒破损率和脱净率

过度脱粒会导致籽粒过度破损及籽粒含杂率过高，造成更大的脱粒总损失。因此在保证籽粒脱净率的前提下，有效降低脱粒装置内籽粒的碰撞次数和受打击频率可以大大降低籽粒的破损率。

从图 6-26 中可以看出，在 5 种不同脱粒间隙下，随着前进速度及喂入量的增加，籽粒破损率逐渐上升，其中滚筒调节式脱粒间隙 30 mm 的籽粒破损率最低，凹板调节式脱粒间隙 30 mm 次之，两者的上升趋势较为平稳。初始脱粒间隙 20 mm 的破损率处于中间水平，滚筒调节式脱粒间隙 10 mm 的籽粒破损率最大，凹板调节式脱粒间隙 10 mm 次之，过小的脱粒间隙导致在前进速度为 1.4～1.6 m/s 时，两种调节方式下的籽粒破损率急剧上升。随着前进速度的提高及喂入量的增大，籽粒脱净率逐渐下降，其中滚筒调节式脱粒间隙 30 mm 的籽粒脱净率最低，凹板调节式脱粒间隙 30 mm 次之，两者的曲线下降幅度较为平稳。初始脱粒间隙 20 mm 的籽粒脱净率始终处于中间水平，滚筒调节式脱粒间隙 10 mm 的籽粒脱净率最高，凹板调节式脱粒间隙 10 mm 次之，但过小的脱粒间隙导致在前进速度为 1.4～1.6 m/s 时，两种调节方式下的籽粒脱净率急剧下降。

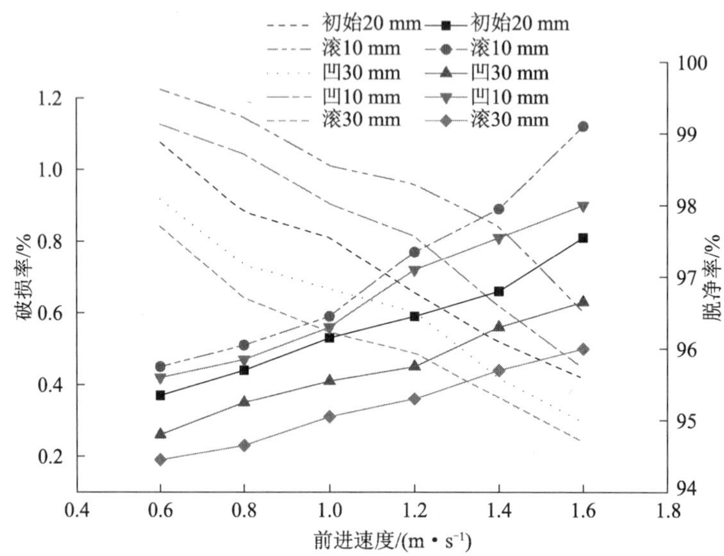

图 6-26　不同脱粒间隙下籽粒破损率、脱净率随前进速度变化关系图

注：虚线表示籽粒脱净率，实线表示籽粒破损率。

在 5 种不同的脱粒间隙中，滚筒调节式 30 mm 的脱粒间隙大于凹板调节式 30 mm 的脱粒间隙，滚筒调节式 10 mm 的脱粒间隙小于凹板调节式 10 mm 的脱粒间隙。随着脱粒间隙的减小，籽粒在物料层中所受的揉搓和碾压作用相应增大，籽粒破损率会逐渐增大，同时籽粒脱净率逐渐提高。随着前进速度的提高，喂入量随之增大，脱粒装置内的物料层厚度增加，物料较多，籽粒脱净率逐渐降低，籽粒所受的冲击、揉搓、梳刷和挤压作用增强，导致籽粒破损率逐渐增大。增大脱粒间隙时，滚筒调节式的籽粒破损率低于凹板调节式，脱净率低于凹板调节式，但差别不大。减小脱粒间隙时，滚筒调节式的籽粒破损率高于凹板调节式（在低、中喂入量下差别较小），但脱净率远高于凹板调节式。

（3）脱粒装置功耗

不同的喂入量、不同的脱粒滚筒结构及不同的脱粒元件形状，都会对脱粒功耗产生影响。为了区分两种脱粒间隙调节方式对脱粒功耗的影响，凹板调节式采用传统的脱粒滚筒（联合收获机原滚筒），滚筒调节式采用自行研制的变直径滚筒，选取前进速度为 1.0 m/s，对两种脱粒间隙调节方式在增大 10 mm 脱粒间隙（30 mm）和减小 10 mm 脱粒间隙（10 mm）的功耗情况进行分析，如图 6-27 所示。

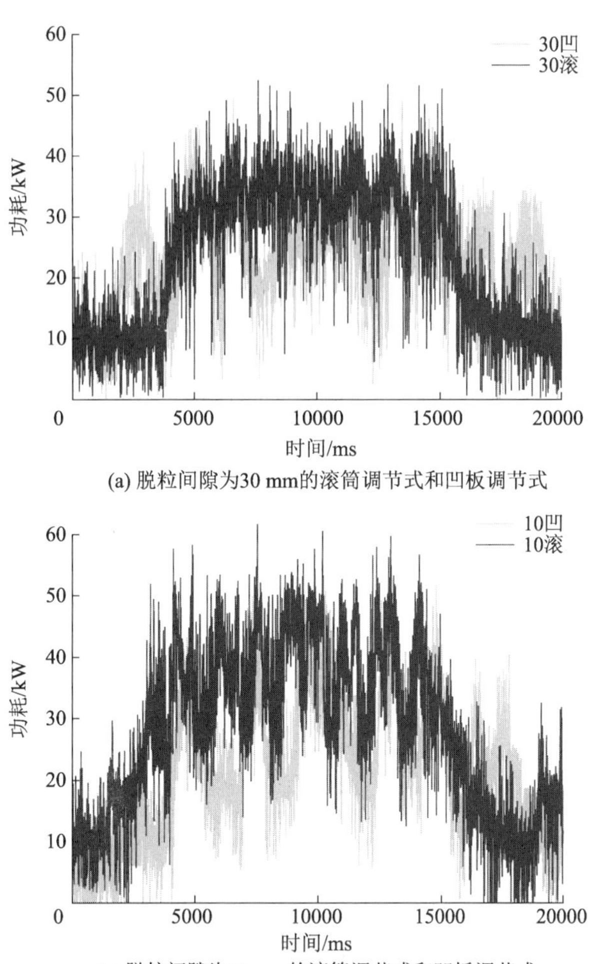

(a) 脱粒间隙为30 mm的滚筒调节式和凹板调节式

(b) 脱粒间隙为10 mm的滚筒调节式和凹板调节式

图 6-27　前进速度为 1.0 m/s 时两种调节方式脱粒功耗对比

如图 6-27a 所示，当脱粒间隙增大到 30 mm 时，凹板调节式的脱粒功耗上下波动幅度较大，功耗最大值为 48.31 kW，平均功耗为 28.73 kW，脱粒功耗曲线波动不稳定；滚筒调节式的脱粒功耗曲线波动形状近似梯形，曲线波动相对稳定，功耗最大值为 54.15 kW，平均功耗为 34.83 kW，平均功耗比凹板调节式高 6.1 kW。如图 6-27b 所示，当脱粒间隙减小到 10 mm 时，凹板调节式的功耗最大值为 51.71 kW，平均功耗为 30.22 kW；滚筒调节式的功耗最大值为 59.53 kW，平均功耗为 36.21 kW，平均功耗比凹板调节式高 5.99 kW。脱粒间隙较小时，凹板调节式和滚筒调节式的脱粒功耗曲线波动幅度均较大，但滚筒调节式的曲线波动相对稳定。这是因为脱粒间隙较小时，滚筒可能发生堵塞现象，而滚筒调节式的脱粒间隙均匀一致，所以其脱粒功耗曲线波动相对更稳定。

总体来看，凹板调节式脱粒功耗曲线波动较大，滚筒调节式的脱粒功耗曲线波动较小，其轮廓呈梯形。这是因为凹板调节式会导致脱粒装置内脱粒间隙不均匀，脱粒装置对物料的输送能力较差。凹板调节式的脱粒功耗低于滚筒调节式的脱粒功耗，是因为凹板调节式采用的是传统的脱粒滚筒，其质量较小，而滚筒调节式采用的是变直径滚筒，其质量较大，所以功耗较大。经测量，联合收获机原脱粒滚筒质量为 123 kg，变直径滚筒手动调节装置的质量为 168 kg，比原脱粒滚筒重了 45 kg。因此后续研究中可以对变直径滚筒进行轻量化处理。

6.3 高强度脱粒齿杆设计及受力分析

如前所述，在变直径滚筒手动调节装置田间试验时发现，如果传统的脱粒齿杆中间没有支撑辐盘进行支撑固定，滚筒的转速较高时脱粒齿杆在旋转过程中会受到离心力的作用而发生弯曲形变，造成脱粒装置的损坏。因此，针对变直径滚筒实时调节滚筒直径的需求及无法在滚筒中部安装支撑辐盘对脱粒齿杆加强固定等特点，研制质量轻、抗变形的高强度脱粒齿杆势在必行。

6.3.1 高强度脱粒齿杆

本部分拟设计两种高强度脱粒齿杆，并与传统脱粒齿杆进行对比。第一种高强度脱粒齿杆采用平面桁架原理，如图 6-28a 所示，主要由脱粒齿杆、卡爪连接杆、位于脱粒齿杆下方的加强杆及连接脱粒齿杆与加强杆的加强栅构成。加强杆两端与卡爪连接杆焊接，加强栅与脱粒齿杆、加强杆均采用焊接连接。可将脱粒齿杆视为图 6-28b 中的上弦杆，加强杆为下弦杆，位于中间的加强栅为竖杆和斜杆，节间长度即为齿间距，取 65 mm，桁高为加强杆与脱粒齿杆的距离，取 30 mm。

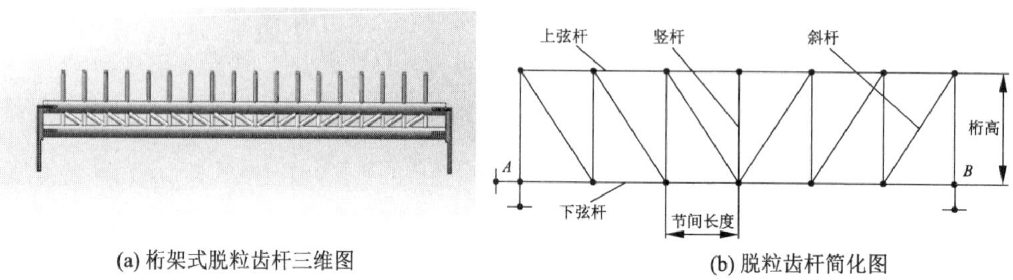

(a) 桁架式脱粒齿杆三维图　　(b) 脱粒齿杆简化图

图 6-28　桁架式脱粒齿杆

对脱粒齿杆内部的加强栅进行受力分析，并将其简化为等代梁，如图 6-29 所示。

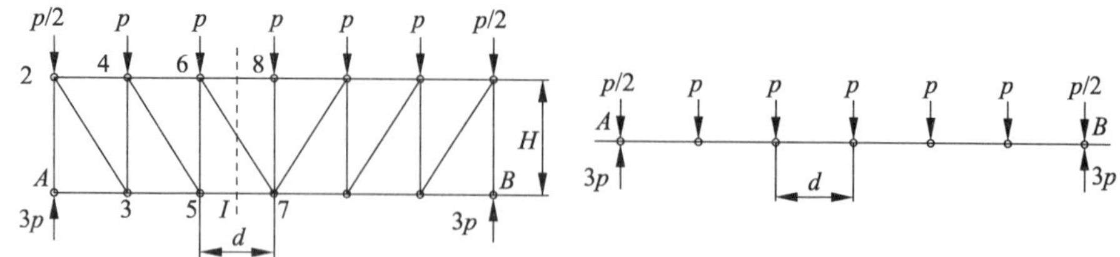

图 6-29　桁架式脱粒齿杆及简化等代梁

采取截面法截取脱粒齿杆中间部分，由截面 $I-I$ 截断脱粒齿杆，将左侧作为隔离体，中心点 7 作为研究对象，对点 7 取力矩求得

$$P_{N68}=-\frac{\left(p_{yA}-\frac{p}{2}\right)\times 3d-p\times 2d-p\times d}{h} \tag{6-28}$$

式中：p 为载荷；d 为距离。

P_{N68} 的分子为脱粒齿杆等代梁上与节点 7 对应截面的弯矩 M_7^0，分母 h 为 P_{N68} 的对矩心力臂，则式(6-28)可简化为

$$P_{N68}=-\frac{M_7^0}{h} \tag{6-29}$$

同理，其他弦杆的力可以用类似的公式表达：

$$P_{NU}=\pm\frac{M_u^0}{h} \tag{6-30}$$

式中：M_u^0 为等代梁(脱粒齿杆)上相应截面的弯矩，下弦杆(加强杆)受拉力，取正号；上弦杆(脱粒齿杆)受压力，取负号。

在平行桁架的结构中，h 为常数，弦杆的内力与 M_u^0 呈比例变化，弦杆所受内力的分布规律为“中间弦杆内力较大，两侧弦杆内力较小”。

竖杆 6－5 和 6－7 的内力可由截面 $I-I$ 以左部分平衡条件求得

$$\sum Y=0 \tag{6-31}$$

其中竖杆所受内力和斜杆所受内力的垂直分力均等于等代梁对应节间处的剪力 P_s^0，即

$$P_{Ny}=\pm P_s^0 \tag{6-32}$$

脱粒齿杆内竖杆与斜杆的内力可正可负，其数值与等代梁的剪力有关，靠近脱粒齿杆两端的内力较大，脱粒齿杆中间部位的竖杆与斜杆内力较小。这种脱粒齿杆的齿杆及加强杆主要承受弯矩作用，而其中的加强栅主要承受剪力作用。

在平面多边形中，三角形的稳定性最强，因此第二种高强度脱粒齿杆的加强板采用三角形结构。如图 6-30a 所示，在脱粒齿杆下方安装一个倒三角形的加强板，加强板厚度为 5 mm，加强板两端与卡爪连接杆焊接，顶端与脱粒齿杆焊接。

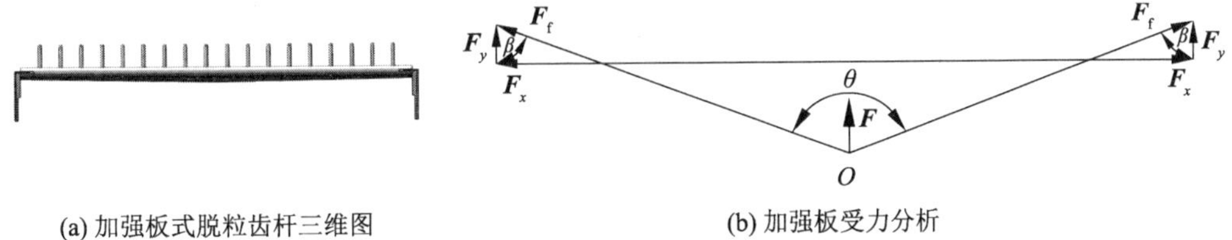

(a) 加强板式脱粒齿杆三维图　　(b) 加强板受力分析

图 6-30　加强板式脱粒齿杆

对脱粒齿杆下方的倒三角加强板进行受力分析，如图 6-30b 所示。由于脱粒齿杆与加强板焊接，将脱粒齿杆受到的离心力 F 看作倒三角加强板下顶点 O 受到的压力，则两边线同样受到压力，三角形左右两端点分别受到水平的拉力 F_x 和垂直的反支撑力 F_y，即

$$F_y=\cos\beta=\cos\frac{\theta}{2} \tag{6-33}$$

由式(6-33)可知,θ 角越大,F_y 就越小,卡爪连接杆受到的拉力也就越小。倒三角加强板的 θ 取 160°。相对于桁架式脱粒齿杆,加强板式脱粒齿杆结构更简单,加工更方便。为了详细对比分析传统脱粒齿杆、桁架式脱粒齿杆与加强板式脱粒齿杆的强度及实用性,采用 ANSYS 软件对这 3 种脱粒齿杆进行受力分析。

6.3.2 脱粒齿杆静力学仿真方案

首先将利用 SolidWorks 软件建立的 3 种脱粒齿杆模型进行格式转换,保存为 X－T 格式,导入 Ansys－Workbench 中进行受力分析,脱粒齿杆的结构材料为 Q235A,其具体参数如表 6-13 所示。

表 6-13 脱粒齿杆材料特性

属性名称	数值	单位
密度	7 654	kg/m^3
弹性模量	203×10^9	Pa
泊松比	0.3	
屈服强度	235×10^6	Pa
强度极限	125×10^6	Pa

脱粒齿杆中的各个零部件之间均为焊接,因此在接触设置中选用 Bonded 接触进行模拟。采用 Bonded 接触的脱粒钉齿、齿杆、卡爪连接杆、加强栅与加强板等各部件之间是紧密固定的,不会发生相对位移。

导入脱粒齿杆的模型后对模型进行网格划分,局部网格尺寸设置为 5.0 mm,如图 6-31 所示。其中桁架式脱粒齿杆划分后的网格共有 101 753 个节点,68 982 个单元体。

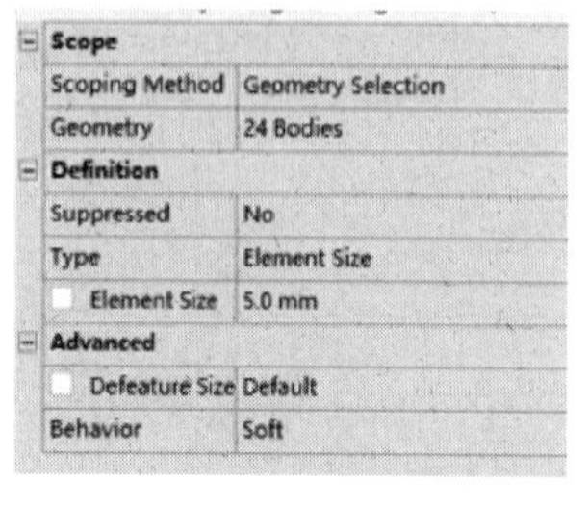

(a) 网格尺寸

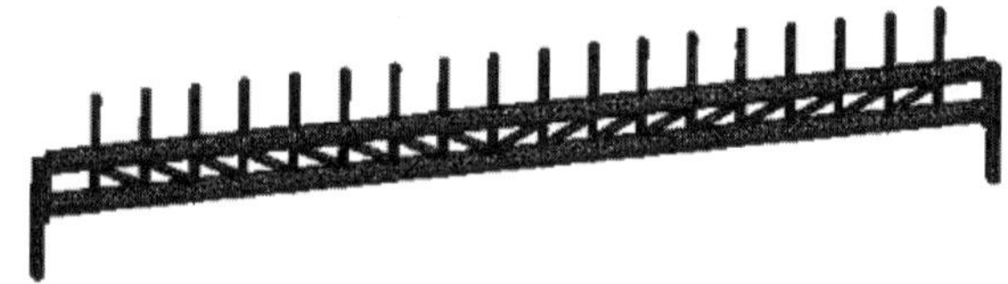

(b) 网格划分后的脱粒齿杆

图 6-31 桁架式脱粒齿杆模型

在有限元分析中,为脱粒齿杆模型设置正确的载荷及约束调节可以有效地提高仿真计算结果的准确性,反映真实的载荷情况。对脱粒滚筒转动过程中的脱粒齿杆进行受力分析:脱粒滚筒空转过程中,脱粒齿杆主要受到自身离心力及脱粒齿杆两端连接卡爪对其产生的拉力作用;脱粒滚筒在收获作物时,其上的脱粒钉齿还受到作物对其产生的横向反作用力。

针对上述两种情况分别施加约束和载荷,如图 6-32 所示,分析 3 种脱粒齿杆在受离心力及打击物料时受作物的侧向反作用力时的受力及形变情况。

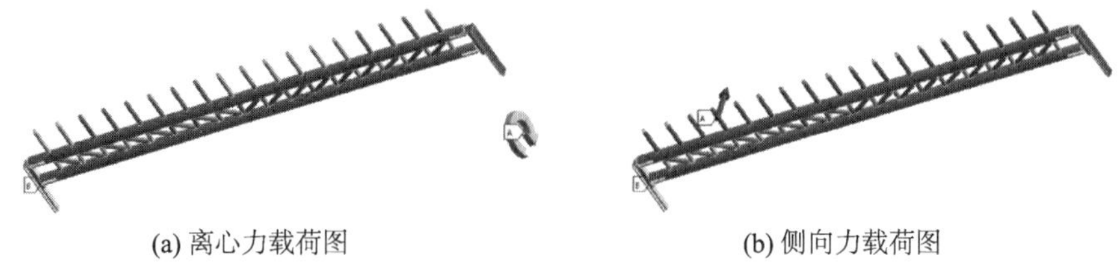

(a) 离心力载荷图　　(b) 侧向力载荷图

图 6-32　脱粒齿杆所受载荷分布图

图 6-32a 为脱粒齿杆受离心力时施加的约束及载荷情况，在卡爪连接杆两侧施加约束，设脱粒滚筒半径为 300 mm，以脱粒齿杆中心下方 300 mm 为旋转轴心，以 600 r/min 的转速进行旋转分析。图 6-32b 为脱粒齿杆打击物料时受侧向反作用力时施加的约束及载荷情况，同样在卡爪连接杆两侧施加约束，在每根脱粒齿杆上施加的载荷可通过相关学者的研究资料获得。例如，徐太白等加工了一种特殊的脱粒钉齿，其钉齿为圆柱形的压力传感器，通过钉齿压力传感器测得在脱粒滚筒工作过程中每根钉齿所受的力在 80～120 N，因此选择施加在每根脱粒钉齿上的力为 120 N。

6.3.3　仿真结果分析

(1) 离心力作用下仿真结果分析

由于 3 种脱粒齿杆的结构、质量均不相同，得到的 3 种脱粒齿杆在离心力的作用下发生的位移变形云图和等效应力云图也不相同。脱粒齿杆的最低屈服强度为 235 Mpa，为了保证其上零件不会失效，脱粒齿杆在工作过程中所受的最大应力应低于其屈服强度。

图 6-33 所示为传统脱粒齿杆的受力变形情况，传统脱粒齿杆的质量为 6.5 kg，所受最大应力为 369.9 MPa，位于脱粒齿杆与卡爪连接杆连接部位，此处为焊接。传统脱粒齿杆所受的最大应力大于脱粒齿杆材料的屈服强度，因此其在工作过程中会发生变形。传统脱粒齿杆的最大变形量为 8.59 mm，位于脱粒齿杆的中心部位，即脱粒滚筒在转动过程中，传统脱粒齿杆的中心部位会沿滚筒径向发生 8 mm 左右的位移变形。脱粒装置的脱粒间隙一般为 10～40 mm，因此脱粒齿杆发生 8 mm 的径向位移变形会严重影响脱粒质量，甚至在脱粒间隙较小的情况下，脱粒齿杆上的钉齿会打击到凹板筛，造成脱粒装置严重损坏等问题，因此变直径滚筒无法采用传统脱粒齿杆进行脱粒作业。

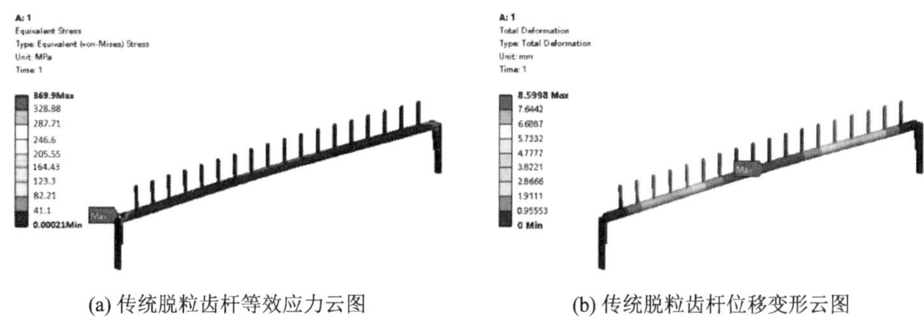

(a) 传统脱粒齿杆等效应力云图　　(b) 传统脱粒齿杆位移变形云图

图 6-33　离心力作用下传统脱粒齿杆的受力变形情况

图 6-34 所示为桁架式脱粒齿杆的受力变形情况。桁架式脱粒齿杆的质量为 9.6 kg，所受的最大应力为 185.63 MPa，位于脱粒齿杆两端与卡爪连接杆焊接部位及加强杆与卡爪连接杆焊接部位，最大应力值小于脱粒齿杆材料的屈服强度值，因此桁架式脱粒齿杆的强度可以满足使用要求。桁架式脱粒齿杆沿脱粒滚筒径向的最大变形量为 1.25 mm，同样位于脱粒齿杆的中心部位，远小于一般脱粒齿杆在实际应用中的形变控制要求（3 mm）。这是因为其采用了桁架原理，其他部位受力及变形均较小，因此在脱粒滚筒工作过程中不会发生较大的形变，不会影响脱粒质量，但桁架式脱粒齿杆的缺点在于其结构较复杂，质量较大。

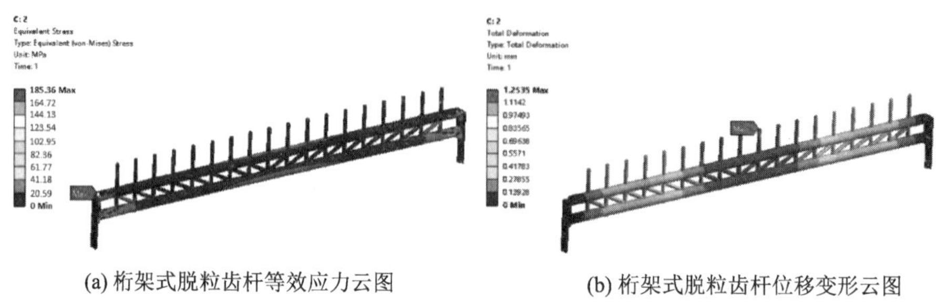

(a) 桁架式脱粒齿杆等效应力云图　　(b) 桁架式脱粒齿杆位移变形云图

图 6-34　离心力作用下桁架式脱粒齿杆的受力变形情况

图 6-35 所示为加强板式脱粒齿杆的受力变形情况。加强板式脱粒齿杆的质量为 8.1 kg，所受的最大应力为 198.32 Mpa，位于脱粒齿杆两端与卡爪连接杆焊接部位，最大应力值小于脱粒齿杆材料的屈服强度值，因此加强板式脱粒齿杆的强度可以满足使用要求。加强板式脱粒齿杆沿脱粒滚筒径向的最大变形量为 2.579 mm，同样位于脱粒齿杆的中心部位，虽小于一般脱粒齿杆在实际应用中的形变控制要求（3 mm），但相差并不大，富余量略小，不过同样可以保证其在脱粒滚筒工作过程中不会发生较大的形变，进而影响脱粒质量。

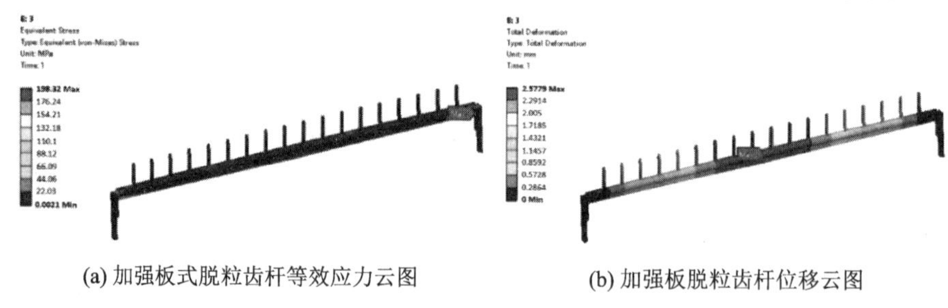

(a) 加强板式脱粒齿杆等效应力云图　　(b) 加强板脱粒齿杆位移云图

图 6-35　离心力作用下加强板式脱粒齿杆的受力变形情况

（2）侧向力作用下仿真结果分析

由于 3 种脱粒齿杆的结构不同，因此 3 种脱粒齿杆在物料对脱粒钉齿产生的侧向力作用下发生的位移变形云图和等效应力云图也不相同。

图 6-36 所示为传统脱粒齿杆在物料对脱粒钉齿产生的侧向力作用下发生的位移变形云图和等效应力云图，其所受最大应力为 204.9 MPa，发生在脱粒齿杆与卡爪连接杆连接部位的焊接处，最大应力小于脱粒齿杆材料的屈服强度值，因此传统脱粒齿杆受侧向力时

的强度可以满足使用要求。传统脱粒齿杆的最大变形量为 2.71 mm，位于脱粒齿杆的中心部位，小于一般脱粒齿杆在实际应用中的形变控制要求(3 mm)，符合使用条件。

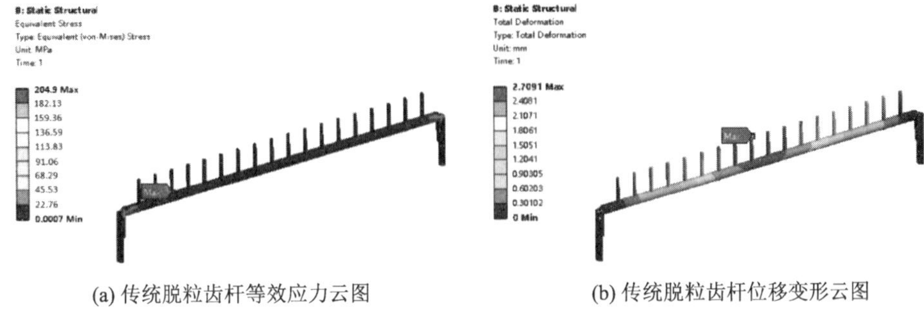

(a) 传统脱粒齿杆等效应力云图　　(b) 传统脱粒齿杆位移变形云图

图 6-36　侧向力作用下传统脱粒齿杆受力变形情况

图 6-37 所示为桁架式脱粒齿杆在物料对脱粒钉齿产生的侧向力作用下发生的位移变形云图和等效应力云图，其所受最大应力为 224.83 MPa，位于脱粒齿杆与卡爪连接杆连接处，最大应力值小于脱粒齿杆材料的屈服强度值。桁架式脱粒齿杆的最大变形量为 3.83 mm，位于脱粒齿杆的中心部位，略大于一般脱粒齿杆在实际应用中的形变控制要求(3 mm)。

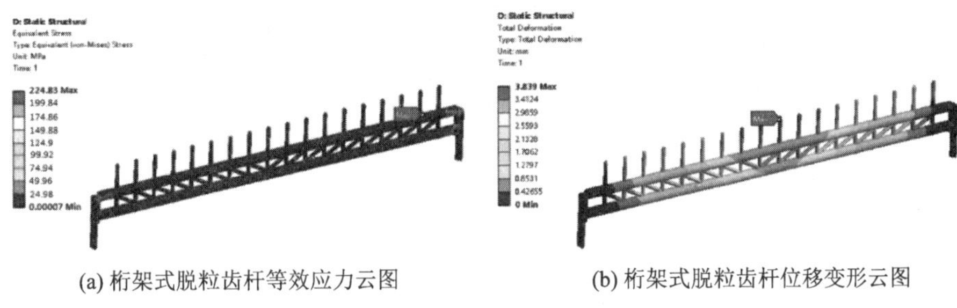

(a) 桁架式脱粒齿杆等效应力云图　　(b) 桁架式脱粒齿杆位移变形云图

图 6-37　侧向力作用下桁架式脱粒齿杆受力变形情况

图 6-38 所示为加强板式脱粒齿杆在物料对脱粒钉齿产生的侧向力作用下发生的位移变形云图和等效应力云图，其所受最大应力值为 214.31 MPa，位于脱粒齿杆与卡爪连接杆连接处，最大应力值小于脱粒齿杆材料的屈服强度值。加强板式脱粒齿杆的最大变形量为 2.56 mm，位于脱粒齿杆的中心部位，小于一般脱粒齿杆在实际使用时的形变控制要求(3 mm)，符合使用条件。

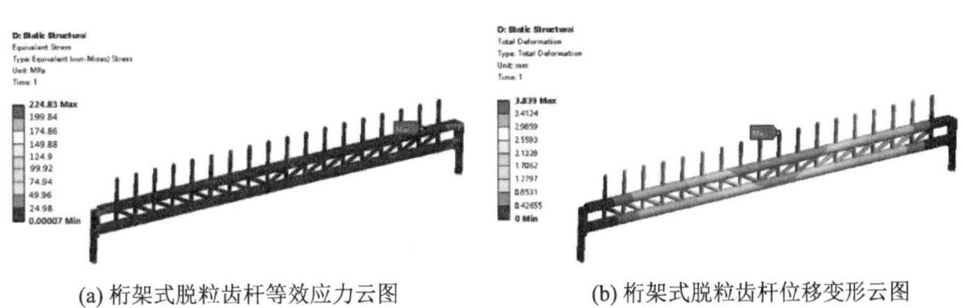

(a) 桁架式脱粒齿杆等效应力云图　　(b) 桁架式脱粒齿杆位移变形云图

图 6-38　侧向力作用下加强板式脱粒齿杆受力变形情况

(3) 脱粒齿杆选择

上述3种脱粒齿杆的仿真分析结果表明,受离心力作用时,传统脱粒齿杆所受最大应力及位移变形量均为最大且超过材料屈服强度,无法应用在变直径滚筒上。桁架式脱粒齿杆所受最大应力及位移变形量均为最小,加强板式脱粒齿杆所受最大应力及位移变形量均处于中间水平,且两种均符合使用要求。在受侧向力作用时,桁架式脱粒齿杆所受最大应力接近脱粒齿杆材料的屈服强度,且其位移变形量略大于脱粒齿杆实际使用要求的变形量,而加强板式脱粒齿杆均符合使用要求。考虑到变直径滚筒需要安装6根脱粒齿杆,而桁架式脱粒齿杆的结构复杂、加工相对困难、质量较大,且在脱粒过程中其上的加强杆与加强栅会造成挂草现象等问题,最终选用加工相对方便、质量较轻且强度较高的加强板式脱粒齿杆作为变直径滚筒的脱粒齿杆,其加工实物图如图6-39所示。

图 6-39 加强板式脱粒齿杆实物图

6.4 变直径滚筒电控自锁装置

在保证变直径滚筒手动调节装置设计核心不变的前提下,对手动直径调节装置中的调节自锁装置进行改造,将原调节自锁装置中起动力输出、传递和自锁作用的调节转盘、内棘轮、自锁轮等装置去除,更换为伺服电机。

6.4.1 电控自锁装置的结构及工作原理

电控自锁装置分为传动机构和电控机构两部分,如图6-40所示。传动机构保留手动调节装置中所设计的安装在后支撑辐盘内外两侧的行星齿轮组,内行星齿轮组中的太阳轮与直径调节装置中的等速螺线盘通过花键套连接。将内棘轮更换为大齿轮,自锁轮更换为伺服电机及电机齿轮,外行星齿轮组中的太阳轮与大齿轮通过平键套连接,大齿轮又与安装在支撑辐盘上的伺服电机的电机齿轮啮合,伺服电机可以起到动力输出、传递及自锁作用。电控机构主要包括伺服电机、电机齿轮、大齿轮、驱动器、直线位移传感器。后支撑辐盘采用空心圆环结构,直线位移传感器安装位置与卡爪及卡爪连杆平行,位移传感器的前端顶针探头与卡爪固定连接。位移传感器可以直接测得卡爪沿脱粒滚筒的径向位移量，即脱粒滚筒直径的变量。

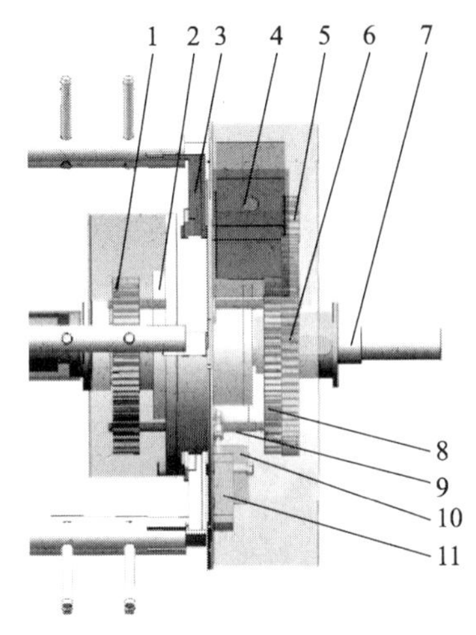

(a) 电控自锁装置左视图

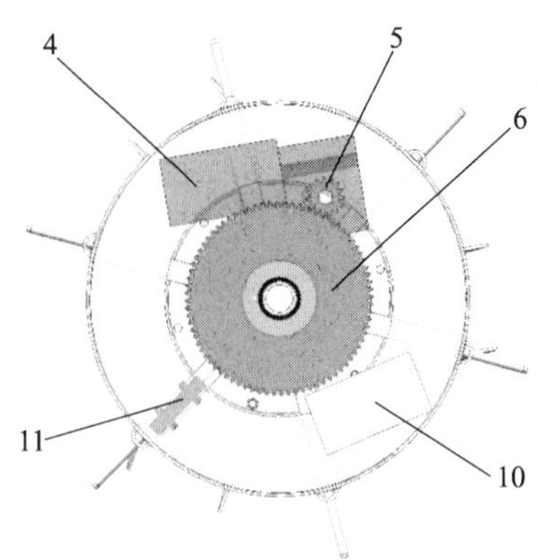

(b) 电控自锁装置主视图

1—内行星齿轮组；2—等速螺线盘；3—卡爪；4—电机；5—电机齿轮；6—大齿轮；7—主轴；
8—外行星齿轮组；9—连接轴；10—驱动器；11—位移传感器。

图 6-40　电控自锁装置原理图

电控自锁装置的工作原理：当联合收获机在长势不均匀的水稻田中进行收获作业，需要根据不同的喂入量及时调节脱粒滚筒直径时，驾驶人员可通过控制设备使伺服电机上的电机齿轮转动，电机齿轮带动大齿轮转动，大齿轮通过平键套使外行星齿轮组转动，外行星齿轮组带动内行星齿轮组转动，内行星齿轮组中的太阳轮转动使直径调节装置中的等速螺线盘发生转动。等速螺线盘内侧的平面螺纹转动使卡爪沿限位盘的“工”形导轨槽口发生径向往复运动，即可改变卡爪顶端脱粒齿杆的相对位置，同时，两组直径调节装置之间通过套筒联动，即可实现脱粒滚筒直径整体、快速地调节。

6.4.2　电控自锁装置的动力性能分析

为了在脱粒滚筒工作过程中实现滚筒直径的实时调节，首先需要计算伺服电机的功率，使其可以满足驱动直径调节装置所需的动力要求。假设脱粒齿杆在滚筒工作过程中只受到滚筒高速转动产生的离心力 F_1 及打击物料的所受的反作用力 F_2 作用，对支撑脱粒齿杆的卡爪连接杆进行受力分析。当需要减小脱粒滚筒直径时，卡爪连接杆需沿滚筒径向向下方移动，此时卡爪连接杆受力如图 6-41a 所示：① 脱粒齿杆的拉力 F（由于脱粒齿杆两端分别有一个卡爪连接杆，因此卡爪连接杆受脱粒齿杆的拉力 F 为脱粒齿杆的离心力 F_1 的一半）；② 由物料对脱粒齿杆的反作用力所产生的支撑辐盘对卡爪连接杆的压力 F_N；③ 卡爪连接杆与支撑辐盘间产生的向上的摩擦力 F_f。当需要增大脱粒滚筒直径时，卡爪连接杆需沿滚筒径向向上方移动，此时卡爪连接杆受力如图 6-41b 所示：① 脱粒齿杆的拉力 F；② 由物料对脱粒齿杆的反作用力所产生的支撑辐盘对卡爪连接杆的压力 F_N；③ 卡爪连接杆与支撑辐盘间产生的向下的摩擦力 F_f。

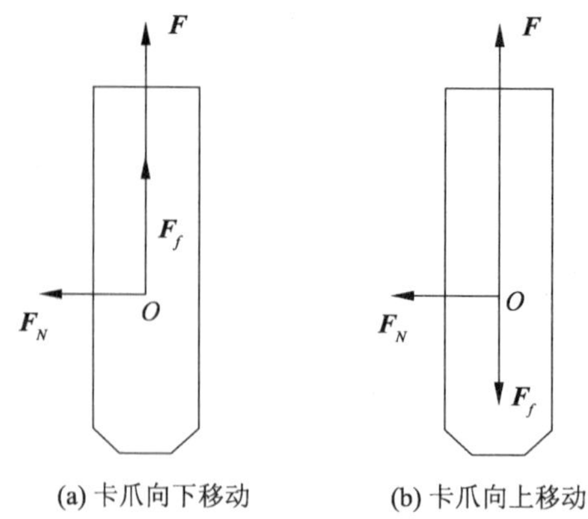

(a) 卡爪向下移动　　(b) 卡爪向上移动

图 6-41　卡爪受力分析图

由上述分析可知，当需要减小脱粒滚筒直径时，卡爪连接杆受到的径向总力 $F_总$ 最大，即此时伺服电机为克服卡爪所受径向总力 $F_总$ 使卡爪向下移动所需的驱动力最大。其中

$$F_总 = F + F_f \tag{6-34}$$

$$F_f = \mu F_N \tag{6-35}$$

式中：μ 为摩擦系数，这里取钢的最低摩擦系数 0.05。

脱粒齿杆的离心力 F_1 与滚筒转速之间的关系为

$$F_1 = \omega^2 \times r \times m \tag{6-36}$$

$$\omega = 2\pi n \tag{6-37}$$

式中：n 为滚筒转速，取值为 600 r/min；r 为滚筒半径，取值为 0.3 m；m 为脱粒齿杆质量，测得值为 8 kg。由式(6-36)和式(6-37)计算得出 F_1 为 9 465 N，$F=F_1/2=4\ 733$ N。

已知脱粒齿杆受到物料的反作用力为 2160 N，则 F_N 为 1080 N，计算得出 F_f 为 54 N，卡爪连接杆所受的径向总力 $F_总$ 为 4787 N。对等速螺线盘进行受力分析，如图 6-42 所示。由于等速螺线盘与内行星齿轮组中的太阳轮同轴，且太阳轮和行星轮相互啮合，因此可以看作等速螺线盘受行星轮的切向力 F_t 作用。

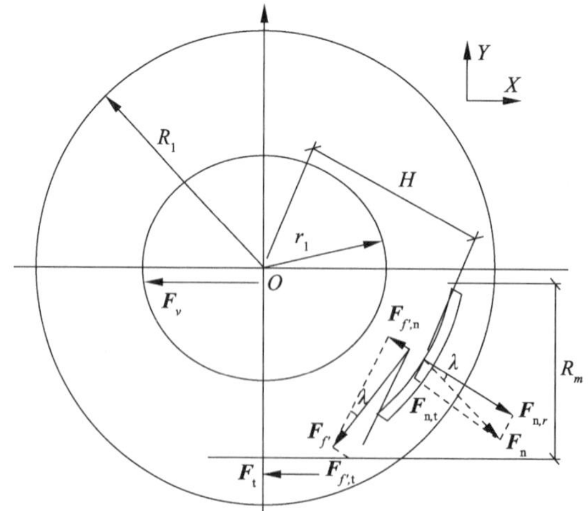

图 6-42　等速螺线盘受力分析

已知等速螺线盘主要受到 6 根卡爪的法向反力 F_n 及摩擦力 $F_{f'}$ 的作用,可以得出平衡方程

$$\Sigma X = F_t - F_v = 0 \tag{6-38}$$

$$\Sigma M_0 = F_t R_m - 6F_{n,t}H - 6F_{f',t}H = 0 \tag{6-39}$$

同时已知

$$F_{n,t} = P\sin\lambda F_{n',r} = P\cos\lambda F_{f',t} = fF\cos\lambda \tag{6-40}$$

式中:f 为接触表面的摩擦系数;λ 为等速螺线盘的螺旋升角,如第 3 章所述,取 1.14°。等速螺线盘螺牙齿宽中心点的分度圆半径为

$$R_m \approx r_1 + \frac{2}{3}(R_1 - r_1) \tag{6-41}$$

等速螺线盘与卡爪凹槽接触的半径

$$H \approx r_1 + \frac{1}{2}(R_1 - r_1) \tag{4-42}$$

式中:R_1 为长盘外径;r_1 为长盘内径。

将上述公式代入式(6-11)和式(6-12)中,即可得出等速螺线盘所受的切向作用力:

$$F_t = \frac{9 \times F_{n,r} \times (R_1 + r_1) \times (\sin\lambda + f\cos\lambda)}{(2R_1 + r_1)} \tag{6-43}$$

已知径向驱动总力 $F_{n,r}$ 为 4787 N,$R=65$ mm,$r=30$ mm,$f=0.15$,可得 $F_t=4\,323$ N。

等速螺线盘的转矩为

$$T = T_t \times R_m = 216\ \text{N}\cdot\text{m} \tag{6-44}$$

由于等速螺线盘与大齿轮之间通过两组行星齿轮组传递动力,因此大齿轮的转矩也为 216 N·m。已知电机齿轮与大齿轮的传动比为 5∶1,可计算出电机的最小转矩为 43 N·m,电机的最小功率

$$P = \frac{Tn}{9\,550} \tag{6-45}$$

式中:T 为转矩,N·m;n 为转速, r/min。

根据上述数据,最终选择由广州市德马克公司生产的 D5BLD450 型伺服电机,其三维尺寸为长 205 mm,宽 90 mm,高 110 mm,可以安装到电控自锁装置内。该伺服电机额定功率为 450 W,电压为 48 V,额定转速为 3 000 r/min,额定转矩为 1.43 N·m,最大转矩为 4.3 N·m。该伺服电机配有精密行星减速机,最大减速比为 250∶1,最小输出转速为 12 r/min,额定输出转矩为 41 N·m,最大输出转矩为 82 N·m。

已知电机齿轮与大齿轮的传动比为 5∶1,将电机减速比选为 20∶1,最大输出转矩为 60 N·m,电机转速为 150 r/min。通过齿轮间的转速比可计算出等速螺线盘的转速为 30 r/min,由前文介绍可知,等速螺线盘每转动一圈,卡爪位移为 8 mm,即滚筒半径位移量为 8 mm,也就是说,脱粒滚筒的直径调节速度为 8 mm/s,且为无级调节。

6.4.3　滚筒直径位移监测系统

电控自锁装置中的位移传感器选用米朗 KTM－50 mm 微型拉杆式直线位移传感器,

其量程为 50 mm，供电电压为 15～24 V。

首先将脱粒滚筒直径调节为 600 mm，然后将直线位移传感器行程拉到 25 mm 处，最后将位移传感器顶端探针与直径调节装置的卡爪连接，如图 6-43 和图 6-44 所示。

图 6-43　位移传感器安装位置

图 6-44　位移传感器显示器

调节滚筒直径后，假设位移传感器显示器上的数值为 X mm，则实际脱粒滚筒直径

$$D=600+2(X-25) \tag{6-46}$$

脱粒装置内的脱粒滚筒处于封闭空间，并且在联合收获机工作过程中，脱粒滚筒处于高速旋转状态。如何将外置电源的电流输送给伺服电机及直线位移传感器，并将直线位移传感器的信号传递出来，是变直径滚筒电控自锁装置需要解决的又一问题。为解决上述问题，在脱粒滚筒主轴的末端安装导电滑环(默孚龙，中国深圳)，如图 6-45 所示。

图 6-45　导电滑环安装位置

导电滑环作为一种能够将电流等数据信号从固定装置传递到旋转装置中的机电部件，由旋转部分与静止部分组成。旋转部分与滚筒主轴连接并随滚筒转动，静止部分与联合收获机的机架固定，通过导电滑环旋转部分的引线与伺服电机及位移传感器连接。固定部分的引线穿过机架并延伸至联合收获机驾驶室，与驾驶室内的电源及位移传感器显示器连接，可以在脱粒滚筒旋转的状态下，将电流传输到伺服电机上，并将位移传感器信号传输到位移传感器显示器上，实时显示滚筒直径大小。导电滑环的具体结构参数如图 6-46 所示。

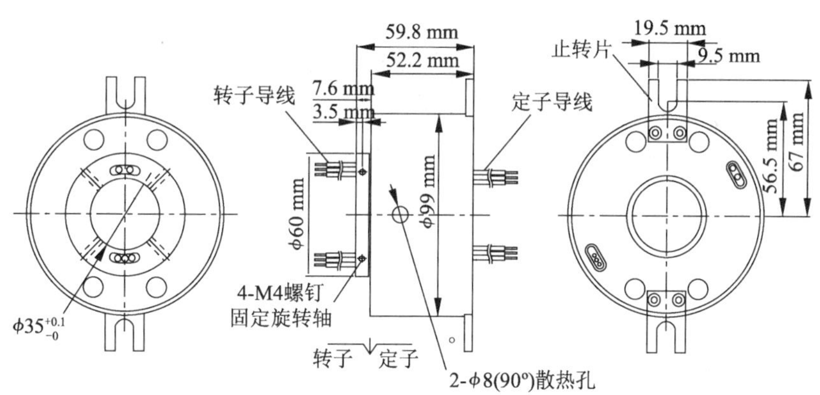

图 6-46　导电滑环结构参数

6.4.4　变直径滚筒静、动平衡检测

由于变直径滚筒在脱粒滚筒尾部的电控自锁装置内安装了质量较大的伺服电机及位移传感器、驱动器等装置，因此滚筒回转切面内的偏心质量极不均匀。首先需要对变直径滚筒进行静平衡配重，以改善其质量不均匀的状况，在达到静平衡配重标准后，才能进行动平衡检测及校核。

静平衡检测如图 6-47 所示，首先将变直径滚筒安装在动平衡仪两端支架的滑道上，手动转动脱粒滚筒，若此时脱粒滚筒未达到静平衡，则滚筒在偏心重力的作用下，重力较大的位置始终处于滚筒轴的下方，在此处增加标志后，在相反方向的某个位置安装配重块，反复试验，直到手动转动脱粒滚筒后，滚筒上贴标志处可以停留在任意位置，则此时经过配重的变直径滚筒便达到静平衡状态。

图 6-47　静平衡检测及配重

之后，可采用上海动亦静试验机有限公司生产的 DYJ－580D 型动平衡检测仪，依照国家标准对变直径滚筒进行动平衡检测。分别在滚筒首端（A 端）和滚筒末端（B 端）支撑辐盘内侧安装配重铁块，配重后的变直径滚筒的动平衡符合国家要求标准，如图 6-48 所示。

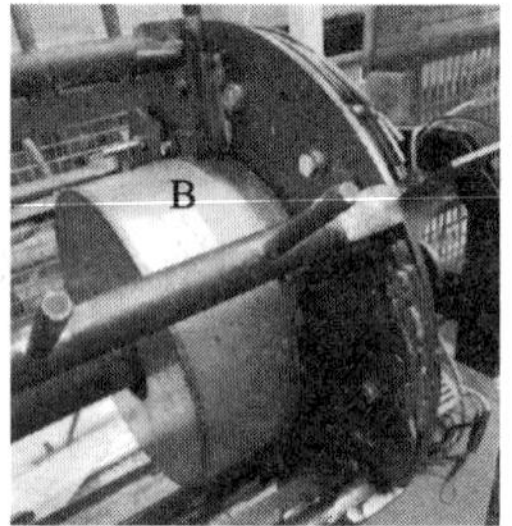

图 6-48　动平衡检测及配重

第 7 章 变直径滚筒脱粒装置自适应控制系统

传统脱粒装置无法根据作业环境的变化自动调整工作参数以保证作业性能。本章将研制的变直径滚筒脱粒装置作业状态监测系统和脱粒性能自适应控制系统集成到联合收获机上，通过田间试验对比未开启与开启自适应控制系统的变直径滚筒脱粒装置的作业性能指标变化，检验变直径滚筒脱粒装置自适应控制系统的作业性能。

7.1 变直径滚筒脱粒装置自适应控制模型

本章主要研究籽粒夹带损失率、破损率与脱粒装置工作参数（前进速度、滚筒转速、滚筒直径）之间的关联性，确定影响脱粒性能的主要因素；以主要的脱粒装置工作参数为试验因素进行脱粒性能响应面试验，根据响应试验结果，建立变直径滚筒脱粒装置工作参数与性能指标之间的数学模型，并基于自适应控制算法建立变直径滚筒脱粒装置自适应控制模型。

7.1.1 变直径滚筒脱粒装置性能参数与工作参数的关联性分析

（1）变直径滚筒脱粒装置数学模型建立

为了分析不同工况下变直径滚筒脱粒装置工作参数与脱粒性能之间的关系，确定脱粒性能的主要影响因素，以滚筒转速、滚筒直径、前进速度为影响因素，以籽粒夹带损失率、破损率为脱粒性能指标进行正交旋转组合试验（见表 7-1），田间试验于 2019 年 10 月在江苏省苏州市进行，具体试验方法参照第 3.4.1 节所介绍的试验方案，试验数据如表 7-2 所示。

表 7-1 因素水平编码表

水平	前进速度 $x_1/(\mathrm{m \cdot s^{-1}})$	滚筒直径 x_2/mm	滚筒转速 $x_3/(\mathrm{r \cdot min^{-1}})$
+1.682	1.3	620	700
+1	1.2	612	660
0	1	600	600
−1	0.8	588	540
−1.682	0.7	580	500

表 7-2　二次回归正交旋转试验数据

序号	x_1	x_2	x_3	夹带损失率 y_1/%	破损率 y_2/%
1	−1	−1	−1	0.54	0.81
2	1	−1	−1	0.65	0.71
3	−1	1	−1	0.68	1.08
4	1	1	−1	0.84	0.75
5	−1	−1	1	0.31	1.31
6	1	−1	1	0.39	1.27
7	−1	1	1	0.31	1.37
8	1	1	1	0.82	1.25
9	−1.682	0	0	0.34	1.41
10	1.682	0	0	0.68	0.82
11	0	−1.682	0	0.69	0.76
12	0	1.682	0	0.77	1.25
13	0	0	−1.682	0.68	0.84
14	0	0	1.682	0.32	1.43
15	0	0	0	0.37	1.03
16	0	0	0	0.33	0.71
17	0	0	0	0.43	1.02
18	0	0	0	0.47	0.83
19	0	0	0	0.38	0.99
20	0	0	0	0.33	0.85
21	0	0	0	0.41	0.94
22	0	0	0	0.35	0.91
23	0	0	0	0.38	0.98

对试验数据采用 Design-Expert 软件进行回归分析，分别得出籽粒夹带损失率 y_1 和籽粒破损率 y_2 的回归数学模型如下：

$$y_1=0.38+0.1x_1+0.06x_2-0.11x_3+0.06x_1x_2+0.04x_1x_3+0.01x_2x_3+0.04x_1^2+0.12x_2^2+0.036x_3^2 \tag{7-1}$$

$$y_2=0.92-0.12x_1+0.08x_2+0.21x_3-0.04x_1x_2+0.03x_1x_3-0.03x_2x_3+0.06x_1^2+0.03x_2^2+0.07x_3^2 \tag{7-2}$$

式中：y_1 为籽粒夹带损失率；y_2 为籽粒破损率；x_1 为前进速度；x_2 为滚筒直径；x_3 为滚筒转速。

分别对回归方程(7-1)(7-2)进行方差分析，结果如表 7-3 所示。回归方程(7-1)(7-2)在 $\alpha=0.05$ 水平上非常显著，且籽粒夹带损失率的失拟检验为 $F=3.40$、籽粒破损率的失

拟检验为 $F=3.24$，均小于 $F_{0.05}(5,8)=3.69$，相关性不显著。由于方程拟合性良好，因此该回归模型能够实现对试验指标的预测及参数的控制。

表 7-3　回归方程显著性分析

指标	方差来源	D_f	S_s	M_s	F	显著性
夹带损失率	回归分析	9	0.68	0.075	17.98	显著
	残差	13	0.052	0.004		
	失拟	5	0.037	0.007	3.40	不显著
破损率	回归分析	9	0.98	0.11	18.78	显著
	残差	13	0.075	0.005		
	失拟	5	0.05	0.01	3.24	不显著

对回归系数进行显著性分析，以 $\alpha=0.05$ 显著水平剔除不显著项，分别得出籽粒夹带损失率 y_1 和籽粒破损率 y_2 简化后的数学模型：

$$y_1=0.38+0.1x_1+0.06x_2-0.11x_3+0.06x_1x_2+0.04x_1^2+0.12x_2^2+0.036x_3^2 \tag{7-3}$$

$$y_2=0.92-0.12x_1+0.08x_2+0.21x_3-0.04x_1x_2+0.06x_1^2+0.03x_2^2+0.07x_3^2 \tag{7-4}$$

对式(7-3)(7-4)进行回归系数检验，得出各因素对籽粒夹带损失率的影响由大到小依次为滚筒转速 x_3、前进速度 x_1、滚筒直径 x_2；各因素对籽粒破损率的影响由大到小依次为前进速度 x_1、滚筒转速 x_3、滚筒直径 x_2。

籽粒夹带损失率和破损率作为表征脱粒性能的重要指标，在自身的约束条件下应使其获得最小值。依据优化后的籽粒夹带损失率 y_1 和籽粒破损率 y_2 的数学模型，要使

$$\begin{cases}\min y_1=f(x_1,x_2,x_3)\\ \min y_2=f(x_1,x_2,x_3)\end{cases}$$

约束条件为

$$\begin{cases}y_j>0(j=1,2,3)\\ -1.682\leqslant x_i\leqslant 1.682(i=1,2,3)\end{cases}$$

运行多目标优化获得三因素最佳参数组合方案：前进速度为 0.75 m/s，滚筒直径为 604 mm，滚筒转速为 600 r/min，夹带损失率和破损率分别为 0.52%和 0.71%。通过田间试验，在相同的条件下，采用上述工作参数进行试验验证，测得脱粒装置的籽粒夹带损失率为 0.55%，籽粒破损率为 0.73%。田间试验结果与理论分析结果拟合较好。

(2) 不同工作参数下脱粒性能试验结果分析

1) 工作参数对籽粒夹带损失率的影响

工作参数对籽粒夹带损失率的影响规律如图 7-1 所示。在前进速度 x_1 和滚筒直径 x_2 的交互作用中，随着前进速度增大，籽粒夹带损失率逐渐增大，随着滚筒直径增大，籽粒夹带损失率的曲线波动趋势为先减小后增大，并且在滚筒直径 $x_2=0$(600 mm)附近时，籽粒夹带损失率达到最小值。这是因为当滚筒直径较小时，脱粒间隙过大，这并不利于籽粒

在脱粒装置内的分离，因此籽粒的夹带损失率较大。而随着滚筒直径的不断增大，脱粒间隙相应地减小，当脱粒间隙不断逼近符合谷物脱粒需求的合理值时，籽粒夹带损失率逐渐降低。但是当滚筒直径增大到超过符合谷物脱粒需求的合理值后，脱粒间隙过小，物料层厚变大，籽粒很难穿过物料层，籽粒夹带损失率又会逐渐增大。

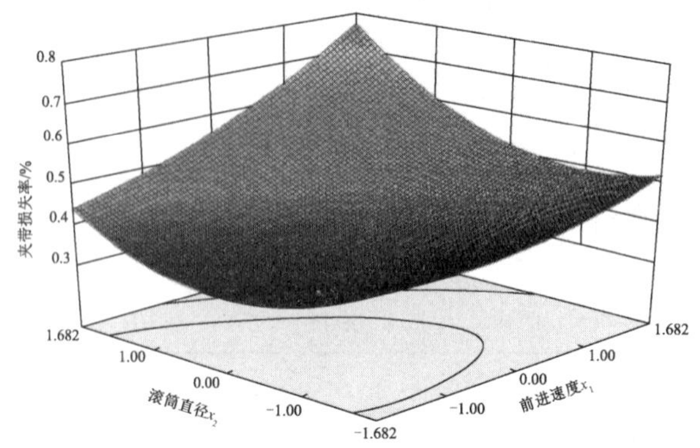

图 7-1　滚筒直径与前进速度对籽粒夹带损失率的影响

如图 7-2 所示，在前进速度 x_1 和滚筒转速 x_3 的交互作用中，籽粒夹带损失率随着前进速度的增大而逐渐上升，并且上升的幅度逐渐增大；籽粒夹带损失率随着滚筒转速的增大而逐渐降低，趋势较为平稳。在前进速度 $x_1=-1.682$(0.7 m/s)，滚筒转速 $x_3=1.682$(700 r/min)附近时，籽粒夹带损失率达到最小值。这是因为随着联合收获机前进速度的提高，脱粒装置的喂入量逐渐增大，脱粒装置内的物料增加，减小了籽粒透过物料层的概率，造成籽粒夹带损失率逐渐上升。同时随着滚筒转速的增加，脱粒装置内物料所受离心力增大，物料层变薄，更有助于籽粒分离，因此籽粒夹带损失率会逐渐减小。

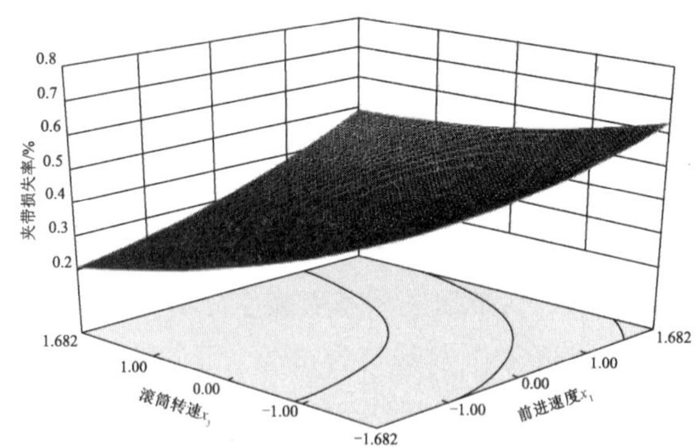

图 7-2　滚筒转速与前进速度对籽粒夹带损失率的影响

如图 7-3 所示，在滚筒直径 x_2 和滚筒转速 x_3 的交互作用中，随着滚筒直径的增大，籽粒夹带损失率的曲线呈先下降后上升的趋势；随着滚筒转速的增大，籽粒夹带损失率呈逐渐下降的趋势，在滚筒转速 $x_3=1$(660 r/min)，滚筒直径 $x_2=0$(600 mm)附近时，籽粒夹带损失率最低。

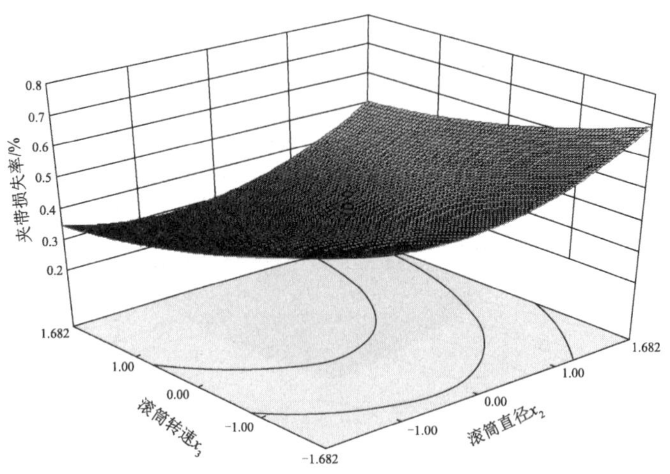

图 7-3　滚筒直径与滚筒转速对籽粒夹带损失率的影响

2）工作参数对籽粒破损率的影响

如图 7-4 所示，在前进速度 x_1 和滚筒直径 x_2 的交互作用中，随着前进速度的提高，籽粒破损率呈逐渐增大的趋势；随着滚筒直径的增大，籽粒破损率呈逐渐增大的趋势，并且在前进速度 $x_1=-1$(0.8 m/s)，滚筒直径 $x_2=1$(612 mm)附近时，籽粒破损率达到最小值。这是因为随着滚筒直径的增大，脱粒装置内的籽粒在物料层中所受的揉搓、挤压作用更强，所以籽粒破损率会逐渐增大。

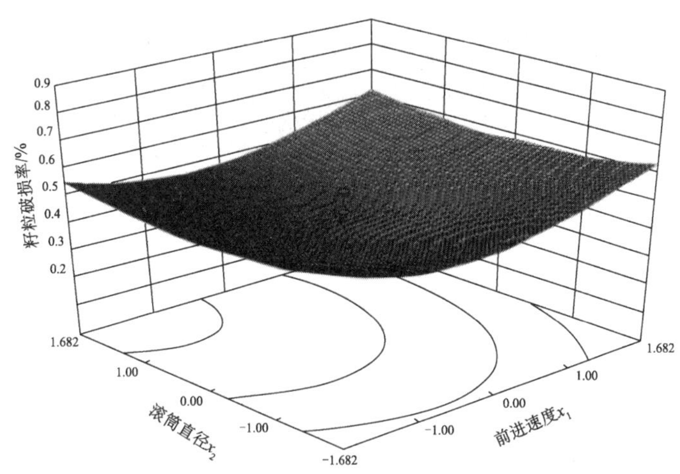

图 7-4　滚筒直径与前进速度对籽粒破损率的影响

如图 7-5 所示，在前进速度 x_1 和滚筒转速 x_3 的交互作用中，籽粒破损率随着前进速度和滚筒转速的增大而逐渐升高，其中籽粒破损率的曲线随着滚筒转速的增大，上升趋势较明显，在前进速度 $x_1=-1$(0.8 m/s)，滚筒转速 $x_3=-1$(540 r/min)附近时，籽粒破损率达到最小值。这是由于随着联合收获机前进速度的增大，脱粒装置的喂入量增大，使得脱粒装置内的物料层厚增加，籽粒受到的冲击、梳刷、揉搓及挤压作用增强，导致籽粒破损率逐渐增大，同时随着滚筒转速的提高，籽粒受到的击打力和被击打次数增加，籽粒破损率快速增大。

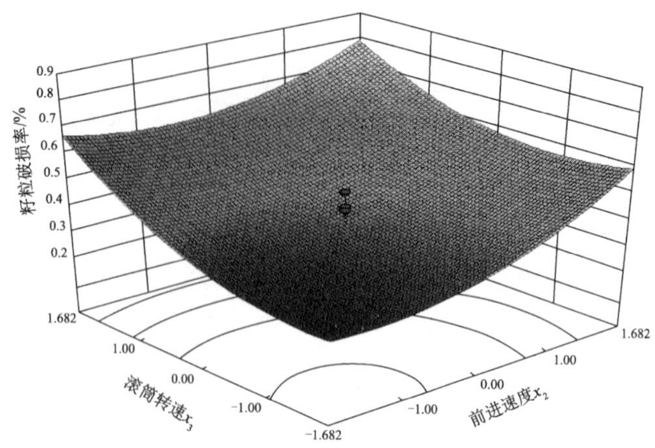

图 7-5　滚筒转速与前进速度对籽粒破损率的影响

如图 7-6 所示，在滚筒直径 x_2 和滚筒转速 x_3 的交互作用中，籽粒破损率曲线随着滚筒直径的增大、滚筒转速的增大而逐渐上升，其中籽粒破损率随着滚筒转速的增大上升趋势更明显，并且在滚筒直径 $x_2=1$(612 mm)，滚筒转速 $x_3=-1$(540 r/min)附近时，籽粒破损率达到最小值。

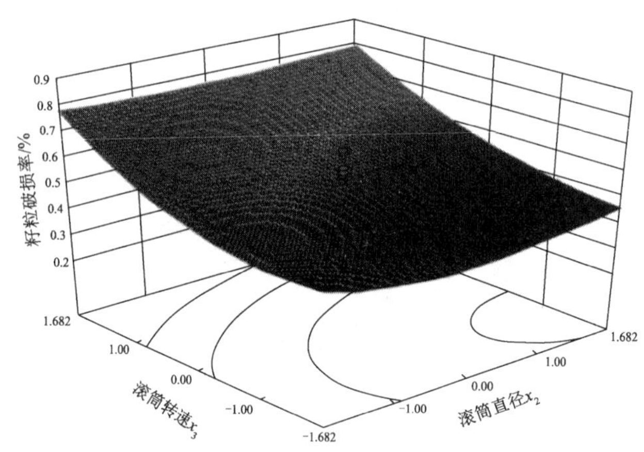

图 7-6　滚筒直径与滚筒转速对籽粒破损率的影响

7.1.2　变直径滚筒脱粒装置自适应控制算法

建立变直径滚筒脱粒装置自适应控制模型的目的是使联合收获机在不同的作业条件下，通过调节脱粒装置的工作参数(前进速度、滚筒直径、滚筒转速)就能使其脱粒性能参数(籽粒夹带损失率、籽粒破损率)始终保持在一个合理的范围内。因此下面采用自适应布谷鸟搜索算法对根据田间试验数据获得的变直径滚筒脱粒装置工作参数与性能参数的数学模型进行寻优求解，获得脱粒性能参数在合理范围内的最优解及其最佳工作参数组合。

(1) 布谷鸟搜索算法

布谷鸟搜索算法(CS)是一种通过效仿布谷鸟的寄生育雏行为来求解最优化问题的算

法，其灵感来源于布谷鸟独特的繁殖下一代的行为——布谷鸟使用特有的方式寻找与自己具有相似鸟卵的鸟巢进行产卵。该算法全称为基于 Lévy 飞行的布谷鸟算法，其特点在于搜索寻优的方式为 Lévy - flights 模式，可以在未知的环境中最大限度地提高搜索效率，且每一代都参考当前最优鸟巢，使得它具有高效的寻优能力。

Lévy - flights 是一种由低频长距离和高频短距离组成的随机游走过程，它主要由游走的方向和步长控制。其中方向通常为一个服从均匀分布的数，步长则服从 Lévy 分布，其选择方法有很多，CS 算法中采用了 Mantegna 算法。

在 Mantegna 算法中，步长的取值定义为

$$S=\frac{u}{|v|^{\frac{1}{\beta}}} \tag{7-5}$$

其中，u 和 v 均服从正态分布：

$$u\sim N(0,\sigma_u^2),v\sim N(0,\sigma_v^2) \tag{7-6}$$

$$\sigma_u=\left\{\frac{\Gamma(1+\beta)\sin\left(\frac{\pi\beta}{2}\right)}{\Gamma\left[\frac{(1+\beta)}{2}\right]\beta_2^{\frac{(\beta-1)}{2}}}\right\}^{\frac{1}{\beta}} \tag{7-7}$$

$$\sigma_v=1$$

式中，Γ 为标准的 Gamma 函数。

CS 算法中，每一个解代表一个鸟巢，通过 Lévy-flights 随机搜索可以持续获得新一代的解，新的鸟巢位置和路径更新公式如下：

$$x_i^{t+1}=x_i^t+\alpha\oplus L(\lambda) \tag{7-8}$$

式中：x_i^t 为第 t 代的第 i 个解；α 为步长控制量；$\oplus$表示点对点的乘积；$L(\lambda)$为随机搜索路径。$L(\lambda)$与飞行时间 t 的关系为

$$L(\lambda)\sim u=t^{-\lambda}\ (1<\lambda\leqslant 3) \tag{7-9}$$

步长控制量 α 用来保证在第 t 代中的最优解附近得到第 $t+1$ 代的解，以此提高算法的局部搜索能力，其计算公式为

$$\alpha=\alpha_0(x_i^t-x_{\text{best}}^t) \tag{7-10}$$

式中：α_0 为常数；x_{best}^t 是当前的最优解。

CS 算法的流程如下：

Step1　(初始化)设计解的搜索空间维数为 n_d，发现概率为 p_a，随机生成 n 个鸟巢位置，解的上界为 u_b，下界为 l_b，精度值 tol。

Step2　(循环体)保留上一代最优鸟巢位置 x_i^t，采用 Lévy-flights 对其他解(鸟巢位置)进行优化更新，得到一组新解，与上一代的解进行比较，并保留比较结果中较好的解，即为 $x_i^{t+1}(i=1,2,3,\cdots,n)$。

Step3　缩放因子 r 为服从均匀分布[0,1]的随机数，将其与发现概率 p_a 进行比较，

若 $r<p_a$，则保留此解不变，反之则更新一个解；比较这组解与上一代的解并保留更优的解。

Step4 判断所保留的更优的解是否符合精度要求，如果满足要求即输出结果；若不满足要求，则重新执行 Step2，直到满足算法终止的条件。

其流程图如图 7-7 所示。

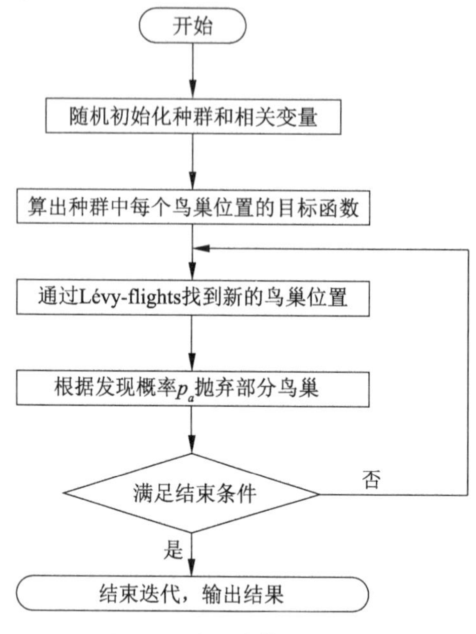

图 7-7 布谷鸟算法流程图

(2) 自适应布谷鸟算法优化

原始的 CS 算法采用 Lévy-flights 随机产生步长，随着步长的增大，能更轻易地跳出局部的最优解，增强全局搜索寻优的能力。因此，原始的 CS 算法在进行最优化搜索和求解最优化问题时具有良好的表现，同时参数设置较少，具有较好的通用性。尽管 CS 算法有较多的优点，但其采用的随机搜索方式不具备较快的收敛性，很大程度上增加了计算时间，降低了局部搜索的精度，所以不能很好地应用在实际的工程优化问题上。

在原始的 CS 算法中，通过 Lévy-flights 随机产生的步长大小不一，同时，发现概率 p_a 越大，获得新解的概率就越大。步长和发现概率越大，全局的搜索范围就越大，越有利于提高全局搜索寻优能力和收敛速度，但随着搜索范围的扩大，算法的搜索精度会降低，同时会发生震荡现象。步长和发现概率越小，则相应的搜索范围会缩小，进而降低全局搜索寻优能力和收敛速度，但算法的搜索精度会提高。因此，选取适当的步长和发现概率 p_a，可以使算法获得更好的全局搜索寻优能力和更快的收敛速度，同时在较差的解附近具备更好的局部搜索寻优能力及搜索精度。原始 CS 算法中的步长和发现概率 p_a 都是固定值，为了更好地平衡 CS 算法的局部寻优能力和全局搜索寻优能力，提高收敛速度，需要一种自适应 CS 算法，根据解的优劣性自适应地调整步长和发现概率 p_a。

1）自适应调整步长

郑洪清等提出了一种可以调整步长的自适应 CS 算法，他们根据算法中不同阶段的搜索结果，自适应动态地调整步长数值，可以更好地平衡全局搜索寻优能力与搜索寻优精度之间的关系。他们在原始 CS 算法中引入下式：

$$d_i = \frac{\| n_i - n_b \|}{d_m} \tag{7-11}$$

式中：n_i 为第 i 个鸟巢的位置；n_b 为此时鸟巢位置的最优值；d_m 为最优值位置与其他所有鸟巢位置的最大距离。

当第 i 个鸟巢位置成为最优鸟巢位置时，算法中不再更新步长。因此，我们需要对自适应 CS 算法中 d_i 的值进行判断，若 d_i 不为 0，则引入基于离鸟巢最佳位置的自适应步长调整策略：

$$\text{step}_i = (\text{step}_{\max} - \text{step}_{\min}) \times d_i + \text{step}_{\min} \tag{7-12}$$

式中：$\text{step}_{\min}$ 为步长的最小值；$\text{step}_{\max}$ 为步长的最大值。

若 d_i 为 0，则使 step_i 为一组处于[0,1]间的随机数：

$$\text{step}_i = \text{rand}(1, m)$$

式中：m 为算法维度。

根据上述公式可实现自适应动态步长调整，极大地提高搜索步长的自适应性。为了增加解的多样性，继续在自适应 CS 算法中引入逐维更新评价策略，使一对随机解的差值更改为上一代最优解与一个随机解的差，再将缩放因子 r 的取值区间更改为[−1,1]，以此来提高算法的局部搜索寻优能力，即

$$x_i^{t+1} = x_i^t + r \times (x_j^t - x_i^t) \tag{7-13}$$

式中：r 为区间[−1,1]内的均匀分布随机数；x_i^t 为第 t 代的随机解。

2）动态调整发现概率 p_a

在原始 CS 算法中，发现概率 p_a 为固定值 0.25，这使得算法很难平衡全局与局部搜索寻优间的关系。如果能很好地调整发现概率 p_a，即可大幅提高算法的精度。目前并没有准确的数学模型可以很好地调整发现概率 p_a，而模糊控制器中的模糊控制规则为动态调整发现概率 p_a 提供了可能。本书以不同的鸟巢位置之间的分散度和解的方差作为模糊控制器的输入变量，以发现概率 p_a 为输出变量。

分散度 D_f 的公式如下：

$$D_f = \frac{1}{n} \sum_{i=1}^{n} \sqrt[2]{(x_i^t - x_{\text{best}}^t)^2} \tag{7-14}$$

式中：D_f 为各鸟巢位置与最优位置的距离，可以反映鸟巢的分散度，若分散度较小，表明鸟巢具有较广的寻优范围，如果分散度较大，表明鸟巢的聚集性较强。

方差公式如下：

$$D_x = \frac{1}{n} \sum_{i=1}^{n} [\bar{x}^t - x_i^t]^2 \tag{7-15}$$

式中：$\bar{x}^t$ 为第 t 代解的平均值。

接下来，需要对发现概率 p_a 的基本论域进行定义：

$$F_{p_a} \in \{NB, NM, NS, Z, PS, PM, PB\}$$

其中，NB 表示负大，NM 表示负中，NS 表示负小，Z 表示中等，PS 表示正小，PM 表示正中，PB 表示正大。

原始 CS 算法中的发现概率 p_a 为 0.25，在模糊系统中将发现概率 p_a 的取值范围扩大到 $-0.30 \sim 0.30$，详细分为 7 个模糊集，各模糊集的取值范围详见图 7-8。

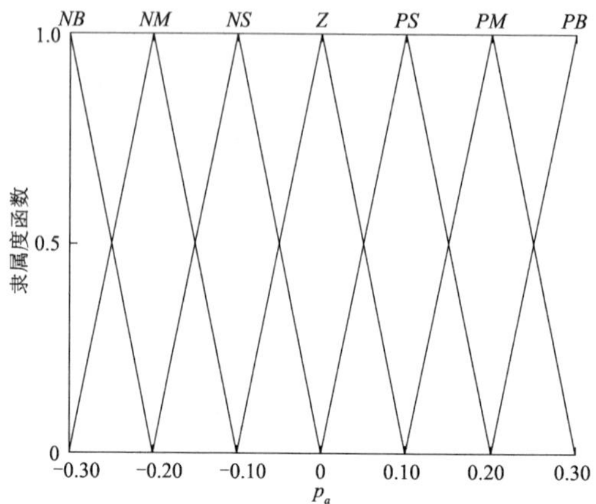

图 7-8　发现概率 p_a 隶属度函数

采用同样的方法对另外两个输入变量的分散度和方差的基本论域进行定义：

$$F_{D_f} \in \{NB, NM, NS, Z, PS, PM, PB\}$$

$$F_{D_x} \in \{NB, NM, NS, Z, PS, PM, PB\}$$

输入变量分散度 D_f 和方差 D_x 同样设有 7 个模糊集，各模糊集的详细取值范围如图 7-9、图 7-10 所示。

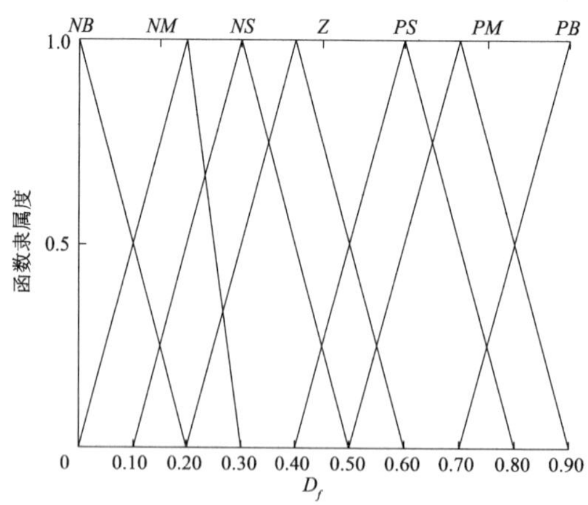

图 7-9　分散度 D_f 隶属度函数

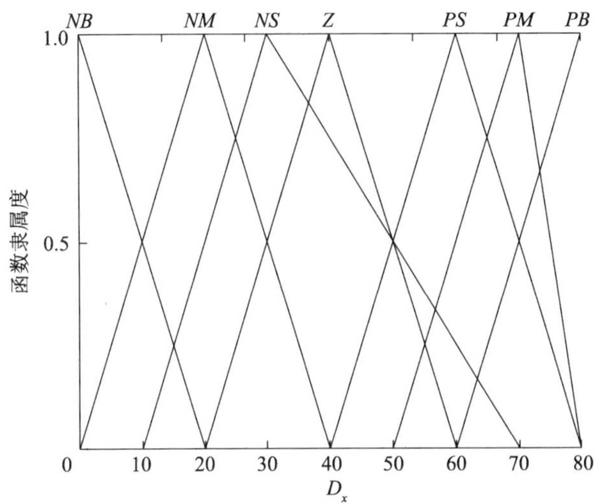

图 7-10　方差 D_x 隶属度函数

系统的模糊规则如表 7-4 所示，当算法中的分散度较小时，应相应提高发现概率 p_a，以提高算法的搜索能力，而当分散度较大时，需要相应地降低发现概率 p_a。当解的方差较小时，表明解的多样性较差，需要相应地提高发现概率 p_a，产生更多新的个体，相反则应降低发现概率 p_a，有效提高算法的收敛性。

表 7-4　发现概率 p_a 的模糊控制规则

FD_x	FD_f						
	NB	*NS*	*NM*	*Z*	*PS*	*PM*	*PB*
NB	*PB*	*PB*	*PM*	*PM*	*PS*	*PS*	*Z*
NM	*PB*	*PM*	*PM*	*PS*	*PS*	*Z*	*NS*
NS	*PM*	*PM*	*PS*	*PS*	*Z*	*NS*	*NS*
Z	*PS*	*PM*	*PS*	*Z*	*NS*	*NM*	*NM*
PS	*PS*	*PS*	*Z*	*NS*	*NS*	*NM*	*NM*
PM	*PS*	*Z*	*NS*	*NM*	*NM*	*NM*	*NB*
PB	*Z*	*NS*	*NS*	*NM*	*NB*	*NB*	*NB*

3）自适应 CS 算法的流程

Step1　（初始化）将解的搜索空间维数设为 d，随机生成 n 个鸟巢位置、步长 s 的上下界、发现概率 p_a 及缩放因子 r 的上下界，解的上界为 u_b，下界为 l_b，精度值为 tol，同时计算生成鸟巢的适应度。

Step2　（循环体）保留上一代最优鸟巢位置 x_i^t，采用自适应 CS 算法按照式(7-11)和(7-12)对步长进行更新，计算更新后得到的新的解，若新的解的适应度更高，则替换上一代的解，即为 $x_i^{t+1}(i=1,2,3,\cdots,n)$。

Step3 通过模糊系统对发现概率 p_a 进行调整。

Step4 计算更新后获得的鸟巢的适应度，判断所保留的更优的解是否符合精度要求，若满足要求则输出结果；若不满足要求，则返回重新执行 Step2，直到满足算法终止的条件。

根据上述步骤，改进的自适应 CS 算法流程图如图 7-11 所示。

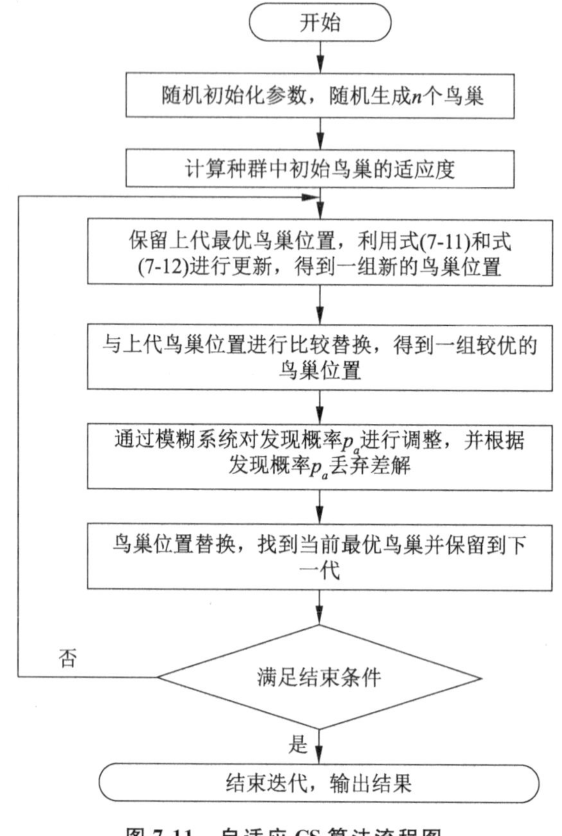

图 7-11 自适应 CS 算法流程图

(3) 自适应布谷鸟算法数值仿真试验

变直径滚筒脱粒装置的数学模型有籽粒夹带损失率和籽粒破损率两个性能指标，属于多目标的优化问题，这两个性能指标无法同时达到最优值，但是可以存在多组可行解，因此对籽粒夹带损失率和破损率指标函数赋予权重比为 6 : 4。下面分别采用原始 CS 算法和自适应 CS 算法对变直径滚筒脱粒装置数学模型进行优化求解，算法的参数如下：每一代鸟巢数量 $n=40$，搜索维度 $d=10$，最大迭代次数 $N_{\max}=200$，初始发现概率 $p_a=0.25$，步长控制量 $\alpha=1$。

变直径滚筒脱粒装置数学模型中籽粒夹带损失率和破损率的优化结果如表 7-5 所示。

表 7-5　籽粒夹带损失率和破损率优化结果

算法	最优解(x_1,x_2,x_3)	最优值	
		夹带损失率/%	破损率/%
CS	0.93,597,580	0.31	0.70
自适应 CS	0.97,608,640	0.29	0.67

从表 7-5 中可以发现，在迭代次数相同的情况下，采用原始 CS 算法和自适应 CS 得到的籽粒夹带损失率分别为 0.31%和 0.29%，籽粒破损率分别为 0.70%和 0.67%。采用自适应 CS 算法得到的籽粒夹带损失率比采用 CS 算法得到的低 0.02%，籽粒破损率比 CS 算法得到的低 0.03%。

通过图 7-12a 和图 7-12b 中的寻优迭代曲线可以看出，自适应 CS 算法可以更快地在全局中搜索到最优解，全局搜索寻优能力更强。同时自适应 CS 算法比原始的 CS 算法拥有更快的收敛速度和收敛精度，这一点在算法迭代的初期更加明显。原始的 CS 算法在经过 35～40 次迭代优化后才收敛到全局最优解，而自适应 CS 算法仅经过 25 次左右的迭代优化就已经基本收敛到全局最优解了，因此其稳定性更强。

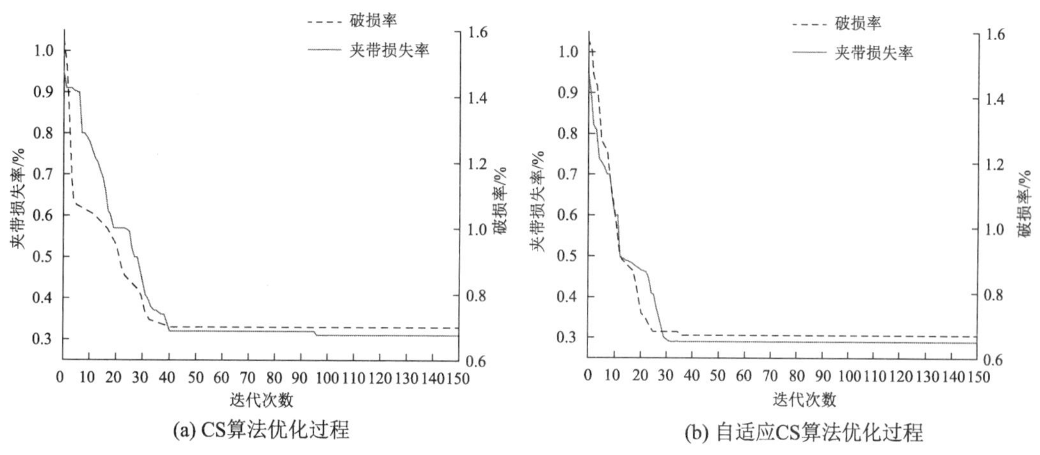

图 7-12　两种算法优化过程

从图 7-13 中可以看出，自适应 CS 算法获得的 pareto 最优解集数量总体优于 CS 算法，同时寻优速度也优于 CS 算法，因此自适应 CS 算法可以更好地进行变直径滚筒脱粒装置的作业参数及性能指标的优化。

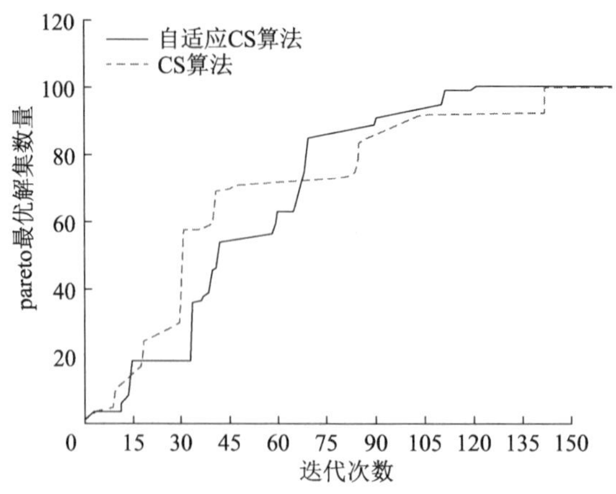

图 7-13　两种算法的迭代次数和 pareto 最优解集数量曲线

7.1.3　变直径滚筒脱粒装置自适应控制仿真

(1) 变直径滚筒脱粒装置自适应控制仿真环境

根据建立的变直径滚筒脱粒装置自适应控制模型对联合收获机的脱粒装置作业进行仿真分析。假设联合收获机在工作过程中可以实时接收到籽粒夹带损失传感器和破损传感器反馈的数据,自适应控制模型根据这两项实时反馈的指标对脱粒装置的工作参数(前进速度、滚筒直径、滚筒转速)进行调控,使得脱粒装置的性能参数(夹带损失率、破损率)始终处于较优的水平。

设置仿真时间为 600 s,将表征脱粒性能的籽粒夹带损失率的上限设定为 0.4%,籽粒破损率上限设定为 0.8%。脱粒装置的三个工作参数初始值为前进速度 1.0 m/s、滚筒直径 600 mm、滚筒转速 600 r/min,并设定三个工作参数的上下限,如图 7-14 所示。

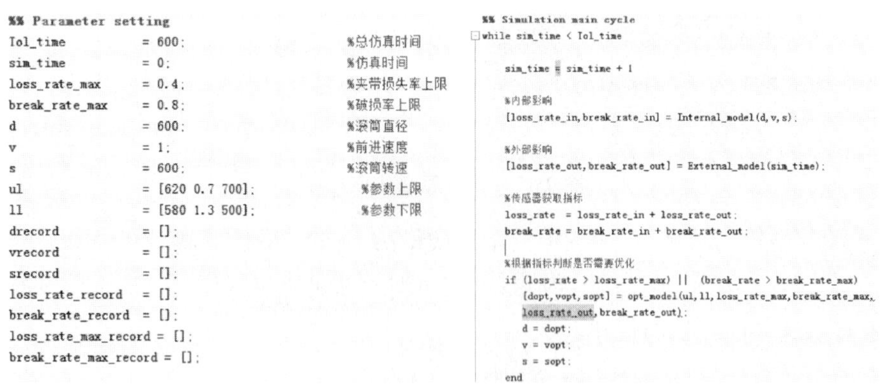

```
%% Parameter setting
Tol_time            = 600;              %总仿真时间
sim_time            = 0;                %仿真时间
loss_rate_max       = 0.4;              %夹带损失率上限
break_rate_max      = 0.8;              %破损率上限
d                   = 600;              %滚筒直径
v                   = 1;                %前进速度
s                   = 600;              %滚筒转速
ul                  = [620 0.7 700];     %参数上限
ll                  = [580 1.3 500];     %参数下限
drecord             = [];
vrecord             = [];
srecord             = [];
loss_rate_record    = [];
break_rate_record   = [];
loss_rate_max_record = [];
break_rate_max_record = [];
```

```
%% Simulation main cycle
while sim_time < Tol_time

    sim_time = sim_time + 1

    %内部影响
    [loss_rate_in,break_rate_in] = Internal_model(d,v,s);

    %外部影响
    [loss_rate_out,break_rate_out] = External_model(sim_time);

    %传感器获取指标
    loss_rate  = loss_rate_in + loss_rate_out;
    break_rate = break_rate_in + break_rate_out;

    %根据指标判断是否需要优化
    if (loss_rate > loss_rate_max) ||  (break_rate > break_rate_max)
       [dopt,vopt,sopt] = opt_model(ul,ll,loss_rate_max,break_rate_max,
       loss_rate_out,break_rate_out);
       d = dopt;
       v = vopt;
       s = sopt;
    end
```

图 7-14　仿真环境设置

实际收获过程中由于田间环境的变化,脱粒装置性能参数会时刻变化。为了更真实地模拟实际收获过程,在仿真环境中加入外部干扰影响,即在仿真 100 s 之后,在脱粒模型计算出的籽粒夹带损失率和破损率的基础上增加一个数值,以此来模拟外部环境发生变化的情况,此时自适应 CS 算法会根据反馈回来的籽粒夹带损失率和破损率,重新计算出最优的工作参数组合。如果仿真过程中，籽粒的夹带损失传感器和破损传感器反馈的数值超过了设定的上限，则自适应控制模型就会重新寻找一个最优解并调节脱粒装置的三个工作参数，使籽粒夹带损失率和破损率低于设定的上限。

(2) 变直径滚筒脱粒装置自适应控制模型仿真试验

通过脱粒性能指标变化曲线(见图 7-15a)和脱粒装置工作参数变化曲线(见图 7-15b)可以发现，在 0～100 s 时间内没有加入外部干扰因素，此时籽粒夹带损失率和破损率均在参数设定的上限，因此前进速度、滚筒直径和滚筒转速均保持初始设定值不变，仿真曲线不发生变化。在仿真时间到第 100 s 时，加入外部干扰因素，籽粒夹带损失率及籽粒破损率突然增加，但并没有超过参数设定的上限，因此自适应控制模型不对脱粒装置的三个工作参数进行调节，三个工作参数保持不变。随着仿真时间的延长，籽粒夹带损失率和破损率继续增大，仿真时间达 200 s 时籽粒夹带损失率传感器反馈到控制模型的数值超过了参数设定的上限范围。因此自适应控制模型重新寻找到一组最优解(参数组合)使得籽粒夹带损失率和破损率均低于参数设定的上限，并对三个工作参数进行调节：滚筒直径由初始的 600 mm 减小到约 590 mm，前进速度由初始的 1.0 m/s 提高到约 1.2 m/s，滚筒转速由初始的 600 r/min 提高到约 620 r/min。仿真时间在 200～500 s 这一时间段时，籽粒的夹带损失率和破损率每间隔 100 s 会发生一次变化，但均没有超过参数设定的上限范围，因此自适应控制模型没有对脱粒装置的三个工作参数进行调节，前进速度、滚筒直径和滚筒转速在这段时间内并没有发生变化。当仿真时间到达第 500 s 时，籽粒夹带损失率和破损率均突然增大，此时籽粒破损率传感器反馈的数值没有超过参数设定上限，但籽粒夹带损失率传感器反馈到控制模型的数值再次超过参数设定的上限。因此自适应控制模型再次运算并重新寻找到一组新的最优解(参数组合)，使得籽粒夹带损失率和破损率均低于参数设定的上限，同时对三个工作参数进行调节：滚筒直径由 590 mm 增大到约 610 mm，前进速度由 1.2 m/s 降低到约 0.8 m/s，滚筒转速并没有发生变化，依然保持在约 620 r/min。

仿真结果表明，当外部条件发生变化使籽粒夹带损失率和籽粒破损率监测传感器反馈的数值超过参数设定的上限时，变直径滚筒脱粒装置自适应模型可以有效地对脱粒装置的工作参数(滚筒直径、滚筒转速、前进速度)进行调节，有效降低脱粒装置的收获损失。

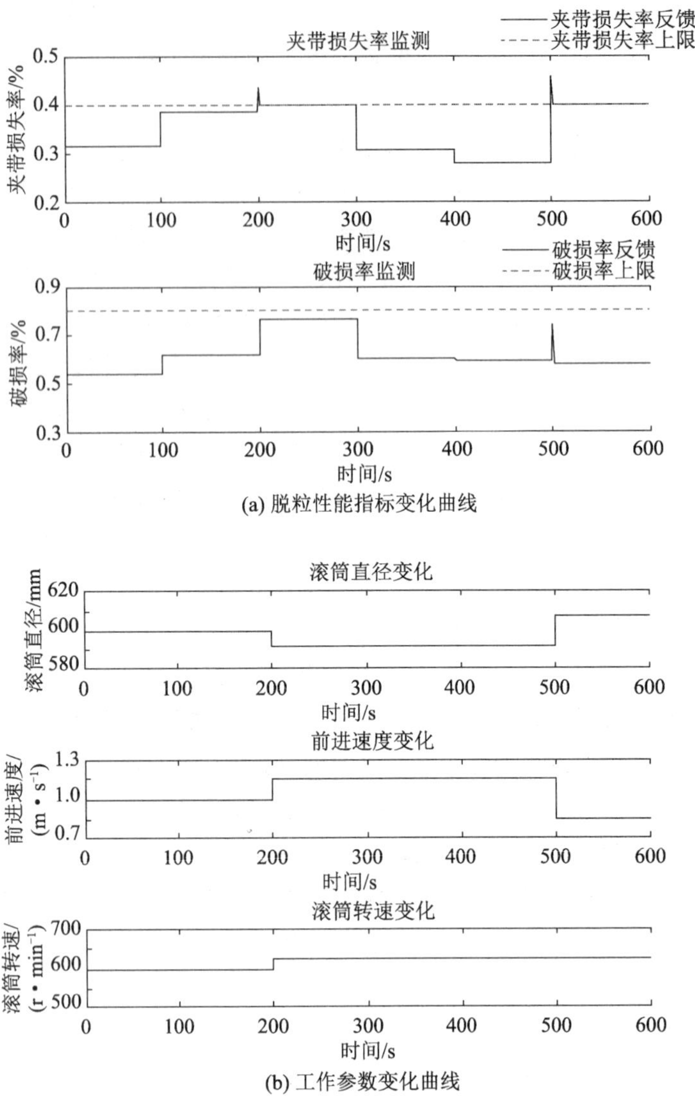

图 7-15　脱粒性能和工作参数变化曲线

7.2　变直径滚筒脱粒装置自适应控制系统田间试验

变直径滚筒脱粒装置自适应控制系统需要实时监测联合收获机的前进速度、滚筒转速、滚筒直径和籽粒夹带损失率、破损率等作业信息，通过 CAN 模块传输数据，操作人员可通过观察人机交互界面及时了解脱粒装置作业状态。此外，脱粒装置监测与控制系统具有存储籽粒脱粒损失率等参数的功能。变直径滚筒脱粒装置自适应控制系统可以通过自适应控制算法调节脱粒装置各工作参数，使脱粒装置的作业性能指标始终维持在合理范围内。

7.2.1　系统硬件

变直径滚筒脱粒装置自适应控制系统硬件结构如图 7-16 所示。脱粒系统作业状态监测与控制系统的硬件主要包含 PLC 控制模块、传感器信号采集模块、触摸屏显示模块及工作参数调控模块等。传感器信号采集模块包括位移传感器、霍尔传感器、籽粒夹带损失传感器和籽粒破损率传感器，主控制器为西门子 PLCS7－1200，其 CPU 为 1214C，触摸屏显示模块采用中控 S700A 型触摸屏(中达尤控，深圳，中国)，联合收获机上的整体控制柜如图 7-17 所示。

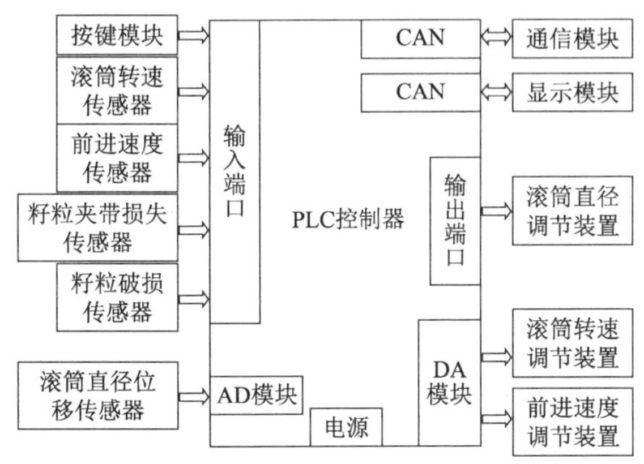

图 7-16　变直径滚筒脱粒装置自适应控制系统硬件结构

图 7-17　整体控制柜实物

7.2.2　系统软件

脱粒装置的工作参数控制对象包括前进速度、滚筒直径、滚筒转速，性能监测参数包括籽粒夹带损失率和籽粒破损率。安装变直径滚筒的试验样机为洋马 AW82G，该试验样机上已经安装前进速度控制模块、滚筒转速控制模块、籽粒夹带损失传感器监测模块和籽粒破损率传感器监测模块。因此，本节试验需要在此基础上加入滚筒直径监测与调控模块，并将其与其他控制监测模块进行整合，将采集到的各类信号经过处理后上传到人机交互界面，使驾驶员可以实时监测脱粒装置的作业情况。启动算法后，系统开启自适应控制模式，各传感器可以将实时采集的前进速度、滚筒转速、滚筒直径、籽粒夹带损失率、籽粒破损率信号传输到 PLC 控制模块进行数据处理及运算，PLC 控制模块根据设计的控制算法对各调节机构输出控制信号，进而实现变直径滚筒工作参数的自适应控制。

(1) 滚筒直径位移传感器模块

直线位移传感器参数如表 7-6 所示。为了直观读取滚筒直径和脱粒间隙的数值，需要对直线位移传感器进行重新标定，直线位移传感器配备变送器输出 0～10 V 的电压信号。对直线位移传感器开展标定试验，变送器的输出电压信号与滚筒直径的关系如图 7-18 所示，由图可知，位移传感器的输出电压和滚筒直径数值呈线性关系，其线性方程为

$$Y=0.01X-56.12 \tag{7-16}$$

方程的相关系数 $R=0.998$。

表 7-6　直线位移传感器参数指标

项目名称	参数	单位
线性精度误差	±0.05	%
直线行程	50	mm
重复性误差	0.005	mm
最大移动速度	10	m/s
适用环境温度	−30～100	℃
最大游标电流	10	mA
总长度	258	mm

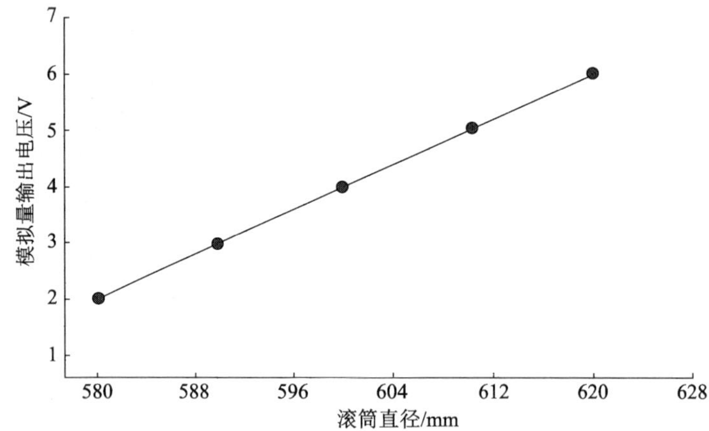

图 7-18　变送器的输出电压信号与滚筒直径的关系曲线

脱粒间隙 L 与滚筒直径 D 之间的关系式为

$$L=\frac{S-D}{2} \tag{7-17}$$

式中：S 为凹板筛直径，取值为 640 mm。

用直线位移传感器读取信号及表征滚筒直径大小的处理程序如图 7-19 所示，把输出电压信号引入模拟量输入模块 SM1231 中，转换成操作人员认知的单位量并为变直径滚筒脱粒装置自适应控制算法提供数据。

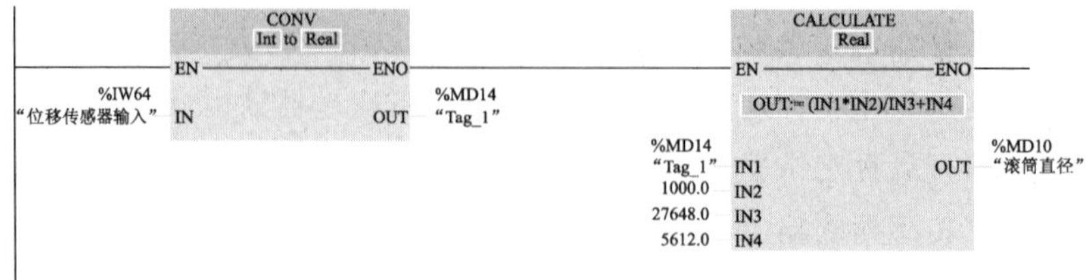

图 7-19　直线位移传感器读取信号及表征滚筒直径值的程序

(2) 伺服电机控制模块

变直径滚筒直径调节装置采用 DMKE - D5BLD450 型伺服电机(德马克,广州,中国),其性能参数如表 7-7 所示。

表 7-7　DMKE 伺服电机性能参数

参数名称	数值
电机型号	D5BLD450
额定功率/W	450
额定转速/(r・min^{-1})	3000
额定电压/V	48
额定转矩/(N・m)	1.43
驱动器型号	BLD - 700
减速器型号	PLF606 -行星减速机

DMKE 伺服电机控制框图如图 7-20 所示,根据自适应控制模型的优化结果得到所需滚筒直径的目标值,将目标值与位移传感器的监测值进行比较,得到滚筒直径误差 ΔE_d,通过 PLC 中的滚筒直径-电机转速转换模型,将所需的电机转速调节量通过电脉冲发送到电机驱动器上对伺服电机进行调控。当 $\Delta E_d>0$ 时,电机正转;当 $\Delta E_d<0$ 时,电机反转。将调控后位移传感器的直径监测值与滚筒直径目标值进行对比,如果实际滚筒直径的准确率大于 98%,则不进行调节。

根据 **6.4** 中滚筒直径位移量与电机转速的关系可知,滚筒直径-电机转速转换模型关系如下:

$$\Delta E_d=2\times\frac{8}{5}\Delta n \tag{7-18}$$

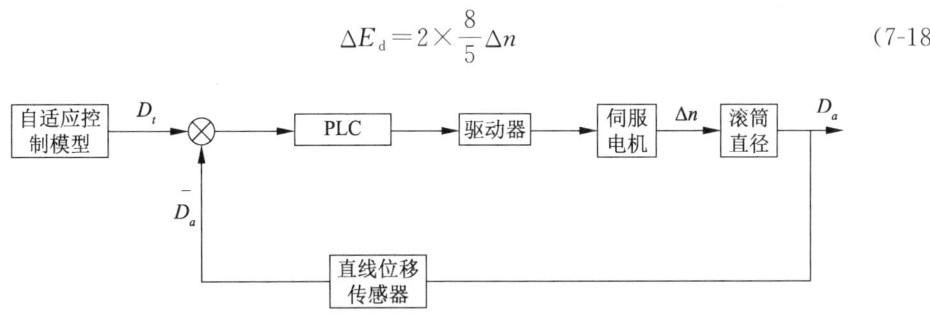

图 7-20　伺服电机控制框图

(3) 其他控制模块

联合收获机的前进速度控制模块、籽粒夹带损失率传感器监测模块、籽粒破损率传感器监测模块和滚筒转速监测模块已经由团队其他成员研制完成,如图 7-21 所示。

(a) 前进速度控制模块

(b) 籽粒夹带损失率传感器监测模块

(c) 滚筒转速监测模块

(d) 籽粒破损率传感器监测模块

图 7-21　其他控制模块

(4) 人机交互界面

人机交互界面的设计可以将触摸屏与 PLC 连接,并进行界面的设计和各工作参数变量的设置。触摸屏界面可以显示联合收获机的前进速度、滚筒转速、滚筒直径、脱粒间隙及籽粒的夹带损失率、籽粒破损率,通过建立触摸屏和 PLC 的 I/O 接口进行变量设置,实现触摸屏与 PLC 的数据传输。如图 7-22 所示,单击"开启"按钮后即可通过显示器实时监控脱粒装置的工作参数和性能参数,单击"算法启动"按钮后,各工作参数即可在控制算法得出的相应输出量的控制下自动调节,实现脱粒装置各工作参数的自适应控制。

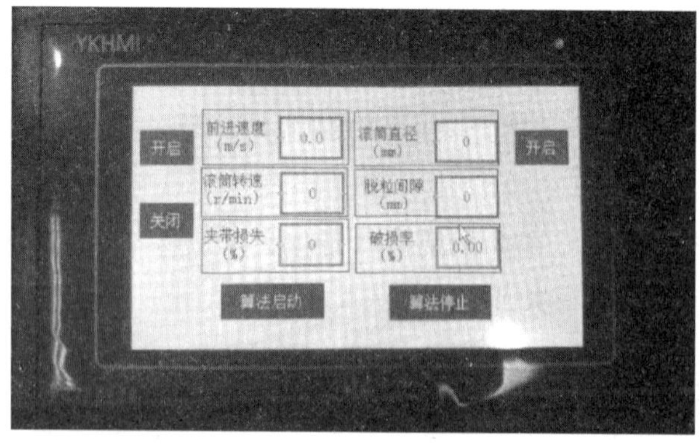

图 7-22　人机交互界面

变直径滚筒脱粒装置自适应控制系统的工作流程如图 7-23 所示,在系统开机后首先进行自检，设定籽粒夹带损失率和籽粒破损率的上限。开启算法后，各个工作参数传感器每隔 1 s 采集一次信号，并将当前的检测数值反馈到 PLC 控制程序中。当籽粒夹带损失传感器和籽粒破损传感器反馈到 PLC 控制程序中的数值大于籽粒夹带损失率和破损率的预设值范围时，控制算法进行运算，得到一组新的工作参数组合，然后对各工作参数进行调节。如果此时籽粒夹带损失率和破损率低于上限范围，则保留此工作参数，如果高于预测范围，则继续进行运算，直到得到的工作参数组合低于籽粒夹带损失率和破损率设定的上限范围。

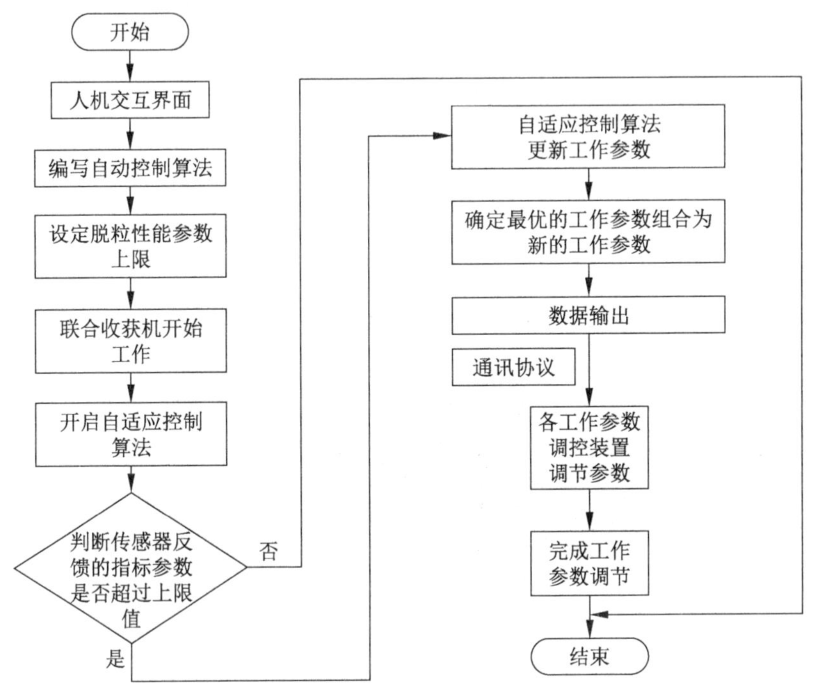

图 7-23　变直径滚筒脱粒装置自适应控制系统的工作流程

7.2.3　田间试验

(1) 试验方案

采用安装有变直径滚筒脱粒装置工作参数自适应控制系统的水稻联合收获机试验样机(YANMAR-AW82G)进行田间试验(见图 7-24)，通过用两种试验方案来验证变直径滚筒脱粒装置工作参数自适应控制系统的控制性能。

第一种试验方案：对比分析开启自适应控制算法和未开启自适应控制算法的脱粒装置作业性能参数指标(籽粒夹带损失率、籽粒破损率)的变化情况，验证变直径滚筒脱粒装置工作参数自适应控制系统的实际控制效果。在江苏省苏州市吴江经济技术开发区进行水稻田间收获试验。试验前在田间选取数块作物长势、密度均匀的水稻田，联合收获机的收获长度为 20 m，留茬高度为 20 cm。在收获过程中驾驶员需要通过控制联合收获机的割幅改变喂入量，使脱粒作业性能指标发生变化，当联合收获机在收获区域 0～10 m 内进行收获时，联合收获机的初始割幅为 1.7 m。当联合收获机在收获区域 10～20 m 内进行收获时，驾驶员将割幅调整为 2 m，整体喂入量增加了约 18%。分别在未开启自适应控制算法和开启自适应控制算法的情况下进行收获试验，两种情况分别进行三组试验，试验后随机选择三组试验中的一组，通过对比各传感器监测到的脱粒装置作业性能和工作参数指标验证自适应控制算法的性能。

第二种试验方案：将脱粒装置的初始工作参数设置为前进速度 1.2 m/s、滚筒直径 620 mm、滚筒转速 600 r/min。联合收获机的留茬高度为 20 cm，在田间收获过程中先不开启自适应控制算法，采用初始工作参数在田间进行收获，在行驶 15 s 后开启自适应控制算法继续行驶 15 s 进行收获试验。收获过程中连续记录脱粒装置各工作参数和性能参数传感器的监测值，以便在试验结束后分析自适应控制系统的控制效果。

图 7-24　试验样机收获现场

(2) 试验结果分析

1) 对第一种试验方案得到的试验结果进行分析

图 7-25 和图 7-26 为未开启自适应算法和开启自适应算法两种情况下联合收获机作业时传感器采集的脱粒作业性能指标(籽粒夹带损失率、籽粒破损率)随时间变化的曲线，图 7-27 为监测系统采集的脱粒装置工作参数(前进速度、滚筒转速、滚筒直径)随时间变化的曲线。虽然试验田块选取的农作物长势较为均匀，但也无法保持完全一致，导致喂入量发生一些波动，联合收获机在收获后 10 m 田块时的割幅大于前 10 m 的割幅，会相应地增大喂入量。因此记录的脱粒装置工作参数和作业性能参数数据均会发生波动。

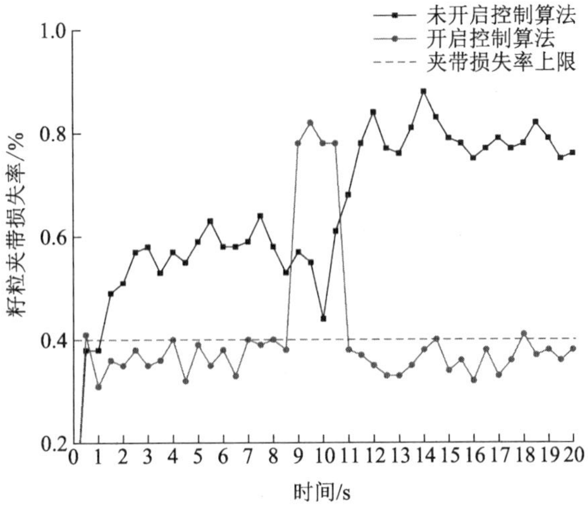

图 7-25　籽粒夹带损失率随时间变化的曲线

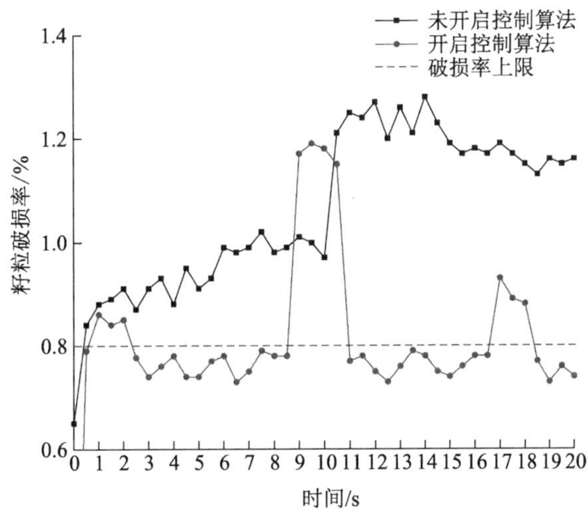

图 7-26　籽粒破损率随时间变化的曲线

从图 7-25 和图 7-26 中可以看出，在未开启自适应控制算法的情况下，随着联合收获机前进作业，在收获时间为 1～10 s 时，传感器监测到的籽粒夹带损失率曲线在 0.6%上下波动，籽粒破损率在上升到 1.0%后上下波动。收获时间为第 10.5 s 时，联合收获机的割幅增大，导致喂入量增加，因此夹带损失率曲线急速上升，并在 11.5 s 时达到 0.8%，随后在 0.8%～0.9%之间上下波动，曲线波动较稳定；同时，籽粒破损率曲线也急速上升，在 11 s 时达到 1.2%，随后曲线在 1.2%到 1.3%之间上下波动。在未开启自适应控制算法的情况下，联合收获机的前进速度和滚筒直径基本保持不变，滚筒转速在喂入量增大的情况下略有下降。

在开启自适应控制算法的情况下，随着联合收获机前进作业，籽粒破损率传感器监测在收获的第 1 秒，破损率超过设定上限(0.8%)，上升到 0.85%，自适应控制系统开始工作并重新调节工作参数。经过 1 s 调节后，籽粒破损率低于设定上限，在 8.5 s 前籽粒破损率曲线和籽粒夹带损失率曲线始终低于设定上限并保持平稳状态。在收获的第 9 秒，由于联合收获机的割幅增大，喂入量增加，导致籽粒夹带损失率和破损率急剧增大，自适应控制系统在监测到两个性能指标均超过设定上限后通过寻优算法得到一组新的工作参数，并通过执行机构将工作参数调整至目标参数，整体调节时间为 1～2 s。籽粒夹带损失率和破损率在第 11 秒时降低到设定的上限范围以内，随后的时间内，籽粒夹带损失率始终低于设定上限(0.4%)。在收获的第 17 秒，传感器监测到籽粒破损率达到 0.90%，再次高于设定上限，自适应控制系统进行运算并再次调节工作参数，在第 18.5 秒时传感器监测到籽粒破损率为 0.77%，低于设定上限。在开启自适应控制算法的情况下，联合收获机的前进速度、滚筒直径和滚筒转速的变化曲线波动趋势与籽粒破损率的曲线波动相呼应，具体变化情况如图 7-27 所示。

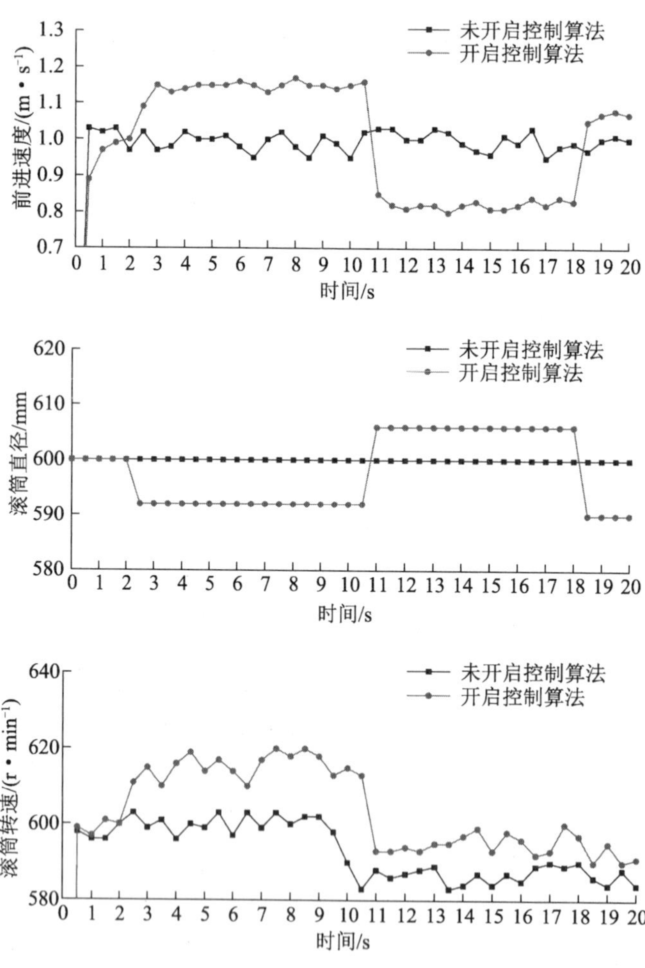

图 7-27　脱粒装置工作参数随时间变化情况

2) 对第二种试验方案得到的试验结果进行分析

从图 7-28 和图 7-29 可以看出，在没有开启自适应控制算法前，由于设置的初始前进速度和滚筒直径均较大，此时联合收获机的喂入量相对较大，同时脱粒装置的脱粒间隙相对较小，导致脱粒装置内的物料层厚增加，籽粒很难穿过物料层，籽粒夹带损失率逐渐增大。同时，籽粒在物料层中所受的搓擦、碾压作用变得更强，籽粒破损率也较大。在前 15 s 范围内，籽粒夹带损失率和破损率传感器监测到的籽粒夹带损失率和破损率整体呈逐步跃升态势且波动幅度较大。在第 15 秒表开启自适应控制算法后，自适应控制系统监测到籽粒夹带损失率和破损率均超过设定的上限值，因此重新搜索最佳工作参数组合并对工作参数进行调节，在经过 1～2 s 的响应时间后，籽粒夹带损失率和破损率均小于系统设定的上限值并趋于稳定。在后续的时间内，籽粒破损率未再超过系统设定的上限值，籽粒夹带损失率在第 24 秒时又有所增大并超过系统设定的上限值，最终在控制系统的调节下，籽粒夹带损失率和破损率均稳定在设定上限值以内，脱粒损失有所降低。

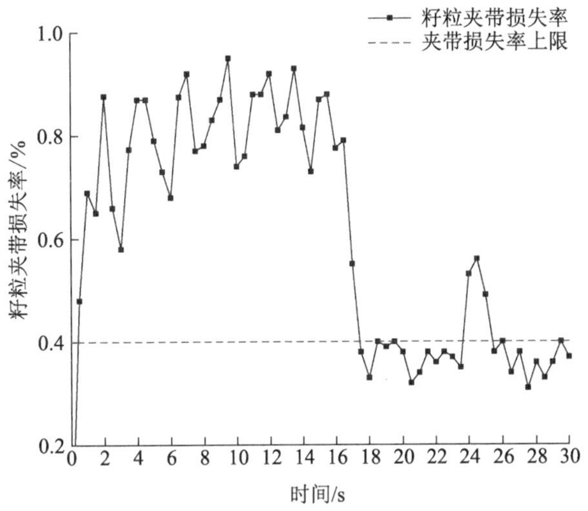

图 7-28　籽粒夹带损失率随时间变化的曲线

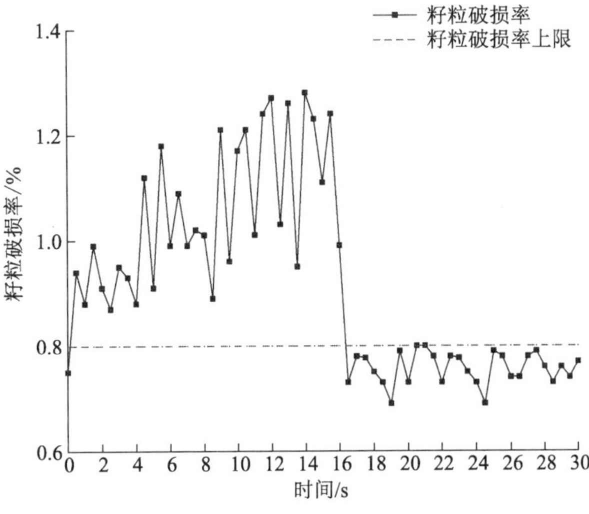

图 7-29　籽粒破损率随时间变化的曲线

田间试验表明，变直径滚筒脱粒装置自适应控制系统可以通过监测脱粒装置作业性能指标实时调节脱粒装置的工作参数，使得脱粒装置的作业性能始终处在合理的范围内；可以有效解决传统联合收获机在收获过程中无法根据作业环境、性能的变化自动调节工作参数，造成联合收获机作业性能不稳定、收获效率低、适应性差等问题。

第 8 章　风筛式清选装置理论与圆锥形清选风机设计

横轴流全喂入联合收获机普遍采用风筛式清选装置，其原理是利用籽粒和杂余的空气动力学特性差异，将混杂在籽粒中的各种杂质从机体中清除。风筛式清选装置主要由农用离心风机和双层振动筛组成，研究物料颗粒在清选室的运动规律及颗粒透筛规律，对掌握联合收获机清选机理，提升清选质量有重要的现实意义和科学研究价值。本章通过建立数学分析模型，探讨风筛式清选装置中颗粒运动规律与透筛形成条件，对清选装置结构、工作参数与清选性能指标之间的关系进行理论研究，为风筛式清选装置优化设计奠定基础。同时，针对传统圆柱形离心风机在清选过程中的缺陷，提出非均布气流清选原理，设计了圆锥形清选风机，以降低横轴流联合收获机清选含杂率和损失率。

8.1　单颗粒物料在清选装置中的运动分析

风筛式清选装置在气流和振动筛配合作用下进行清选作业，工作原理如下：振动筛激励使物料分层、分离并向后运动，风机产生的气流把脱出混合物中的轻杂质吹出清选室，在气流和筛子的联合作用下，具有不同物理机械特性和空气动力学特性的脱出混合物各成分相互分离并透筛，从而获得干净的籽粒。典型风筛式清选装置结构如图 8-1 所示。

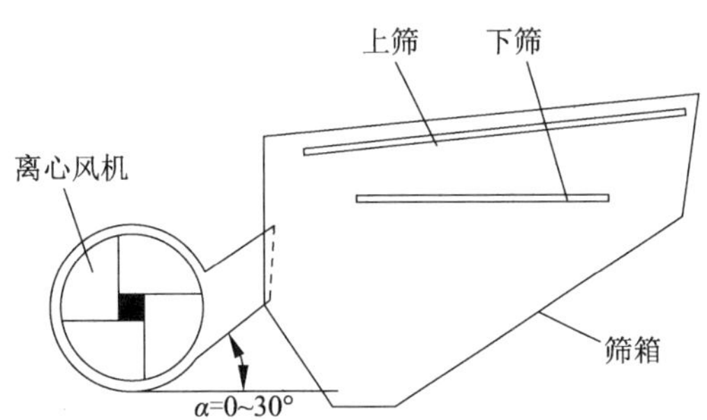

图 8-1　典型风筛式清选装置结构示意图

图 8-1 所示的清选装置主要由离心风机、上筛、下筛和筛箱等部件组成。其中，离心风机和筛箱为物料清选提供适合的气流场；上筛和下筛由曲柄连杆机构驱动，做近似直线的往复振动，对物料进行分层、分离和透筛。

物料在筛面上的运动响应由振动筛的运动激励产生，联合收获机上所用振动筛的运动可简化为简谐直线运动。振动筛机构运动示意如图 8-2 所示。

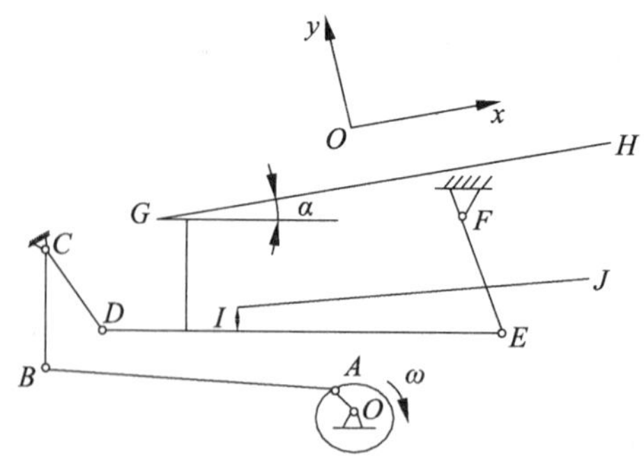

图 8-2　振动筛机构运动示意图

振动筛靠近风机一侧通过吊杆挂在脱粒机体上，另一侧由曲柄连杆机构驱动，吊杆的长度大于曲柄长度。在建模时，将筛面运动简化为直线往复运动，则工作时筛面的位移为

$$s = A\sin \omega t \tag{8-1}$$

式中：A 为筛面沿振动方向的单振幅，mm；ω 为振动圆频率，rad/s[$\omega t=\theta$，θ 为振动相位角，(°)]；t 为时间，s。

将振动筛筛面的位移进行分解，可得到平行于筛面（τ 方向）和垂直于筛面（n 方向）的分位移如下：

$$\begin{cases} s_{\tau} = A\cos \bar{\delta} \sin \omega t \\ s_{n} = A\sin \bar{\delta} \sin \omega t \end{cases} \tag{8-2}$$

式中：$\bar{\delta}$ 为筛面与运动方向的夹角。

对式(8-2)求导，可得到平行于筛面（τ 方向）和垂直于筛面（n 方向）的速度和加速度：

$$\begin{cases} v_{\tau} = A\omega \cos \bar{\delta} \cos \omega t \\ v_{n} = A\omega \sin \bar{\delta} \cos \omega t \end{cases} \tag{8-3}$$

$$\begin{cases} a_{\tau} = -A\omega^{2} \cos \bar{\delta} \sin \omega t \\ a_{n} = -A\omega^{2} \sin \bar{\delta} \sin \omega t \end{cases} \tag{8-4}$$

总加速度为

$$a' = -A\omega^{2} \sin \omega t \tag{8-5}$$

由此可知，筛面做简谐运动，激励物料在筛面上的运动。物料在振动筛上的运动包括相对静止、正向滑动、反向滑动和抛掷运动 4 种形式。相对静止是指物料的绝对速度与筛面的绝对运动速度相等，物料与筛面无相对运动；正向滑动是指物料沿筛面正向做相对滑动，此时物料与筛面在筛面法向相对静止，在筛面切向物料运动速度大于筛面运动速度；反向滑动是指物料与筛面在筛面法向相对静止，在筛面切向物料的运动速度小于筛面运动速度；抛掷运动是指物料在筛面法向方向产生位移，物料被抛离振动筛面。各种运动方式在筛面上同时存在，是实现筛分的基本条件。

8.1.1　单颗粒物料在气流流场中的运动分析

单颗粒物料在气流流场中的运动情况如图 8-3 所示。图 8-3 中，$\boldsymbol{V}_0$ 为颗粒进入清选室时的初始速度，其方向与水平线成夹角 φ_0；$\boldsymbol{V}$ 为颗粒在某一时刻的绝对运动速度；$\boldsymbol{u}$ 为流场气流速度，与水平线成 β 角；$\boldsymbol{v}$ 为气流与颗粒的相对运动速度，方向与水平线成 γ 角；$\boldsymbol{w}$ 为颗粒对气流的相对运动速度，方向与 v 相反。

由速度矢量合成法则，有

$$v=u-V \tag{8-6}$$

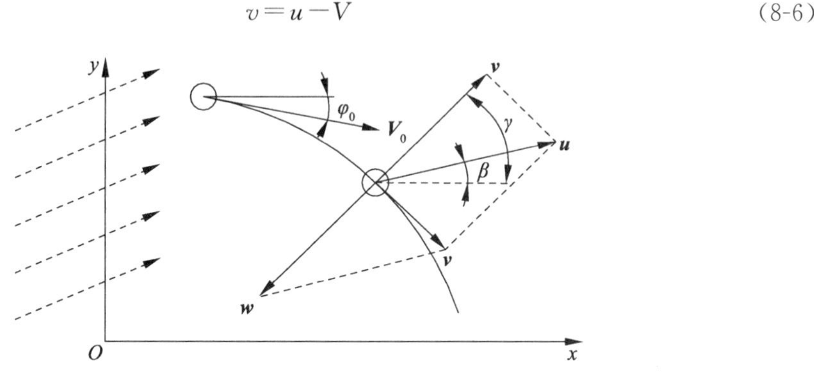

图 8-3　颗粒在流场中的运动分析

对颗粒在流场中的受力情况进行分析，如图 8-4 所示，$\boldsymbol{F}$ 为气流对颗粒的作用力，方向与 v 相同，$\boldsymbol{F}_x$，$\boldsymbol{F}_y$ 分别为 $\boldsymbol{F}$ 在水平方向和垂直方向的风力；G 为颗粒自身的重力。假设流场气流速度已知，可通过式(8-6)确定气流与颗粒的相对速度 $\boldsymbol{v}$，进而计算出气流对颗粒的作用力 $\boldsymbol{F}$。

设颗粒质量为 m，分析时将其简化为质点，则气流对颗粒的作用力 F 为

$$F=mk_p v^2=\frac{mgv^2}{v_p^2} \tag{8-7}$$

式中：v_p 为漂浮速度；k_p 为颗粒的漂浮系数，$k_p=\dfrac{g}{v_p^2}$。

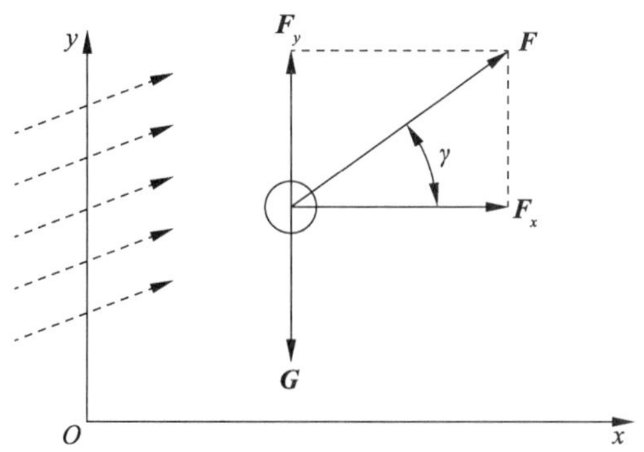

图 8-4　颗粒在流场中的受力分析

结合式(8-6)、式(8-7)可以得到颗粒质点在流场中的动力学微分方程

$$\begin{cases} m\dfrac{\mathrm{d}V_x}{\mathrm{d}t^2}=m\dfrac{g}{v_p^2}v^2\cos\gamma=m\dfrac{g}{v_p^2}vv_x \\ m\dfrac{\mathrm{d}V_y}{\mathrm{d}t^2}=m\left(\dfrac{g}{v_p^2}v^2\cos\gamma-g\right)=m\left(\dfrac{g}{v_p^2}vv_y-g\right) \end{cases} \tag{8-8}$$

依据图 8-3,将 u 分解成水平方向和垂直方向可得

$$\begin{cases} u_x=u\cos\beta \\ u_y=u\sin\beta \end{cases} \tag{8-9}$$

因而可以将 v_x 和 v_y 表示为

$$\begin{cases} v_x=u\cos\beta-V_x \\ v_y=u\sin\beta-V_y \end{cases} \tag{8-10}$$

将式(8-10)代入式(8-8),并消去 m 得:

$$\begin{cases} \dfrac{\mathrm{d}V_x}{\mathrm{d}t^2}=\dfrac{g}{v_p^2}(u\cos\beta-V_x)\sqrt{(u\cos\beta-V_x)^2+(u\sin\beta-V_y)^2} \\ \dfrac{\mathrm{d}V_y}{\mathrm{d}t^2}=\dfrac{g}{v_p^2}(u\sin\beta-V_y)\sqrt{(u\cos\beta-V_x)^2+(u\sin\beta-V_y)^2}-g \end{cases} \tag{8-11}$$

初始条件为

$$\begin{cases} V_{0x}=V_0\cos\varphi_0 \\ V_{0y}=-V_0\sin\varphi_0 \end{cases} \tag{8-12}$$

8.1.2 单颗粒物料在筛面上的定常运动分析

颗粒在筛面上的运动是在气流清选和振动筛分共同作用下产生的,受力情况和运动状态较为复杂。因此,有必要对物料颗粒在筛面上的运动规律展开研究,以掌握物料筛分运动的详细情况。为了便于推导,做如下假设:

① 清选室气流场是稳定的,即气流对颗粒的作用力保持不变。

② 将颗粒个体视为自由质点,忽略颗粒的滚动及颗粒间的相互碰撞。

③ 颗粒在筛面上受到的阻力保持不变。

振动筛作用在物料颗粒上的力在振动过程中呈周期性变化,物料颗粒在每个变化周期中所受到的作用力及其运动状态不断变化。下面对颗粒的前滑运动、后滑运动和抛掷运动分别进行讨论,分析其运动产生的条件并建立运动微分方程。

(1) 单颗粒物料沿筛面的前滑运动分析

振动筛给予物料颗粒的激振力 G^* 是物料颗粒运动的驱动力之一,对颗粒的运动状态有重要影响。当激振力 G^* 朝前上方时,颗粒具备沿振动筛筛面前滑的运动条件,受力情况如图 8-5 所示。

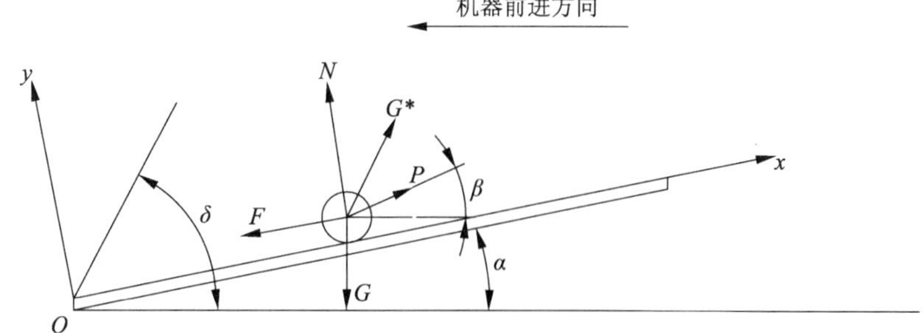

图 8-5　物料颗粒沿筛面前滑时的受力分析

其相对于振动筛筛面的运动微分方程为

$$\begin{cases} m\dfrac{d^2x}{dt^2}=P\cos(\beta-\alpha)+G^*\cos(\delta-\alpha)-F-mg\sin\alpha \\ N+P\sin(\beta-\alpha)+G^*\sin(\delta-\alpha)=mg\cos\alpha \\ F=N\tan\varphi \end{cases} \tag{8-13}$$

式中：G^* 为物料颗粒所受的激振力（$G^*=-ma'=mA\omega^2\cos\omega t$）；$A$ 为工作面沿振动方向的单振幅，mm；ω 为振动圆频率，rad/s；N 为筛面对颗粒的支撑力，N；F 为筛面对颗粒的摩擦阻力，N；P 为物料颗粒所受的气流作用力，N；α 为振动筛倾角，(°)；δ 为激振力与水平线的夹角，(°)；φ 为物料颗粒与筛面的滑动摩擦角，(°)；β 为风力方向与水平线的夹角，(°)。

式(8-13)化简得

$$\frac{d^2x}{dt^2}=\frac{Aw^2\cos\omega t\cos(\delta-\alpha-\varphi)}{\cos\varphi}-g\left[\frac{\sin(\alpha+\varphi)}{\cos\varphi}-\frac{v^2\cos(\beta-\alpha-\varphi)}{v_p^2\cos\varphi}\right] \tag{8-14}$$

令

$$A_1=\frac{\cos(\delta-\alpha-\varphi)}{2},B_1=\frac{\sin(\alpha+\varphi)}{\cos(\delta-\alpha-\beta)},C_1=\frac{\cos(\beta-\delta-\alpha)}{\cos(\delta-\alpha-\beta)} \tag{8-15}$$

则式(8-14)可化简为

$$\frac{1}{A_1}\frac{d^2x}{dt^2}=A\omega^2\cos\omega t-g\left(B_1-C_1\frac{v^2}{v_p^2}\right) \tag{8-16}$$

由式(8-16)可知，当 $\dfrac{d^2x}{dt^2}>0$ 时，物料颗粒具备沿振动筛筛面前滑的条件。定义 $K=\dfrac{A\omega^2}{g}$ 为定常数振动指数，$K_1=B_1-C_1\dfrac{v^2}{v_p^2}$ 为前滑指数，当振动筛运动参数满足 $K>K_1$ 时，物料颗粒做前滑运动。

(2) 单颗粒物料沿筛面的后滑运动分析

当激振力 G^* 朝左下方时，颗粒具备沿振动筛筛面后滑的运动条件，颗粒受力情况如图 8-6 所示，其相对于振动筛筛面的运动微分方程为

$$\begin{cases} m\dfrac{\mathrm{d}^2x}{\mathrm{d}t^2}=F\cos(\beta-\alpha)-mg\sin\alpha-G^*\cos(\delta-\alpha) \\ N+P\sin(\beta-\alpha)=mg\cos\alpha+G^*\sin(\delta-\alpha) \\ F=N\tan\varphi \end{cases} \tag{8-17}$$

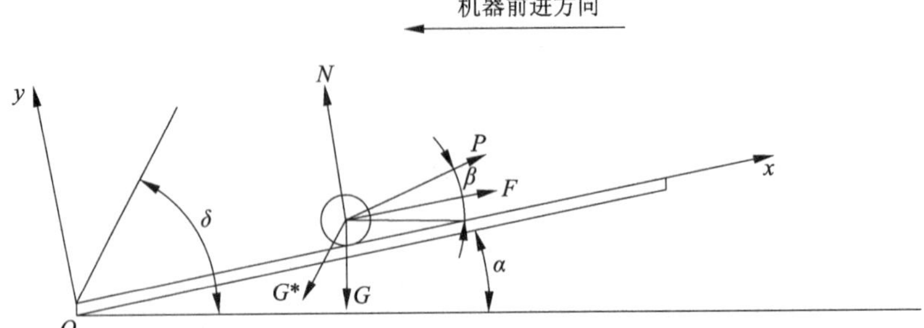

图 8-6 物料颗粒沿筛面后滑时的受力分析

式(8-17)可化简为

$$\frac{\mathrm{d}^2x}{\mathrm{d}t^2}=\frac{A\omega^2\cos\omega t\cos(\delta-\alpha-\varphi)}{\cos\varphi}-g\left[\frac{\sin(\varphi-\alpha)}{\cos\varphi}+\frac{v^2\cos(\varphi+\beta-\alpha)}{v_p^2\cos\varphi}\right] \tag{8-18}$$

令

$$A_2=\frac{\cos(\delta-\alpha+\varphi)}{\cos\varphi},B_2=\frac{\sin(\varphi-\alpha)}{\cos(\delta-\alpha+\varphi)},C_2=\frac{\cos(\varphi+\beta-\alpha)}{\cos(\delta-\alpha+\varphi)} \tag{8-19}$$

即有

$$\frac{1}{A_2}\frac{\mathrm{d}^2x}{\mathrm{d}t^2}=A\omega^2\cos\omega t-g\left[B_2+C_2\frac{v^2}{v_p^2}\right] \tag{8-20}$$

当 $\dfrac{\mathrm{d}^2x}{\mathrm{d}t^2}<0$ 时,物料颗粒具备沿振动筛筛面后滑的条件。定义 $K_2=B_2+C_2\dfrac{v^2}{v_p^2}$ 为后滑指数,当振动筛运动参数满足 $K<K_1$ 时,物料颗粒做后滑运动。

(3) 单颗粒物料相对于筛面的抛掷运动分析

当激振力 G^* 沿垂直筛面方向的分力等于或大于重力在筛面垂直方向的分力和气流对颗粒作用力沿筛面垂直方向的分力之和时,物料颗粒具备被抛离筛面的条件,此时物料受力如图 8-7 所示。

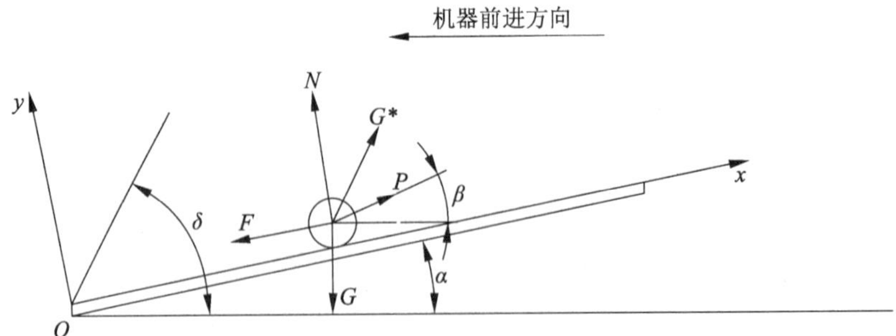

图 8-7 物料颗粒相对于筛面抛掷时的受力分析

物料颗粒受到的来自筛面的正压力 N 为

$$
\begin{aligned}
N &= mg\cos\alpha - G^{*}\sin(\delta-\alpha) - P\sin(\beta-\alpha) \\
&= mg\cos\alpha - mA\omega^{2}\cos\omega t\sin(\delta-\alpha) - mk_{p}v^{2}(\beta-\alpha)
\end{aligned}
\tag{8-21}
$$

当 $N=0$ 时，颗粒被抛离筛面，由式(8-21)可得

$$
\frac{A\omega^{2}}{g}\cos\omega t = \frac{\cos\alpha}{\sin(\delta-\alpha)} - \frac{v^{2}\sin(\beta-\alpha)}{v_{p}^{2}\sin(\beta-\alpha)}
\tag{8-22}
$$

令 $B_{3}=\dfrac{\cos\alpha}{\sin(\delta-\alpha)}$，$C_{3}=\dfrac{\sin(\beta-\alpha)}{\sin(\delta-\alpha)}$，定义 K_{3} 为起跳指数，则有

$$
K_{3} = B_{3} - \frac{v^{2}}{v_{p}^{2}}C_{3} = K\cos\omega t
\tag{8-23}
$$

当 $K>K_{3}$ 时，物料颗粒从振动筛筛面被抛起。

由以上推导可知，物料颗粒在振动筛筛面存在前滑运动、后滑运动和抛掷运动等多种运动形式，脱出混合物中的籽粒沿筛面的前滑运动和后滑运动对透筛有利，短茎秆等杂质的前滑运动有利于杂质被分离出清选室；而抛掷运动具有将物料抖松的作用，能促进籽粒与其他成分的分离，且抛掷运动有助于均布筛面上的脱出物以充分发挥整个筛面的筛分作用。从前滑指数、后滑指数和起跳指数的表达式可以看出，物料在清选空间的运动状态受到振动筛结构和工作参数，以及流场风速的大小和方向的影响，在实际应用中，为了提升风筛式清选装置的清选效果，可使用较大的机械参数($A\omega^{2}/g$)或较大的气流参数(v/v_{p})，即可采用较高的振动筛曲柄转速或较大的气流速度来提升清选效果。

8.1.3　单颗粒物料在筛面上的非线性运动分析

物料颗粒跃起后会下落回筛面，对振动筛筛面产生冲击，形成一定的反弹速度。由于定常运动分析未考虑碰撞冲击作用，并不适用于筛分全过程。

(1) 颗粒与筛面的碰撞模型

虽然物料颗粒与振动筛筛面经常发生碰撞，但每次碰撞接触时间很短。物料颗粒与振动筛筛面的碰撞可归类为对心弹性斜碰撞，为便于建模，假设颗粒的形状为球形，并将清选筛简化为平板。颗粒与筛面碰撞示意图如图 8-8 所示。

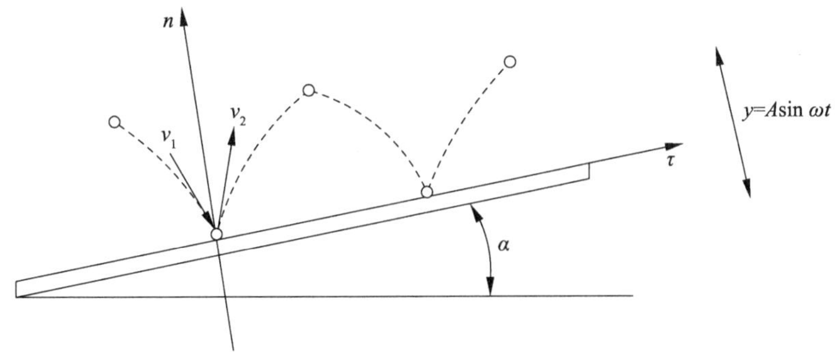

图 8-8　颗粒与筛面碰撞示意图

图 8-8 中，τ 为振动筛筛面正方向，n 为筛面法向，α 为筛面倾角，一般为 0°～10°。设碰撞前物料颗粒运动速度、振动筛筛面运动速度分别为 v_1 和 w_1，碰撞后物料颗粒运动速度、振动筛筛面速度分别为 v_2 和 w_2，则有

$$\begin{cases} mv_{1n}+Mw_{1n}=mv_{2n}+Mw_{2n} \\ mv_{1\tau}+Mw_{1\tau}=mv_{2\tau}+Mw_{2\tau} \end{cases} \tag{8-24}$$

对心弹性斜碰撞状态下，沿振动筛筛面正方向动能守恒，τ 方向速度分量不变，有

$$v_{2\tau}=v_{1\tau}, \quad w_{2n}=w_{1n} \tag{8-25}$$

振动筛质量 M 远大于颗粒质量 m，碰撞对振动筛速度的影响忽略不计，有

$$w_{2n}=w_{1n}=w_n \tag{8-26}$$

物料颗粒沿振动筛筛面法向的速度分量被改变（$m \leqslant M$）：

$$v_{2n}=v_{1n}-(1-e)\frac{M}{M+m}(v_{1n}-w_n)=v_{1n}-(1-e)(v_{1n}-w_n) \tag{8-27}$$

简化得

$$v_{2n}-w_n=-e(v_{1n}-w_n) \tag{8-28}$$

式中：e 为碰撞恢复系数，$0 \leqslant e \leqslant 1$。

（2）颗粒在筛面上的运动模型

图 8-9 所示为物料颗粒与振动筛在 t_j 时刻发生碰撞时的运动示意图，碰撞前后籽粒的速度分别为 $U(t_j)$ 和 $V(t_j)$，$u_n(t_j)$ 和 $v_n(t_j)$ 分别为碰撞前后籽粒速度在筛面法向的分速度，筛面在碰撞前后速度不变，$w_n(t_j)$ 为其在筛面法向的分速度。

由式(8-28)可得

$$v_n(t_j)-w_n(t_j)=-e[u_n(t_j)-w_n(t_j)] \tag{8-29}$$

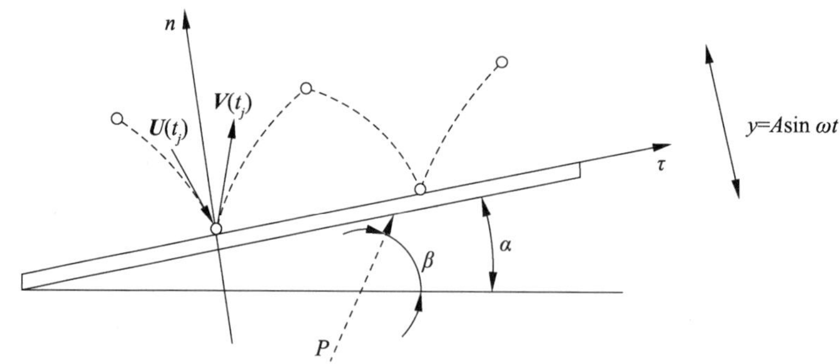

图 8-9　t_j 时刻颗粒与筛面碰撞示意图

颗粒抛起后受力情况如图 8-10 所示。

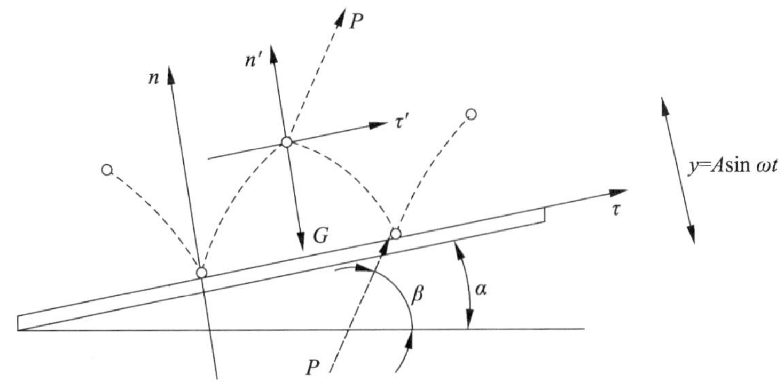

图 8-10　颗粒抛起后受力示意图

忽略筛面倾角对碰撞前后颗粒运动速度变化的影响，则物料颗粒与筛面发生第 $j+1$ 次碰撞时，颗粒沿筛面法向的分速度近似等于颗粒第 j 次碰撞后的法向分速度，有

$$u_n(t_{j+1}) \approx -v_n(t_j) \tag{8-30}$$

$$v_n(t_{j+1}) - w_n(t_{j+1}) = -e[u_n(t_{j+1}) - w_n(t_{j+1})] = -e[-v_n(t_j) - w_n(t_{j+1})] \tag{8-31}$$

即

$$v_n(t_{j+1}) = ev_n(t_j) + (1+e)w_n v_n(t_j) \tag{8-32}$$

碰撞发生时间极短，可忽略不计，前后两次发生碰撞的时间差为

$$\Delta t = t_{j+1} - t_j = \frac{2v_n(t_j)}{g^*} \tag{8-33}$$

式中：g^* 为颗粒在筛面法向的加速度，且 $g^* = g\cos\left[-\frac{P\sin(\beta-\alpha)}{m}\right]$。

由式(8-32)、式(8-33)知，颗粒与振动筛筛面前后两次碰撞之间的非线性迭代关系可表示为

$$\begin{cases} t_{j+1} = t_j + \dfrac{2v_n(t_j)}{g^*} \\ v_n(t_{j+1}) = ew(t_j) + (1+e)w_n(t_{j+1}) \end{cases} \tag{8-34}$$

由式(8-34)可知：

$$w_n(t_{j+1}) = Aw\cos(\omega t_{j+1})\sin\bar{\delta} \tag{8-35}$$

令　$x = \omega t,\ y = \dfrac{2\omega V_n}{g^*},\ r = \dfrac{2\omega^2(1+e)A\sin\bar{\delta}}{g^*} = \dfrac{2\omega^2(1+e)A\sin\bar{\delta}}{g\cos\alpha - \dfrac{P\sin(\beta-\alpha)}{m}}$，定义 r 为振动强度，对式(8-34)作变换，可得到第二维映射（$\bar{\delta}$ 为振动方向与筛面的夹角）：

$$\begin{cases} \omega t_{j+1} = \omega t_j + \omega\,\dfrac{2v_n(t_j)}{g^*} \\ \dfrac{2\omega v_n(t_{j+1})}{g^*} = \dfrac{2\omega e v_n(t_j)}{g^*} + \dfrac{2\omega(1+e)A\omega\cos(wt_j)\sin\bar{\delta}}{g^*} \end{cases} \tag{8-36}$$

简化得

$$\begin{cases} x_{j+1}=x_j+y_j \\ y_{j+1}=ey_j+r\cos(x_j+y_j) \end{cases} \tag{8-37}$$

映射式(8-37)存在不动点 $O\left(y=0,x=\dfrac{n\pi}{2},n=1,3,5,\cdots\right)$。

(3) 物料颗粒运动稳定性分析

映射式(8-37)的不动点 O 的稳定性可用来说明物料颗粒周期运动的稳定性。从映射式(8-37)的数学表达式可以看出,不动点 $O\left(y=0,x=\dfrac{n\pi}{2},n=1,3,5,\cdots\right)$的稳定性受碰撞速度恢复系数、振动频率、筛面振幅等影响。物料颗粒周期运动的稳定性问题,可以转化为讨论不动点 O 的稳定性来解决,具体可通过映射式(8-37)的 Jacobi 矩阵的特征值来判断。

对于二维迭代

$$\begin{cases} x_{j+1}=X(x_j+y_j) \\ y_{j+1}=Y(x_j+y_j) \end{cases} \tag{8-38}$$

Jacobi 矩阵为

$$\boldsymbol{J}(x_j+y_j)=\begin{pmatrix} \dfrac{\partial X}{\partial x_j} & \dfrac{\partial X}{\partial y_j} \\ \dfrac{\partial Y}{\partial x_j} & \dfrac{\partial Y}{\partial y_j} \end{pmatrix} \tag{8-39}$$

可求得映射式(8-37)在不动点 O 的 Jacobi 矩阵为

$$\boldsymbol{J}\left(\frac{\pi}{2},0\right)=\begin{pmatrix} 1 & 1 \\ -r & e-r \end{pmatrix}$$

其特征方程式为

$$|\lambda E-J|=\begin{vmatrix} \lambda-1 & 1 \\ -r & e-r \end{vmatrix}=0$$

即

$$\lambda^2+\lambda(r-e-1)+e=0$$

解得

$$\lambda_{1,2}=\frac{(1+e-r)\pm\sqrt{(r-e-1)^2-4e}}{2} \tag{8-40}$$

从式(8-40)可以看出,特征值 λ 的大小取决于振动强度 r 和碰撞恢复系数 e。若 $|\lambda_1|<1$, $|\lambda_2|<1$,则不动点 O 是稳定的,即颗粒做周期性稳定运动。

(4) 非线性运动规律

定义非线性振动指数为 K_v,

$$K_v=\frac{A\omega^2\sin\bar{\delta}}{g^*}=\frac{A\omega^2\sin\bar{\delta}}{g\cos\alpha-\dfrac{P\sin(\beta-\alpha)}{m}}$$

以非线性振动指数 $K_v=\dfrac{A\omega^2\sin\bar{\delta}}{g^*}$ 为横坐标，振动强度 $r=\dfrac{2(1+e)A\omega^2\sin\bar{\delta}}{g^*}$ 为纵坐标，则物料颗粒不动点相图如图 8-11 所示。

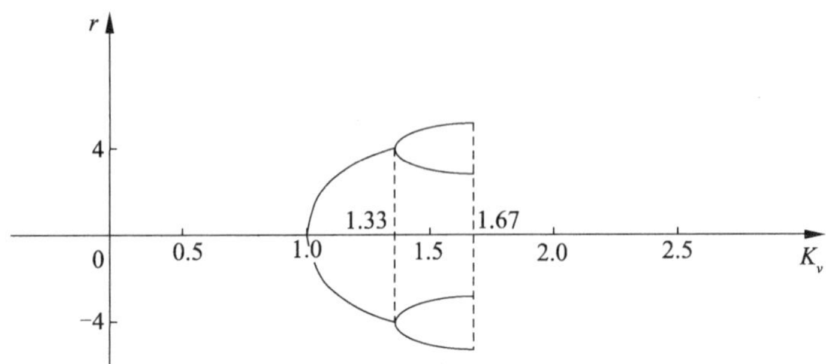

图 8-11　物料颗粒不动点相图

由图 8-11 可以看出，当 $0<K_v<1.0$ 时，颗粒做周期性稳定运动，运动状态为自始至终贴着振动筛筛面滑动，运动周期在筛面法向方向（n 方向）和筛面平行方向（τ 方向）逐渐缩短，直至透筛，其轨迹如图 8-12 所示。

当 $1<K_v<1.33$ 时，物料颗粒在振动筛筛面上做周期分叉运动，运动状态为在筛面上跳动，每次跳动的速度相同，时间间隔相等，直至在某一时刻透筛，其运动轨迹如图 8-13 所示。

当 $1.33<K_v<1.67$ 时，物料颗粒在振动筛筛面上做倍周期分叉运动，运动状态仍为跳动，但一个周期内前后两次跳动跃起的幅度不同，两次跳动为一周期，颗粒的运动轨迹如图 8-14 所示。

当 $K_v>1.67$ 时，颗粒在筛面上做混沌运动，跳起幅度和前后两次碰撞时间间隔均不相等，其运动轨迹示意图如图 8-15 所示。

可见，物料颗粒在筛面上的运动存在多种运动形式，遵循非线性运动规律。

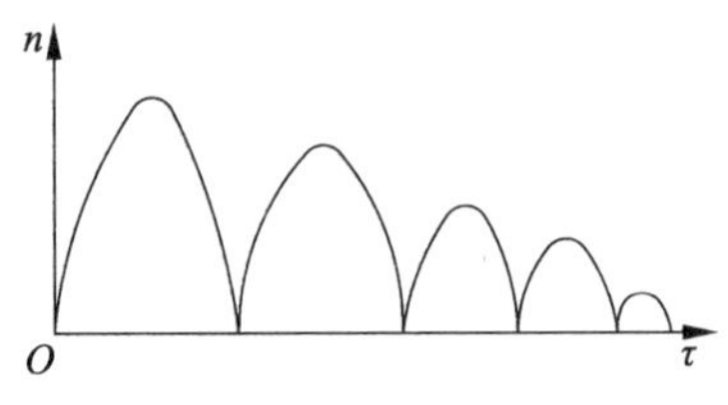

图 8-12　颗粒随筛面运动示意图

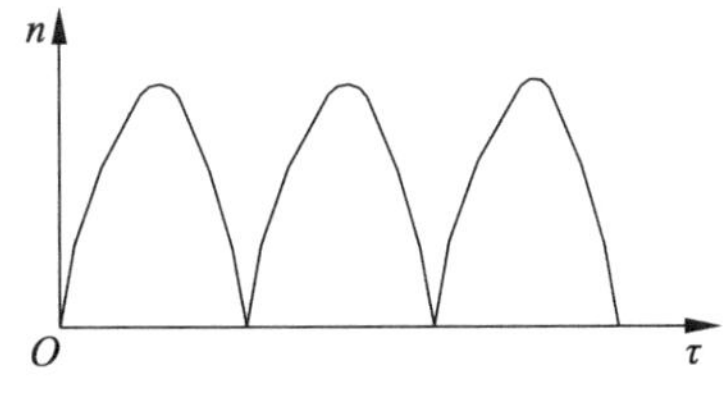

图 8-13　颗粒周期分叉运动示意图

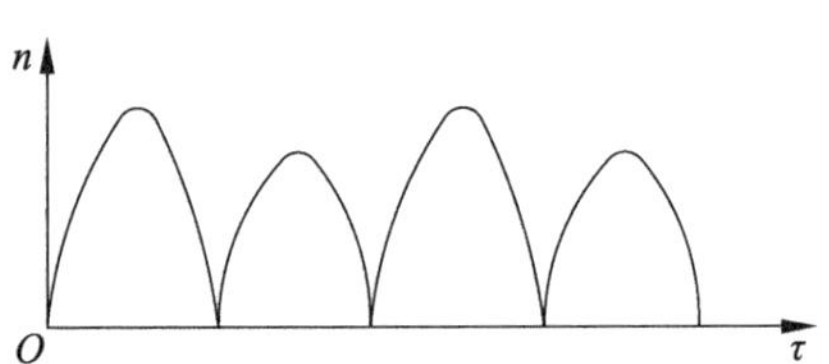

图 8-14　颗粒倍周期分叉运动示意图

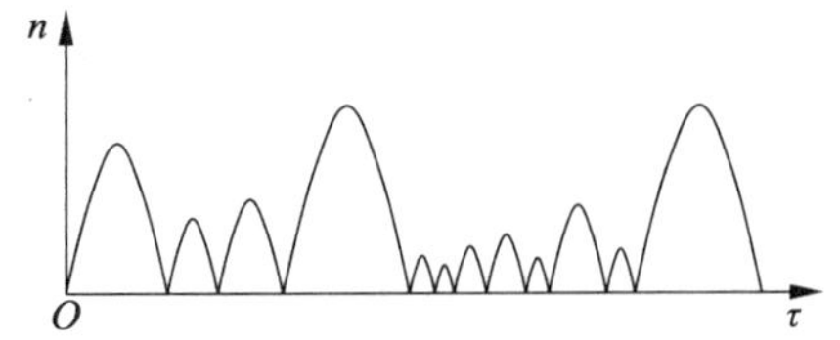

图 8-15　颗粒混沌运动示意图

8.2 物料群在清选装置中的运动规律

8.2.1 物料群颗粒碰撞模型

首先讨论两颗粒碰撞情况（假设颗粒为均球体）。假设质量分别为 m_1，m_2 的物料颗粒在振动筛筛面上发生碰撞，碰撞前两物料颗粒的速度分别为 v_1，v_2（$v_1>v_2$），碰撞后两颗粒的运动速度分别变为 u_1，u_2，碰撞恢复系数为 e_{21}，根据物料颗粒在振动筛筛面上的运动规律，下方颗粒的初始速度大于上方颗粒的初始速度，故由下方颗粒向上方颗粒碰撞，选取垂直向上的方向为坐标系为正向，建立两颗粒的碰撞模型，如图 8-16 所示。由动量定理得

$$m_1u_1+m_2u_2=m_1v_1+m_2v_2$$

$$e_{21}=\frac{u_2-u_1}{v_1-v_2} \tag{8-41}$$

式中：e_{21} 为两颗粒相互碰撞时的恢复系数（下同）。

则 m_1 和 m_2 碰撞后的速度分别为

$$u_1=\frac{(m_1-e_{21}m_2)v_1+m_2(1+e_{21})v_2}{m_1+m_2} \tag{8-42}$$

$$u_2=\frac{(m_2-e_{21}m_1)v_2+m_1(1+e_{21})v_1}{m_1+m_2} \tag{8-43}$$

假设物料群之间也是由下到上进行碰撞传递，则可建立多颗粒碰撞模型，如图 8-17 所示。

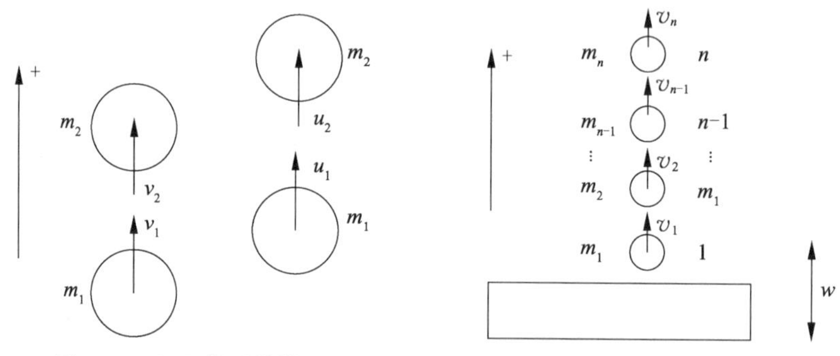

图 8-16　两颗粒碰撞模型　　　图 8-17　多颗粒碰撞模型

在图 8-17 的多颗粒碰撞模型中，筛面速度为 w，第 n 颗物料颗粒的向上初始运动速度为 v_n，则第 $n-1$ 颗物料颗粒与第 n 颗物料颗粒碰撞后，第 n 颗物料颗粒的运动速度变为 u_n，根据动量守恒定律，有

$$\begin{aligned}u_n&=\frac{m_{n-1}[1+e_{n(n-1)}]u_{n-1}+[m_n-e_{n(n-1)}m_{n-1}]v_n}{m_n+m_{n-1}}\\&=\frac{m_{n-1}[1+e_{n(n-1)}]u_{n-1}}{m_n+m_{n-1}}+\frac{[m_n-e_{n(n-1)}m_{n-1}]v_n}{m_n+m_{n-1}}\end{aligned}$$

同理,可以写出 u_{n-1} 的表达式,两边同时乘以 $\frac{m_{n-1}[1+e_{n(n-1)}]u_{n-1}}{m_n+m_{n-1}}$ 得

$$\frac{m_{n-1}[1+e_{n(n-1)}]u_{n-1}}{m_n+m_{n-1}}=\frac{m_{n-1}[1+e_{n(n-1)}]u_{n-1}}{m_n+m_{n-1}}\frac{m_{n-2}[1-e_{n(n-1)(n-2)}]u_{n-2}}{m_{n-1}+m_{n-2}}+\frac{m_{n-1}[1+e_{n(n-1)}]}{m_n+m_{n-1}}\frac{[m_{n-1}-e_{n(n-1)(n-2)}m_{n-2}]}{m_{n-1}+m_{n-2}}v_{n-1}$$

…

…

$$\frac{m_{n-1}[1+e_{n(n-1)}]}{m_n+m_{n-1}}\cdots\frac{m_2[1+e_{32}]}{m_3+m_2}u_2=\frac{m_n[1+e_{n(n-1)}]}{m_n+m_{n-1}}\cdots\frac{m_2[1+e_{32}]}{m_3+m_2}\cdot\frac{m_1[1+e_{21}]}{m_2+m_1}u_1+\frac{m_{n-1}[1+e_{n(n-1)}]}{m_n+m_{n-1}}\cdots\frac{m_2[1+e_{32}]}{m_3+m_2}\frac{(m_2-e_{21}m_1)}{m_2+m_1}v_2$$

将以上各式两端分别相加,得

$$u_n=\frac{[m_n-e_{n(n-1)}]}{m_n+m_{n-1}}v_n+\frac{m_{n-1}[1+e_{n(n-1)}][m_{n-1}-e_{(n-1)(n-2)}m_{n-2}]}{m_{n-1}+m_{n-2}}v_{n-1}+\cdots+\frac{m_{n-1}[1+e_{n(n-1)}]}{m_n+m_{n-1}}\frac{m_{n-2}[1+e_{(n-1)(n-2)}m_{n-2}]}{m_{n-1}+m_{n-2}}\cdots\left[\frac{m_2-e_{21}m_1}{m_2+m_1}v_2+\frac{m_1(1+e_{21})}{m_2+m_1}u_1\right]$$

整理得

$$u_n=\frac{[m_n-e_{n(n-1)}m_{n-1}]}{m_n+m_{n-1}}v_n+\sum_{i=2}^{n-1}\frac{[m_i-e_{i(i-1)}m_{i-1}]}{m_i+m_{i-1}}v_i\cdot\prod_{i}^{n-1}\frac{m_i[1+e_{(i+1)i}]}{m_{i+1}m_i}+u_1\prod_{i=2}^{n}\frac{m_{i-1}[1+e_{i(i-1)}]}{m_i+m_{i-1}}$$

由于 $e'=\frac{u_1-w_2}{w_1-v_1}$,有

$$u_1=e'(w_1-v_1)+w_2 \tag{8-44}$$

式中:e'为颗粒与振动筛筛面之间的碰撞恢复系数;w_1,w_2 为碰撞前后的筛面速度。

$$u_n=\frac{[m_n-e_{n(n-1)}m_{n-1}]}{m_n+m_{n-1}}v_n+\sum_{i=2}^{n-1}\frac{m_i-e_{i(i-1)}m_{i-1}}{m_i+m_{i-1}}v_i\prod_{i}^{n-1}\frac{m_i[1+e_{(i+1)i}]}{m_{i+1}m_i}+[e'(w_1-v_1)+w_2]\prod_{i=2}^{n}\frac{m_{i-1}[1+e_{i(i-1)}]}{m_i+m_{i-1}} \tag{8-45}$$

振动筛筛面与第 1 颗物料颗粒碰撞后,物料群颗粒间的碰撞不断向上传递,在碰撞传递的同时,将发生振动筛对最底层颗粒的第 2 次碰撞,这个过程循环进行。第 2 轮碰撞发生时,物料颗粒的初始速度等于第 1 轮碰撞结束后的颗粒运动速度。

当第 n 次碰撞发生时,式(8-45)可改写为

$$u_n=u_{n1}+u_{n2}$$

$$u_{n1}=\frac{m_n-e_{n(n-1)}m_{n-1}}{m_n+m_{n-1}}v_n+\sum_{i=2}^{n-1}\frac{[m_i-e_{i(i-1)}m_{i-1}]}{m_i+m_{i-1}}v_i\prod_{i}^{n-1}\frac{m_i[1+e_{(i+1)i}]}{m_{i+1}m_i}$$

$$u_{n2}=[e'(w_1-v_1)+w_2]\prod_{i=2}^{n}\frac{m_{i-1}[1+e_{i(i-1)}]}{m_i+m_{i-1}}$$

式中：v_i 为颗粒 i 碰撞前的运动速度；u_i 为颗粒 i 碰撞后的运动速度；m_i 为颗粒 i 的质量；$e_{i(i-1)}$ 为颗粒 i 与颗粒 $i-1$ 的碰撞恢复系数；u_1 为第 1 颗颗粒被筛面碰撞后的运动速度。

u_{n1} 由碰撞发生前物料颗粒的初始运动速度决定，u_{n2} 表示第 n 轮碰撞后，振动筛筛面传递给物料颗粒 n 的运动速度。

$$\begin{aligned}u_{n2}&=[e'(w_1-v_1)+w_2]\prod_{i=2}^{n}\frac{m_{i-1}[1+e_{i(i-1)}]}{m_i+m_{i-1}}\\&=[e'(w_1-v_1)+w_2]\frac{m_1[1+e_{21}]}{m_2+m_1}\frac{m_2[1+e_{32}]}{m_3+m_2}\cdots\frac{m_{n-1}[1+e_{n(n-1)}]}{m_n+m_{n-1}}\\&=[e'(w_1-v_1)+w_2]\frac{1+e_{21}}{\frac{m_2}{m_1}+1}\frac{1+e_{32}}{\frac{m_3}{m_2}+1}\cdots\frac{1+e_{n(n-1)}}{\frac{m_n}{m_{n-1}}+1}\end{aligned}\tag{8-46}$$

从式(8-46)可知，振动能量在向上传递的过程中不断衰减，碰撞前后物料颗粒的速度变化及颗粒间的碰撞恢复系数与质量比有关，当碰撞恢复系数 $e_{i(i-1)}$ 大于质量比 m_n/m_{n-1} 时，m_{n-1} 颗粒对 m_n 颗粒的碰撞会增大 m_n 颗粒的运动速度，反之碰撞后会减慢被碰撞的颗粒的运动速度。

在实际的振动筛分过程中，振动能量由底层向上逐渐传递，且逐渐衰减，下层物料比上层物料获得的能量大。物料层越厚，顶层的颗粒获得筛面的速度传递越小，当物料颗粒不断增加超过一定数量时，振动筛筛面的能量在由下至上的传递过程中衰减为零，振动筛对顶层颗粒无激振作用，因此，振动筛筛面上的脱出混合物不能积聚太厚，否则会影响清选效果。

8.2.2 物料群在筛面上的运动规律

根据 8.2.1 节的颗粒碰撞模型，物料群在振动筛筛面上的运动规律可描述如下：振动筛筛分时，在垂直筛面方向上，底层颗粒与筛面发生碰撞后反弹，再和第 2 层颗粒发生碰撞，然后第 2 层颗粒又与第 3 层颗粒发生碰撞，由下到上传递能量，直至能量衰减为零。同时，第 $n-1$ 层物料颗粒在与第 n 层颗粒发生碰撞后，其运动速度减小，这种减速作用使得物料群与振动筛筛面发生第 2 次碰撞。

在振动筛筛面平行方向也同样存在这种碰撞传递，使物料群颗粒间形成速度差，从而产生物料颗粒在水平方向的相对移动。

上述规律表明，在筛分过程中，物料群在筛面上存在相对运动，这种相对运动的特点和意义在于：一定厚度内，物料之间的相对移动在筛面垂直方向和水平方向均有发生，靠近振动筛筛面的物料颗粒运动最为剧烈，远离筛面的颗粒运动则较为缓和，且与振动筛的振动强度有关，物料颗粒间的相对移动呈现一定的周期性并逐渐减弱。

筛分时，虽然在不同的筛面区域和筛分时间，物料之间的相对移动存在显著的差异，但这种相对移动能减少籽粒和短茎秆、小穗和碎茎叶之间的约束，使得籽粒有更多的机会从物料群中分离出来，掉落到筛面，从而通过筛孔实现透筛。而物料间相对移动在不同的筛面区域和筛分时间存在差异，如物料群顶层等远离筛面的区域，层间的物料相对移动不明显，部分籽粒因不能摆脱其他成分的“束缚”而一起被排出机体，势必导致清选损失率的增加。在实际筛分时，底层的物料有机会与振动筛筛面接触，如果颗粒直径小于筛孔直径，则形成透筛的概率较大，而上层的籽粒必须通过短茎秆、小穗和碎茎叶等大颗粒之间的间隙才能到达筛面形成透筛的基本条件。

在筛分之前，物料群以一定的状态静止分布在振动筛筛面上，暂时处于平衡态。当振动筛工作时，该平衡态被反复的振动激励所打破，物料群发生“错位”运动，使得短茎秆、小穗和碎茎叶等大颗粒之间的相对位置发生变化，茎秆与茎秆之间产生隙缝，籽粒在重力的作用下下落，使势能降低，因此，这些籽粒更有机会通过大颗粒之间的缝隙下落到筛面形成透筛条件，如图 8-18 和图 8-19 所示。

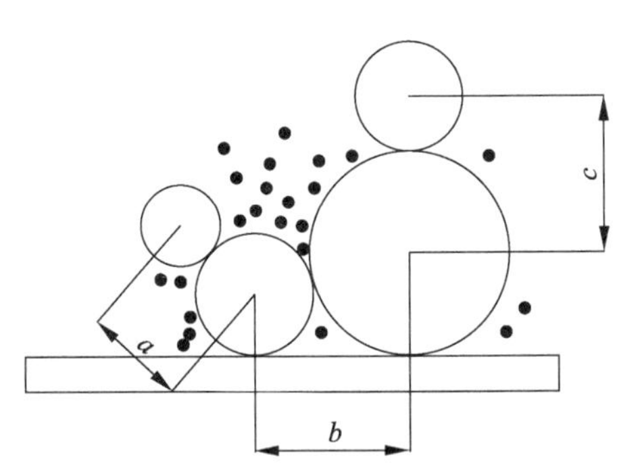

图 8-18　物料碰撞前颗粒分布

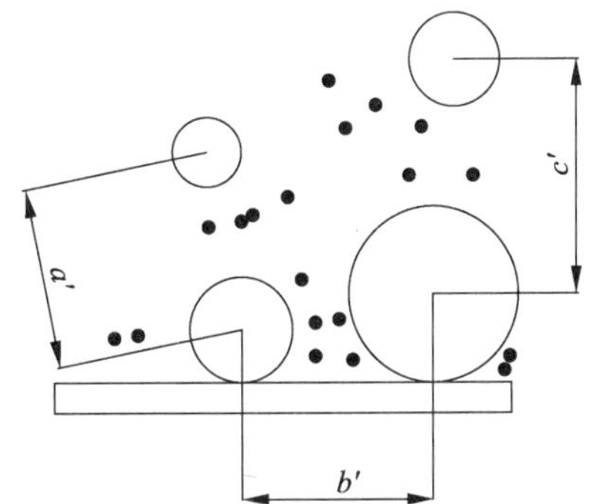

图 8-19　物料碰撞后颗粒分布

物料群的这种“错位”运动，对小颗粒的籽粒来说，在宏观上表现为整体下沉；对短茎秆、小穗和碎茎叶等大颗粒来说，由于自身质量比籽粒轻，下沉的速度没有籽粒快，只能落在颗粒之上，在气流作用和振动筛的再次激励下开始向上运动，并不断被带至振动筛尾部，透筛条件较差，大部分被吹出清选室，或被茎秆夹带从排草口排出机体，只有少部分形成透筛成为杂质。

8.3　清选筛面上颗粒透筛概率模型

8.3.1　物料颗粒垂直下落时的透筛概率

物料颗粒等效粒径与筛孔直径之比称为相对粒度 x，用以表示颗粒的级别。

$$x=\frac{d}{a} \tag{8-47}$$

式中：d 为物料颗粒等效粒径，mm；a 为筛孔直径，mm。

某一级别的物料颗粒，其透筛概率是指一次跳动完成时透筛的该级别颗粒质量与该级别颗粒总质量之比。透筛概率可由筛分试验确定，筛分试验是随机试验而非确定性试验。此处假设筛面水平放置，物料颗粒沿垂直方向运动。图 8-20 所示为基本筛分单元的构成示意图。图 8-20 中 d 为物料颗粒等效粒径，a 为筛孔直径，b 为筛丝直径。

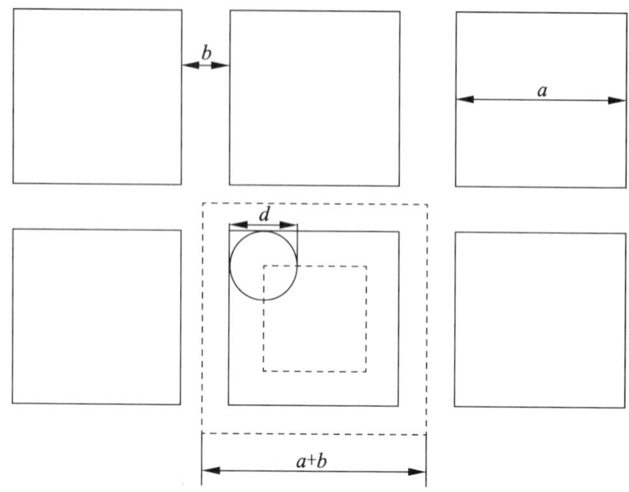

图 8-20　基本筛分单元的构成

研究物料群颗粒在振动筛筛面上的筛分概率，应从研究单个颗粒在基本筛分单元上的透筛概率过程开始。具体筛分试验过程如下：将单个颗粒简化为质点，随机投向基本筛分单元的任意区域，颗粒下落的位置是随机的，落到某一区域的可能性仅与该区域的面积有关，与该区域的所在位置和形状无关。由此，可把单元区域本身视为基本事件空间，而单个颗粒投向基本筛分单元区域的随机筛分试验是几何型的。

物料颗粒垂直落到筛面上时，以下两种情况下算透过筛孔：一是颗粒不与筛面相碰；二是颗粒与筛孔边缘碰撞后穿过筛孔。由图 8-20 可以看出，基本筛分单元区域面积为 $(a+b)^2$，则物料颗粒的透筛概率为可透筛的面积 $n(a-d+\psi b)^2$ 与筛面总面积 $n(a+b)^2$ 之比，即

$$P=\frac{n(a-d+\psi b)^2}{n(a+b)^2}=\frac{\left(1-\frac{d}{a}+\psi\frac{b}{a}\right)}{\left(1+\frac{b}{a}\right)} \tag{8-48}$$

式中：ψ 为颗粒与筛孔边缘碰撞后穿过筛孔的系数。$\psi<1$ 时，ψ 值与相对粒度 x 相关，当 $x=\frac{d}{a}=0.3,0.4,0.6,0.8$ 时，ψ 值分别为 0.2，0.15，0.10，0.05。

由式(8-48)可知，相对粒度 x 越小，ψ 值越大，物料颗粒透筛概率越大；若相对粒度 x 趋近于 1，则基本上不能形成透筛。

此外，对某一特定的筛分设备，有效面积系数为筛孔面积与基本筛分单元面积之比 $\frac{a^2}{(a+b)^2}$，它是评价筛分设备工作性能的一个重要参数。有效面积系数越大，物料透筛概

率越大,设备筛分效率就越高。但是实际应用中,有效面积系数并非越大越好,而是要根据筛分混合物的成分进行合理选择。

8.3.2　物料颗粒沿倾斜方向触筛时的透筛概率

联合收获机风筛式清选装置在实际工作时,脱出混合物的初始速度和位置均不相同,且振动筛一般倾斜一定角度放置,大部分物料颗粒会沿筛面倾斜方向触筛,因此还需要研究物料颗粒沿筛面倾斜方向触筛时的透筛概率。

假设振动筛筛面倾角为 α,物料颗粒与振动筛筛面的相对运动方向不在筛面法向方向上,即若两者相对运动方向与垂直向下方向的夹角为 γ,则 $\gamma \neq \alpha$。图 8-21 所示为物料颗粒从倾斜方向掉落到筛面上时的示意图。

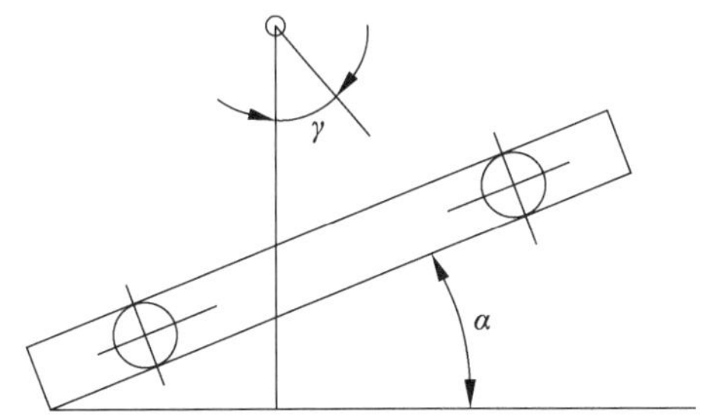

图 8-21　物料从倾斜方向落到筛面

根据 F. Mogensen 提出的透筛概率公式,该工况下物料颗粒的透筛概率为

$$P=\frac{(a+\psi b-d)\left[(a+b)\cos\ (\alpha+\gamma)-(1-\psi)b-d\right]}{(a+b)^2\cos\ (\alpha+\gamma)} \tag{8-49}$$

当式(8-49)中 $\left[(a+b)\cos\ (\alpha+\gamma)-(1-\psi)b-d\right]=0$ 时,$P=0$,即物料颗粒沿倾斜方向触筛时不能形成透筛。从而可以得到,当物料颗粒相对粒度和筛孔尺寸一定时,颗粒透筛概率为零的筛面临界倾角为

$$\alpha_o=\arccos\left[\frac{d+(1-\psi)b}{a+b}\right]-\gamma \tag{8-50}$$

由此可知,振动筛筛面倾角具有临界值,该临界值不仅与筛孔尺寸和颗粒相对粒度相关,还与物料颗粒落入振动筛的角度有关。

8.3.3　物料透筛概率的影响因素分析

(1) 物料颗粒相对粒度

物料颗粒相对粒度越小,其透筛概率越大,但两者之间并非呈线性关系,随着相对粒度的增大,透筛概率迅速变小。总体而言,物料颗粒直径相对筛孔尺寸越小,越容易形成透筛,物料颗粒尺寸直径接近筛孔尺寸的大粒度物料透筛的机会很小。这与实际筛分情况相符:物料群中的籽粒容易透筛,但一些短茎秆、小穗和碎茎叶等大颗粒物料透筛概率较低。

(2) 物料颗粒形状

物料颗粒形状同样影响着透筛概率,实际筛分过程中的物料颗粒形状比理论分析时更为复杂。不同形状的物料颗粒在清选筛分过程中的运动速度和运动状态也有差别，这同样影响透筛概率。在倾斜筛面上运动时，物料颗粒不管是滑动还是跳动，都向振动筛后方运动能使颗粒的重心降至最低，符合势能降低原理。物料颗粒在透过筛孔的一瞬间，不同形状的物料颗粒的透筛概率不尽相同，立方体和球形的物料颗粒比长条形和扁平状的物料更容易透筛。

(3) 物料含水率

含水率高的物料颗粒湿度大，物料群容易粘结在一起，会增大各成分之间分离的难度，也容易造成筛孔堵塞，减少振动筛的实际工作面积，影响物料透筛，加重筛分负担。就联合收获机风筛式清选装置实际作业而言，一方面可以选择谷物成熟期进行作业，另一方面应选择白天有太阳的天气进行收获作业。此外，可以通过对振动筛表面进行“不沾水”涂料处理提升筛分效果。

8.4 圆锥形清选风机设计

8.4.1 清选装置技术分析

不同结构类型的清选装置在清选性能上存在较大差别，适用于不同的工况。本书针对全喂入式联合收获机广泛使用的单风道离心风机＋双层振动筛清选装置(结构如图 8-22 所示)展开研究。

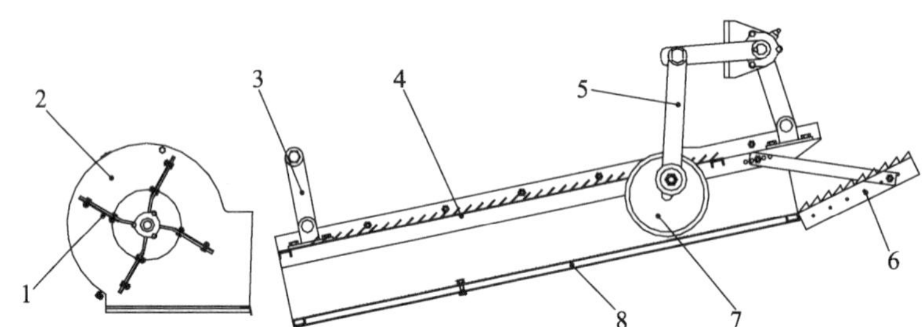

1—风机叶片；2—风机蜗壳；3—振动筛挂臂；4—上筛(鱼鳞筛)；5—振动筛摇臂；6—尾筛；7—凸轮；8—下筛(冲孔筛)。

图 8-22 风筛式清选装置结构简图

清选含杂率和损失率是联合收获机清选性能的主要工作指标，对采用风筛式清选装置的全喂入式联合收获机来说，这两项指标相互矛盾。在清选过程中，为了降低含杂率，通常需要增大风机转速或振动筛振幅，这势必会导致损失率的增加；反之，采取措施减小损失率，则会导致含杂率增大。如何在损失率和含杂率间寻找最佳的平衡点，提升风筛式清选装置的综合性能，是一项重要的研究课题。

为了提升联合收获机的清选作业质量，国内外研究人员主要采取了以下措施：

① 改进筛片筛孔。提高振动筛的有效筛分面积，减少筛面的分离“死区”。

② 调节风速风门。增设风量和出风口角度自动调节机构，优化清选气流。

③ 改进减振系统。在曲柄连杆机构中添加弹性元件，减少振动筛振动噪声。

④ 增设二次回收装置。收集筛尾部位下落的物料，经复脱后进行二次清选。

⑤ 增设横流风机。在清选筛后上方增加横流风机，强化对筛尾部位脱出物的清选。

上述措施中，筛面气流分布的优化是提高清选作业质量的重要手段之一。筛面气流优化需要综合考虑以下几个方面：

① 保持清选效果的稳定。风筛式清选装置正常工作时，筛面气流分布状态基本保持稳定，可通过调整清选装置的结构参数、工作参数来提高气流质量。

② 充分利用筛面的有效长度。由于振动筛前部脱出物积聚明显，清选负荷大，需要用较高的风速和较大的风量吹散物料，而振动筛尾部风速不能过高，否则容易将籽粒一起吹出机体，增大清选损失。

③ 气流速度沿筛长方向应逐渐降低。清选过程中，脱出物不断向振动筛后方运动，混合物在清选气流和振动筛的配合作用下，籽粒与杂质逐渐分层疏散并减少，此时清除杂质所需的风速和风量须相应地减小。振动筛中后段的风速应相对较小，可通过延长脱出混合物在清选室的停留时间，充分发挥振动筛的筛分作用。

④ 筛尾风速应略有提高。在振动筛尾部，筛面上所剩的物料绝大部分是短茎秆、小穗等大颗粒杂质，只有极少量的籽粒夹带在其中。为避免过量的短茎秆进入杂余回收复脱装置，筛尾部位需要有稍大的气流将大颗粒杂质顺利吹出机体。

目前，稻麦联合收获机上所用的风机大多为离心风机，其工作轴与滚筒轴平行，与滚筒等宽，若宽径比（叶轮宽度与叶轮外径之比）大于 4，会导致中间部位风速过高而两侧风速过低，进而降低清选作业质量。针对这个问题，可采取的措施主要有：

① 当宽径比大于 4 时，用两个短风机并列排布替代一个长风机，以减小出风口中段的负压，减少风机两侧的气流反吸，改善出风口气流均匀性。

② 对风机叶片端部切角。采用端部切角叶片后，能引导从两侧进入风机的气流顺利到达风机中间区域，有效改善出风口风速分布的均匀性。

③ 出风口处增设横向导风板。导风板将出风口分为上下两层，对加宽风扇出风口气流的均匀性有改善作用。

④ 在风机外壳开孔放风。在风机外壳适当位置开孔放风，能在一定程度上改善出风口气流的均匀性，也势必会减小出风口的风量。

⑤ 改用径向进气风扇或轴流风扇，可使筛面宽度方向气流分布均匀，风量的调节也较方便。

8.4.2　非均布气流清选原理

对于横置轴流式全喂入联合收获机，脱粒时作物从脱粒滚筒前端喂入口进入，从尾部排草口排出，沿滚筒轴向运动，脱出物中绝大部分籽粒在脱粒滚筒前半段得到分离，并下落堆集在振动筛入口一角。在振动筛前端筛宽方向上，靠近喂入口一侧的脱出物比靠近排草口一侧的脱出物明显要多，使得振动筛偏负荷工作。

传统农用离心风机的叶轮直径沿风机轴向，叶轮外径旋转一周所形成的轨迹为圆柱形，本书中将这种离心风机称为圆柱形风机。圆柱形风机沿风机宽度方向各处吹出的风速基本相等，方向均垂直于风机轴呈径向运动，本书中将圆柱形风机产生的这类气流称为均布气流。

清选时，通常认为脱出混合物多的部位需要较大的气流和风速，脱出混合物少的部位所需风速和气流可稍小。在出风口设置导风板并不能有效改善下落在振动筛上的脱出物的分布均匀性，部分机型的联合收获机在振动筛上方设置抖动板，以使掉落在振动筛上的混合物分布更均匀，但横置轴流式全喂入水稻联合收获机因结构所限，无法配置抖动板。

为此，本书提出利用非均布气流进行清选，即利用圆锥形叶轮（叶轮母线所形成的轨迹为圆锥形）锥体两端的直径差所产生的风速差形成横向的风压差，利用风压差产生的横向风，将振动筛前部的脱出混合物从多的部位吹向少的部位，使得振动筛筛面上的脱出混合物分布更均匀。

非均布气流清选原理如图 8-23 所示。

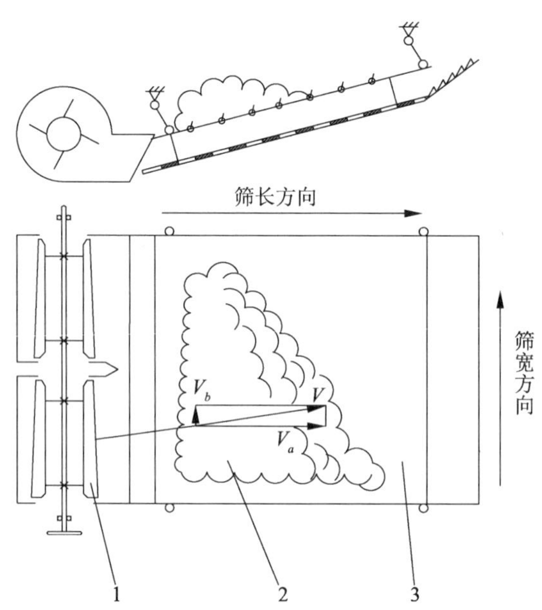

1—圆锥形离心风机；2—脱出混合物；3—振动筛。

图 8-23 非均布气流清选原理示意

圆锥形离心风机的叶片有一定的锥度，在出风口产生的风速 v 方向垂直于叶片母线，与风机轴法向形成一定的角度，将 v 沿筛长和筛宽方向分解，分别得到在两个方向上的分速度 v_a，v_b：将 v_a 定义为纵向风，作用与圆柱形风机产生的气流一样，用于清选物料；将 v_b 定义为横向风，方向为沿筛宽方向从喂入口侧指向排草口侧，用于将振动筛入口一角积聚的物料向筛宽方向吹散，起均布物料作用。

即纵向风的作用是将脱出物中的颖壳和短茎秆、碎茎叶等杂质沿筛长方向吹出机体，横向风的作用是将积聚在振动筛入口一角的脱出混合物向筛宽方向排草口一侧均布，以使清选负荷更均匀。圆锥形风机直径大端（靠近喂入口一侧）产生较大的风压、风量、风速，适应于脱出混合物堆积严重区域的分离清选，圆锥形风机的另一头（靠近排草口一侧）叶轮叶片直径较小，其对应的位置脱出混合物较少，产生较小的气流即可满足清选需求，同时能降低风机的能耗。随着圆锥形风机叶轮直径从大到小，产生的风量、风压、风速亦逐步减小，由此产生的横向风使得振动筛前端的脱出物在筛宽方向（横向）均布成为可能。

圆锥形风机清选风扇叶片工作示意图如图 8-24 所示。

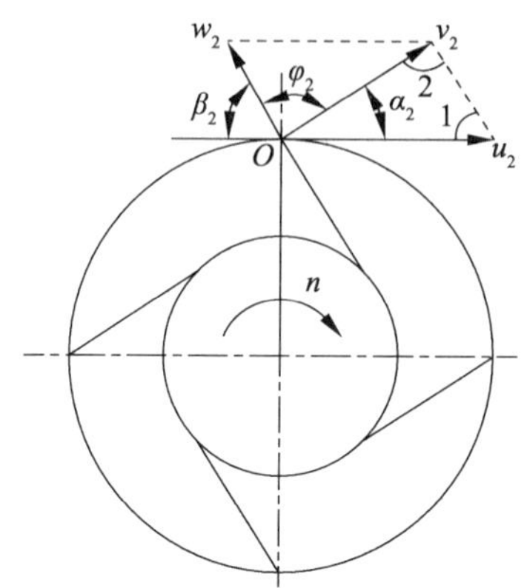

图 8-24　圆锥形风机清选风扇叶片工作示意图

动力驱动风机轴带动安装在辐条上的风机叶片高速旋转，气流从两侧进风口轴向进入风机，在叶片离心力作用下，气流改变方向，以垂直于叶片外端面方向径向吹至风机出风口。根据机械做功能量守恒原理，出风口气流获得的能量 p_e（压力）由欧拉方程决定：

$$p_e=\frac{\gamma}{g}v_2u_2\cos\alpha_2 \tag{8-51}$$

式中：γ 为空气容重，$\mathrm{N/m^3}$（$\gamma=11.77$）；g 为重力加速度，9.8 $\mathrm{m/s^2}$；v_2 为空气离开叶片时的绝对运动速度，m/s；u_2 为叶片外圆的切向速度，m/s；α_2 为绝对运动速度 v_2 和外径切向速度 u_2 的夹角。

考虑涡流、气流与风机叶片的摩擦阻力等因素，出风口气流获得的实际能量为

$$p_i=\eta p_e=\frac{\eta\gamma}{g}v_2u_2\cos\alpha_2=\frac{\eta\gamma}{g}v_2R\omega\cos\alpha_2 \tag{8-52}$$

式中：η 为风机效率，参考农用离心风机的取值，$\eta=0.5$；R 为叶片半径；ω 为风机转动角速度。

圆锥形风机各处叶片半径不同，若大端 $R_1=0.16$ m，小端 $R_2=0.14$ m，转动角速度 $\omega=130$ rad/s，则叶片外圆切向速度大端为 $u_{21}=R_1\omega=0.16\times130=20.8$ m/s，小端为 $u_{22}=R_2\omega=0.14\times130=18.2$ m/s。经测量，风机在叶片外径切向的绝对运动速度，叶片直径大端为 $v_{21}=18.3$ m/s，叶片直径小端为 $v_{22}=17.2$ m/s。

如图 8-24 所示，β_2 为风机叶片安装支架辐条与水平线的夹角，一般为 60°，则可求得 φ_2 如下：

$$\sin\varphi_2=\frac{u_2\sin\beta_2}{v_2}$$
$$\varphi_2=\arcsin\frac{u_2\sin\beta_2}{v_2} \tag{8-53}$$

将 $v_{21}, v_{22}, u_{21}, u_{22}$ 的值代入式(8-53)可求得：

$$\varphi_{21}=\arcsin\frac{u_{21}\sin\beta_2}{v_{21}}=\arcsin\frac{20.8\times0.87}{18.3}=78.52^\circ$$
$$\varphi_{22}=\arcsin\frac{u_{22}\sin\beta_2}{v_{22}}=\arcsin\frac{18.2\times0.87}{17.2}=65.50^\circ \tag{8-54}$$
$$\alpha_{21}=180^\circ-(\beta_2+\varphi_{21})=180^\circ-(60^\circ+78.52^\circ)=41.48^\circ$$
$$\alpha_{22}=180^\circ-(\beta_2+\varphi_{22})=180^\circ-(60^\circ+65.50^\circ)=54.50^\circ$$

将以上数据代入式(8-52)，得叶片大端风压为

$$p_{21}=\frac{\eta\gamma}{g}v_{21}u_{21}\cos\alpha_{21}=\frac{0.5\times11.77}{9.8}\times18.3\times20.8\times\cos41.48^\circ=171.25\ \text{Pa}$$

叶片小端风压为

$$p_{22}=\frac{\eta\gamma}{g}v_{22}u_{22}\cos\alpha_{22}=\frac{0.5\times11.77}{9.8}\times17.2\times18.2\times\cos54.50^\circ=109.16\ \text{Pa}$$

可得叶片大小端风压差

$$\Delta p=p_{21}-p_{22}=171.25-109.16=62.09\ \text{Pa}$$

横向风主要是叶片大小端之间的横向风压差 Δp_d 产生的，假设叶片大小端风压差 Δp 的$\frac{1}{4}$在筛宽方向形成横向风压差 Δp_d，则可通过横向风压差计算得到横向风速 v_b 的大小，有

$$\Delta p_b=\frac{1}{4}\Delta p=\frac{\gamma}{2g}v_b^2$$
$$v_b=\sqrt{\frac{2g\Delta p}{4\gamma}}=\sqrt{\frac{2\times9.8\times62.09}{4\times11.77}}=5.10\ \text{m/s}$$

经计算可知，叶轮大小端所形成的风压差 Δp 可达 62 Pa 以上，由此产生的横向风最大风速可达 5.10 m/s。

8.4.3 圆锥形清选风机结构设计

清选风机是风筛式清选装置的核心工作部件之一，在横置轴流全喂入式联合收获机中，风机安装在凹板下方靠前的位置，出风口对着双层振动筛上筛的筛面，风机转轴与滚筒轴平行布置，两只风机串联后与振动筛筛宽等长。

传统圆柱形离心风机叶片直径等结构参数与转速等工作参数基本相同，产生的是均布气流，与脱出混合物在振动筛上的分布情况不匹配。圆锥形清选风机将传统圆柱形风机的叶片改成一端直径大一端直径小的锥形，以此改善出风口的气流分布，使喂入口一侧产生较大的风速，排草口一侧产生较小的风速，并且在筛宽方向上产生比较明显的横向

风，从而提升风机的清选性能。

传统圆柱形离心式风机从两侧进风，为防止左右两侧进风口出现吸风现象，当风机叶片长度大于叶轮直径的 2 倍以上时，通常采用两个较短的离心风机并联排布，圆锥形风机亦如此。每个风机内部有 4 片风叶，分别安装在 4 组叶片支架上，支架用螺栓固定在风机转动轴上，风机壳体与清选室机架相连，风机转轴则通过 2 组滚动轴承安装在机架上。

工作时，来自发动机的一股动力通过驱动链轮带动风机转轴转动，两只风机共用同一转轴，每只风机各有 4 组叶片，通过风机叶片支架固定在转轴上，转轴带动叶片旋转，气流分别从每只风机的两侧进入风机壳体，在叶片的离心力作用下，沿风机轴径向从出风口吹出，在清选空间形成气流场。

圆锥形离心式清选风机利用风机叶片大小端的直径差产生风压差，在振动筛前部产生横向风，将下落的脱出物沿筛宽方向吹散，避免脱出物在振动筛面入口一角堆积，从而改善横置轴流式脱分选系统的清选性能。

圆锥形离心式清选风机结构如图 8-25 所示。

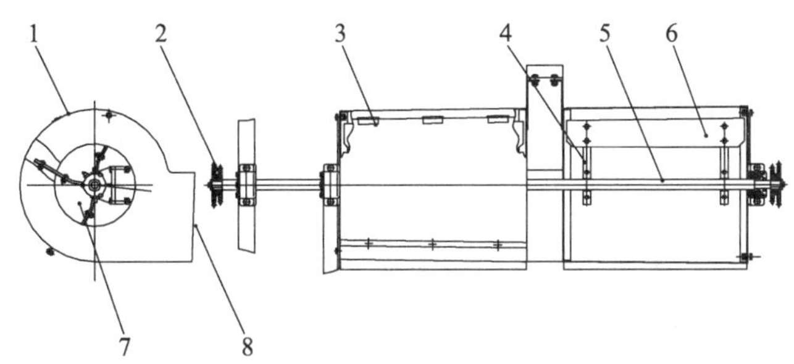

1—风机壳体；2—驱动链轮；3—风机壳合页；4—风机叶片支架；5—转轴；6—风机叶片；7—进风口；8—出风口。

图 8-25　圆锥形离心式清选风机结构图

圆锥形离心式清选风机三维模型如图 8-26 所示。

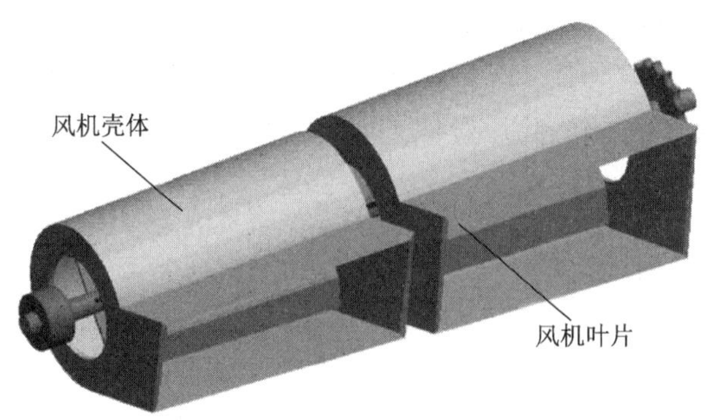

图 8-26　圆锥形离心式清选风机三维模型

(1) 工作参数确定

圆锥形离心风机的工作参数包括空气流量 Q、全压力 p 和出口平均风速 v。空气流量

Q 与需清除的杂质量 q_1 成正比，可根据以下公式计算得到：

$$Q=\frac{q_1}{\mu\rho}=\frac{q\varepsilon}{\mu\rho} \tag{8-55}$$

式中：q 为喂入量，kg/s（取 $q=2$）；ε 为杂质含量，%（经测定 $\varepsilon=5\%\sim15\%$，取 $\varepsilon=10\%$）；ρ 为空气密度，kg/m^3（取 $\rho=1.20$）；μ 为含杂质气流的质量比，（$\mu=0.2\sim0.3$，取 $\mu=0.2$）。

有
$$Q=\frac{q\varepsilon}{\mu\rho}=\frac{2\times0.1}{0.2\times1.2}=0.83\ \mathrm{m^3/s}$$

出风口平均风速 v 则需要根据被清选物料的空气动力学特性参数确定，有

$$v=\alpha v_p \tag{8-56}$$

式中：v_p 为脱出混合物中某一种类物料的飘浮速度，m/s，稻麦颖壳 $v_p=0.6\sim5.0$ m/s，短茎秆（<10 cm）$v_p=5.0\sim6.0$ m/s，这里取 $v_p=4$ m/s；α 为系数，即出风口平均风速应取轻杂质飘浮速度的 α 倍，$\alpha>1$（若轻杂质为颖壳，则 $\alpha=1.9\sim3.9$；若轻杂质为谷糠，则 $\alpha=2.5\sim5$，这里取 $\alpha=3$）。

$$v=\alpha v_p=4\times3=12\ \mathrm{m/s}$$

全压力 p 为静压 p_s 和动压 p_d 之和。其中，静压 p_s 用来克服气流运动过程中的各种阻力，动压 p_d 为气流运动提供动能。

$$p=p_s+p_d \tag{8-57}$$

在联合收获机风筛式清选装置双层振动筛工况下，$p_s=196\sim247$ Pa，取 $p_s=200$ Pa。

$$p_d=\gamma\frac{v^2}{2g}=11.77\times\frac{12^2}{2\times9.8}=86.47\ \mathrm{Pa}$$

可得
$$p=p_s+p_d=200+86.47=286.47\ \mathrm{Pa}$$

(2) 结构参数

结合典型农用离心风机设计经验，针对本书研究对象横轴流式脱分选系统，对圆锥形清选风机各结构参数进行设计计算，具体结构参数如下：两只风机串联，总宽度 1 000 mm（与振动筛等宽），每只风机宽度 444 mm，两只风机间距 112 mm；叶片锥度取 2.3°，叶片大端外径 320 mm，叶片小端外径 280 mm，大小端叶片内径相同，均为 170 mm；进风口直径 250 mm，出风口高度 150 mm；叶片安装支架为中间折弯的条钢，固定在风机转轴上后，根部倾角 30°，顶部倾角 10°。

第 9 章　清选室流场数值模拟与试验

横流风机作用在清选室形成的气流场是农业物料颗粒清选筛分的工作环境，气流场的空间分布及变化直接影响物料颗粒运动和筛分的效果。研究清选室气流场分布对掌握联合收获机风筛式清选装置的清选机理和提高清选质量有重要意义。本章根据联合收获机的实际结构和尺寸建立了横流风机作用下清选室气流场数值分析物理模型，采用CFDesign软件对无物料状态下圆柱形清选风机与不同叶片锥度圆锥形清选风机清选室流场分布情况进行数值模拟计算，并利用布点法对不同类型清选风机的流场进行试验验证，阐明了圆锥形清选风机利用横向风优化脱出物筛面分布的作用机理；针对水稻脱出混合物的清选过程，对物料在清选室的运动过程进行动态仿真分析，并利用高速摄像法研究物料在筛面上的运动情况；针对物料清选过程开展试验，对比分析圆柱形清选风机和圆锥形清选风机作用下的物料分布情况，验证圆锥形清选风机的工作性能。

9.1　清选流场数值分析基本理论

9.1.1　气流场数值模拟基本方程

气体在清选室的运动是一种典型的流体运动，在进行气流场数值模拟时，气体动力学微分控制方程可用张量形式表示。

连续方程

$$\frac{\partial \rho}{\partial t}+\frac{\partial}{\partial x_i}(\rho u_i)=0 \tag{9-1}$$

Navier-Stokes 方程

$$\frac{\partial}{\partial t}(\rho u_i)+\frac{\partial}{\partial x_j}(\rho u_i u_j)=-\frac{\partial \rho}{\partial x_i}+\frac{\partial}{\partial x_j}\left(u\,\frac{\partial u_i}{\partial x_j}-\rho\overline{u_i' u_j'}\right)+S_i \tag{9-2}$$

风筛式清选装置工作时，清选室气流场的风速和风压等参数随机变化，可用湍流模型来表达。Jones 与 Launder 分别引入湍动能 k 和湍动能耗散率 ε，提出了标准 $k-\varepsilon$ 湍流模型，这是目前应用最广泛的湍流模型。

综合考虑各种湍流模型的优缺点，同时考虑到标准 $k-\varepsilon$ 湍流模型已成功运用在农业机械气固两相流场计算分析中，本书采用标准 $k-\varepsilon$ 湍流模型进行风筛式清选装置内的气流场计算，其控制方程式如下：

$$\frac{\partial}{\partial t}(\rho k)+\frac{\partial}{\partial x_i}(\rho k u_i)=\frac{\partial \rho}{\partial x_j}\left[\left(\mu+\frac{\mu_t}{\sigma_k}\right)\frac{\partial k}{\partial x_j}\right]+G_k+G_b-\rho\varepsilon-Y_{\mathrm{m}}+S_k \tag{9-3}$$

$$\frac{\partial}{\partial t}(\rho\varepsilon)+\frac{\partial}{\partial x_i}(\rho\varepsilon u_i)=\frac{\partial\rho}{\partial x_j}\left[\left(\mu+\frac{\mu_t}{\sigma_k}\right)\frac{\partial\varepsilon}{\partial x_j}\right]+C_{1\varepsilon}\frac{\varepsilon}{k}(G_k+C_{3\varepsilon}G_b)-C_{2\varepsilon}\rho\frac{\varepsilon^2}{k}+S_\varepsilon \tag{9-4}$$

其中

$$\mu_t=\rho C_\mu\frac{k^2}{\varepsilon}$$

$$G_k=\mu_t\left(\frac{\partial u_i}{\partial x_j}+\frac{\partial u_j}{\partial x_i}\right)\frac{\partial u_i}{\partial x_j}$$

$$G_b=\beta g_i\frac{\mu_t}{Pr_t}\frac{\partial T}{\partial x_i}$$

$$Y_M=2\rho\varepsilon M_t^2$$

式中：ρ 为空气密度，kg/m^3；μ_t 为湍流黏度，Pa・s；β 为热膨胀系数；Y_m 为脉动扩张贡献；G_b 为浮力湍动能产生项；G_k 为平均速度梯度湍动能产生项；Pr_t 为湍流 Prandtl 数，$Pr_t=0.85$；M_t 为马赫数；S_i，S_k，S_ε 为源项。

模型中其他常数项的值为 $C_\mu=0.09$，$C_{1\varepsilon}=1.44$，$C_{2\varepsilon}=1.92$，$\sigma_k=1.0$，$\sigma_\varepsilon=1.3$。

上述湍流模型是高 Re 数计算模型，是建立在湍流发展非常充分的基础上的。为了更好地描述边界层的湍流特性，计算时采用壁面函数进行修正，使用无滑移条件（$u_i=0$）壁面，距离壁面 y_p 位置的速度 u_p，湍动能 k_p 和耗散率 ε_p 分别为

$$u_p=\frac{u_t}{k}\ln(Ey_p{}^+)$$

$$k_p=\frac{u_t^2}{\sqrt{C_u}}$$

$$\varepsilon_p=\frac{u_\tau^3}{ky^p}$$

$$y_p^+=\frac{\rho C_\mu^{1/4}k_p^{1/4}y_p}{\mu}$$

式中：u_t 为壁面摩擦因数；常数 $E=9.8$，$k=0.4$。

9.1.2 数值计算方法和步骤

CFD 软件（Computational Fluid Dynamics）的发展，为求解流体动力学提供了一种新的方法，利用它可开展流场分析、流场计算、流场预测工作。CFD 软件求解流体动力学问题的基本思想：用有限个离散点上的变量值的集合替代速度场和压力场等在时间域及空间域上连续的物理量，通过求解建立在离散点上的各种场变量关系的代数方程组，得到场变量的近似值。借助 CFD 分析软件，可以直观方便地预测和分析发生在流场中的具体现象，并能通过改变设计参数，在短时间内比较各种方案的效果，以达到优化设计的目的，有助于我们更加深刻地理解系统的内在机理。

现在流行的商用 CFD 软件，除了 CFDesign 外，还有 Fluent，Rhoenics，STAR-CD，CFX，Fidap，PowerFlow、Mixsim 等。CFDesign 可以对各种 CAD 软件所建立的模型进行数值模拟。本书采用 CFDesign 软件对清选室流场进行数值模拟分析，该软件功能与使

用流程如图 9-1 所示。

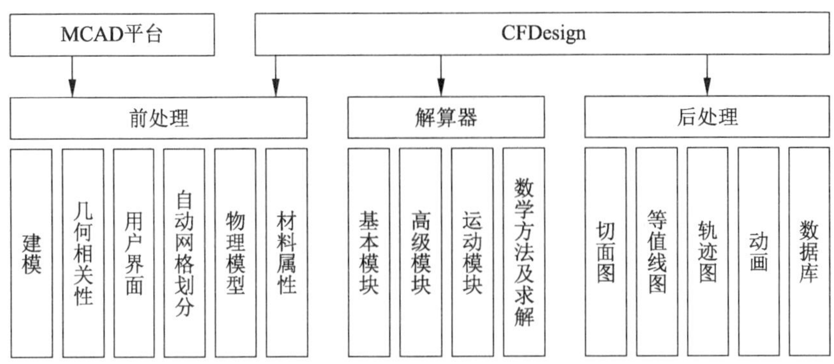

图 9-1　CFDesign 软件功能与使用流程

9.2　无物料状态清选室气流场数值模拟与试验

9.2.1　物理模型与网格化

横轴流式联合收获机清选室如图 9-2 所示，这是典型的横流风机加双层振动筛结构，在下筛尾部和尾筛下部设有籽粒滑板，清选后的籽粒经籽粒滑板落入籽粒水平搅龙，被输送至集粮箱，部分含杂余的籽粒落入复脱籽粒滑板，经复脱籽粒水平搅龙进入复脱装置。杂余经出风口被吹出机体。为便于分析说明，在横流风机轴线处建立坐标原点，出风口截面位于 $X=240$ mm 处。

建立横轴流式联合收获机清选室三维模型，如图 9-3 所示。清选室宽度为 1 000 mm，两只横流风机并列布置，总长度与清选室等宽，每只风机长度为 444 mm，共 4 个进风口。为便于分析说明，将外侧横流风机标记为 L 风机，内侧风机标记为 R 风机，并以外侧风机 L 的外端面轴心处为原点 O，轴向方向为 Z 方向。

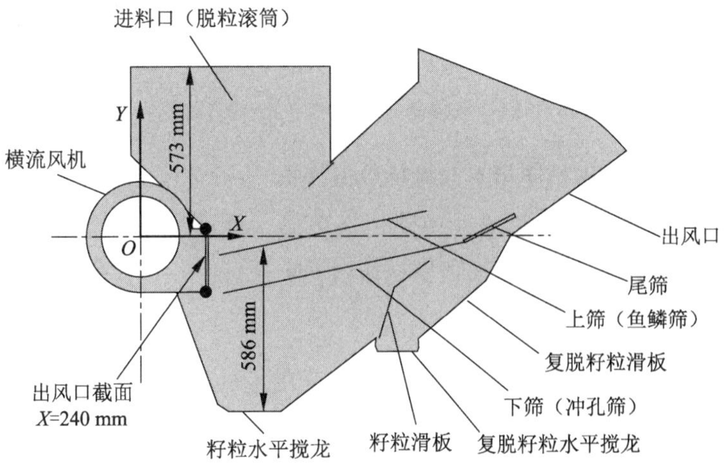

图 9-2　横轴流式联合收获机清选室结构示意图

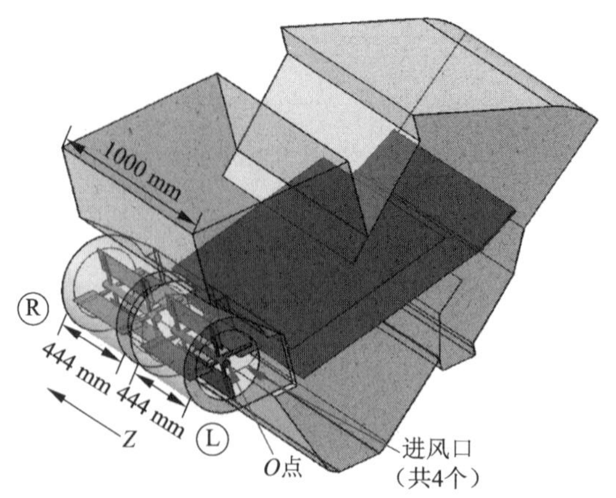

图 9-3　横轴流式联合收获机清选室三维模型

数值模拟时，首先将三维模型导入 CFDesign 中，合并面、边、点，对模型进行适当的简化，然后定义各部件材料参数（空气和钢）、输入输出边界条件和运动类型（角运动）。模拟分析过程中，假设流体是不可压缩的，分析采用湍流模型：低雷诺数 $k-\varepsilon$ 模型，湍流/层流黏性比 100，湍流度 0.05，高级湍流参数包括长度尺度（3.5）、壁面系数（5.5）、CMu（0.085）、CE1（1.47）、CE2（1.97）、Van Driest 常数（28）、Kappa（0.43）、RNG Beta（0.016）、RNG Eta（4.42）、RNG CEO（1.45）。

为便于分析说明，对横流风机出风口风速测点位置进行标记，如图 9-4 所示。图 9-4 中 Ra_1 代表 R 风机纵向（X 向）第一测点，Rb_1 代表 R 风机横向（Z 向）第一测点，La_1 代表 L 风机纵向（X 向）第一测点，以此类推。

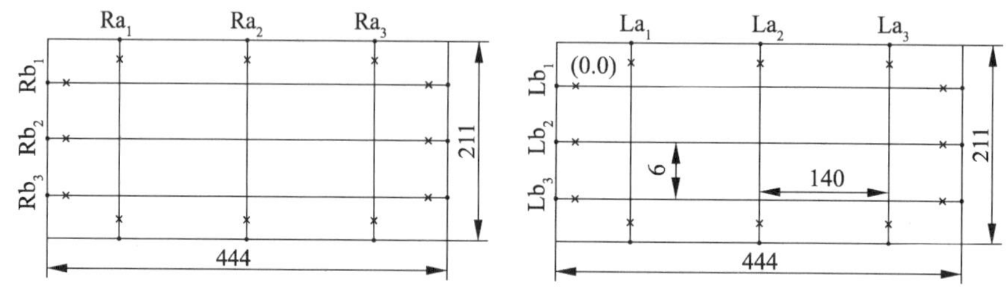

图 9-4　出风口风速测点位置标记示意图（单位：mm）

9.2.2　圆柱形清选风机作用下气流场数值模拟

传统的横轴流式联合收获机均采用圆柱形横流风机，圆柱形横流风机是一种常用的农用清选风机，在其作用下清选室物理模型如图 9-5 所示。

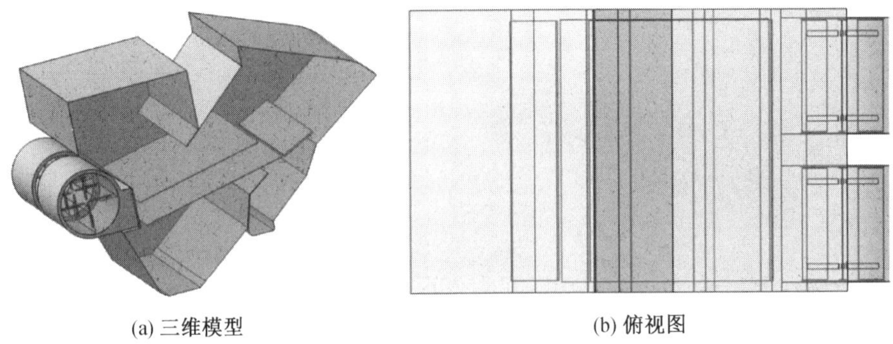

(a) 三维模型　　　　(b) 俯视图

图 9-5　圆柱形清选风机清选室物理模型

在风机转速为 1 260 r/min，出风口压力为 0 Pa 时，对圆柱形清选风机作用下清选室流场进行数值模拟，得到出风口风速分布云图如图 9-6 所示，清选室流场速度分布云图如图 9-7 所示，清选室流场速度分布矢量图如图 9-8 所示。

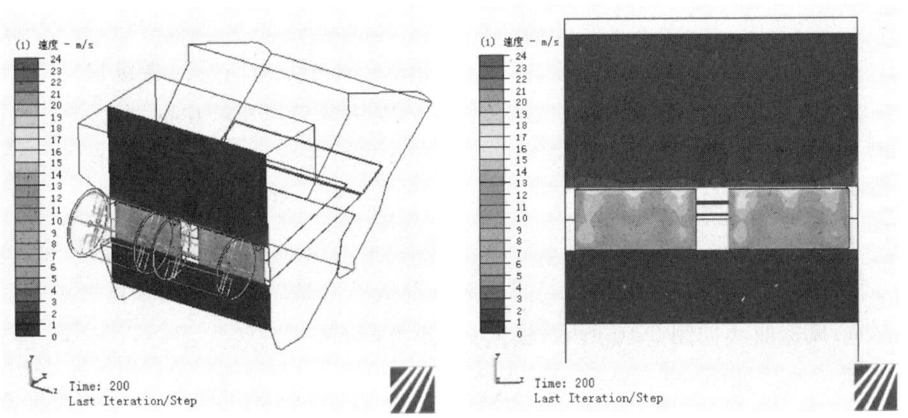

图 9-6　圆柱形清选风机出风口风速云图

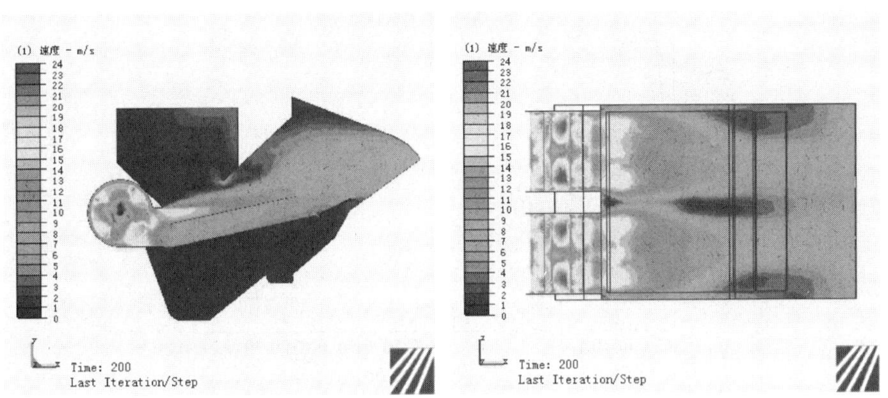

图 9-7　圆柱形清选风机作用下清选室流场速度分布云图

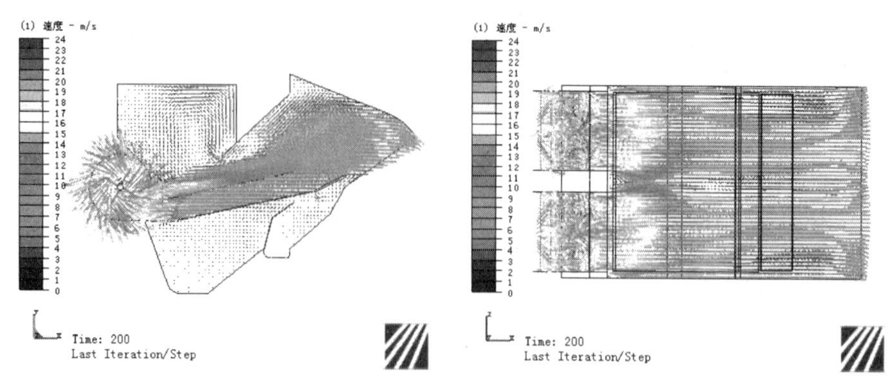

图 9-8　圆柱形清选风机作用下清选室流场速度分布矢量图

由图 9-6 至图 9-8 可以看出，并排布置的两只风机在 4 个进风口位置气流被吸入，轴向进入的气流在高速旋转的风机叶片作用下被径向吹出风机，在风机中心轴处形成负压区；两只风机连接处靠近出风口的位置有一块面积很小的低风速区，当气流到达振动筛时，从两只风机吹出的气流交汇在一起；左右两只风机出风口风速均匀一致，气流沿风机叶片切向吹出，在振动筛前端风速最大，气流沿筛面平行方向向筛尾做纵向运动，风速逐渐减小，基本上不产生沿筛宽方向的横向风；在分别从两只风机吹出的两股气流的相互影响下，振动筛中间位置和振动筛尾部靠近侧面的位置均产生了风速较小的区域；清选室出口的气流分布较为均匀。

进一步考察圆柱形清选风机产生的纵向风、横向风和垂直风风速情况。根据图 9-4 所示位置，采集出风口处风速数据，绘制圆柱形清选风机出风口风速曲线如图 9-9 所示，纵向风（X 方向）风速曲线如图 9-10 所示，横向风（Z 方向）风速曲线如图 9-11 所示，垂直方向（Y 方向）风速曲线如图 9-12 所示。

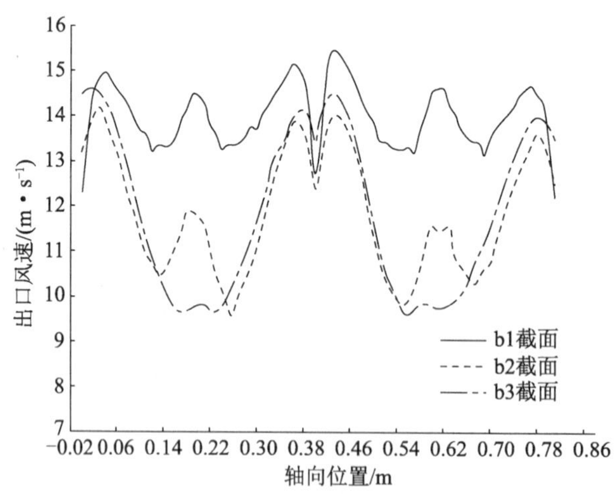

图 9-9　圆柱形清选风机出风口风速曲线

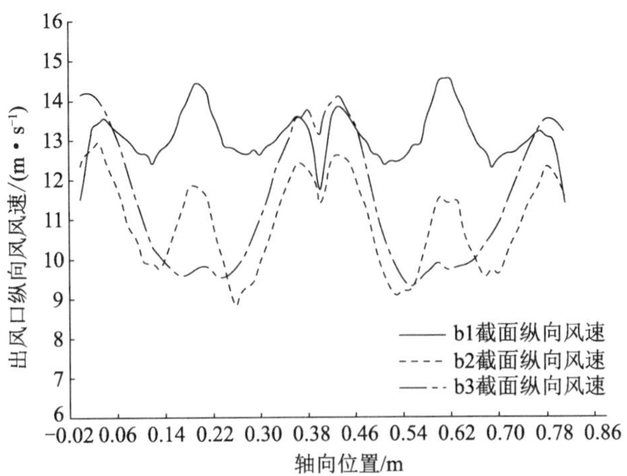

图 9-10　圆柱形清选风机出风口纵向风风速曲线

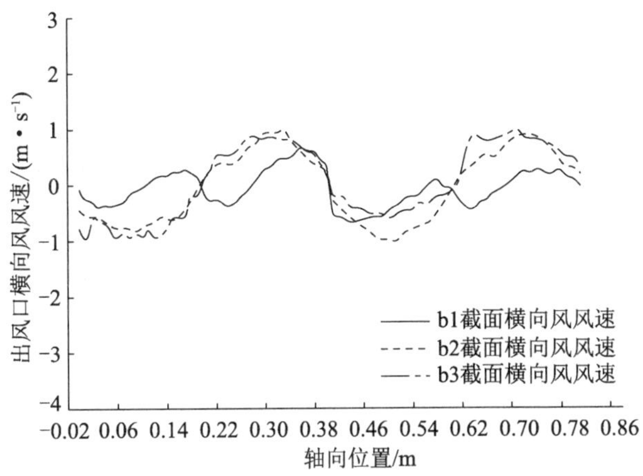

图 9-11　圆柱形清选风机出风口横向风风速曲线

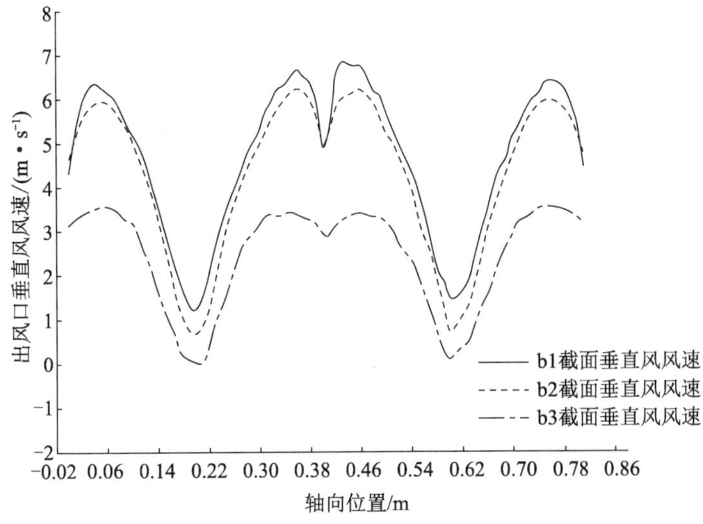

图 9-12　圆柱形清选风机出风口垂直风风速曲线

由图 9-9 至图 9-12 可以看出，在出风口位置纵向（X 方向）的不同截面（图 9-4 中 b1，b2，b3 截面），出风口上端的风速要大于下端的风速，风机两端的风速要大于中间的风速；出风口位置轴向（Z 方向）风速几乎为零，仅在出风口最下端的几处位置产生微弱的横向风，平均值为 0.09 m/s，对清选效果的影响可忽略不计；出风口位置垂直方向（Y 方向）存在一定的正向风，说明风机出风时是向上吹的，且离进风口较近的端面风量大。同时，从图 9-9 至图 9-12 可以看出，风速曲线图基本上左右对称，表明在圆柱形清选风机作用下，左右两风机的出风效果基本相同，其清选室气流流场分布是均匀的。

9.2.3 圆锥形清选风机作用下气流场数值模拟

圆锥形清选风机三维模型如图 8-26 所示，圆锥形清选风机作用下清选室物理模型如图 9-13 所示。

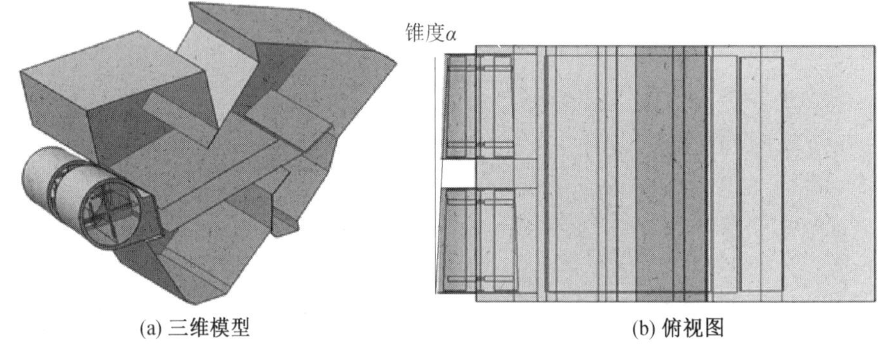

(a) 三维模型　　(b) 俯视图

图 9-13　圆锥形清选风机作用下清选室物理模型

在风机转速为 1260 r/min，出风口压力为 0 Pa 时，对不同锥度（$\alpha=2.3°, 3.5°, 5.0°$）时圆锥形清选风机作用下的清选室流场进行数值模拟，得到出风口风速分布情况如图 9-14 至图 9-16 所示，清选室流场速度分布云图如图 9-17 至图 9-19 所示，清选室流场速度分布矢量图如图 9-20 至图 9-22 所示。

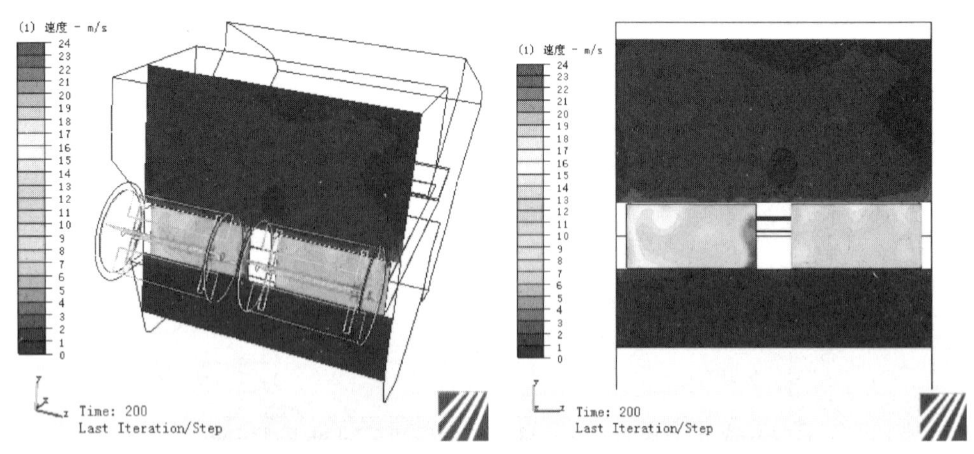

图 9-14　圆锥形清选风机（锥度 $\alpha=2.3°$）出风口风速云图

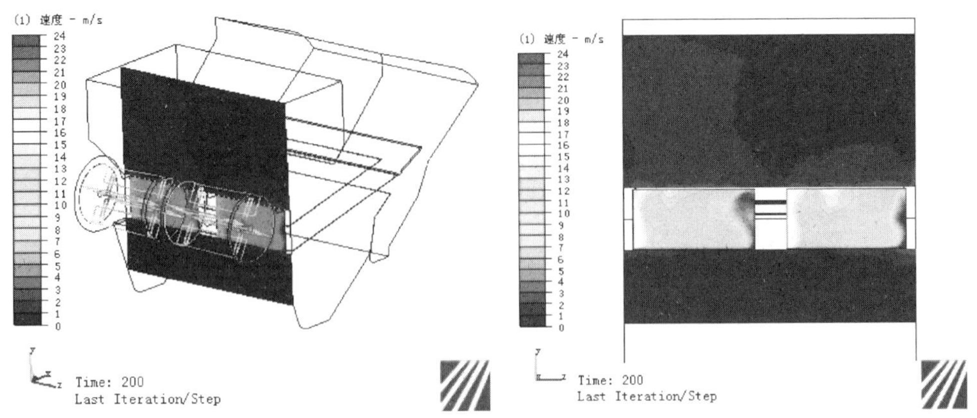

图 9-15　圆锥形清选风机(锥度 $\alpha=3.5^{\circ}$)出风口风速云图

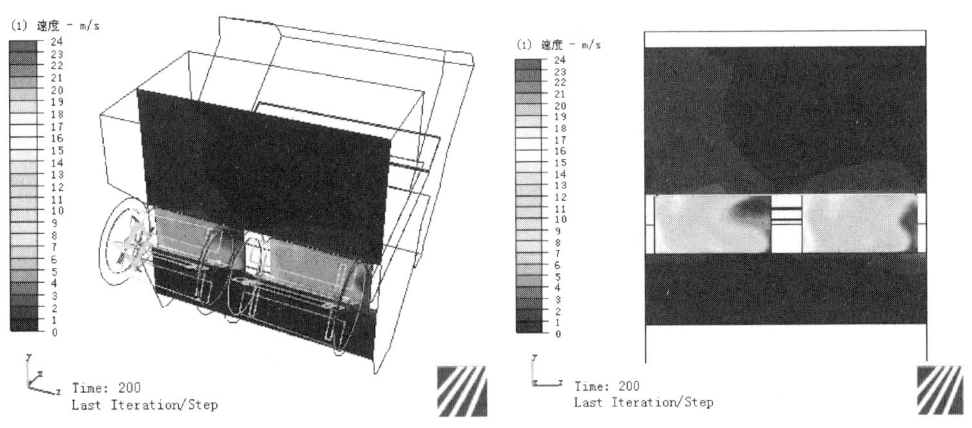

图 9-16　圆锥形清选风机(锥度 $\alpha=5.0^{\circ}$)出风口风速云图

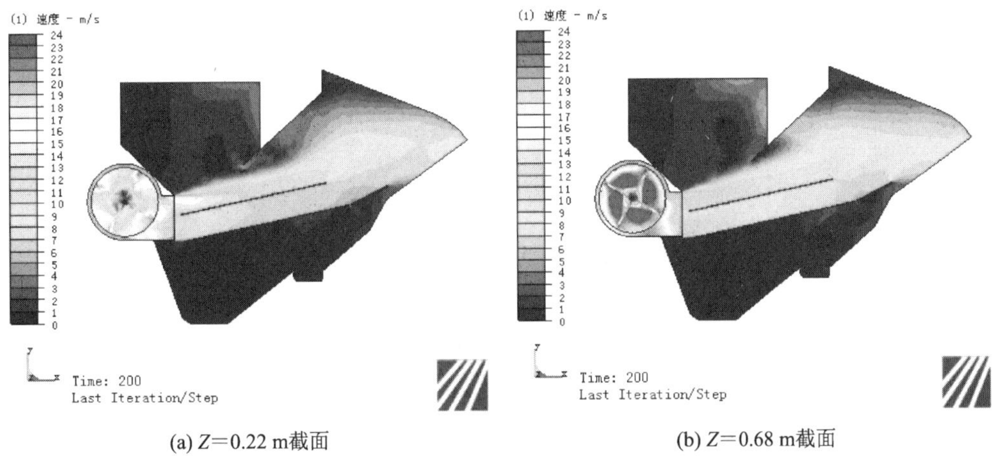

(a) $Z=0.22$ m截面　　(b) $Z=0.68$ m截面

图 9-17　圆锥形清选风机(锥度 $\alpha=2.3^{\circ}$)作用下清选室不同轴向位置流场速度分布云图

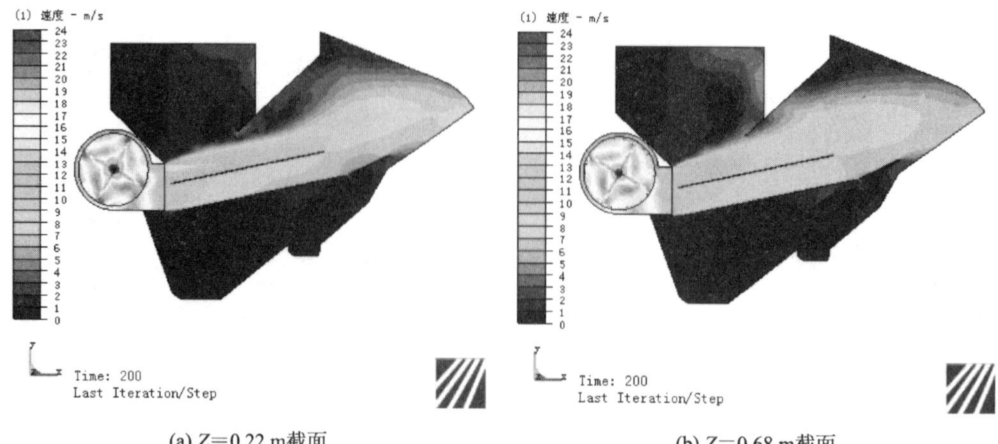

(a) Z=0.22 m截面　　(b) Z=0.68 m截面

图 9-18　圆锥形清选风机(锥度 α=3.5°)作用下清选室不同轴向位置流场速度分布云图

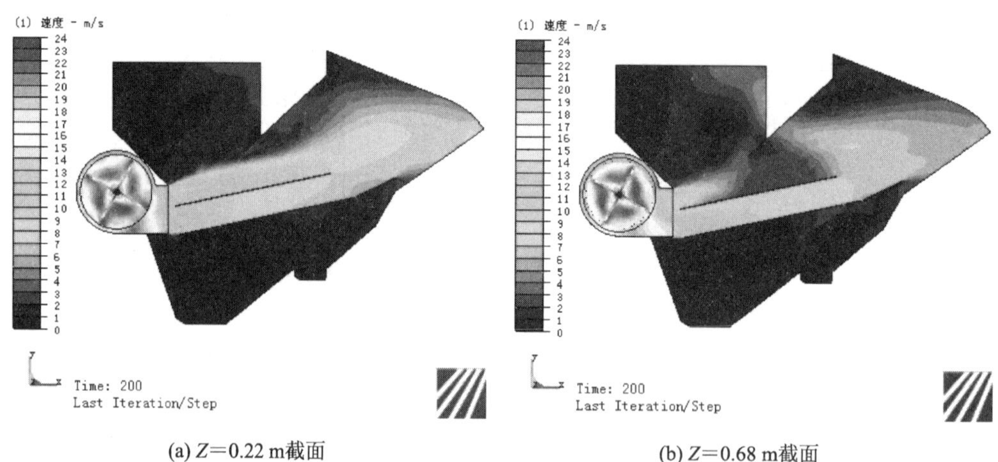

(a) Z=0.22 m截面　　(b) Z=0.68 m截面

图 9-19　圆锥形清选风机(锥度 α=5.0°)作用下清选室不同轴向位置流场速度分布云图

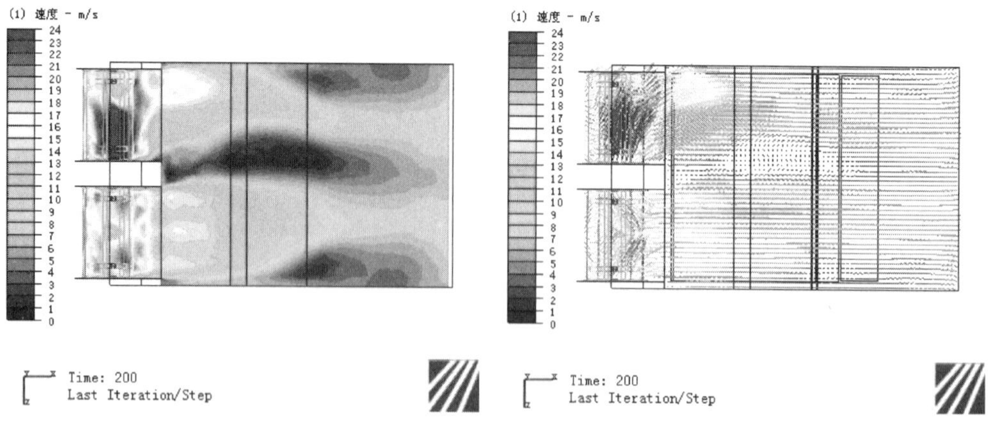

图 9-20　圆锥形清选风机(锥度 α=2.3°)作用下清选室流场速度分布矢量图(俯视)

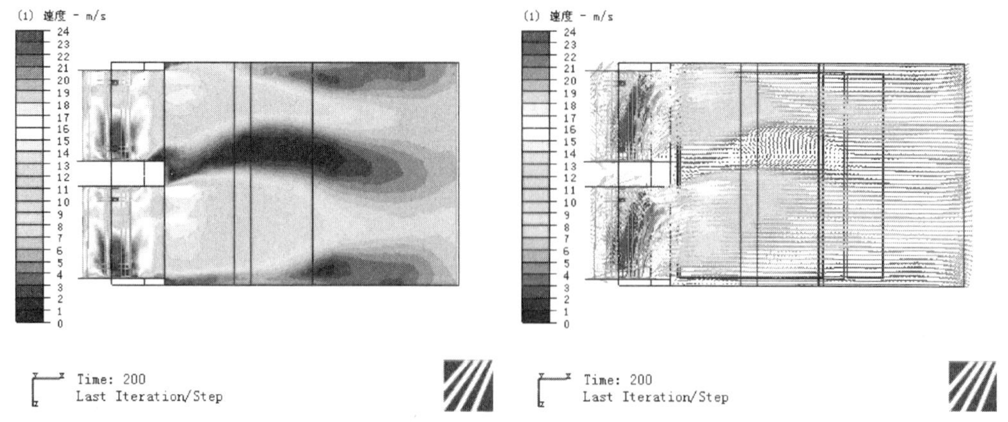

图 9-21　圆锥形清选风机(锥度 $\alpha=3.5°$)作用下清选室流场速度分布矢量图(俯视)

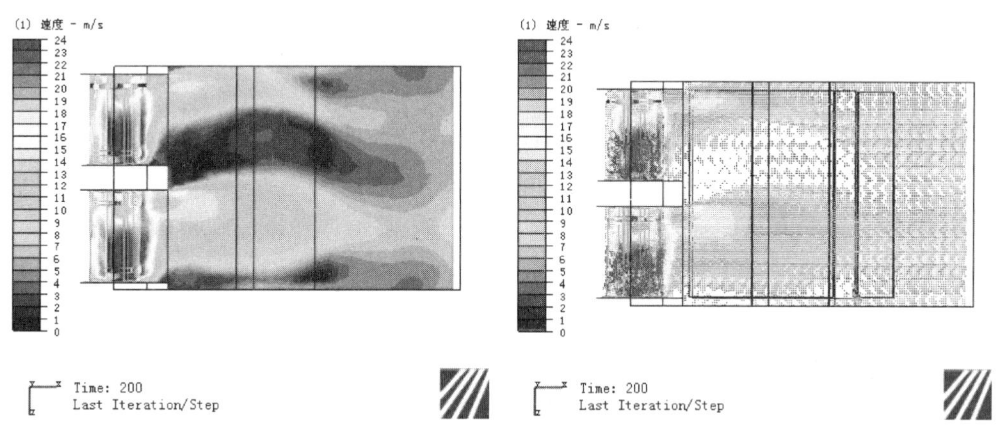

图 9-22　圆锥形清选风机(锥度 $\alpha=5.0°$)作用下清选室流场速度分布矢量图(俯视)

由图 9-14、图 9-17、图 9-20 可知，在锥度 $\alpha=2.3°$时，圆锥形清选风机产生了一定的横向风，且在 R 风机靠近中间端面(直径较大一端)处的横向风较大，而 L 风机出风口处的横向风较小，因为脱出物主要聚积在 L 风机直径较大的一端，故产生的横向风对清选效果的提升不够明显。

由图 9-15、图 9-18、图 9-21 可知，在锥度 $\alpha=3.5°$时，圆锥形清选风机的 L，R 两只风机均产生了较为明显的横向风，且横向风在大直径端端面处，有利于将脱出物横向均布，提升清选效果。

由图 9-16、图 9-19、图 9-22 可知，在锥度 $\alpha=5.0°$时，圆锥形清选风机的 L，R 两只风机均产生了较为明显的横向风，且横向风最大值位于大直径端端面处，但在振动筛中间位置形成了较大区域的低风速区，不能及时将该区域的籽粒和杂余向清选室后方吹送，这将对整体清选效果产生一定的影响。

进一步考察圆锥形清选风机在出风口位置的平均风速情况，并与圆柱形清选风机在出风口位置的平均风速进行比较，结果如表 9-1 所示。

表 9-1　不同类型风机出风口平均风速

类型	L 风机				R 风机			
	体积流量/($m^3 \cdot s^{-1}$)	纵向风/($m \cdot s^{-1}$)	横向风/($m \cdot s^{-1}$)	垂直风/($m \cdot s^{-1}$)	体积流量/($m^3 \cdot s^{-1}$)	纵向风/($m \cdot s^{-1}$)	横向风/($m \cdot s^{-1}$)	垂直风/($m \cdot s^{-1}$)
圆柱形风机	1.091 82	11.760 3	0.083 47	3.298 17	1.099 87	11.846 9	0.011 566	3.232 18
圆锥形风机(α=2.3°)	1.076 83	11.598 7	1.233 22	2.959 91	0.994 464	10.711 6	3.022 8	2.352 02
圆锥形风机(α=3.5°)	1.004 96	10.824 6	2.645 36	2.604 46	0.915 173	9.857 52	2.700 56	2.004 67
圆锥形风机(α=5.0°)	0.950 565	10.238 8	3.579 96	2.235 28	0.812 285	8.749 31	3.595 12	1.114 65

综合分析不同锥度圆锥形清选风机的气流场数值模拟结果可知，随着锥度的增加，左右两只风机总体出风量差距变大，直径大的一端出风口风速较直径小的一端出风口风速小，同时，纵向(X 方向)风速变小和横向(Z 方向)风速变大。

由不同锥度圆锥形清选风机作用下清选室流场速度云图可知，虽然增大风机叶片锥度可以增大横向风风速，但随着叶片锥度的增加，风机产生的纵向风风速变小，不利于将杂质吹出清选室，且在振动筛中间位置产生低风速区，这反而降低了谷物清选的质量。可见，锥度并非越大越好。由数值模拟分析结果可知，圆锥形清选风机锥度为 3.5°时，气流场风速分布情况较好，既产生了一定的横向风，纵向风又没有减小太多，同时振动筛中间位置的低速风区域不是太大。

9.2.4　物料清选过程数值模拟

在物料清选过程中进行数值模拟时，通常根据不同的仿真对象选择相应的接触力学模型(见图 9-23)。在 CFDesign 软件中，默认的接触模型是 Hertz - Mindlin 接触模型，该模型在谷物筛分清选研究中已有成功应用的案例。鉴于振动筛筛面上物料群碰撞的复杂性，本书采用软颗粒接触模型。

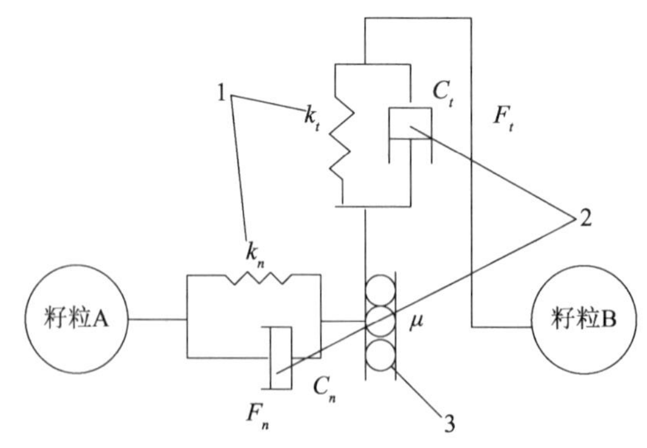

1—籽粒刚度(弹簧)；2—阻尼器；3—摩擦器。

图 9-23　接触力学模型

CFDesign 软件可以直接导入真实颗粒的三维模型，并添加颗粒的力学参数和其他物料特性参数，建立颗粒模型，并把颗粒模型的数据储存在数据库中。在物料清选过程的数值模拟中，水稻籽粒形状为长 6 mm、直径 3 mm 的椭球形；短茎秆模型长 30 mm、外径 4.5 mm、内径 4 mm。物料特性参数及其他数值模拟参数设定如表 9-2 所示。

表 9-2　物料清选数值模拟参数

物料特性	籽粒	短茎秆	筛面(钢)	
密度/(kg·m^{-3})	1 380	100	7 800	
泊松比	0.3	0.4	0.3	
剪切模/ MPa	2.6	1.0	700	
碰撞特性	籽粒－籽粒	籽粒－短茎秆	籽粒－筛面	短茎秆－筛面
恢复系数	0.2	0.2	0.5	0.1
静摩擦系数	1.00	0.80	0.58	0.80
滚动摩擦系数	0.01	0.01	0.01	0.01
振动筛	运动方式	振幅	频率	振动方向角
	正弦激励	20 mm	4.5 Hz	30°

对锥度为 3.5°的圆锥形清选风机进行物料清选数值模拟。模拟分析时为了减少计算工作量，提高计算速度，选取清选室一半模型进行计算，输入的风速数据参数为上述该型风机出风口位置的风速数据平均值 10.73 m/s，其中纵向风风速为 10.34 m/s，横向风风速为 2.65 m/s，垂直方向风速为 2.3 m/s。该状态下气流场风速分布如图 9-24 所示。

图 9-25 是锥度为 3.5°的圆锥形清选风机物料清选数值模拟过程。

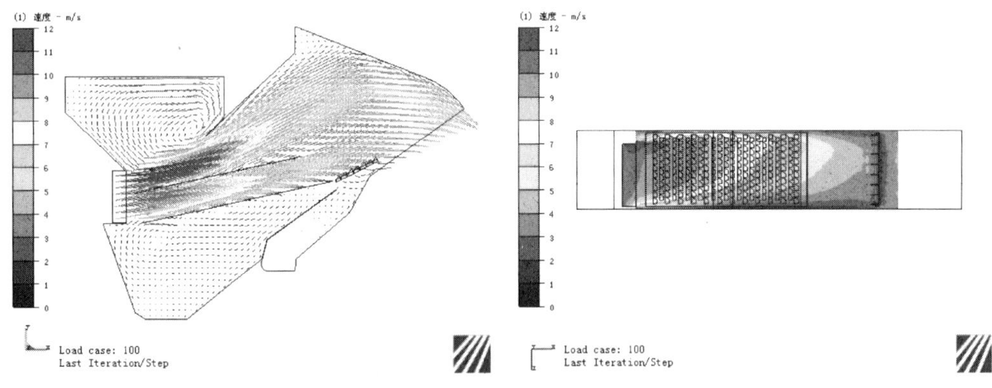

图 9-24　物料清选数值模拟时的气流场风速分布图

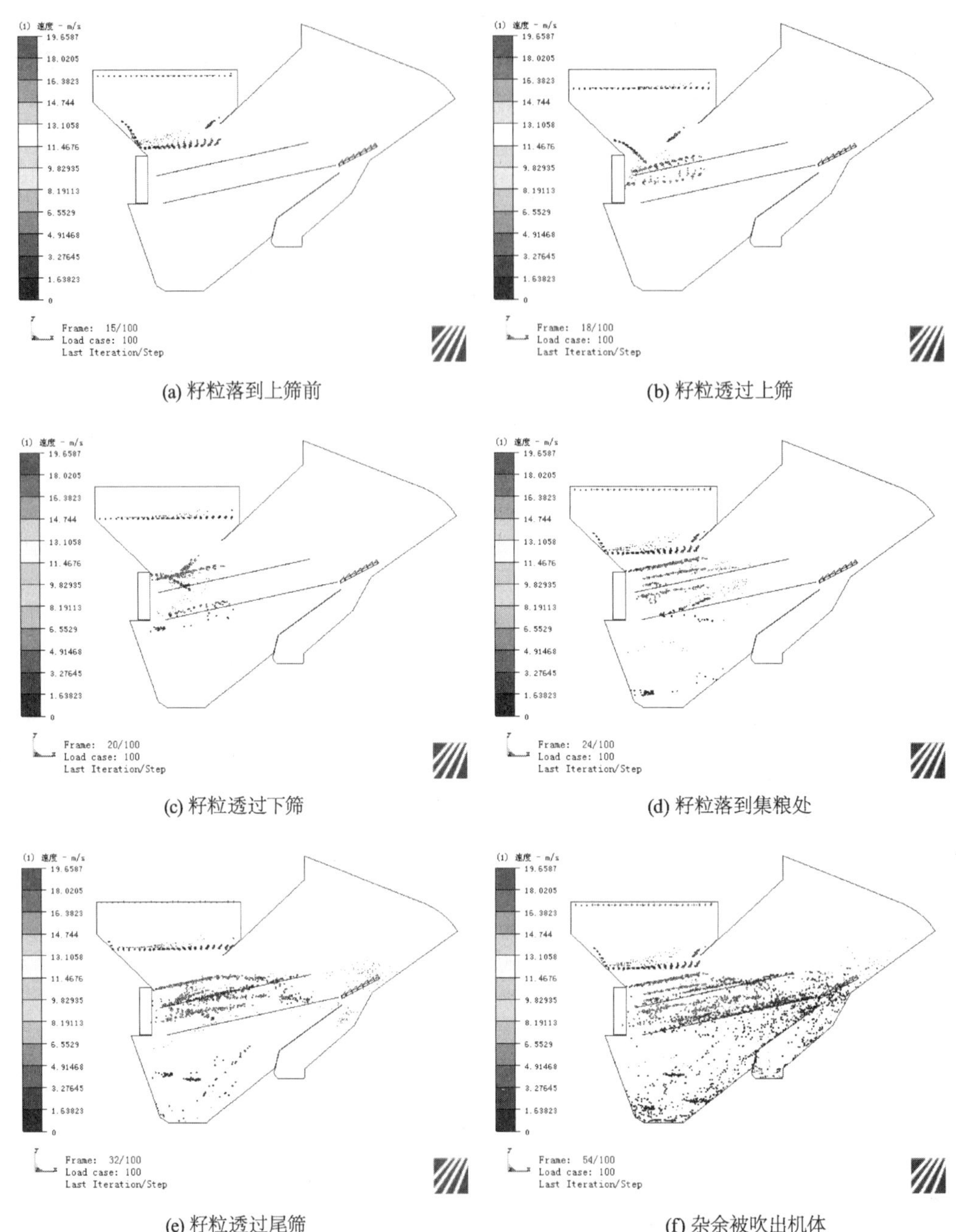
(a) 籽粒落到上筛前　(b) 籽粒透过上筛

(c) 籽粒透过下筛　(d) 籽粒落到集粮处

(e) 籽粒透过尾筛　(f) 杂余被吹出机体

图 9-25　圆锥形清选风机物料清选数值模拟过程

由图 9-25 可知，随着仿真时间的延长，籽粒不断透筛，短茎秆被吹出机体，清选过程数值模拟结果与清选装置的实际工作状态相符。

图 9-26 是锥度为 3.5°的圆锥形清选风机物料清选数值模拟结果的俯视图。从图 9-26 可以看出，圆锥形清选风机利用横向风，一定程度上吹散了集聚在振动筛入口段的脱出物，使脱出物在振动筛上分布更均匀，有利于提高清选质量。

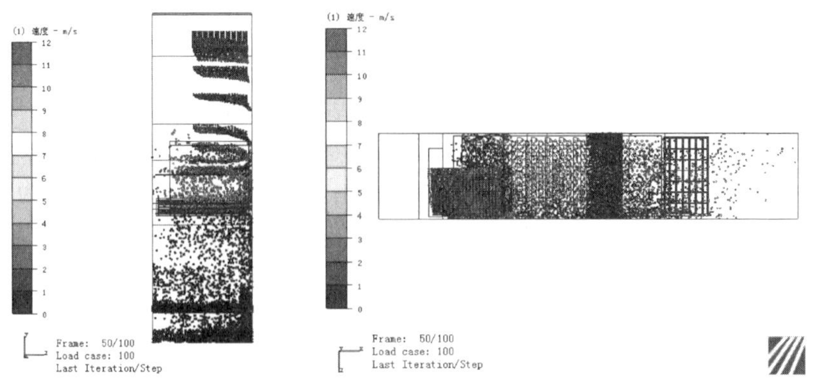

图 9-26　圆锥形清选风机物料清选数值模拟俯视图

9.3　试验验证

9.3.1　清选室流场风速测定与结果分析

清选室流场风速测定在自行研制的试验台上进行,试验台如图 9-27 所示。

图 9-27　物料清选试验台

两只风机同轴串联排布,每只风机长 444 mm,两风机间隔 112 mm,风机安装位置如图 9-28 所示,清选室内安装有双层振动筛,筛宽 1 000 mm,筛总长(含尾筛)1 400 mm,如图 9-29 所示。

图 9-28　风机安装位置

图 9-29　清选室内部振动筛结构

试验在无脱出物条件下进行，使用流量风速计 AVM－07 型数字风速仪(测量范围：0～45 m/s；精确度±3%)对空间不同位置布点测量风速，测量现场如图 9-30 所示。

为得到较为接近实际气流场的分布，采用布点法对无脱出物状态下筛面气流场风速分布进行测量。以振动筛入口一角为坐标原点，筛宽方向(与风机轴轴向一致)为 Z 轴正向，筛长方向(从出风口指向筛尾的方向)为 X 轴正向，垂直于筛面向上方向为 Y 轴正向。沿 X 正向(筛长方向)均匀布置五排测量点，每排间距 250 mm，与原点的距离分别为 0，250，500，750，1 000 mm。沿 Z 正向(筛面横向)均匀布置五排测量点，每排间距 150 mm，与原点的距离分别为 100，250，400，550，700，850 mm。测量平面距离上筛筛面 50 mm，平面测点位置分布如图 9-31 所示。

图 9-30　风速测量现场

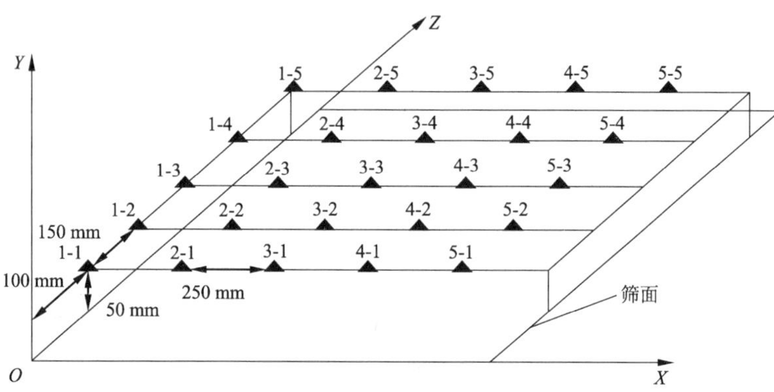

图 9-31　测点位置分布图

对圆柱形清选风机和锥度为 3.5°的圆锥形清选风机作用下的清选室气流场风速分布情况进行测定，结果如表 9-3、表 9-4 所示。

表 9-3　圆柱形风机作用下清选室气流场风速测定结果

测点	风速/(m·s^{-1})	测点	风速/(m·s^{-1})	测点	风速/(m·s^{-1})	测点	风速/(m·s^{-1})	测点	风速/(m·s^{-1})
1－1	10.3	2－1	7.4	3－1	5.9	4－1	3.6	5－1	2.3
1－2	12.5	2－2	8.3	3－2	4.9	4－2	3.2	5－2	2.6
1－3	11.0	2－3	8.1	3－3	5.0	4－3	3.8	5－3	4.2
1－4	12.2	2－4	9.5	3－4	7.5	4－4	4.8	5－4	1.3
1－5	10.5	2－5	8.2	3－5	5.5	4－5	2.4	5－5	0.9

表 9-4　圆锥形风机(锥度 3.5°)作用下清选室气流场风速测定结果

测点	风速/(m·s^{-1})	测点	风速/(m·s^{-1})	测点	风速/(m·s^{-1})	测点	风速/(m·s^{-1})	测点	风速/(m·s^{-1})
1－1	8.1	2－1	6.3	3－1	4.6	4－1	2.0	5－1	0.7
1－2	11.5	2－2	9.5	3－2	7.1	4－2	2.6	5－2	0.3
1－3	11.0	2－3	9.0	3－3	7.8	4－3	2.9	5－3	0.4
1－4	11.8	2－4	9.6	3－4	4.8	4－4	2.1	5－4	0.9
1－5	8.6	2－5	6.5	3－5	3.7	4－5	1.5	5－5	0.9

为了对圆锥形风机和圆柱形风机的纵向风情况进行比较，在筛长方向（X 轴方向）上，分别选取 $X=0$ mm，$X=500$ mm，$X=1\ 000$ mm 三个截面，考察其纵向风分布情况，结果如图 9-32 至图 9-34 所示。

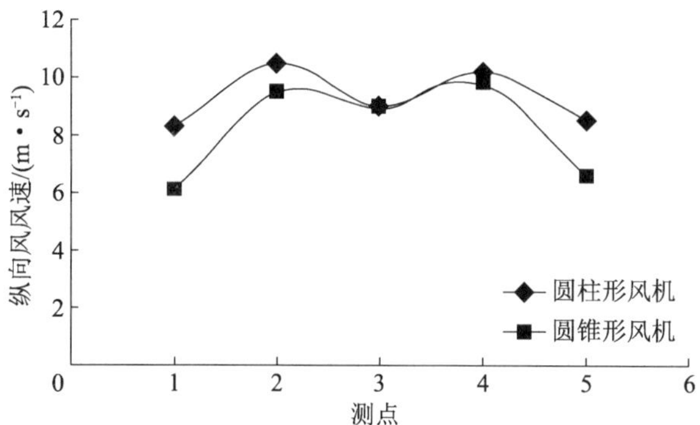

图 9-32　筛长方向 $X=0$ mm 截面处纵向风分布比较

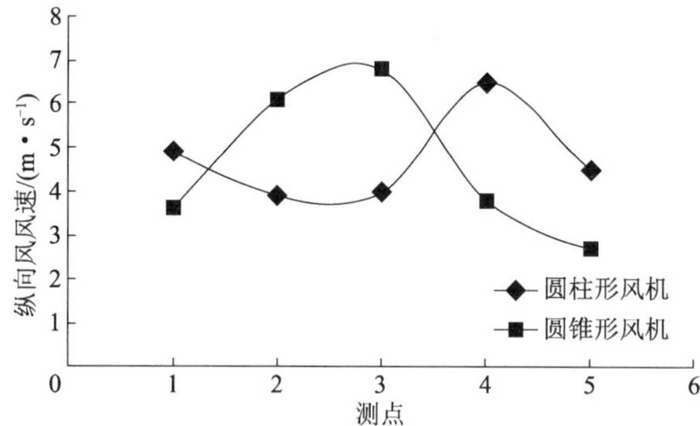

图 9-33　筛长方向 $X=500$ mm 截面处纵向风分布比较

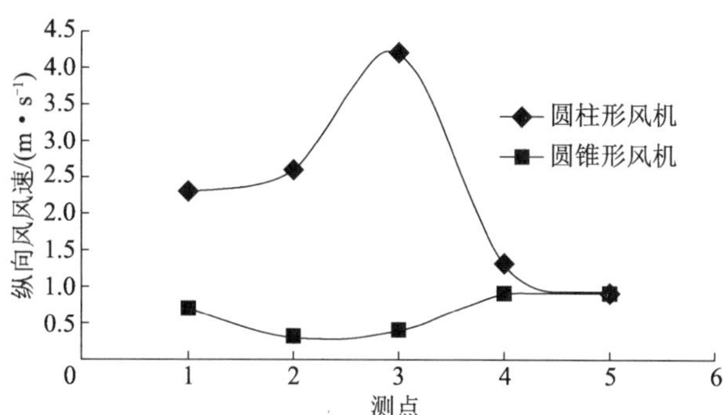

图 9-34　筛长方向 $X=1\ 000$ mm 截面处纵向风分布比较

由图 9-32 可知，相同风机转速作用下，圆锥形风机产生的纵向风比圆柱形风机略小，但总体相差不大。

由图 9-33 可知，圆锥形风机在振动筛宽度方向（Z 轴方向）上，振动筛中部形成的风速比两侧大，正好满足筛面中部混合物较多时的清选需要，而圆柱形风机产生的风速峰值出现在筛宽方向的尾部，此处脱出混合物较少，且以短茎秆为主，籽粒较少，故对清选作用不大。

由图 9-34 可知，在振动筛尾部，圆柱形风机产生的纵向风明显大于圆锥形风机产生的纵向风，容易造成籽粒被吹出机体，增大清选损失。

为了比较圆锥形风机和圆柱形风机的横向风情况，在筛宽方向（Z 轴方向）上，分别选取 $Z=100$ mm，$Z=400$ mm，$Z=700$ mm 三个截面，考察其横向风分布情况，结果如图 9-35 至图 9-37 所示。

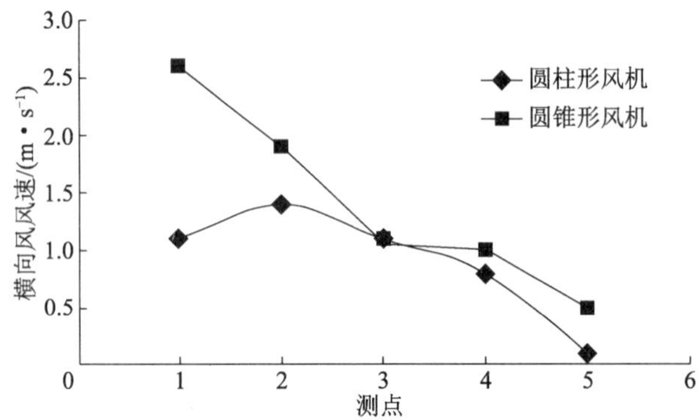

图 9-35　筛宽方向 $Z=100$ mm 截面处横向风分布比较

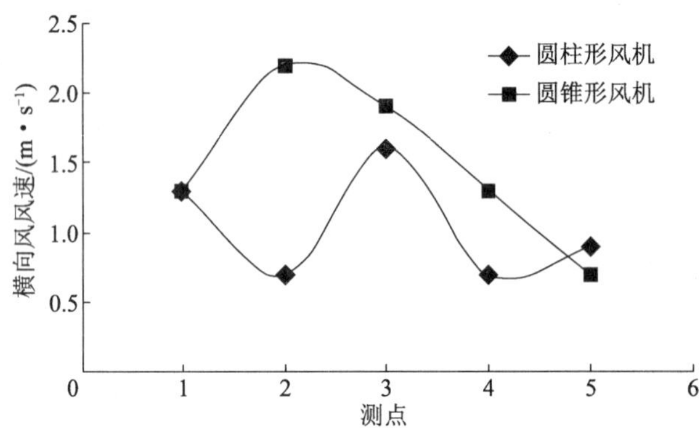

图 9-36　筛宽方向 $Z=400$ mm 截面处横向风分布比较

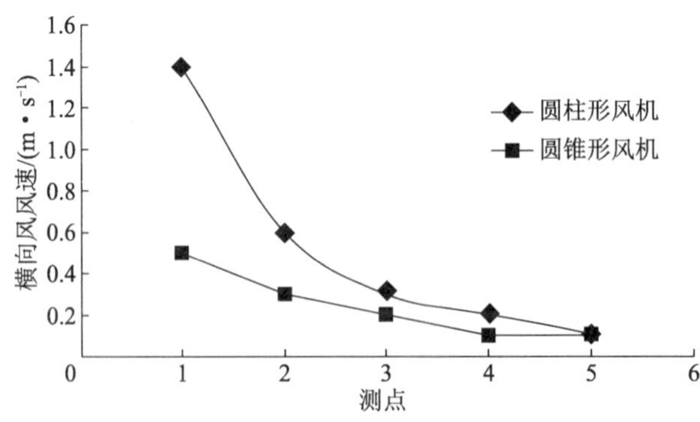

图 9-37　筛宽方向 $Z=700$ mm 截面处横向风分布比较

由图 9-35 可知，圆锥形风机产生了明显的横向风，且圆锥形风机在振动筛前部的横向风速沿筛宽方向逐渐下降，在脱出物分离下落最多的部位（振动筛入口处）横向风速最大，横向风最大值为 2.6 m/s，有利于把振动筛入口一角的脱出物向筛宽方向均布，大大降低振动筛清选负荷。

由图 9-36 可知，在筛宽方向 $Z=400$ mm 截面处，圆锥形风机在筛面中部的横向风速仍达 2.0 m/s 以上，说明在筛面中部横向风仍具有均布脱出物的作用。圆锥形风机振动筛中部位置的横向风明显大于圆柱形风机产生的横向风。

由图 9-35 至图 9-37 可知，圆柱形风机在筛面前部的横向风速沿筛宽方向从 1.1 m/s 上升到 1.4 m/s，脱出物多的部位横向风速小，脱出物少的部位横向风速大，对脱出物无均布作用。在筛宽方向 $Z=700$ mm 截面处，圆柱形风机产生的横向风比圆锥形风机产生的横向风大，但由于此处脱出物中籽粒已较少，横向风对清选效果影响较小。

9.3.2　物料分布试验与结果分析

做物料分布试验时，拆除振动筛，并在振动筛处放置物料取样盘，清选风机正常工作，进行脱出物清选分布情况测定。试验物料品种为“嘉优 2 号”水稻，试验前测得其性能参数为籽粒含水率 26.2%，茎秆含水率 57.3%，草谷比 2.7∶1。圆锥形风机清选分布试验结果如图 9-38 所示，圆柱形风机清选分布试验结果如图 9-39 所示。

图 9-38　圆锥形风机清选分布试验结果

图 9-39　圆柱形风机清选分布试验结果

分别收集取样盘中每格物料进行称重，并绘制圆锥形风机和圆柱形风机的清选分布情况三维数值模拟图，如图 9-40 和图 9-41 所示。

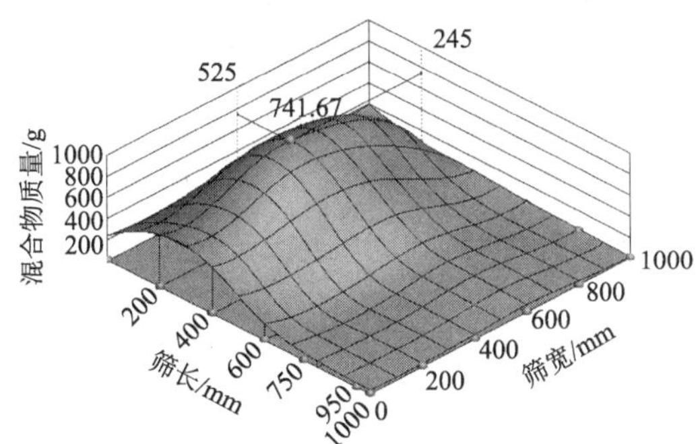

图 9-40　圆锥形风机清选分布数值模拟

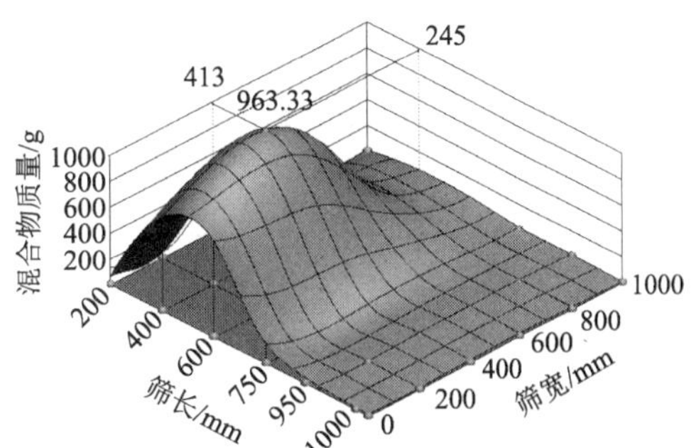

图 9-41　圆柱形风机清选分布数值模拟

由图 9-38 至图 9-41 可知，从栅格式凹板分离出来的混合物，在清选风机的作用下，取样格第 2～3 排(距振动筛前端 165～495 mm)和 1～5 列(从取样格喂料入口至 825 mm 宽)区块内，下落的物料最为集中，面积约 0.272 m^2。圆锥形风机在该区域收集的物料占总下落物料的 65.38%，圆柱形风机在该区域收集的物料占总下落物料的 81.35%；圆锥形风机下落物料最多处位于第 2 排第 4 列，即筛宽方向 525 mm、筛长方向 245 mm 处，混合物质量为 741.67 g；圆柱形风扇下落物料最多处位于第 2 排第 3 列，即筛宽方向 413 mm、筛长方向 245 mm 处，混合物质量为 983.33 g。

将取样格划分为 5 块区域(同列前后方向 2 格计一块)，每块区域面积为 0.33×0.165 m^2，计算区域内混合物质量的平均值、标准差和变异系数如表 9-5 所示。可见，圆锥形风机利用横向风使脱出物均布的作用要好于圆柱形风机。

表 9-5　物料分布的平均值、标准差和变异系数

参数	圆锥形风机	圆柱形风机
平均值/g	971.15	1 207.20
标准差/g	194.24	543.69
变异系数/%	20	45

9.3.3　物料清选过程的高速摄像分析

对清选过程进行高速摄像，试验装置如图 4-27 所示。采集圆锥形风机作用下振动筛入口一角脱出物下落最多的一帧图片，发现籽粒透筛情况良好，并未产生籽粒和茎秆堆积的情况，如图 9-42 所示。采集圆柱形风机作用下振动筛入口一角脱出物最多的一帧照片，发现籽粒和茎秆在该区域有一定程度的堆积，如图 9-43 所示。

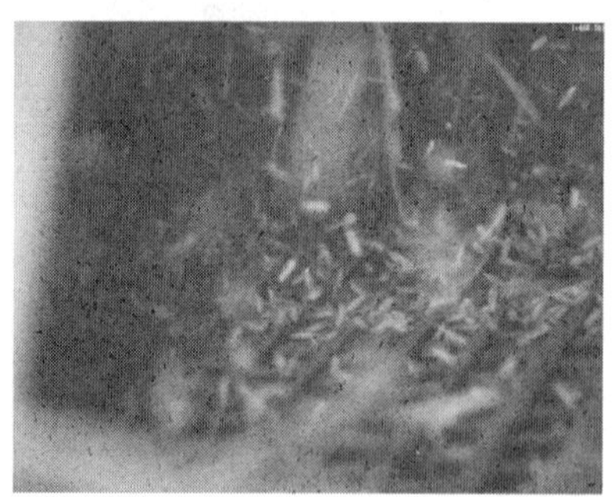

图 9-42　圆锥形风机作用下籽粒在筛面上的分布图

图 9-43　圆柱形风机作用下籽粒在筛面上的分布图

跟踪某一籽粒从落下到透筛的过程，连续采集 6 帧图片，如图 9-44 所示。可知，物料颗粒运动近似遵循非线性运动，籽粒在振动筛的抛掷作用和清选风的吹送作用下，在筛面上的运动呈跳跃状，开始时跳跃运动幅度由大到小，然后跳跃幅度突然增大，其间观察到物料存在同时向前和向后跳跃的情况，表明籽粒在振动筛上同时存在前滑和后滑运动，这是一种混沌运动状态，而这种混沌运动状态对透筛是有益的。

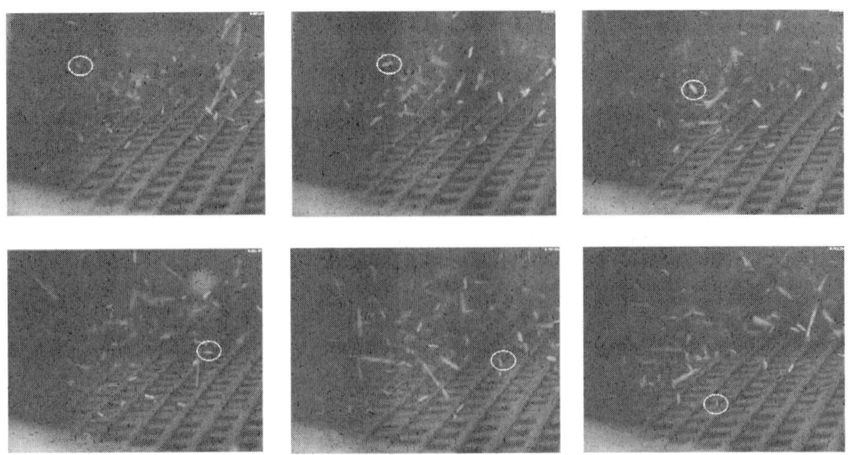

图 9-44　物料颗粒在筛面上的混沌运动

9.4　气流式清选装置

9.4.1　气流式清选装置整体结构与工作原理

微型水稻联合收获机一般配于 8.8 kW 以上的手扶拖拉机上，因此要求清选装置结构小、重量轻、振动小且性能优。气流式清选装置主要由气流式清选筒、吸风管和通用型离心风机组成，其整体结构如图 9-45 所示。

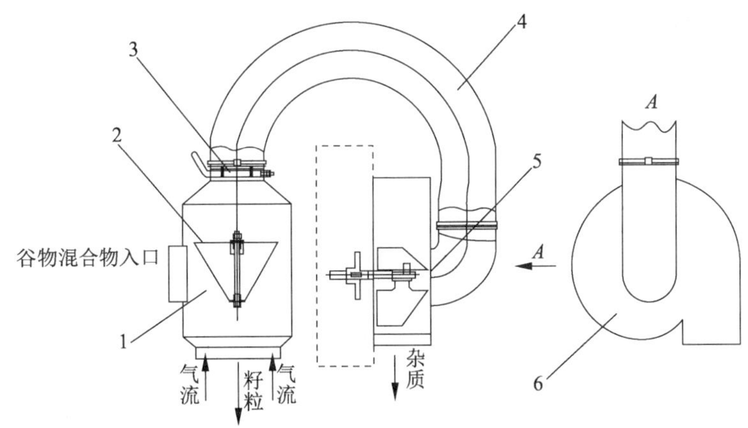

1—清选筒；2—倒锥挡筒；3—风门；4—吸风管；5—吸风机进风口；6—吸风机。

图 9-45　气流式清选装置结构示意图

工作原理：在高速回转的离心式吸风机作用下，气流主要从出粮口吸入（少部分气流从进料口吸入），混合物由喂料抛送器送入清选筒后冲击安装于清选筒中的倒锥挡筒，使其旋转并带动混合物整体旋转，在离心力的作用下混合物被散开，其中质量大的籽粒被抛向清选筒内壁。混合物中不同物料具有不同的临界速度，由于从出粮口吸入的空气流速小于籽粒的临界速度，籽粒沿清选筒内壁旋转下滑，经出粮口排出后进入集谷箱；从清选筒出风口吸出的风速大于颖壳、稻糠和短茎秆等杂质的临界速度，这些杂质穿过倒锥挡筒与清选筒壁之间的环形空间，经吸风管排到机外。在与清选筒连接的吸风管上装有风门，可根据物料含水量等工况调节吸引气流的负压，以获得最佳的清选质量。

9.4.2 气流式清选装置工作部件设计

(1) 清选筒参数设计

计算所需气流流量，确定清选筒结构参数和工作参数。

1) 清选气流流量 V

清选筒的清选能力(生产率和含杂率)由清选气流流量和出粮口大小决定。所需清选气流流量 V(m^3/s)的计算公式为

$$V=\frac{\beta Q}{\mu\rho} \tag{9-5}$$

式中：β 为需清除的杂质占喂入量的比例，对全喂入机型，水稻为 10%～15%，小麦为 15%～20%，这里取 $\beta=15\%$；Q 为机器喂入量，取 0.45 kg/s；μ 为携带杂质气流的混合浓度比，一般为 0.2～0.3，这里取 0.25；ρ 为空气密度，取 1.20 kg/m^3。

代入式(9-5)，得 $V=0.225\ m^3/s$，取 $V=0.23\ m^3/s$。

2) 清选筒结构参数及工作参数

① 清选筒筒体直径 d 与高度 h。

清选筒直径和高度既要满足清选要求，也要考虑整机布置，根据清选物料流量和安装空间，取 $d=300$ mm，$h=280$ mm(圆柱部分高 280 mm，总高 500 mm)，两端为便于出粮和排杂，各以锐角收缩与出粮口和出风口连接，如图 9-46 所示。

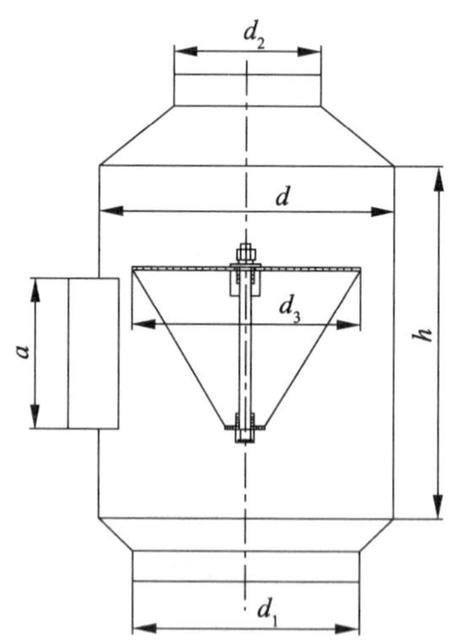

图 9-46 清选筒结构参数示意图

② 出粮口(进风口)直径 d_1。

根据《农业机械设计手册(下册)》(中国农业机械化科学研究院编，下同)出粮口直径计算公式为

$$d_1 = 1.13\sqrt{V/v_1} \tag{9-6}$$

式中：v_1 为出粮口风速，根据有关文献，无扩散沉降段清选筒出粮口风速为 5～6 m/s，这里取 5.5 m/s。代入式(9-6)，得 $d_1 = 0.23$ m。

出粮口直径 d_1 应大于 200 mm，以防止粗茎秆聚集堵塞。

③ 出风口直径 d_2。

清选筒通过吸风管与通用型离心风机（简称吸风机）进风口相连，为获取充足的负压，出风口直径 d_2 应小于出粮口直径 d_1，根据经验数据取 $d_2 = 0.16$ mm。

④ 进料口参数。

进料口为正方形，边长为 0.15 m，从凹板筛分离出来的混合物在抛送器作用下由此抛入清选筒。

⑤ 倒锥挡筒。

倒锥挡筒为空心圆锥形装置，居中倒挂安装于清选筒中并可绕其中心轴旋转。当含有籽粒及短茎秆、颖壳、碎茎叶、稻糠等杂质的混合物高速进入清选筒时，倒锥挡筒受其冲击绕中心轴旋转并将混合物击散。倒锥挡筒大端直径 $d_3 = 200$ mm，与清选筒内壁圆周方向有 50 mm 通道，可确保稻麦颖壳和短茎秆等杂质通过该通道排出机外。倒锥挡筒能挡住籽粒向上运动，从机械上减少籽粒被吸出机外引起的损失。筒体圆锥角为 60°，大于籽粒与筒壁钢板的摩擦角，便于籽粒顺利滑落。

⑥ 清选谷粒流量 Q_1。

出粮口直径与谷粒流量的关系式为

$$Q_1 = kd_1 \tag{9-7}$$

式中：k 为出粮口每米直径单位时间清选谷粒量，一般为 1.30～2.19 kg/(m · s)，这里取 1.30 kg /(s. m)。

将数据代入式(9-7)，得 $Q_1 = 0.30$ kg/s。

本设计清选谷粒流量约为 0.25 kg/s，满足要求。

⑦ 清选筒进口风速 v_1。

气流式清选装置主要由清选筒的出粮口和进料口进风，在吸风管上没有沉降室时，根据设计要求，出粮口为圆形，其面积为 $S_1 = \pi\left(\frac{d_1}{2}\right)^2 = 0.042\ \text{m}^2$。进料口为正方形，边长为 0.15 m，其面积为 $S_2 = 0.023\ \text{m}^2$。因此进风总面积为 $S = S_1 + S_2 = 0.065\ \text{m}^2$。

由于进料口和出粮口进风时都有物料阻挡，取 $S = 0.05\ \text{m}^2$。

当 $v_1 = 5.5$ m/s 时，$V = v_1 S$，得 $V = 0.275\ \text{m}^3/\text{s}$，满足由式(9-5)求得的气流流量的需要。

(2) 吸风管参数计算

1) 吸风管直径 d_2

吸风管直径等于清选筒出风口直径，因此 $d_2 = 0.16$ m。

2) 吸风管风速 v_2

吸风管风速即清选筒出口风速 v_2，可根据吸风管直径 d_2 和清选气流流量 V 求得，代

入数据得 $v_2=\frac{4V}{\pi {d_2}^2}=11.45\ \mathrm{m/s}$。

取 $v_2=11.0\ \mathrm{m/s}$，v_2 大于稻麦颖壳临界速度(0.6～5.0 m/s)和短茎秆临界速度(5.0～6.0 m/s)，可将稻麦颖壳和短茎秆排出机体。由风速纵向分布矢量图可知，倒锥挡筒与清选筒内壁之间的环状空间的气流风速为 6 m/s 左右，小于稻麦籽粒临界速度(8.9～11.5 m/s)，故不会将稻麦籽粒排出机体引起损失。

(3) 吸风机参数确定

吸风机需满足清选筒清选所需气流流量和出粮口进风风速的要求，气流式清选装置的风机采用吸入型通用离心式风机。为了吸走分离筒内的轻杂质，要求吸风管断面内具有均匀的风速，因此风机叶轮壳体采用螺旋蜗壳形。

1) 吸风机设计原始数据

空气流量 V 为 0.23 $\mathrm{m^3/s}$(0.28 kg/s)；气流工作速度即吸风管风速 $v_2=11.0\ \mathrm{m/s}$。根据文献，风压全压 p(负压，Pa)为

$$p=p_{\mathrm{j}}+p_{\mathrm{d}} \tag{9-8}$$

式中：p_{j} 为静压，克服空气在流动中的阻力；p_{d} 为动压头，Pa。

其中

$$p_{\mathrm{j}}=p_{\mathrm{j1}}+p_{\mathrm{j2}}+p_{\mathrm{j3}}=\frac{\xi l\rho v_2^2}{2rg}+\frac{\psi\rho v_2^2}{2g}+\frac{\lambda\rho v_2^2}{2g}=82.09\ \mathrm{Pa} \tag{9-9}$$

式中：p_{j1} 为沿程压头损失，Pa；p_{j2} 为局部压头损失，Pa；p_{j3} 为进出口压头损失，Pa。

其中，水力半径 $r=0.038\ \mathrm{m}$，气流摩擦系数 ξ 取 0.35，管道长度 l 为 1.1 m，管道对气流的阻力系数 ψ 取 0.35，风机进出口对气流的阻力系数 λ 取 0.6，g 为重力加速度，取 9.8 $\mathrm{m/s^2}$。

$$p_{\mathrm{d}}=\frac{\rho v_2^2}{2g}=7.41\ \mathrm{Pa} \tag{9-10}$$

将本机有关参数代入式(9-8)～(9-10)得，$p=89.50\ \mathrm{Pa}$。

根据《农业机械设计手册》，吸风机叶轮外径 D_2 常为 250～400 mm，这里取 $D_2=270\ \mathrm{mm}$。

吸风机转速 n 的计算公式为

$$n=\frac{60}{\pi D_2}\sqrt{\frac{pg}{\varepsilon\rho}} \tag{9-11}$$

其中系数 $\varepsilon=0.35$～0.40，这里取 $\varepsilon=0.40$。

数据代入式(9-11)，得 $n=3\ 025.3\ \mathrm{r/min}$，取 $n=3\ 000\ \mathrm{r/min}$。

2) 吸风机设计

下述计算参照《农业机械设计手册》。吸风机结构参数如图 9-47 所示。

吸风机比转数 $n_s=\frac{nV^{1/2}}{p^{3/4}}$，代入数据，得 $n_s=8.94$。

流量系数 $\bar{k}_V=\frac{4V}{\pi D_2^2 v_2}$，代入数据，得 $\bar{k}_V=0.099$。

在通用型离心式风机 C－4－72 No.5 无因次性能曲线图中，对应流量系数 $\bar{k}_V=$

0.099,压力系数 $\bar{k}_p=0.45$。

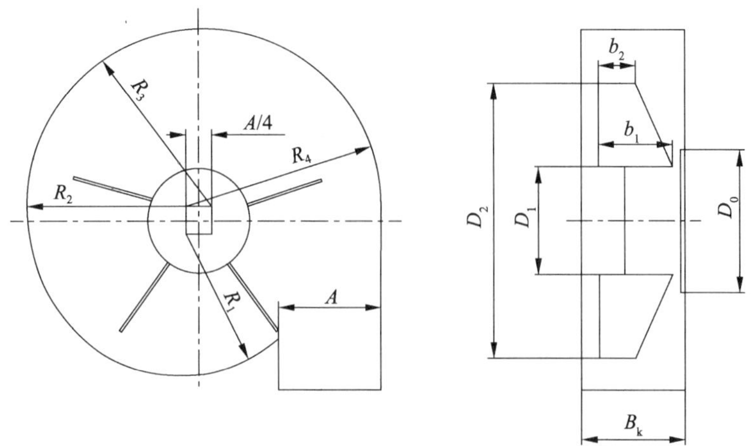

图 9-47　吸风机结构参数示意图

吸风机叶轮内径 D_1 应不大于 0.15 m,代入数据,这里取 $D_1=0.12$ m。

进风口直径 $D_0=2\sqrt{\dfrac{V}{\pi v_2}}$,代入数据,得 $D_0=0.16$ m。

叶片出口宽度 $b_2=\dfrac{\bar{k}_V D_2}{4\bar{\phi}}$,式中$\bar{\phi}$为流速系数,$\bar{\phi}=\dfrac{C_{2r}}{u_2}$,径向叶片$\bar{\phi}=0.2\sim0.35$,取 0.2;$C_{2r}$,$u_2$ 分别为叶片出口风速径向和切向分量。代入数据计算,得 $b_2=0.033$ m。

叶片进口宽度 $b_1=\dfrac{D_2}{D_1}b_2$,代入数据,得 $b_1=0.074$ m。

叶片数 $Z=k\dfrac{D_2+D_1}{D_2-D_1}$,式中 k 为系数,一般 $k=2\sim4$,取 $k=2$。代入数据计算,得 $Z=5.2$,取 $Z=5$。

取螺旋蜗壳扩展尺寸 $A=40$ mm,经计算得蜗壳作图半径 $R_1=140$ mm,$R_2=150$ mm,$R_3=160$ mm,$R_4=170$ mm。

外壳宽度 $B_k=(1.5\sim2.0)b_1$,代入数据,得 $B_k=0.11\sim0.14$ m,取 $B_k=0.12$ m。

3) 吸风机功率消耗 P

根据《农业机械设计手册》,吸风机功率计算式为

$$P=\frac{Vp}{1000\eta\eta_m} \tag{9-12}$$

式中:η 为全压效率,一般 $\eta=0.45\sim0.6$,取 $\eta=0.5$;η_m 为机械效率,取 0.92。代入数据计算,得 $P=0.44$ kW。

9.4.3　清选筒气流流场仿真

为了验证本试验清选装置结构和工作参数设计的合理性,对清选筒内的气流流场进

行仿真计算。

(1) 清选筒建模

根据有关文献,以清选筒上顶面中心为坐标原点,筒体轴线为 z 轴,垂直于进料口截面为 x 轴建立坐标系。首先按照清选筒的设计几何参数,在 CATIA 三维 CAD 软件中建立清选筒和倒锥挡筒等三维实体模型,接着用 Hypermesh 软件对三维实体模型进行处理,根据进气系统的结构,选取自由网格实体单元 ctria3 将实体模型划分为约 10 万个非均匀四面体网格单元,导入 CFDesign 软件进行仿真计算。

(2) 计算方法

将清选筒网格化后输出的 .nas 格式的文件导入 CFDesign 软件中,并进行仿真条件设置。

由于清选筒内物料相对气流所占的体积很小,在气相流场模拟时可忽略固相物料颗粒对气相流场的影响。清选筒内的气流为非稳态的三维旋转湍流气流,且气体流速不高,故可将气体按不可压缩介质处理。分析计算采用低雷诺数 $k-\varepsilon$ 湍流模型。

(3) 边界条件

出粮口为干净谷粒落料口,在筒内负压的作用下同时也是气流进入清选筒的主入口,将此处设置为压力进口边界,表压强设为标准大气压;进料口处,空气由抛送器获得进入清选筒的初速度,故将进料口处的边界条件设为速度入口边界;出风口连接吸风管和吸风机,将吸风口处的边界条件设为速度出口边界。

(4) 计算结果与分析

1) 流场压力分析

经 CFDesign 软件仿真计算收敛后,取 $x=0$ mm 截面处压力值,得 $x=0$ mm 截面处静压分布云图(见图 9-48)。

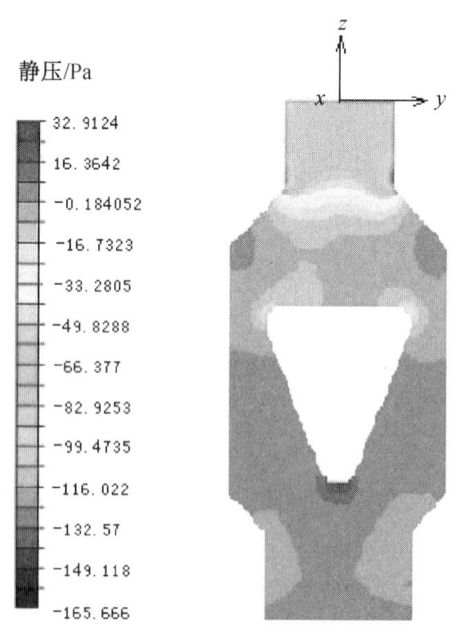

图 9-48　$x=0$ mm 截面处静压分布纵向剖面云图

静压分布云图显示筒内静压为负压，沿筒体轴线方向变化不大，径向压力基本呈轴对称分布，有利于杂余从清选筒内各个部位向出风口集中外排。由于清选筒内倒锥挡筒的存在，在挡筒的锥顶附近形成了一个比较明显的压力变化边界，静压较高，有助于锥顶附近杂质的外排。

图 9-49 所示为 $x=0$ mm 截面上不同高度处的静压分布曲线。

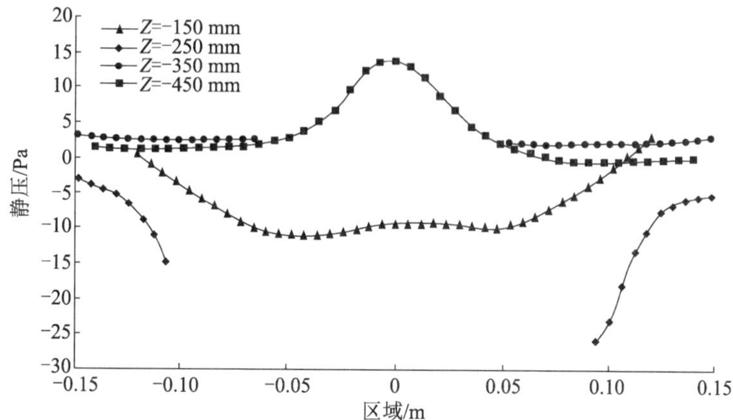

图 9-49　$x=0$ mm 截面上不同高度处的静压分布曲线

不同高度静压分布基本呈轴对称形状，清选筒内由于倒锥挡筒的存在，在 $z=-250$ mm 和 $z=-350$ mm 处静压曲线被倒锥挡筒隔断而不连续。其中，高度 $z=-250$ mm 处于进料口附近，由于进料口进风的影响，压值出现明显变化；高度 $z=-450$ mm 处静压分布曲线出现峰值，这是由挡筒锥顶面的阻挡作用形成的；高度 $z=-150$ mm 处接近吸风管，静压值沿径向有较大波动，但倒锥挡筒的存在使得静压值波动变得更加缓和。

2）流场速度分析

图 9-50、图 9-51 分别为 $x=0$ mm 截面速度分布矢量图和 $z=-320$ mm 高度处速度分布云图。

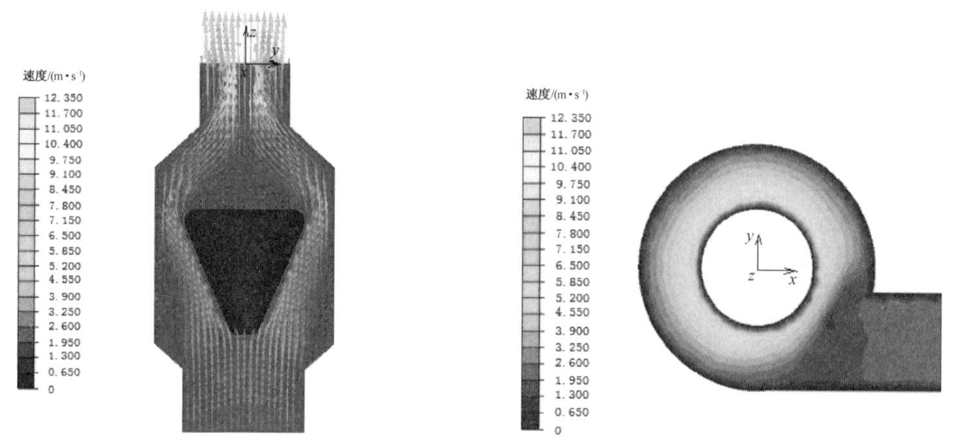

图 9-50　$x=0$ mm 截面处速度分布纵向剖面矢量图　**图 9-51　$z=-320$ mm 高度处速度分布横向剖面云图**

图 9-50 显示，在通过清选筒中心轴的截面上，由出粮口和清选混合物入口进入清选筒的气流速度向上，挡筒的周边气流速度为 6～7 m/s，大于短茎秆等杂质的飘浮速度，小于稻麦籽粒的飘浮速度，因此能有效地将籽粒和杂质分离；图 9-51 显示了挡筒外壁与清选筒体内壁之间的气流速度在 6 m/s 左右，靠近壁面的气流速度很小，接近于 0，有助于从清选混合物入口进入的物料撞击壁面散开，使混合物各成分充分接触气流。以上分析说明，籽粒能顺利从出粮口落入集谷桶（见图 9-52），短茎秆等杂质能在清选气流作用下通过吸风机排出机体（见图 9-53）。

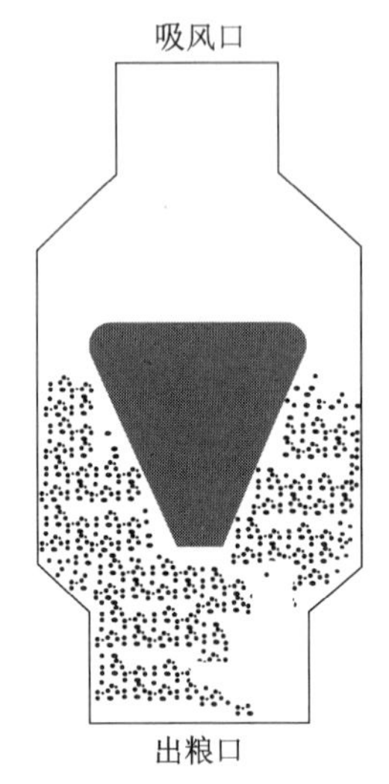

图 9-52　谷物籽粒运动状态图

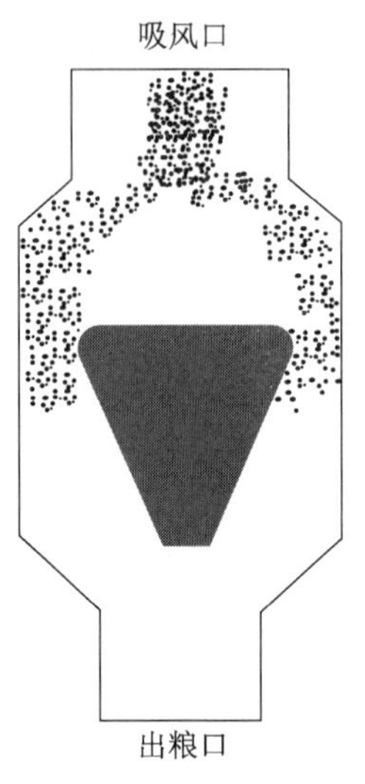

图 9-53　杂质运动状态图

9.4.4　田间对比试验

2013 年 10 月，在浙江金华市武义县东干镇王山头村进行田间对比测试试验（见图 9-54），对比试验机型为装有气流式清选装置的 4L－80A 型（见图 9-55）和没有清选装置的 4L－80 型微型联合收获机，4L－80A 型是 4L－80 型的改进机型，除装配有气流式清选装置外，其他参数均相同。收割作物水稻为黄熟直立的籼优 644 晚粳稻，作物自然高 109.7 cm，穗幅差 22.3 cm，草谷比为 1.21，茎秆含水率为 54.01%，籽粒含水率为 23.8%，产量为 5 405 kg/hm^2，作业地块干燥。为减少试验误差，两机在同一田块同时同方向作业，机器前进速度为 0.5 m/s，平均割幅 803 mm，平均割茬高 279.5 mm，喂入量 0.48 kg/s。试验对比考查了两机的总损失率、破碎率和含杂率指标，结果见表 9-6。

图 9-54　4L－80A 型微型联合收获机田间试验

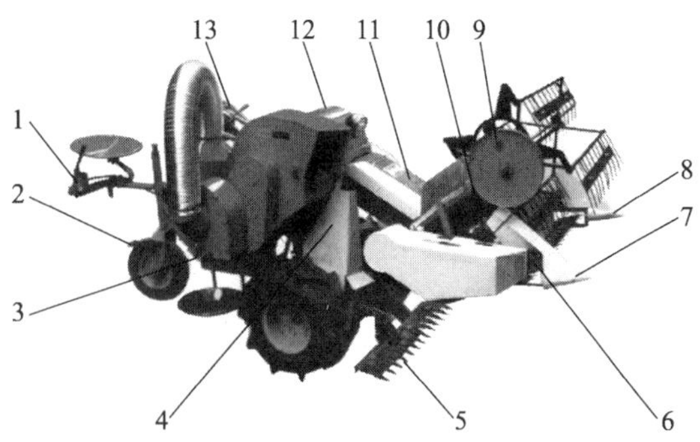

1—液压升降机构；2—乘坐导向机构；3—气流清选装置；4—工作离合器；5—下割台；6—上割台；7—右分禾器；8—左分禾器；9—拨禾装置；10—割台输送器；11—输禾装置；12—脱粒装置；13—操纵装置。

图 9-55　装有气流式清选装置的 4L－80A 型微型联合收获机

由表 9-6 可见，有气流清选装置的 4L－80A 型联合收获机各项技术性能指标达到了国家机械工业行业标准 JB/T 5117—2006 的要求，含杂率和总损失率，明显好于没有清选装置的 4L－80 型。没有清选装置的微型联合收获机收获的水稻含杂率高达 7.2%，需进行人工清选，造成二次损失，损失率明显变大。

表 9-6　两种联合收获机实测性能对比

性能参数	JB/T 5117—2006	无气流式清选装置	有气流式清选装置
总损失率/%	≤3.0	3.8	2.34
破碎率/%	≤2.0	1.5	1.4
含杂率/%	≤1.5	7.2	1.2

第10章 横置差速轴流脱分选系统设计与联合收获机田间试验

传统的横置轴流脱分选系统受横向空间位置限制，脱粒滚筒不能太长，影响了脱粒分离性能，在收获超级稻等高产水稻时，存在脱粒不尽与清选损失高等问题。此外，利用传统圆柱形风机清选时，滚筒脱出物容易在振动筛入口段堆积，削弱清选效果。为解决上述问题，本书在前述同轴差速脱粒和圆锥形风机清选两项技术研究的基础上，研制了一种新型的横置差速轴流脱分选系统。为了探明差速滚筒转速组合、差速滚筒高低速段长度配比、圆锥形风机叶片锥度等工作和结构参数对横置差速轴流脱分选系统工作性能（损失率、破碎率、含杂率）和脱粒功耗的影响，本章以横置差速脱分选系统实际结构和尺寸为依据研制了试验台，采用二次旋转正交组合设计法进行了横置差速轴流脱分选系统性能试验，分析了各因素对性能指标的影响程度，获得了最佳结构参数和工作参数组合，为优化脱分选系统结构提供了依据。

10.1 横置差速轴流收获机脱分选系统结构设计

10.1.1 研究概况

田间收获试验受季节性影响可重复性差，影响脱粒和清选性能的因素又很多，因此，国内外学者研制了不同类型的脱分选试验台，对不同工况下联合收获机脱分选性能进行研究。现有研究多单独针对脱粒或清选工序，设计的试验台架也多为脱粒、清选分段式，而对脱粒滚筒和清选风机交互作用下的脱分选系统综合性能的研究较少。且现有研究均在单速滚筒和圆柱形清选风机条件下进行，未能从根本上解决横置轴流式脱分选系统因滚筒长度受限导致脱粒能力不足和脱出物在清选筛入口一角堆积影响清选效果等问题。

此外，传统横轴流联合收获机脱分选系统脱出物普遍存在碎茎秆多、杂余（包括未脱净的小穗）含量高的问题，因为含杂率和损失率是一对矛盾的指标，要降低含杂率需要采用较大的清选风速，而清选风速过大势必容易将籽粒吹出清选室，导致清选损失增大。在清选过程中，由于传统装置清选室体积较大，尾筛部位的清选风速有所下降，因此该区域的脱出混合物不能得到有效的清选，碎茎叶等杂余将随籽粒一起掉入集粮装置，导致籽粒含杂率过高。

基于上述分析，单纯依靠提高清选风速不能有效解决传统横轴流联合收获机含杂率高的问题，有必要在清选过程中增设杂余复脱装置对尾筛部位的脱出混合物进行二次清选，故而复脱装置的设计成为降低籽粒清选含杂率的关键。传统的小麦联合收获机在收集杂余的水平搅龙末端设置有复脱器，主要有锥形滚筒和扬谷器两种类型。这些装置的复脱处理能力一般，当作业对象变成水稻时，由于水稻的茎秆和籽粒含水率比小麦高，且水稻脱粒时产生的碎茎叶也比小麦脱粒时产生的碎茎叶多，利用它们进行复脱作业容易出现杂余搅龙堵塞的问题，故而锥形滚筒和扬谷器两种类型的复脱装置并不完全适用于全喂入水稻联合收获机。国内学者在对“梳脱式”联合收获机研究时报道了复脱作业工序，而其复脱装置本质上就是全喂入机型的横置轴流滚筒。因此，有必要针对横轴流全喂入联合收获机开发具有新型复脱装置的脱分选系统以降低含杂率。

10.1.2　横置差速轴流脱分选系统工作原理

横置差速轴流脱分选系统结构简图如图 10-1 所示。其工作原理如下：切向喂入的物料经轴流滚筒脱粒，以籽粒为主的脱出物在离心力作用下呈径向穿越栅格式凹板向振动筛分离；脱出物下落到振动筛后，在圆锥形离心式清选风机风力和双层振动筛共同作用下完成清选，碎茎叶和颖壳被吹出机体，清洁籽粒由籽粒水平搅龙收集后，经垂直搅龙送入集粮箱；部分杂余在振动筛尾筛落下，由杂余水平搅龙收集，经杂余垂直搅龙送入复脱器，复脱后物料返回振动筛二次清选；经脱粒的茎秆在高速滚筒一端径向排出机外。

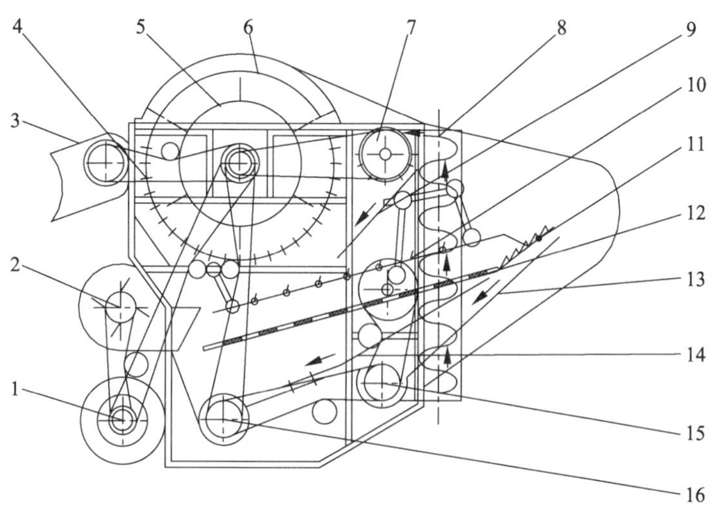

1—传动轴；2—圆锥形风机；3—输送槽；4—栅格式凹板；5—杆齿式差速脱粒滚筒；6—导向板；7—复脱器；8—杂余垂直搅龙；9—脱出物滑板；10—上筛；11—尾筛；12—下筛；13—杂余回收滑板；14—籽粒收集滑板；15—杂余回收搅龙；16—籽粒水平搅龙。

图 10-1　横置差速轴流脱分选系统结构简图

10.1.3　横置差速轴流脱分选系统主要工作部件

横置差速轴流脱分选系统主要由同轴差速脱粒分离部件、风筛式清选部件、螺旋板齿式杂余复脱装置、籽粒输送搅龙总成组成。

(1) 同轴差速脱粒分离部件

同轴差速脱粒分离部件由杆齿式差速脱粒滚筒、栅格式凹板筛、带导向板罩壳组成。杆齿式同轴差速轴流脱粒滚筒结构如图 10-2 所示，其低速滚筒主要用于大部分易脱籽粒的脱粒分离，高速段滚筒主要用于少量难脱籽粒的脱粒分离和低速滚筒未分离籽粒的分离，利用低速脱粒降低籽粒和茎秆的破碎率，利用高速脱粒降低脱不净损失并提高分离率，在不增加滚筒长度的条件下提高横置轴流式脱分选系统脱粒分离能力。

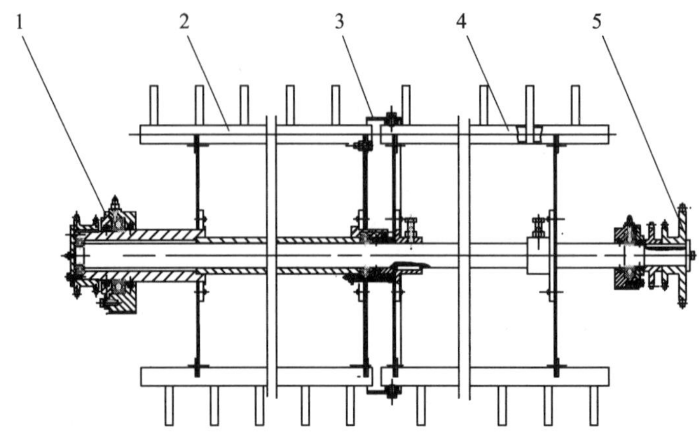

1—低速滚筒驱动链轮；2—低速滚筒；3—防干涉挡圈；4—高速滚筒；5—高速滚筒驱动链轮。

图 10-2　杆齿式同轴差速轴流脱粒滚筒结构图

(2) 风筛式清选部件

清选部件由圆锥形离心式清选风机和双层振动筛（上筛为鱼鳞筛，下筛为圆孔筛）组成。圆锥形离心式清选风机利用风机叶片大小端的直径差产生风压差，在振动筛前部产生横向风，将下落的脱出物沿筛宽方向吹散，避免脱出物在振动筛面入口一角堆积，改善了横置轴流式脱分选系统的清选性能。

双层振动筛传动机构由偏心链轮、连杆、曲柄、拐臂和筛轴等组成，如图 10-3 所示。

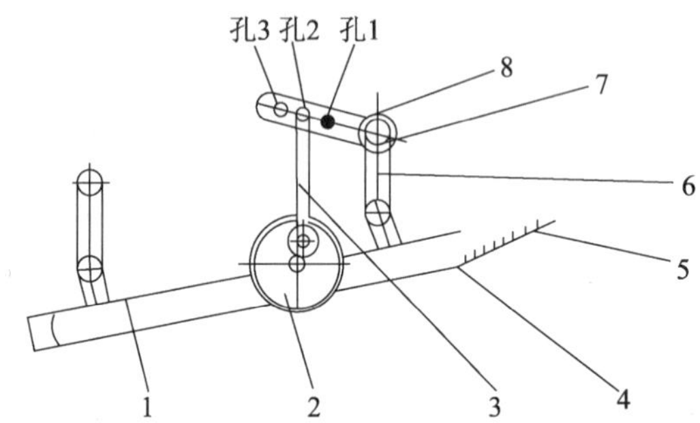

1—上筛；2—偏心链轮；3—连杆；4—下筛；5—尾筛；6—拐臂；7—筛轴；8—曲柄。

图 10-3　双层振动筛传动机构的组成

当籽粒与杂余从凹板筛孔落下，掉到上筛（鱼鳞筛）进行第一次分离时，杂余与短茎秆在上筛筛面上被清选风机产生的气流吹至尾筛处，从而抛出机体。籽粒和部分短茎秆经鱼鳞筛筛孔落下，掉在下筛（圆孔筛）筛面上，又一次进行清选。尾筛的倾斜角度和振动筛的振幅均可手工调节。调节尾筛的倾斜角度是为控制从出风口排出的碎茎叶中的籽粒损失量，尾筛倾斜角度越大，籽粒损失率越低，但籽粒含杂率提高，需根据实际情况进行调节。曲柄上有 3 个孔：孔 1 的振幅最大，清选功能也最优，但会导致脱粒机体振动增大；孔

2 的振幅适中，清选功能较好；孔 3 的振幅最小，清选较柔和，适用于清选量不大的工况。

(3) 螺旋板齿式杂余复脱装置

螺旋板齿式杂余复脱装置由复脱滚筒和栅格式凹板筛组成。复脱滚筒前、中、后三段分别设有螺旋叶片、板齿和排草板，用于输送、脱粒和清除茎秆。板齿沿滚筒筒体螺旋排布，其导程为螺旋叶片导程的 4/5。栅格式凹板筛安装在复脱滚筒下部，凹板筛与复脱滚筒之间的间隙为 10 mm。栅格式凹板筛右侧设有排草口，通过排草板将杂余排出机体。该复脱装置分离面积大，不易堵塞，籽粒损失较小，同时配置横隔板，使杂余翻转并充分脱粒。螺旋板齿式杂余复脱器三维模型如图 10-4 所示。

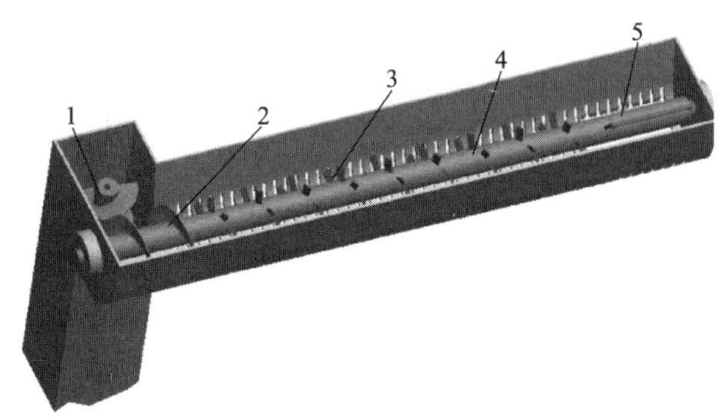

1—杂余垂直搅龙；2—螺旋叶片；3—板齿；4—凹板筛；5—排草板。

图 10-4　螺旋板齿式杂余复脱器三维模型

螺旋板齿式杂余复脱装置结构如图 10-5 所示。工作时，从尾筛落下的杂余和籽粒，经杂余水平搅龙和杂余垂直搅龙进入复脱空间，复脱滚筒高速转动，物料在螺旋叶片作用下向右输送，在板齿和凹板筛横隔板的配合作用下，杂余边翻转边受冲击搓擦，杂余中小穗上的籽粒被脱下。复脱后的籽粒和碎茎叶经凹板栅格分离，重新进入清选室进行清选。其余短茎秆被推向复脱装置右端，在排草叶片的作用下，从排草口中排出机体。

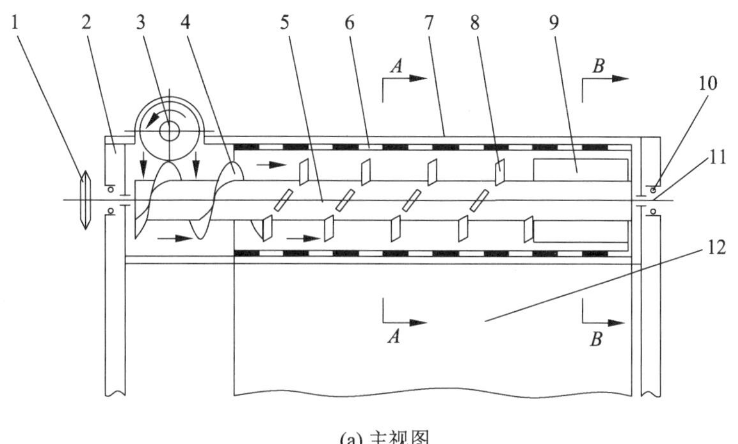

(a) 主视图

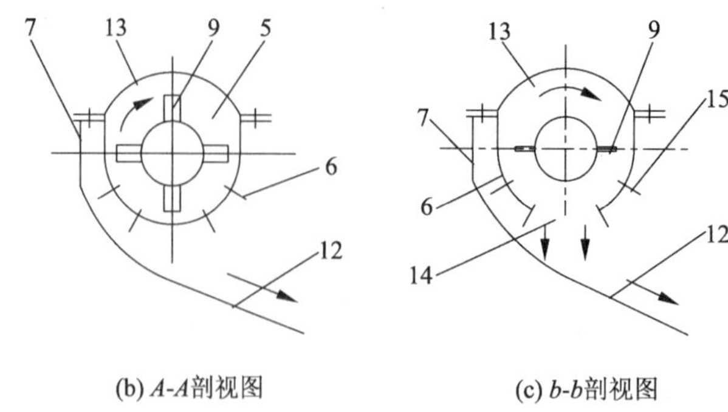

(b) *A-A*剖视图　　(c) *b-b*剖视图

1—驱动链轮；2—机架；3—杂余垂直搅龙；4—螺旋叶片；5—复脱滚筒；6—栅格式凹板筛；7—下机壳；8—板齿；9—排草叶片；10—滚动轴承；11—轴；12—滑板；13—上罩壳；14—排草口；15—横隔条。

图 10-5　螺旋板齿式杂余复脱装置结构示意图

(4) 籽粒输送搅龙总成

籽粒输送搅龙总成分为籽粒水平搅龙和籽粒垂直搅龙，如图 10-6 所示，其作用是把清选后的清洁籽粒输送到接粮箱，以便装袋回收。

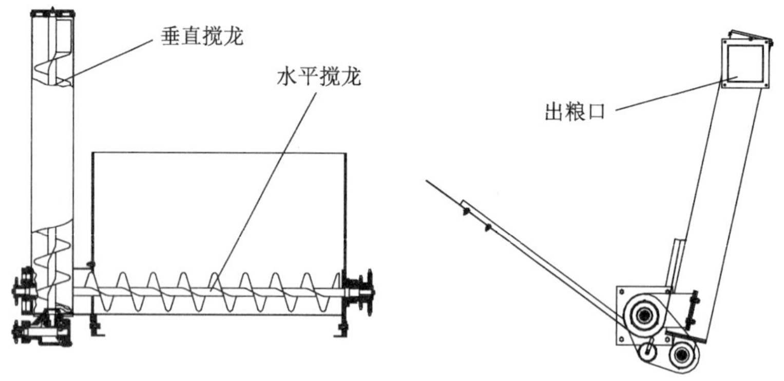

图 10-6　籽粒输送搅龙总成结构示意图

收获机在作物产量高或喂入量大的工况下作业时，籽粒输送搅龙容易堵塞，需要进行适当的调整，如图 10-7 所示。调整时，拧松籽粒滑板上的调节螺栓，将调节板适当下拉，缩短籽粒滑板的长度以减少籽粒回收量，减小籽粒水平搅龙的输送量，防止籽粒回收搅龙堵塞；如果出风口夹带损失较大，可通过调整杂余回收搅龙的回收量进行调整，将杂余滑板（后斜板）拉长，增大杂余回收量，减少清选损失。

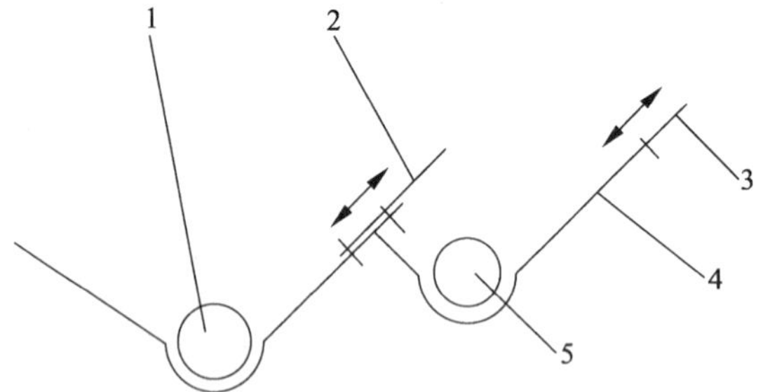

1—籽粒水平搅龙；2—调节板；3—调节尾板；4—后斜板；5—杂余回收搅龙。

图 10-7　回收复脱量的调整示意图

10.2　横置差速轴流收获机脱分选系统性能试验台设计

10.2.1　试验台机械系统结构与工作参数

根据横置差速轴流脱分选系统实际结构和尺寸自行研制的收获机试验台由机架、物料输送装置、喂入装置、脱粒装置、清选装置及测控装置构成，其结构示意如图 10-8 所示。

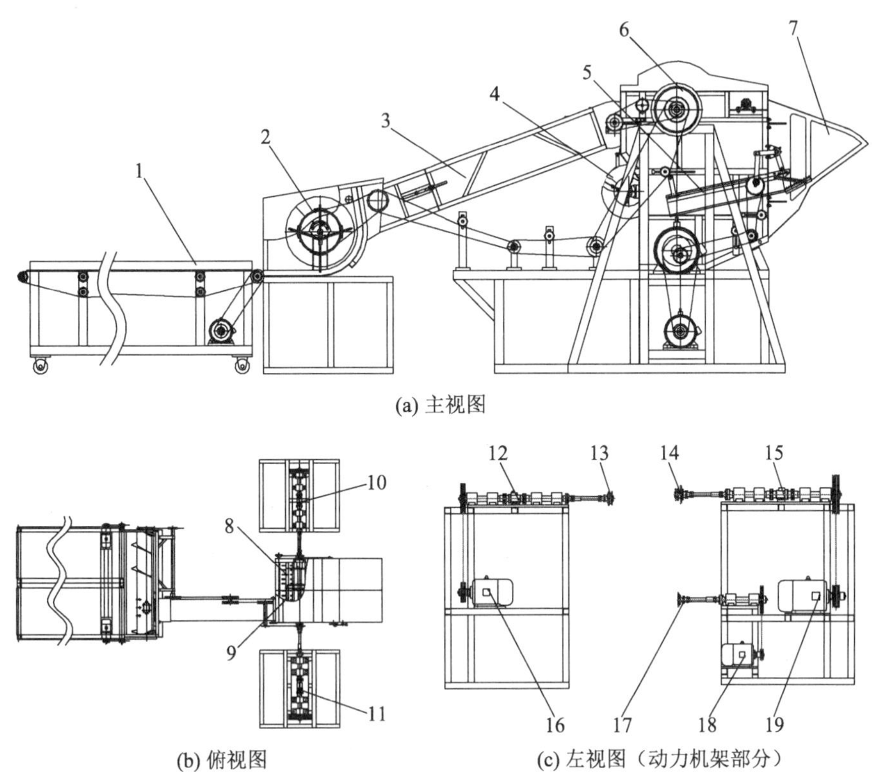

1—物料传送带；2—喂入搅龙；3—输送槽组件；4—圆锥形清选风机；5—差速脱粒滚筒；6—双层振动筛；7—杂质出口；8—高速段滚筒；9—低速段滚筒；10—高速段滚筒动力输入轴；11—低速段滚筒动力输入轴；12—高速滚筒扭矩传感器；13—高速滚筒端万向联轴器；14—低速滚筒端万向联轴器；15—低速滚筒扭矩传感器；16—高速滚筒驱动电机；17—清选风机万向联轴器；18—清选风机驱动电机；19—低速滚筒驱动电机。

图 10-8　横置差速轴流脱分选试验台结构示意图

物料输送装置由变频电机、电机减速器、主动链轮、从动链轮、主动轮筒、从动轮筒、张紧轮和平行输送胶带等组成。物料输送装置共 4 台，每台尺寸为 5 000 mm×900 mm，高度可调，可串联或并联使用；平行输送胶带可根据不同喂入量的要求无级调速，输送速度 0～2 m/s，通过调节张紧轮位置可以调节平行输送胶带的张紧度。物料输送装置及试验物料的摆放如图 10-9 所示。

图 10-9 试验物料的摆放及传输

喂入装置由割台搅龙、输送槽组件和主从动滚筒等组成，割台搅龙和输送槽动力来源于低速滚筒轴，割台搅龙转速和输送槽输送速度与低速滚筒的转速相匹配，如图 10-8 所示。通过输送槽组件中的调整装置可以调整输送带的张紧度。割台搅龙内含伸缩指机构，如图 10-10 所示，通过伸缩杆前伸后缩把螺旋搅龙横向送来的作物纵向扒入输送槽入口。

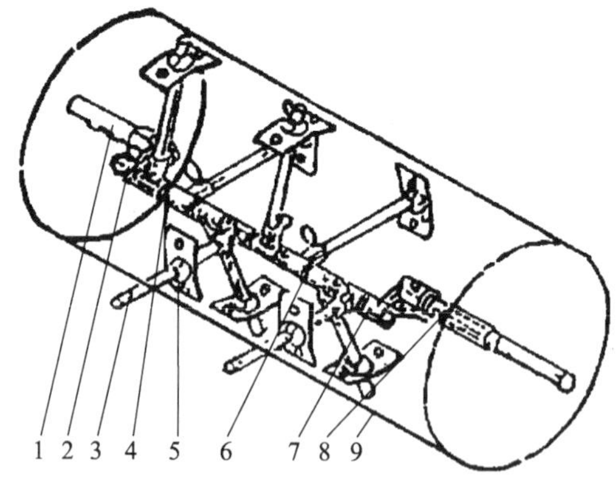

1—短轴；2—右拐臂；3—伸缩杆；4—伸缩杆轴套；5—伸缩杆导套；6—调节轴；7—左拐臂；8—长轴；9—搅龙圆筒。

图 10-10 伸缩机构示意图

物料输送槽内部装有带耙齿的平皮带，平皮带可通过调节装置张紧或放松，在主动滚筒驱动下将作物均匀地输送至脱粒滚筒。输送槽组件安装在联合收获机左侧，其上端出口与脱粒部件喂入口对齐，下端入口与割台搅龙出口对齐，为了适应作物喂入量的变化，输送槽下端的被动滚筒能上下调节。输送槽组件如图 10-11 所示。

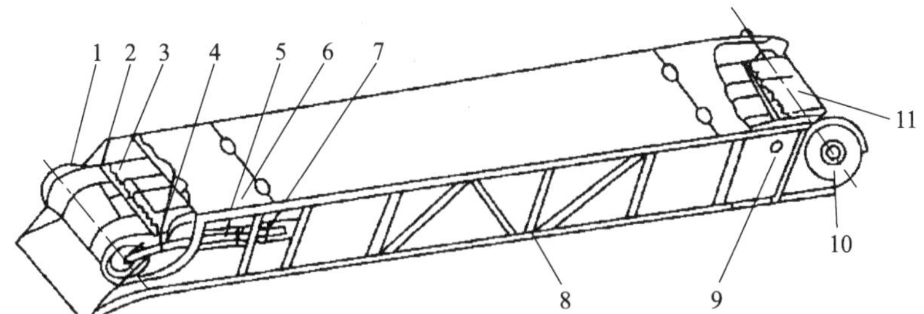

1—被动滚筒;2—耙齿;3—输送带;4—撑板;5—调节螺杆;6—活动盖;7—螺母;8—输送架;9—切草刀;10—链轮;11—主动滚筒。

图 10-11　输送槽组件

脱粒装置由滚筒盖组件、凹板筛组件、籽粒输送组件、差速滚筒组件、复脱输送组件、复脱滚筒组件等组成。差速滚筒可整体更换。高速滚筒、低速滚筒分别由两组变频器控制电机转速,实现无级可调;低速滚筒驱动电机功率 20 kW,转速 500～1 000 r/min,高速滚筒驱动电机功率 10 kW,转速 600～1 200 r/min;高、低速脱粒滚筒两端各配置一个北京世通 Q－660 扭矩传感器,量程分别为 0～100 N·m、0～300 N·m,用于测量高速滚筒、低速滚筒的扭矩、转速和功率;脱粒机体侧壁开有透明钢化玻璃窗口,用于稻谷脱粒运动状态观察和分析。按二次正交旋转组合设计方案,备有供试差速脱粒滚筒 5 组,每组高、低速滚筒直径均为 550 cm, 栅格凹板包角 230°,罩壳导向板螺旋角 32°,脱粒滚筒总工作长度(含高、低速段)为 1 000 mm,可整体更换。试验用高低速段不同长度比例的脱粒滚筒如图 10-12 所示。

图 10-12　试验用高低速段不同长度比例的脱粒滚筒

清选装置由振动筛组件、风机组件、杂余出口组件等组成。振动筛组件由变频器控制电机转速,实现无级可调。当需要得到稻谷在脱粒过程中脱出混合物的分布状态时,应将振动筛从机体中抽出,将接料盒安装到振动筛的位置上。风机组件由高速滚筒轴通过链轮带动,转速与高速滚筒轴匹配。根据试验方案要求,配置 5 组不同锥度的风机叶片,试验时根据需要更换风机叶片。试验用不同锥度风机叶片如图 10-13 所示。

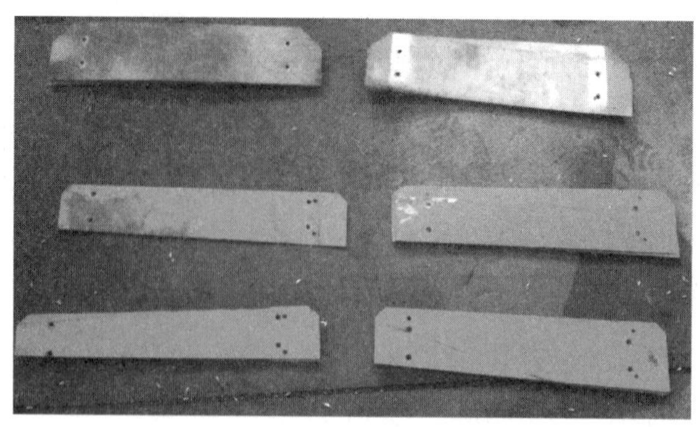

图 10-13 试验用不同锥度风机叶片

试验台实物如图 10-14 所示。

图 10-14 试验台实物

10.2.2 试验台测控系统设计

测控装置主要由电气控制系统和数据采集系统组成。电气控制系统供电电源为标准的三相四线制。在电气控制柜内安装有变频器、控制变压器、自动空气开关、交流接触器、整流桥、小型中间继电器、多功能插座、接线排等。控制柜门板上安装有总启动按钮、紧急停止按钮、变频器数字操作器(包括变频器参数设置及所附电位器的调整、ON/OFF 开关)和指示灯等。

数据采集系统由扭矩传感器、数据采集卡、USB 连线、电脑等组成,高低速滚筒两端的转速、扭矩、功率等数据会自动保存在电脑上,并以图形形式实时显示在电脑屏幕上,如图 10-15 所示。

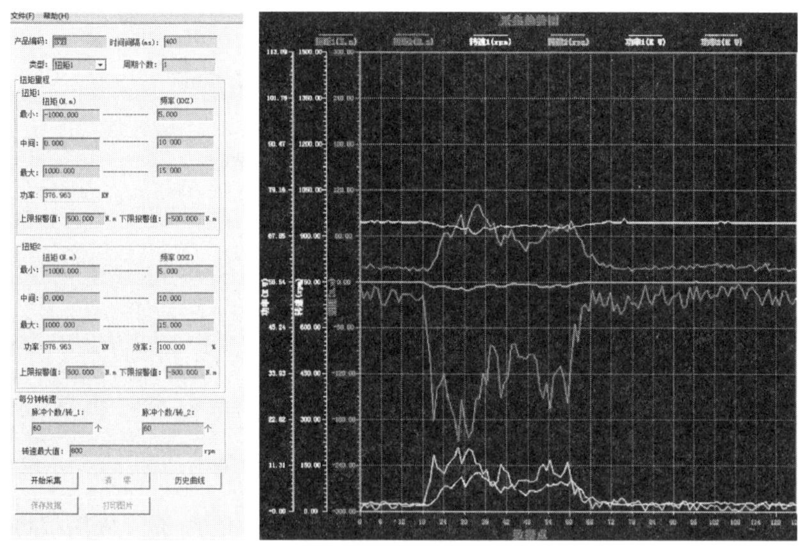

图 10-15　试验台数据采集系统界面

10.2.3　试验台工作过程

试验前，根据喂入量设置作物输送速度，测量输送台从启动达到设定速度的时间，计算输送台前端的预留空间，不放置作物。按设定的喂入量(2 kg/s)，每组试验将质量相等的水稻均匀铺放在输送台平胶带的指定范围内，茎秆长度方向与输送方向一致，穗头朝前，以保证均匀定量喂入。根据试验方案，分别安装不同型号的差速滚筒和不同锥度的风机叶片，并通过变频器调节高、低速滚筒转速和输送台速度。

试验时，按顺序启动高速滚筒、低速滚筒、清选装置的电机开关，待上述装置各转动件达到并稳定于预设的参数后，启动测控系统软件，最后开启物料输送台电机。水稻从物料输送台进入喂入搅龙，经倾斜输送槽进入脱粒滚筒，经脱粒从凹板筛分离后落在双层振动筛上，在振动筛和圆锥形清选风机的配合作用下，颖壳、杂质等被吹出机体，部分短茎秆和杂余经复脱器复脱后重新进入清选室，经清选，干净籽粒由籽粒回收搅龙输送到接粮口，茎秆从排草口排出。测控系统软件记录并保存高、低速滚筒扭矩、转速、功率的实时数据。

试验后，收集与清理排草口和清选室出口的排出物，计算出损失率(包括未脱净籽粒、夹带损失、清选损失)，从接粮口取样测定破碎率、含杂率。试验台物料收集区域如图 10-16 所示。

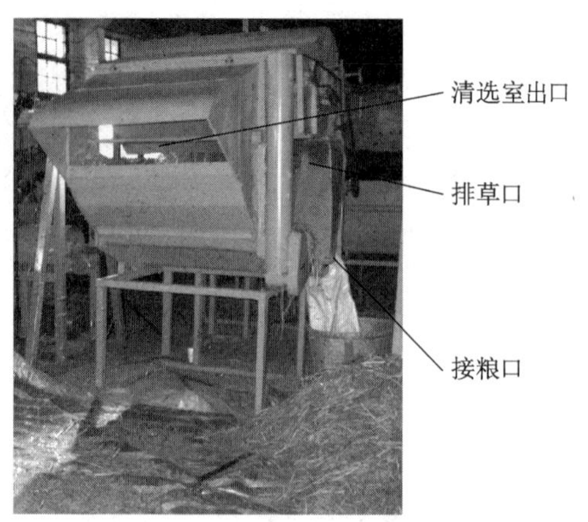

图 10-16 试验后物料采集区域

根据喂入量和草谷比，求得每次试验所得籽粒总质量，记为 m。从接粮口取样，记总质量为 m_1。手工挑选出破碎籽粒、杂质并分别称量，记为 m_2，m_3。从清选室出口和排草口分别收集全部排出物，手工挑选籽粒和含籽粒断穗并称量，分别记为清选损失 m_4 和夹带损失 m_5。

损失率 y_1、破碎率 y_2、含杂率 y_3 的计算公式为

$$y_1=(m_4+m_5)/m \tag{10-1}$$

$$y_2=m_2/m_1 \tag{10-2}$$

$$y_3=m_3/m_1 \tag{10-3}$$

10.3 脱分选系统性能正交试验方案设计

10.3.1 试验物料

试验在室内进行，试验水稻品种采用浙江省广为种植的“甬优 15”，人工收割(割茬高度 15 cm)后当日进行试验。水稻部分特性如表 10-1 所示。

表 10-1 试验水稻基本特性参数

项目	物料株高/cm	穗长/cm	籽粒含水率/%	茎秆含水率/%	草谷比(割茬 15 cm)	稻谷千粒重/g	单产/($kg \cdot hm^{-2}$)
参数	100～115	17.5～26.4	23.3～24.5	45.4～48.6	3∶1	30.6	10 020

10.3.2 二次正交旋转组合试验方案

在自行研制的试验台上，对横置差速轴流脱分选系统进行水稻脱分选性能试验，考察差速滚筒转速组合(转速组合 x_1)、差速滚筒高低速段长度配比(高速段比例 x_2)、圆锥形风机叶片锥度(叶片锥度 x_3)3 个主要因素对脱粒清选装置工作性能(损失率 y_1、破碎率 y_2、含杂率 y_3、脱粒总功耗 y_4)的影响。试验重复两次。

采用二次正交旋转组合设计方法设计试验方案，结合联合收获机实际作业经验，确定差速滚筒转速组合（转速组合 x_1）、差速滚筒高低速段长度配比（高速段比例 x_2）、圆锥形风机叶片锥度（叶片锥度 x_3）3 个主要试验因素的取值范围，选取各试验因素较为合理的因素水平进行编码，如表 10-2 所示。根据三元二次正交旋转组合设计安排试验，进行 23 次试验，试验方案和结果如表 10-3 所示。

表 10-2　因素水平编码

编码值 x_j	因素水平		
	转速组合 x_1/(r·min^{-1})	高速段比例 x_2/%	叶片锥度 x_3/(°)
上星号臂(+1.682)	918/1 018	46.8	3.8
上水平(+1)	850/950	40	3.5
零水平(0)	750/850	30	3
下水平(−1)	650/750	20	2.5
下星号臂(−1.682)	582/682	13.2	2.2

表 10-3　二次回归正交旋转试验方案与结果

序号	转速组合 x_1	高速段比例 x_2	叶片锥度 x_3	损失率 y_1/%	破碎率 y_2/%	含杂率 y_3/%	高速滚筒功耗/kW	低速滚筒功耗/kW	脱粒总功耗/kW
1	1	1	1	2.69	0.82	0.64	5.96	10.79	16.75
2	1	1	−1	1.95	0.86	0.85	6.17	10.32	16.49
3	1	−1	1	1.98	0.77	0.78	5.32	10.19	15.51
4	1	−1	−1	2.33	0.84	0.98	5.22	10.23	15.45
5	−1	1	1	1.78	0.49	0.32	4.78	9.16	13.94
6	−1	1	−1	1.56	0.51	0.49	4.86	8.39	13.25
7	−1	−1	1	1.44	0.44	0.31	4.55	8.12	12.67
8	−1	−1	−1	1.68	0.34	0.96	4.58	7.44	12.02
9	−1.682	0	0	0.88	0.35	0.39	4.14	7.17	11.31
10	1.682	0	0	2.78	0.98	0.78	6.12	13.70	19.82
11	0	−1.682	0	1.35	0.78	0.79	5.02	9.12	14.14
12	0	1.682	0	1.45	0.57	0.88	4.99	11.23	16.22
13	0	0	−1.682	1.38	0.41	0.78	5.11	8.40	13.51
14	0	0	1.682	1.57	0.71	0.38	5.43	7.90	13.33
15	0	0	0	1.43	0.54	0.47	5.78	8.23	14.01
16	0	0	0	1.24	0.58	0.43	5.55	9.24	14.79
17	0	0	0	1.33	0.64	0.53	4.98	9.17	14.15

续表

序号	转速组合 x_1	高速段比例 x_2	叶片锥度 x_3	损失率 y_1/%	破碎率 y_2/%	含杂率 y_3/%	高速滚筒功耗/kW	低速滚筒功耗/kW	脱粒总功耗/kW
18	0	0	0	1.21	0.44	0.47	5.23	9.68	14.91
19	0	0	0	1.48	0.53	0.48	5.41	9.22	14.63
20	0	0	0	1.11	0.58	0.39	4.76	9.27	14.03
21	0	0	0	1.09	0.61	0.51	4.78	9.70	14.48
22	0	0	0	1.47	0.57	0.45	5.13	9.89	15.02
23	0	0	0	1.23	0.49	0.48	5.23	9.38	14.61

10.4 试验结果分析

10.4.1 回归方程及显著性检验

根据23次试验所得结果，运用DPS数据处理系统中的“试验统计”—“二次正交旋转组合设计”，可得损失率、破碎率、含杂率和脱粒总功耗的三元二次回归方程分别为

$$y_1=1.28+0.42x_1+0.05x_2+0.05x_3+0.26x_1^2+0.11x_2^2+0.14x_3^2+0.01x_1x_2+0.05x_1x_3+0.19x_2x_3 \tag{10-4}$$

$$y_2=0.55+0.19x_1-0.005x_2+0.03x_3+0.04x_1^2+0.04x_2^2+0.001x_3^2-0.02x_1x_2-0.02x_1x_3-0.01x_2x_3 \tag{10-5}$$

$$y_3=0.47+0.13x_1-0.04x_2-0.14x_3+0.04x_1^2+0.13x_2^2+0.04x_3^2+0.02x_1x_2+0.05x_1x_3+0.06x_2x_3 \tag{10-6}$$

$$y_4=14.52+1.95x_1+0.61x_2+0.09x_3+0.32x_1^2+0.19x_2^2-0.43x_3^2-0.03x_1x_2-0.13x_1x_3+0.03x_2x_3 \tag{10-7}$$

式中：y_1 为损失率，%；y_2 为破碎率，%；y_3 为含杂率，%；y_4 为脱粒总功耗，kW；x_1 为转速组合，r/min；x_2 为高速段比例，%；x_3 为叶片锥度，(°)。

以损失率回归方程为例，对方程进行方差分析，结果如表10-4所示。

表10-4 损失率回归方程的方差分析结果

来源	平方和	自由度	F 值
回归	4.33	9	$F_2=7.68$
剩余	0.81	13	
失拟	0.33	5	$F_1=1.94$
误差	0.17	8	
总计	5.14	22	

查 F 表，得 $F_1=1.94$，$F_{0.05}(5,8)=3.69$，$F_1<F_{0.05}$，失拟项不显著，说明失拟平方和中其他未知因素对试验结果的影响很小，可忽略，方程拟合显著，可用统计量 F_2 对回归方程进行显著性检验。$F_2=7.68$，$F_{0.01}(9,13)=4.17$，F 检验的结果表明，由二次正交旋转设计所获得的回归方程与实际情况拟合良好，回归方程具有实际意义。经 t 检验剔除不显著项，可得回归方程为

$$y_1=1.28+0.42x_1+0.26x_1^2+0.11x_2^2+0.14x_3^2+0.19x_2x_3 \tag{10-8}$$

用同样的方法得到破碎率、含杂率和脱粒功耗的回归方程，分别为

$$y_2=0.55+0.19x_1+0.03x_3+0.04x_1^2+0.04x_2^2-0.02x_1x_2-0.03x_1x_3 \tag{10-9}$$

$$y_3=0.47+0.13x_1-0.04x_2-0.14x_3+0.04x_1^2+0.13x_2^2+0.06x_2x_3 \tag{10-10}$$

$$y_4=14.52+1.95x_1+0.61x_2+0.33x_1^2-0.43x_3^2-0.13x_1x_3 \tag{10-11}$$

10.4.2　试验因素对各指标的单因素效应分析

回归方程中含有三个变量，为了直观地找出各因素对各指标的影响，采用降维法将多元复杂问题转化为一元问题，即将三个因素中的两个因素取固定水平，观察剩余因素对各指标的影响。如在考察转速组合、高速段比例、叶片锥度对损失率的影响时，分别令回归方程式(10-8)中 $x_2=x_3=0$；$x_1=x_3=0$；$x_1=x_2=0$，得到

$$y_1=1.28+0.42x_1+0.26x_1^2 \tag{10-12}$$

$$y_1=1.28+0.11x_2^2 \tag{10-13}$$

$$y_1=1.28+0.14x_3^2 \tag{10-14}$$

式(10-12)至式(10-14)分别表示转速组合、高速段比例、叶片锥度与损失率的关系，绘制各因素对损失率的影响曲线，如图 10-17 所示。

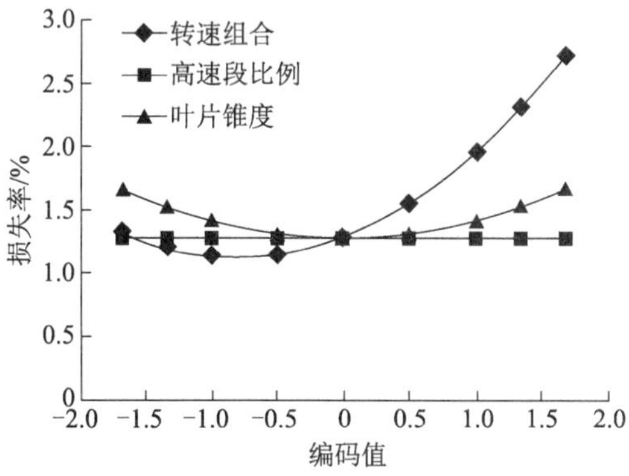

图 10-17　三个因素对损失率指标的影响

由图 10-17 可知，滚筒转速低时，损失率较大，这是因为开始时脱粒不完全，未脱净损失较大；随着转速提高，损失率有所降低；当滚筒转速大于−1 水平后，随着转速的增加，损失率开始变大；滚筒转速超过 1 水平时，损失率增加的趋势更加明显，这是因为脱粒滚筒转速超过一定的范围后，籽粒破碎损失增加。当滚筒转速和滚筒长度配比一定时，随着风机叶片锥度的增大，损失率先降低后增大，在 0 水平时损失率最小，说明圆锥形风机产生

的横向风能有效降低损失率，但随着风机叶片锥度的进一步增大，横向风过大导致清选筛分布变差，有籽粒被吹出机体，导致清选损失变大。影响损失率的各因素主次顺序分别为转速组合、叶片锥度和高速段比例。

根据上述方法，可得到转速组合、高速段比例和叶片锥度与破碎率、含杂率和脱粒总功耗的单因素影响曲线图，如图 10-18 至图 10-20 所示。

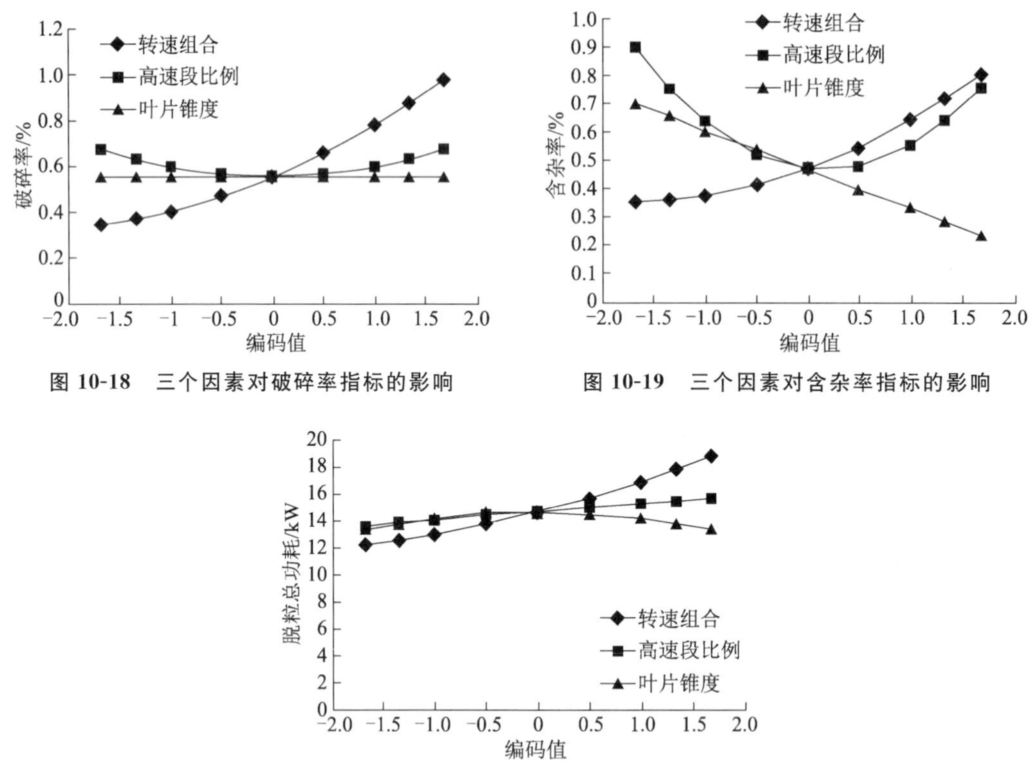

图 10-18　三个因素对破碎率指标的影响

图 10-19　三个因素对含杂率指标的影响

图 10-20　三个因素对脱粒总功耗指标的影响

由图 10-18 可知，滚筒转速组合与破碎率呈明显正相关，即滚筒转速越高，破碎率越高；就高速段比例而言，高速段比例小时，破碎率较高，这是因为滚筒低转速影响了籽粒分离，随着高速段比例的增加，破碎率降低，在 0 水平时破碎率最低，随后随着高速段比例的增加，破碎率升高，说明高低速滚筒长度配比对破碎率有较明显的影响，且高速段比例不宜太小或太大，取 0 水平较为合适；风机叶片锥度对破碎率的影响曲线趋于直线，说明风机叶片锥度对破碎率的影响很小。影响破碎率的各因素主次顺序分别为转速组合、高速段比例和叶片锥度。

由图 10-19 可知，滚筒转速越高，含杂率越高，且转速组合 0 水平以上趋势更明显，表明随着滚筒转速的增大，脱粒空间内的碎茎叶增多，使籽粒含杂率升高；高速段比例小时，含杂率较高，随着高速段比例增加，含杂率降低，在 0 水平时含杂率最低，之后随着高速段比例的增加，含杂率升高，表明高速段比例不宜太小或太大，取 0 水平较为合适；风机叶片锥度对含杂率的影响较为显著，随着叶片锥度变大，含杂率逐渐降低，表明圆锥形清选风机横向风对清选质量有重要作用。影响含杂率的各因素主次顺序分别为转速组合、叶片锥度和高速段比例。

由图 10-20 可知，脱粒功耗随滚筒转速的增大而增加，同时亦随高速段比例的增大而增加，但是两者相比，滚筒转速对脱粒总功耗的影响更大；风机叶片锥度对脱粒总功耗的影响不大，在叶片锥度 0 水平时，比其他水平略大。影响脱粒总功耗的各因素主次顺序分别为转速组合、高速段比例和叶片锥度。

10.4.3　试验因素对各指标的双因素交互影响分析

式(10-8)至式(10-11)的回归方程为三元二次数学方程，若将其中某个因素固定在 0 水平，则可得到其他两个因素与对应性能指标之间的双因素回归方程子模型，用于分析两个因素对某个性能指标的交互作用影响规律。在式(10-8)中，分别令 $x_3=0$，$x_2=0$，$x_1=0$，可得到损失率双因素方程分别为

$$y_1(x_1,x_2)=1.28+0.42x_1+0.26x_1^2+0.11x_2^2 \tag{10-15}$$

$$y_1(x_1,x_3)=1.28+0.42x_1+0.26x_1^2+0.14x_3^2 \tag{10-16}$$

$$y_1(x_2,x_3)=1.28+0.11x_2^2+0.14x_3^2+0.19x_2x_3 \tag{10-17}$$

采用曲面图方法描述两个因素对试验指标的影响，在 Matlab 中绘制试验指标的双因素影响曲面图，如图 10-21 所示。图 10-21a 为转速组合与高速段比例对损失率的双因素影响曲面图，图 10-21b 为转速组合和叶片锥度对损失率的双因素影响曲面图，图 10-21c 为高速段比例和叶片锥度对损失率的双因素影响曲面图。

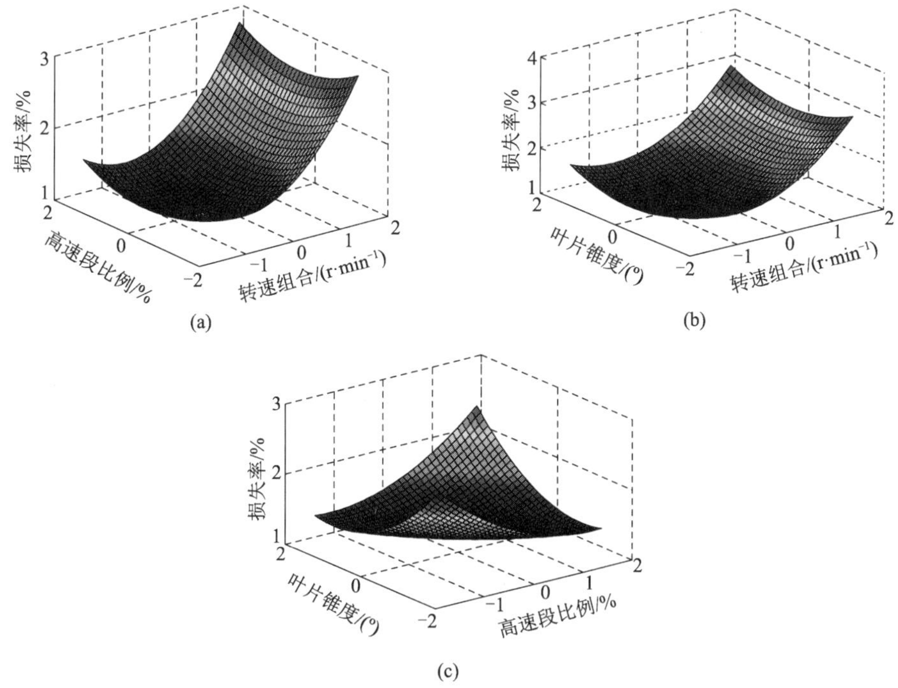

图 10-21　损失率受双因素影响曲面图

由图 10-21a 可知，在滚筒转速组合和高速段比例的交互作用中，转速组合对损失率的影响较大，在转速组合－1 水平和高速段比例 0 水平时，损失率最小；由图 10-21b 可知，在滚筒转速组合和风机叶片锥度的交互作用中，转速组合对损失率的影响较大，在转速组合－1 水平和风机叶片锥度 0 水平时，损失率最小；由图 10-21c 可知，在高速段比例和风机叶片锥度的交互作用中，当两者均处于 0 水平时，损失率最小。

采用同样的方法，可得到破碎率、含杂率、脱粒总功耗的双因素影响曲面图，如图 10-22 至图 10-24 所示。

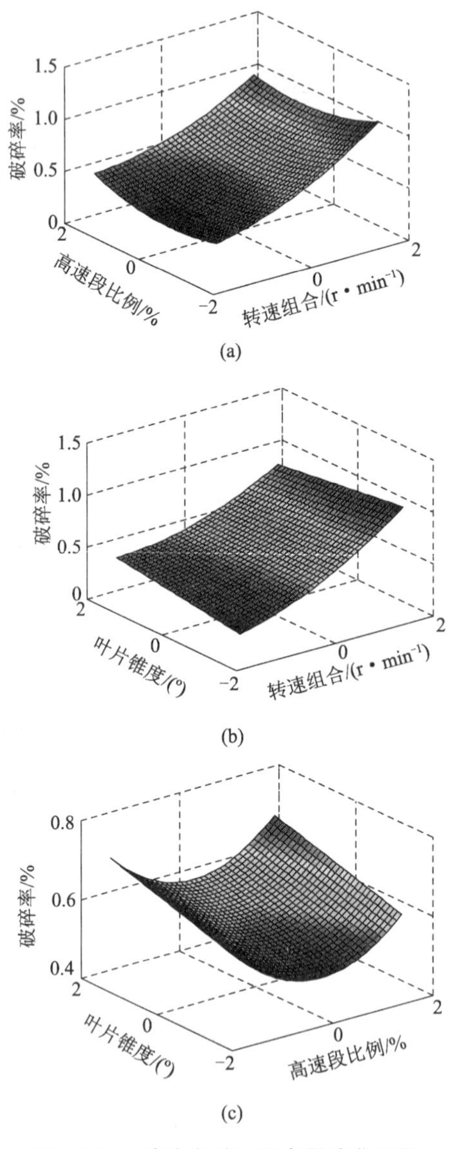

图 10-22　破碎率受双因素影响曲面图

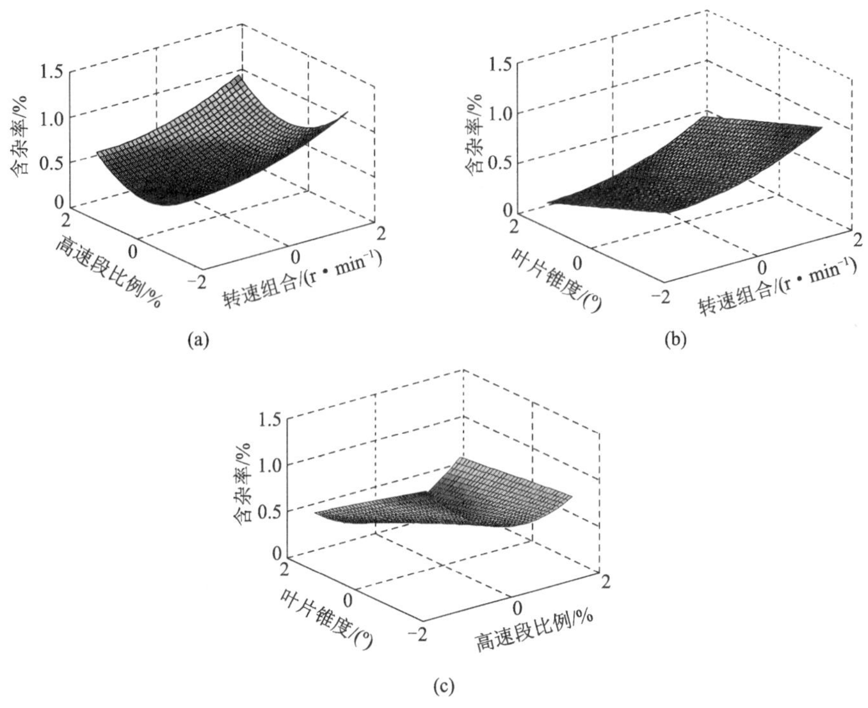

图 10-23　含杂率受双因素影响曲面图

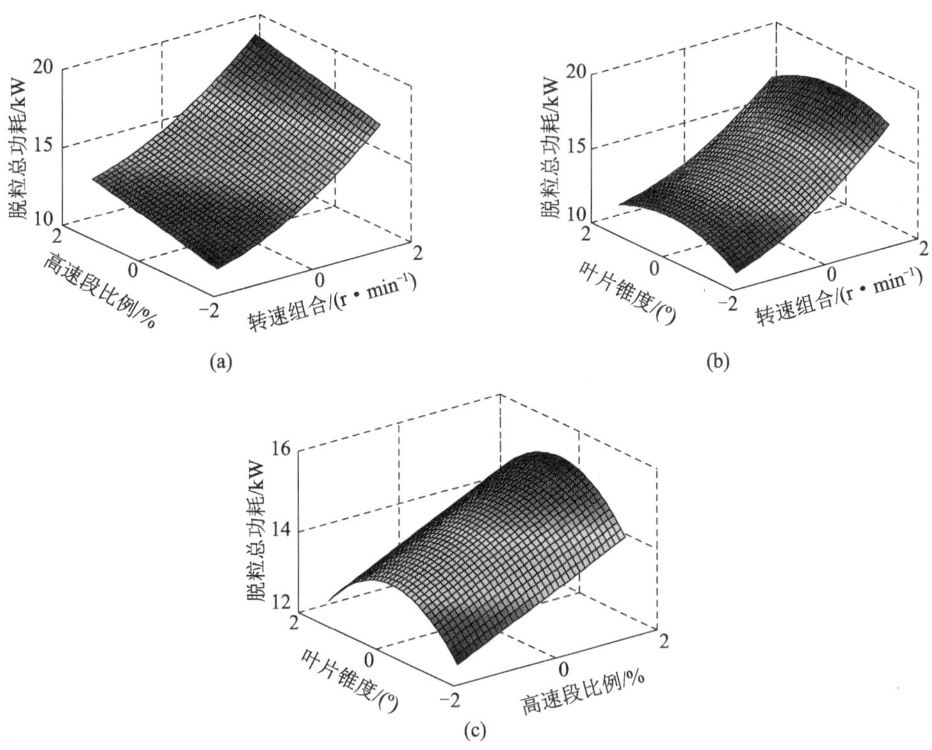

图 10-24　脱粒功耗受双因素影响曲面图

由图 10-22a 可知，在滚筒转速组合和滚筒高速段比例的交互作用中，在高速段比例 0 水平时，破碎率随转速增加而升高；由图 10-22b 可知，在滚筒转速组合和风机叶片锥度的交互作用中，滚筒转速组合对破碎率的影响较大，在转速较低时，破碎率随叶片锥度的增大略有升高，在转速较高时，破碎率随叶片锥度的增大反而略有降低；由图 10-22c 可知，在高速段比例 0 水平(高速段滚筒比例 30%)和风机叶片锥度－1.682 水平(叶片锥度 2.2°)时，破碎率最小，破碎率随风机叶片锥度的增大而升高。

由图 10-23a 可知，在滚筒转速组合和滚筒高速段比例的交互作用中，在高速段比例 0 水平时，含杂率随转速增加而升高，高速段比例和转速组合均为最高水平时，含杂率最高；由图 10-23b 可知，含杂率随转速增大而升高，随风机叶片锥度增大而降低；由图 10-23c 可知，风机叶片锥度和高速段比例为最低水平时，含杂率最高，高速段比例 0 水平，叶片锥度最高水平时，含杂率最低。

由图 10-24a 可知，在滚筒转速组合和滚筒高速段比例的交互作用中，脱粒总功耗与转速组合、高速段比例呈明显正相关；由图 10-24b 可知，在滚筒转速组合与风机叶片锥度的交互作用中，转速组合为主要因素；由图 10-24c 可知，风机叶片锥度 0 水平时脱粒总功耗随高速段比例的增大而增大。

10.4.4 脱粒功耗试验结果分析

脱粒功耗试验结果见表 10-3。23 组试验方案中，高速滚筒功耗最小值为 4.14 kW，最大值为 6.17 kW，高速滚筒功耗平均值为 5.18 kW；低速滚筒功耗最小值为 7.17 kW，最大值为 13.70 kW，低速滚筒功耗平均值为 9.39 kW；脱粒总功耗最小值为 11.31 kW，最大值为 19.82 kW，脱粒总功耗平均值为 14.57 kW。

23 组试验方案中，第 10 组试验方案的差速滚筒脱粒分离平均总功耗最大，其功耗实时采集结果如图 10-25 所示。由图 10-25 可知，低速滚筒的脱粒分离功耗曲线波动较大，平均脱粒功耗为 13.70 kW，平均空载功耗为 2.26 kW，功耗最大值为 19.38 kW；高速滚筒平均脱粒功耗为 6.12 kW，平均空载功耗为 2.18 kW，功耗最大值为 9.64 kW，差速滚筒脱粒分离平均总功耗为 19.82 kW。低速滚筒平均功耗占脱粒分离总功耗的 69.12%，高速滚筒平均功耗占脱粒分离总功耗的 30.88%。

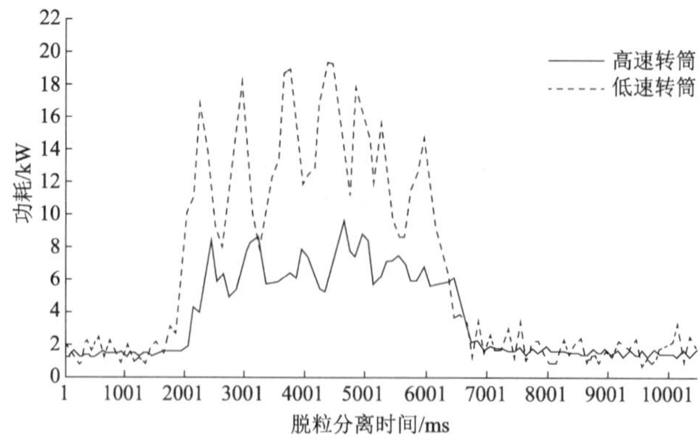

图 10-25　平均总功耗最大方案(方案 10)差速滚筒功耗实时采集结果

23 组试验方案中，第 9 组试验方案的差速滚筒脱粒分离平均总功耗最小，其功耗实时采集结果如图 10-26 所示。由图 10-26 可知，低速滚筒的脱粒分离功耗曲线波动较大，平均脱粒功耗为 7.17 kW，平均空载功耗为 1.26 kW，功耗最大值为 16.38 kW；高速滚筒平均脱粒功耗为 4.14 kW，平均空载功耗为 1.18 kW，功耗最大值为 4.64 kW，差速滚筒脱粒分离平均总功耗为 11.31 kW。低速滚筒平均功耗占脱粒分离总功耗的 63.40%，高速滚筒平均功耗占脱粒分离总功耗的 36.60%。

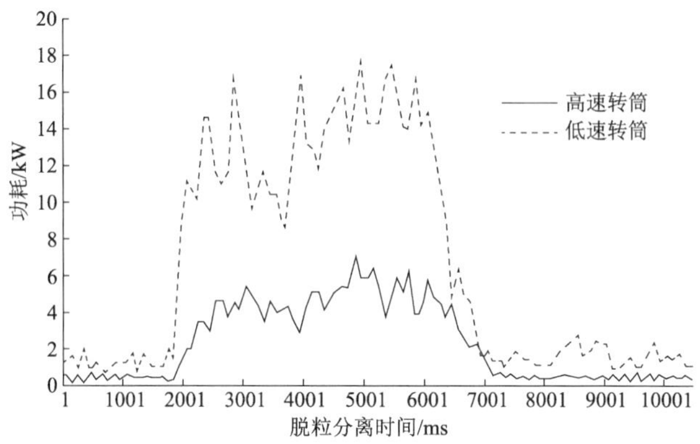

图 10-26　平均总功耗最小方案(方案 9)差速滚筒功耗实时采集结果

23 组试验方案中，第 14 组试验方案对应的脱分选综合性能最佳，其功耗实时采集结果如图 10-27 所示。此工况下，横置差速轴流脱分选系统脱粒总功耗为 13.33 kW，低速滚筒平均功耗占脱粒分离总功耗的 59.30%，高速滚筒平均功耗占脱粒分离总功耗的 40.70%。根据《农业机械设计手册(下册)》(中国农业机械化科学研究院编)，单速滚筒脱粒分离功耗常规设计指标为 7.5～9.0 kW/kg。本次试验的喂入量为 2 kg/s，差速滚筒脱粒分离总功耗为 5.65～9.91 kW/kg，平均值为 7.28 kW/kg，略低于常规设计指标。

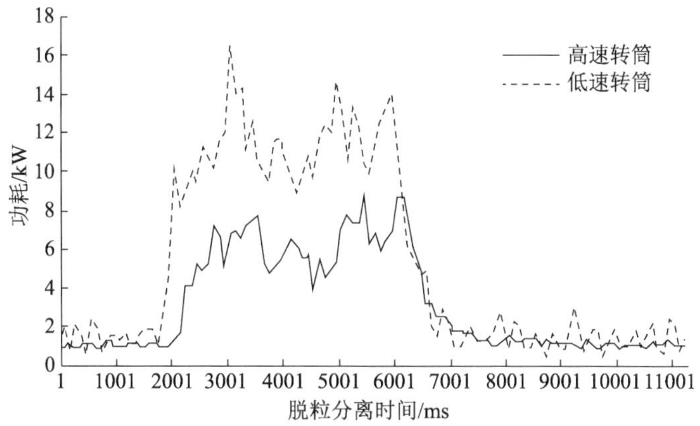

图 10-27　性能最佳方案(方案 14)差速滚筒功耗实时采集结果

10.4.5　性能指标的多目标组合优化

为了获得横置差速轴流脱分选系统的最佳参数组合方案，更好地掌握各结构参数和工作参数对损失率、含杂率、破碎率和脱粒总功耗 4 个性能指标的影响规律，需要通过多目标优化方法对所得的回归方程进行主目标函数计算。本书采用 Matlab 软件优化工具箱中的 fgoalattain 函数来求解多目标达到问题。

以转速组合 x_1、高速段比例 x_2、叶片锥度 x_3 三个参数为设计变量，以损失率 y_1、破碎率 y_2、含杂率 y_3、脱粒总功耗 y_4 四个性能指标的回归方程为目标函数，建立数学模型，充分利用二次正交旋转组合设计，在编码空间内进行优化计算。

首先进行单目标优化计算，计算前需将数学模型规格化，使各因素处于同一数量级，以消除因量纲不同造成的自变量数量级的差别。

损失率性能指标优化结果：共迭代 13 次，最后一次迭代对目标函数计算的次数为 89 次，最后一次迭代步长为 1。转速组合为 743/843 (r/min)、高速段比例为 33%、叶片锥度为 2.8°时，损失率为 1.13%。

破碎率性能指标优化结果：共迭代 9 次，最后一次迭代对目标函数计算的次数为 45 次，最后一次迭代步长为 1；转速组合为 682/782 (r/min)、高速段比例为 38%、叶片锥度为 2.8°时，破碎率为 0.32%。

含杂率性能指标优化结果：共迭代 4 次，最后一次迭代对目标函数计算的次数为 24 次，最后一次迭代步长为 1；转速组合为 767/867 (r/min)、高速段比例为 28%、叶片锥度为 3.8°时，含杂率为 0.35%。

脱粒总功耗性能指标优化结果：共迭代 6 次，最后一次迭代对目标函数计算的次数为 28 次，最后一次迭代步长为 1；转速组合为 688/788 (r/min)、高速段比例为 28%、叶片锥度为 3.8°时，脱粒总功耗为 12.33 kW。

脱粒装置要求具有良好的综合性能，损失率、破碎率、含杂率和脱粒总功耗是评价脱分选装置工作性能的主要指标，它们在各自的约束条件下应达到最小值。根据已建立的损失率 y_1、破碎率 y_2、含杂率 y_3、脱粒总功耗 y_4 数学模型，使得

$$y_i = f(x_1, x_2, x_3) \rightarrow \min \qquad (i=1,2,3,4) \tag{10-18}$$

然后利用多目标优化的方法分析脱分选综合性能的最佳参数组合，利用 Matlab 中的优化工具箱 fgoalattain 函数求解多目标达到问题，约束条件为

$$\begin{cases} y_i \geqslant 0 \\ -1.682 \leqslant x_j \leqslant 1.682 \end{cases} (i=1,2,3,4; j=1,2,3) \tag{10-19}$$

式中：y_i 为性能指标；x_j 为影响因子；i 为指标数；j 为影响因子数。

根据优化结果，得到横置差速轴流脱分选系统最佳组合参数方案：转速组合 x_1 水平值 0.0 307，实际值为 773/876 (r/min)；高速段比例 x_2 水平值 −0.0 167，实际值为 29.5%；叶片锥度 x_3 水平值为 1.6791，实际值为 3.75°。参考表 10-2 中的转速组合、滚筒比例和叶片锥度三个试验因素的水平变化幅度，将优化后最佳参数组合方案的水平值向接近值圆整靠近，最终选取三因素最佳参数组合方案为转速组合 750/850(r/min)，高速段比例 30%，叶片锥度 3.8°。可见，23 组试验方案中的第 14 组试验方案为最佳方案，此工况下，横置差速轴流脱分选系统综合工作性能最佳，其损失率为 1.57%，破碎率为 0.71%，

含杂率为 0.38%，脱粒总功耗为 13.33 kW。

10.5　横置差速轴流联合收获机田间试验

10.5.1　横置差速轴流联合收获机及其技术参数

在履带自走式全喂入联合收获机平台上，开发了横置差速轴流联合收获机样机，总体结构如图 10-28 所示。本机属于稻麦兼用型收获机械，采用弹性拨齿偏心拨禾轮、双动刀切割器、伸缩杆齿割台搅龙、平皮带耙齿式中间输送槽、同轴差速轴流杆齿式脱粒滚筒、栅格式凹板筛、圆锥形离心风扇、双层振动筛、螺旋板齿式杂余复脱装置、搅龙送粮装置等组成完整的割、送、脱、清选部件；选用 33 kW 柴油发动机，工农－12 改制型变速箱作为行走底盘，配套橡胶履带行走，液压升降，能一次完成割、送、脱、清选、装袋的联合作业。

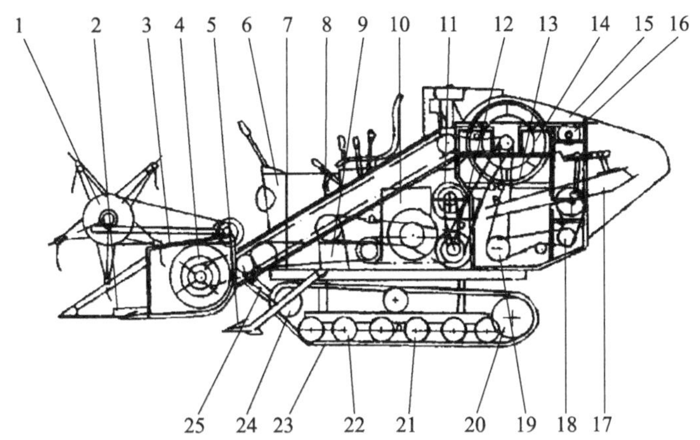

1—拨禾轮；2—双动刀切割器；3—割台机架；4—割台搅龙；5—二次切割装置；6—操纵台；7—机架；8—输送器；9—变速箱；10—发动机；11—圆锥形离心风机；12—割送脱离合器；13—栅格式凹板筛；14—同轴差速杆齿滚筒；15—滚筒盖；16—螺旋板齿式复脱装置；17—双层振动筛；18—杂余回收搅龙；19—出谷搅龙；20—张紧轮；21—平衡轮；22—支重轮；23—履带；24—驱动轮；25—液压缸。

图 10-28　横置差速轴流联合收获机结构示意图

作业时，拨禾轮把割区内的作物拨向割台，切割器将作物茎秆切断，在作物自重、收获机前进速度和拨禾轮的联合作用下，被割下的作物倒向割台，割台搅龙的扒指机构将作物送到输送槽，在输送槽平皮带耙齿的作用下，作物切向进入脱粒滚筒，在滚筒杆齿和滚筒盖螺旋导向板配合作用下做圆周和轴向运动。运动过程中，籽粒在滚筒齿杆和凹板栅格的打击下从稻穗上被脱下，脱出混合物中的籽粒和碎茎叶经凹板筛筛孔分离后，落入清选室。清选时，在振动筛激励和清选气流作用下，籽粒透过振动筛筛孔进入集粮装置，并在搅龙的螺旋输送作用下将籽粒送入粮斗后装袋收集。部分籽粒和碎茎叶在尾筛处掉入复脱装置进行二次清选；长茎秆被推送到滚筒排草口，在圆周运动惯性力带动下被排出机体，落在田块内；杂碎茎叶被风扇气流吹出机体，从而完成收割、输送、分离、清选和装袋的联合作业全部过程。

试验用横置差速轴流收获机样机如图10-29所示，主要技术参数如表10-5所示。

图 10-29 横置差速轴流收获机样机

表 10-5 横置差速轴流脱分选装置主要技术参数

项目	技术规格
结构型号	全喂入履带自走式
配套动力(功率)/kW	490Q(DⅠ)型柴油机/37
结构质量/kg	2000
外形尺寸(长×宽×高)/(cm×cm×cm)	500×200×200
割刀行程/mm	50(上)/76.2(下)
割台升降形式	液压升降
割台搅龙形式	螺旋扒指式
割台搅龙外径/mm	480
割台搅龙叶片与底板间隙/mm	11～15
拨禾轮形式	偏心弹齿式
拨禾轮直径/mm	1 000
拨禾轮弹齿排数/排	5
输送带形式	平皮带耙齿式
脱粒滚筒形式	轴流杆齿式同轴差速
脱粒滚筒尺寸(外径×长度)/(mm×mm)	Φ550×1 200(610+35+555)
凹板形式	栅格式
凹板包角/(°)	230
凹板筛与杆齿间隙/mm	13～17
滚筒盖导向板与杆齿间隙/mm	13～17
清选形式	振动筛与风扇组合
风扇形式	农用型离心式

续表

项目	技术规格
风扇直径(大头/小头)/mm	320/280
杂余复脱形式	搅龙板齿滚筒
出谷搅龙直径/mm	125
出谷搅龙螺距/mm	98
粮仓容积/m^3	0.095
底盘轨距(mm)/长度(mm)	1 000/1 400
橡胶履带宽度(mm)/长度(mm)	350/3 780
橡胶履带节距(mm)/齿数	90/42
离地间隙/mm	240
行走前进速度/($m \cdot s^{-1}$)	1 挡 0.248,2 挡 0.442,3 挡 0.743, 4 挡 0.92,5 挡 1.27,6 挡 2.744
倒退速度/($m \cdot s^{-1}$)	1 挡 0.196,2 挡 0.727

10.5.2　田头准备与收割作业方法

试验前,选择田块规划得比较整齐、田埂不高的田块进行田头准备。由于南方地区多为小田块,为了提高生产效率,可将多块小田块连起来收割作业。田头准备时,相邻田块两端靠近田埂的作物按图 10-30 所示割出缺口,使收获机过埂后可顺利作业。

联合收获机下田作业时,通常从田块右角进入,逆时针收获作业,如图 10-31 所示。如果田埂较高,应先在田块右角采用人工收割的方式割出 2 m×4 m 的空间,以供联合收获机下田作业,避免损失;如果田埂不高,则按图 10-31 所示方法进行转圈直线收割。收割作业时,在田块四角区块,一般需使机器前进倒退收割 3 次,以割完田块四角的作物。

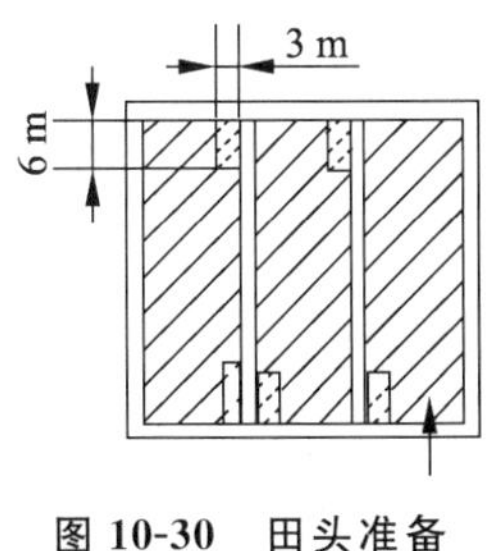

图 10-30　田头准备

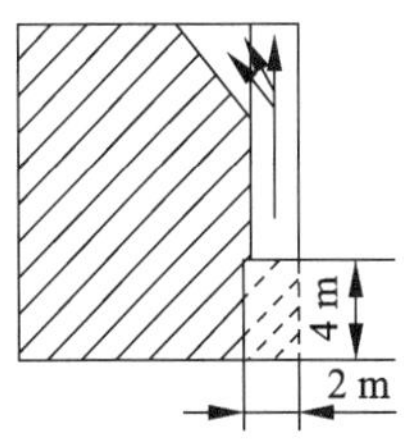

图 10-31　下田作业方式

10.5.3　田间试验结果

为验证横置差速轴流脱分选系统的工作性能,2015 年 10 月,在第三方专业检测机构在场情况下,在浙江省永康市芝英镇进行了田间试验,如图 10-32 所示。

图 10-32　田间试验现场

试验采用安装有横置差速轴流脱分选系统的全喂入联合收获机上，其结构参数和工作参数取多目标优化所得最佳参数组合，即转速组合 750/850(r/min)，高速段比例 30%，叶片锥度 3.8°。同时，与配置传统横轴流脱分选系统的联合收获机进行对比试验，试验水稻品种和喂入量与台架试验一致，水稻品种为“甬优 15”，喂入量为 2 kg/s。

田间试验结果如表 10-6 所示。结果显示，横置差速轴流脱分选系统损失率、含杂率和破碎率三项工作性能指标明显优于行业标准规定，且与传统横轴流联合收获机相比，性能得到明显改善。从两类机型的接粮口收集物料进行测定，其表征结果如图 10-33 所示，可以看出，安装有横置差速轴流脱分选系统的收获机收获籽粒含杂率显著降低。

表 10-6　田间试验结果

项目	总损失率/%	含杂率/%	破碎率/%
行业标准	≤3.0	≤2.0	≤1.0
横置差速轴流联合收获机检测结果	1.78	0.44	0.65
传统横轴流联合收获机检测结果	2.56	1.58	0.89

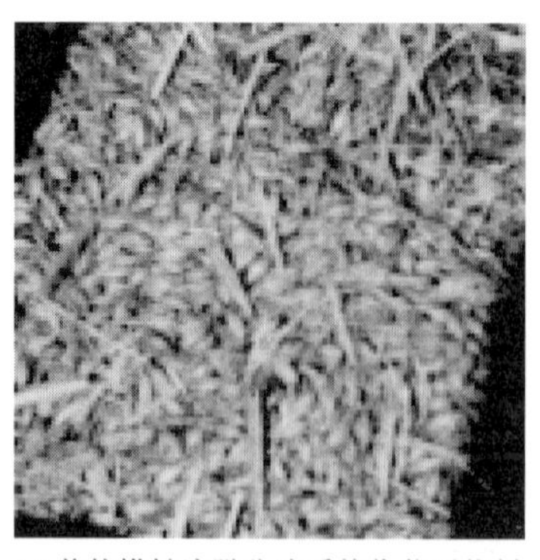

(a) 传统横轴流脱分选系统收获后物料

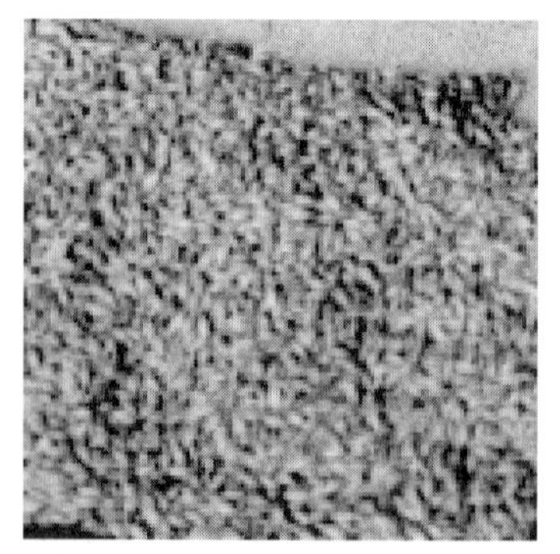

(b) 横置差速轴流脱分选系统收获后物料

图 10-33　对比试验中两类机型收获后物料表征

第 11 章 4LZS－1.8 型履带式全喂入联合收割机关键部件设计与使用

11.1 基本结构与工作参数

4LZS－1.8 型履带自走式全喂入联合收割机的研制执行 JB/T 5117－1991《谷物联合收割机通用技术条件》标准，拥有同轴差速轴流式脱粒滚筒、双动刀切割器及驱动机构，杂余复脱装置、圆锥形离心风机等多项发明和实用新型专利技术。该机属稻麦兼用型收获机械，采用弹性拨齿偏心拨禾轮、双动刀切割器、伸缩杆齿螺旋搅龙、平皮带耙齿式槽型中间输送部件、同轴差速轴流钉齿式脱粒滚筒、栅格式凹板筛、圆锥形离心风扇、双层振动筛、杂余回收复脱器、二次清选装置、输粮搅龙和可选配的二次切割器等组成完整的切割、输送、脱粒、分离与清选系统；选用 33 kW 柴油发动机，工农－12 改制型变速箱作为行走底盘，配套橡胶履带行走，液压升降，能一次完成割、送、脱、清选、装袋作业，具有工效高、损失少、含杂率低、湿田通过性好、留茬低、维修方便，操纵台和脱粒整体可翻转等特点。4LZS－1.8 型履带式全喂入联合收割机由八大部件组成，如图 11-1 所示。

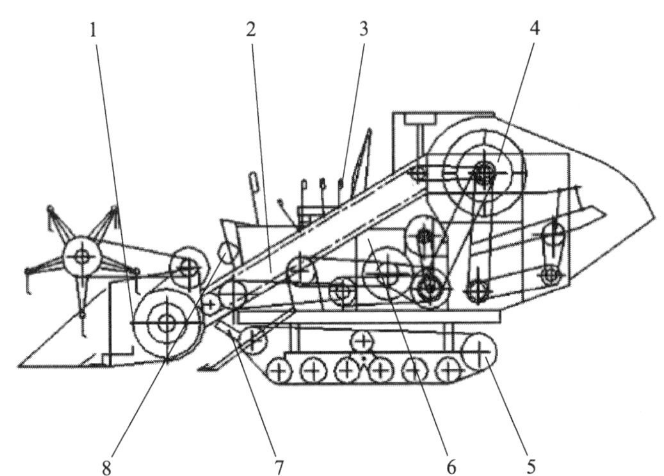

1—收割台部件；2—中间输送部件；3—操纵系统；4—脱粒分离清选部件；
5—行走底盘部件；6—发动机；7—液压系统；8—电气及自动控制系统。

图 11-1 4LZS－1.8 型履带式全喂入联合收割机结构示意图

(1) 主要性能参数

保持最大喂入量、作物直立、切割器上无杂草，小麦草谷比为 0.8～1.2、籽粒含水率为 15%～24%、茎秆含水率为 10%～25%；水稻草谷比为 1.0～2.4、籽粒含水率为 15%～

28%、茎秆含水率为20%～60%的条件下，具有表11-1所示主要性能。

表11-1　机器主要性能参数

项目	参数
喂入量/(kg·s^{-1})	1.5～1.8
生产率/(亩·h^{-1})	2.5～6
总损失率/%	水稻≤3.0;小麦≤2.0
破损率/%	≤1.0
含杂率/%	≤2.0
有效度/%	≥90

注意：当作物条件超过规定范围时，作业效率和作业性能会有所下降。

(2) 主要技术规格

该机型主要技术规格如表11-2所示。

表11-2　机器主要技术规格

项目	技术规格
结构型号	全喂入履带自走式(双层切割)
配套动力 /kW	490Q(DⅠ)型柴油机 37
结构质量/kg	2000
外形尺寸(长×宽×高)/(cm×cm×cm)	500×200×200
耗油量/(kg·亩$^{-1}$)	0.8～1.2
湿田通过性	履带下陷量不超过200 mm能作业
操作人数	机手1人,接粮1人
割刀行程/mm	50(上)/76.2(下)
割台升降形式	液压升降
一次切割器形式	V形动刀片(50 mm)及压刃器等
二次切割器形式	标Ⅱ切割器
选用二次切割最低割茬/mm	100
割台搅龙形式	螺旋扒指式
割台搅龙外径/mm	480
割台搅龙叶片与底板间隙/mm	11～15
拨禾轮形式	偏心弹齿式
拨禾轮直径/mm	1 000
拨禾轮弹齿排数/排	5
输送带形式	耙齿平皮带

续表

项目	技术规格
脱粒滚筒形式	轴流杆齿式同轴差速
脱粒滚筒尺寸(外径×长度)/(mm×mm)	Φ550×1 200(610+35+555)
凹板型式	栅格式
凹板包角/(°)	230
凹板筛与钉齿端间隙/mm	13～17
滚筒盖导向板与钉齿间隙/mm	13～17
清选形式	振动筛与风扇组合
风扇形式	农用型离心式
风扇直径(大头/小头)/mm	320/280
杂余复脱形式	搅龙板齿滚筒
出谷搅龙直径/mm	125
出谷搅龙螺距/mm	98
接粮方式	粮斗麻袋
粮仓容积/m^3	0.095
底盘轨距(mm)/长度(mm)	1 000/1 400
橡胶履带宽度(mm)/长度(mm)	350/3780
橡胶履带节距(mm)/齿数	90/42
离地间隙/mm	240
行走前进速度/($m\cdot s^{-1}$)	1 挡 0.248,2 挡 0.442,3 挡 0.743, 4 挡 0.92,5 挡 1.27,6 挡 2.744
倒退速度/($m\cdot s^{-1}$)	1 挡 0.196,2 挡 0.727
液压泵型号	CBN－E306 齿轮泵
控制阀型号	手动换向阀(HYS－L10/120)
液压缸型号	JB1068－67 系列单作用油缸
启动电机型号	QD1315A　2.5 kW/12 V
发电机型号	JF11A　350 W/14 V
电压调节器型号	JF149－14 V
电锁及启动开关	JK423EH　开关 JK290
照明灯型号	GgW12V28W(吉普车前大灯)
蓄电池型号	6Q－150A
照明灯开关型号	JK107
闪光继电器型号	SG158D　12 V

11.2 主要零部件创新设计

11.2.1 同轴差速轴流式脱粒滚筒

本书设计了一种结构紧凑、制造简单、工作可靠的同轴差速脱粒滚筒(见图 11-2,设有防堵塞和防干涉装置),应用该设计不改变原有单转速联合收割机脱粒室的结构,制造成本增加不多。作业时,低速滚筒以稻麦脱粒所需的最低转速转动,高速滚筒以稻麦脱粒所允许的较高速度转动。作物穗上 90%以上籽粒基本在低速滚筒的较低转速下脱粒,而少量难脱籽粒在进入高速滚筒后脱下,从而较好地解决了籽粒脱净率、破碎率和含杂率三者之间的矛盾,作业性能和作业效率良好。由于设计有过渡圈和隔套,可防止滚筒堵塞和高速滚筒轴向窜动引发事故。改变链轮的配置,可使高低速滚筒获得不同转速,满足不同品种作物脱粒要求。

设计参数:

① 滚筒长度/直径:低速滚筒(含过渡圈)645 mm/ϕ 550 mm,高速滚筒 545 mm(脱粒段 345 mm,排草段 200 mm)/ϕ 550 mm。

② 转速:低速滚筒 750 r/min,线速度约 20.0 m/s,高速滚筒 1 000 r/min,线速度约 28.8 m/s。

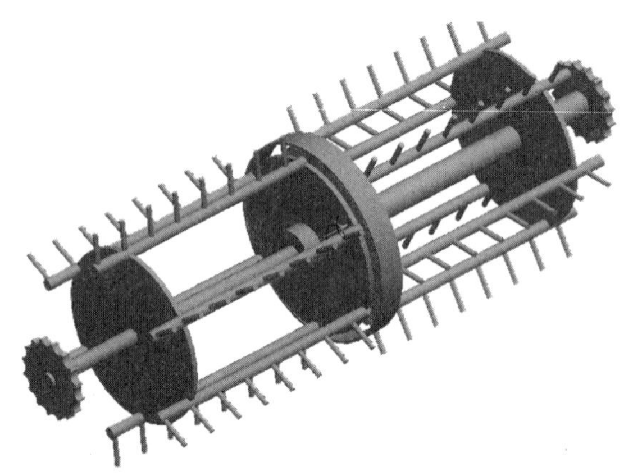

图 11-2 同轴差速轴流式脱粒滚筒

11.2.2 双动刀往复式切割器

本书设计了一种切割作物茎秆时只有拨禾轮作纵向支承的双动刀切割器,可较好地解决提高切割速度和平衡往复运动惯性力之间的矛盾,并用导禾器解决横向支承切割问题。本设计采用 GB/T 1209—2002 标准的Ⅵ型切割器的动刀片、动刀杆与压刃器等标准元件,行程 50 mm,转速 473 r/min。此外,本书设计了一种适合全喂入稻麦联合收获机应用的两组驱动摇臂上下配置的双动刀切割器驱动装置(见图 11-3)。该装置以原有的单动刀摇臂机构(三角摆块)作为上动刀的驱动机构,并利用“支点两端做反向运动”的几何原理，在三角摆块上增设一段摇臂，驱动下动刀的摇臂机构，并根据动刀行程与动刀片纵向位移要求进行平面连杆机构综合，设计驱动下动刀的摇臂机构。

图 11-3　双动刀往复式切割器驱动机构

11.2.3　杂余复脱装置

本书设计的杂余复脱装置由复脱滚筒和栅格式凹板筛组成（见图 11-4）。复脱滚筒上设有螺旋叶片、板齿和排草板，具有输送、脱粒和清除茎秆的功能。配置于复脱滚筒下的栅格式凹板筛，其横隔板具有翻转的功能，可使杂余充分脱粒。这种凹板筛分离面积大，可避免复脱装置堵塞并减少籽粒破碎。复脱滚筒工作转速为 1 000 r/min。

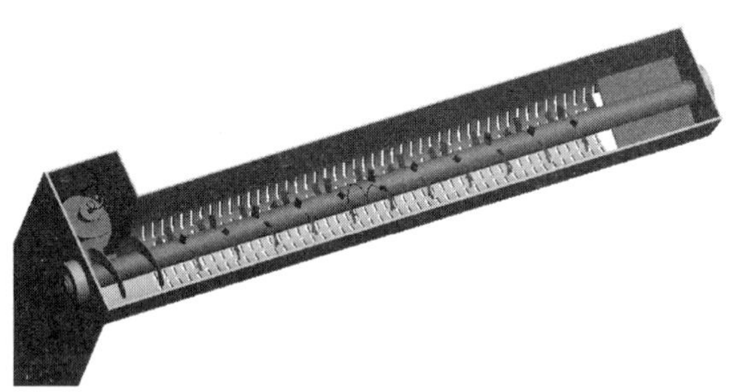

图 11-4　杂余复脱装置

11.2.4　圆锥形离心式清选风机

本书设计了一种结构简单、工作可靠的圆锥形离心式风机，即沿风机轴线方向叶轮半径不同的离心式风机（见图 11-5），该设计不改变全喂入稻麦联合收割机风机安装位置和风机轴尺寸，制造成本增加不多。

图 11-5　圆锥形离心式清选风机

当机器作业时，圆锥形风机大头端风压、风量、风速大，对下落堆积多的脱出物进行分离清选。由于气流 Q 吹出方向与叶片垂直，故可分解为与前进方向平行和垂直的两股气流 Q_1 和 Q_2，Q_1 可将脱出物中的颖壳和杂质纵向吹出机体，Q_2 有助于混合物横向均布，从而提高清选质量。圆锥形风机从大头到小头，风量、风压、风速逐步减小，因此使气流 Q_2 的均布作用成为可能。风机的圆锥小头对应的是脱出物少的一端，较小的风压、风量和风速即可满足清选要求，同时节约了能耗。因此，与传统的圆柱形风机相比，圆锥形风机具有均布振动筛筛面负荷，提高清选质量和合理利用风力、节约能耗等优点。

11.2.5 创新技术的实际效果

(1) 由于应用了同轴差速轴流滚筒技术，喂入作物首先在低速滚筒脱粒，经对协优9308杂交稻测定：① 喂入作物中的籽粒95%左右在低速滚筒段脱下，由于线速度低，破碎籽粒少，碎茎秆少，减小了清选负荷；② 5%左右的难脱籽粒在高速滚筒脱粒段脱下，由于线速度高，籽粒和茎秆破碎比例较高，但由于基数小，对整体影响不大。

(2) 由于应用了双动刀切割器技术，与相同曲柄转速的单动刀切割器相比：① 切割速度提高了33%，更有利于作物切割；② 由于双动刀的上、下动刀组做方向相反、行程相等的往复运动，由加速度产生的惯性力相互抵消(若使用单动刀，则产生往复运动的最大惯性力约为600 N)，应用双动刀切割器后收割台振动明显减弱，降低了机器故障率，提高了工作可靠性；③ 由于双动刀切割器没有固定在机架上的护刃器，切割倒伏或非直立作物时不会因作物架空而堵刀，增强了适应性。

(3) 由于应用了上下配置的双动刀驱动机构：① 与收割台两侧分别设置上、下动刀驱动机构相比，简化了结构，降低了成本；② 与在收割台单侧并列设置驱动摇臂结构相比，减小了机构宽度，宽度控制在一个水稻种植行距(235 mm)以内，机器可自行开道；③ 由原来驱动单动刀的摇臂机构驱动上动刀，技术继承性好，在上摇臂支点两侧分别设计驱动点，实现上下动刀做方向相反、行程相等的往复运动，结构简单，设计新颖。

(4) 由于应用了“杆齿＋螺旋叶片”结构的复脱装置，与螺旋叶片上装钉齿的复脱装置相比，降低了杂余的运动速度，提高了复脱效果和复脱质量。

(5) 由于应用了圆锥形离心式清选风机技术，在相同转速下圆锥形叶轮上各点所产生的风压均不相同，大头端高，小头端低，形成了风压差。风压差产生了纵向(吹向机外)和横向风速(垂直于纵向)，从而有助于均布从凹板筛落到振动筛上的脱出物，提高了清选质量。据测定，横向风速最大处可达到2～3 m/s。

通过以上创新技术的应用，水稻收获总损失率、破碎率和含杂率三项性能指标明显降低，比国家规定指标下降32%～59%。同轴差速轴流滚筒与单转速轴流滚筒的对比试验表明，同轴差速轴流滚筒的夹带损失率、破碎率和含杂率比单转速轴流滚筒低30%～50%。

11.3　使用与调整

11.3.1　安全操作及注意事项

(1) 安全操作

① 驾驶员必须受过专业的培训，遵守交通规则，熟悉机器性能，严禁不熟悉机器性能的人员驾驶机器。

② 开车前必须对机器进行全面检查和保养，确认机器状态良好无误，方可操作。

③ 驾驶员在确认周围无人靠近，所有的防护罩已盖好，工作离合器手柄处于“离”的位置，变速杆置于空挡后，方可启动发动机。发动机运转时，不允许打开或取下安全罩。

④ 严禁在道路不平的地方转弯。为使橡胶履带不受损害，严禁在有碎石、金属器械等尖硬突起物的路面行驶。

⑤ 严禁橡胶履带和三角带上沾有油污、碱性化学物品。

⑥ 严禁在机器不停机的情况下维修或保养。

⑦ 启动机器后，如果发现异常情况，应立即停车查找原因，及时排除故障。

⑧ 发动机水箱开锅时，防止水蒸气烫伤人，严禁用手直接打开水箱盖。

⑨ 驾驶员离开驾驶台时，必须停机熄火，取出电门钥匙，锁定液压防护机构。

⑩ 收割机作业时，必须备有灭火器。

⑪ 收割机出厂时配备了安全灭火器的安装支架。支架安装在驾驶员座椅之后，接粮斗的前侧板上。

⑫ 接粮人员在接粮时，接粮袋不得装得过满，以免更换粮袋时撒落。若接粮斗堵塞，接粮不畅，必须在发动机熄火，机器完全停止运转的情况下打开接粮斗上盖，进行清理，排除故障。

(2) 注意事项

① 发动机和燃油箱、液压油箱周围应保持清洁。不允许在发动机运转时加油。

② 要认真维护、保养电气系统，以免损坏。发现导线损坏要立即更换。

③ 上下装卸时，必须固定装卸板，低速行走。

④ 在装卸板上绝不可踩下行走离合器踏板，也不可操作转向拉杆改变方向，以免发生溜车危险。

⑤ 酒后、睡眠不足、生病时不可操作机器。孕妇严禁操作机器。

⑥ 不可穿容易卷入转动部分的宽松衣服作业。

⑦ 收割机配备割台安全支架。安全支架的作用是在收割机长途运输的过程中、长距离行走途中、割台修理过程中防止割台长时间提升或下落；在液压控制系统失灵，割台突然下降时起到安全保障作用。另外，割台安全支架也能起到防止油缸早期磨损的作用。

⑧ 割台安全支架的使用方法是将割台升到最高位置，放下安全支架，使安全支架的一端圆弧部分顶在油缸外套的抬肩上。

⑨ 收割机的前进Ⅴ挡和Ⅵ挡用于道路行驶，不能用于收割作业。

(3) 安全标志

为了安全作业，避免不必要的人身伤害事故，驾驶员驾驶前务必仔细了解机器各处粘贴的安全标志(见图 11-6)。

① 危险标志是红色边框，提醒人们在机器运转时，远离各种粘贴危险标志的部位。

② 警告标志是橙色边框，警告人们必须按使用说明要求进行操作，否则会造成伤人或损坏机器的事故。

③ 注意标志是黄色边框，提示人们在操作时必须注意有关事项，维修保养必须按说明书规定的方法进行。

图 11-6　安全标志

④ 标志图及张贴位置：

a. 危险标志贴在割台分禾尖、输送槽入口处、出粮口处。

b. 警告标志贴在操纵台、接粮斗、水箱罩壳上。

c. 注意标志贴在灭火器旁边、水箱旁边、操纵台电路锁旁边。

d. 操纵工作离合，割台升降，整机转向，液压缸锁定，电路开、关、手制动定位等操作标志以红、黄、黑三种颜色分别贴在各操纵部位上。

11.3.2　作业前必做事项

仔细阅读使用说明书，掌握机器的结构原理、使用要求和调整方法，以及安全操作规程等。熟悉操作方法后，方可进行使用。否则，不但不能发挥机器应有的作用，还可能造成机器损坏，甚至导致安全事故。

(1) 作业前的日常检查

1) 使用前的检查(见表 11-3)

表 11-3　使用前的检查

检查部位	确认内容	处理方法
发动机油	油量应在检油尺的上下刻度线间	加油至检油尺的上下刻度线间
冷却水	水箱的水是否加足	加足清水
空气滤清器	滤芯不可被灰尘、草屑堵塞	清理干净
吸风网罩	网面不可被灰尘堵塞	清理干净
电器各部位	照明灯是否正常发亮、各仪表是否灵敏	更换或紧固
消音器周围、电瓶	是否积有秸秆	清除
灭火器	是否携带	携带
皮带、链条、履带	是否松弛、损坏	调整或更换
刀片间隙	前端≤0.5 mm,后端≤1.0 mm	调整
螺丝、螺母	是否松动	紧固
活动部位的润滑处	是否加润滑油	注润滑油
底盘变速箱	挡位及转向是否正常	调整
水平、垂直搅龙过渡处	有无堵塞	打开安全门,清理
机器各处	是否有缠草等杂物	清理

2) 作业前的准备工作

① 作业前,要了解作物生长情况和成熟期,只有适时收获,才能获得良好的效果。

② 了解道路、地形、泥脚深度(以不超过 150 mm 为宜)。如果田块距离较远,应使用运输工具运送机器,以减少机器不必要的磨损并节省转移时间。

③ 为提高作业效率,便于及时排除故障,随车工具和各种备件、易损件应配带齐全。

(2) 启动与试运转

启动发动机和运转机器时,必须做好启动前的准备工作,具体步骤如下:

① 启动前一定要将变速杆置于空挡,工作离合器应处于分离状态。

② 将油门手柄放在中间位置,合上电源开关,打开电门钥匙,旋转启动开关,当听到柴油机启动后,释放启动开关。为使启动电机和电瓶不受损坏,一般启动应在 3 s 内完成,每次启动不超过 5 s。连续启动不应超过 3 次,超过 3 次不能启动时,就应排查原因。每次启动间隔时间不少于 1 min。启动后,将油门高低相调数次,让柴油机空转 2～3 min,观察运转是否正常,有无异常声音,燃料和润滑油有无渗漏现象,供油、润滑、调速等情况是否良好,若发现故障应及时排除。

③ 柴油机试运转后,再结合工作离合器,以中转速检查机器各部位运转是否正常,有无异常声音,若发现异常现象应立即停车检查,排除故障。再次启动运转检查,确认机器一切正常后,方可进入收割作业。

11.3.3 使用与调整

为发挥机器的性能，必须根据作物生长状况、田间干湿等情况对机器的某些部位做适当的调整。

(1) 割台/二次切割

割台是收割机作业切割作物的部件，通过抱箍悬挂在机器前端。茎秆二次切割装置安装在割台(见图 11-7)后下方。

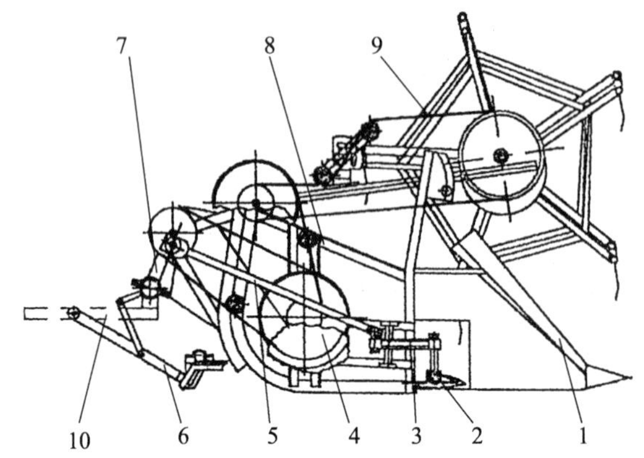

1—分禾器；2—切割器；3—摇杆；4—割台搅龙；5—连杆；6—二次切割装置；
7—支架；8—割台机架；9—拨禾轮；10—机架。

图 11-7 割台

割台主要由分禾器 1、拨禾轮 9、切割器 2、割台搅龙 4、割台机架 8、割台转动机构、二次切割装置 6 等部件组成。

割台和二次切割装置能提升收割高度，根据作物生长高度和农户对留茬的要求，由液压阀的操纵手柄来控制。

在不需要低留茬收割或作物产量小于 300 kg、高度小于 95 cm 等情况下，可拆掉二次收割装置。

注意：在上下车、过田埂、田角转弯、转移途中要谨防碰坏二次切割装置。

1) 拨禾轮的作用与调整方法

拨禾轮为偏拨齿式，其作用如下：将作物拨向切割器，并做支承切割；将切割下来的谷物拨向割台搅龙，清理切割器，以利于割刀继续切割；抓取倒伏作物。

由于拨禾轮采用了偏心滑轮弹性拨齿结构，所以在拨禾轮旋转时，拨禾齿能始终与地面保持一定的角度，有利于拨禾齿的插入，以及扶起、扶持和铺放作物，减少拨禾齿对作物穗头的打击。

拨禾轮的调整方法如下：

① 拨禾轮的高低调整。拨禾轮转到最低位置时，拨齿应作用在作物被切割处以上 2/3 的部位，使割下的作物顺利铺放在割台上。

当收割倒伏或矮秆作物时，拨禾轮可适当调低些。调整时，拧下拨禾轮臂与支承架上的连接螺栓，上下移动拨禾轮，调到合适的位置后重新紧固。调整后，拨禾轮左右高度应一致。

② 拨禾轮的前后调整。拨禾轮与切割器是配合工作的，往前调时，拨禾作用加强而铺放作用减弱；往后调时，拨禾作用减弱而铺放作用增强。

调整时，先松开拨禾轮传动胶带上的张紧轮，然后放松轮臂上的支承座螺栓，便可将拨禾轮前后移动到合适位置。调整后，将各螺栓拧紧并张紧传动胶带。

③ 拨禾齿倾斜角的调整。收割直立或轻微倒伏作物时，拨禾齿一般垂直向下，以减少对作物穗头的打击。需增强铺放作用时，可将拨禾齿向前倾斜。收割倒伏作物时，拨禾齿应向后倾斜，以增强扶起作物的能力。

调整时，松开偏心板上的固定螺栓，将拨禾齿调节到合适的倾斜角。调整后拧紧固定螺栓。

上述三种调节方式，都应注意拨禾齿不得碰到切割器及割台搅龙。

2）切割器的结构与调整

① 切割器的结构。切割器是切断作物茎秆的工作部件。它由动刀片 3、刀杆 6、定刀片 2、压刃器 5、护刃器 1、摩擦片 8 和螺母 9 等部分组成，如图 11-8 所示。

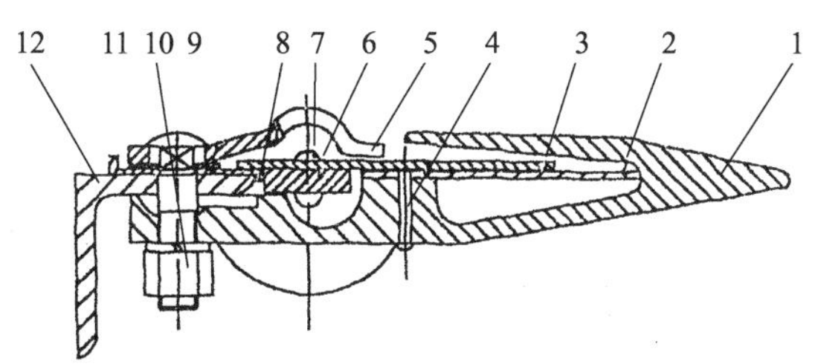

1—护刃器；2—定刀片；3—动刀片；4—铆钉；5—压刃器；6—刀杆；
7—铆钉；8—摩擦片；9—螺母；10—弹簧垫圈；11—螺栓；12—刀座。

图 11-8　切割器

切割器长时间使用，会出现刀片磨损、振动、松动，以及刀梁、刀杆、压刃器变形，动刀片上翘间隙变大等状况，影响切割效果，应经常检查，及时调整更换，保持良好的技术状态。

② 切割器的调整。

A. 护刃器、压刃器及动刀片的调整。

新换的护刃器要进行调整（见图 11-9），使所有护刃器上的定刀片处在同一平面上。调整的方法：可以用一管子套在护刃器尖端上掰直，也可以用锤敲打，使之平直。

所有护刃器刀片的工作面应在同一平面上，动刀片和定刀片贴合，前端间隙≤0.5 mm，后端间隙≤1.5 mm；动刀片与压刃器之间应有间隙，且不大于 0.5 mm。可用手锤敲打压刃器进行调整，如果按此方法调整还达不到要求，可在支承切割器横梁与摩擦片之间增加调整垫片。调整到位后，用手推拉就能使割刀在护刃器槽内移动，且在收割过程中切割器不塞草。

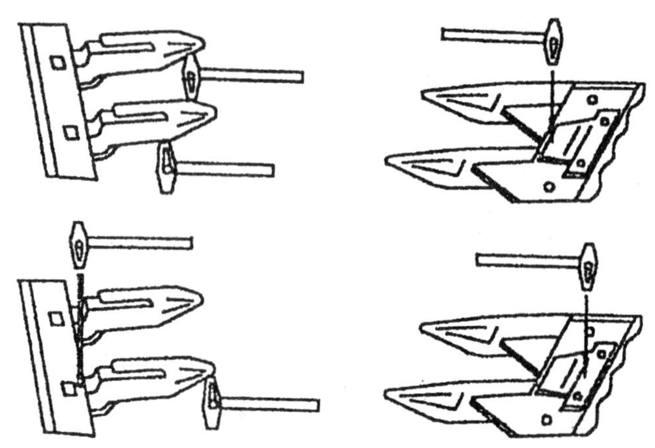

图 11-9　护刃器、压刃器及动刀片调整

B. 刀杆前后游动调整。

刀杆与摩擦片之间的间隙为 0.3～0.5 mm，出厂时已调整好。机器长时间使用后，摩擦片侧边磨损、刀杆往复运动前后游动明显时，应更换摩擦片。

② 割刀传动机构的结构与调整

切割器传动机构是割台的重要组成部分，它由偏心皮带轮、连杆 1、球座 2、球头 4、压座 5、调整垫片 6、三角摆块 7 等组成，如图 11-10 所示。

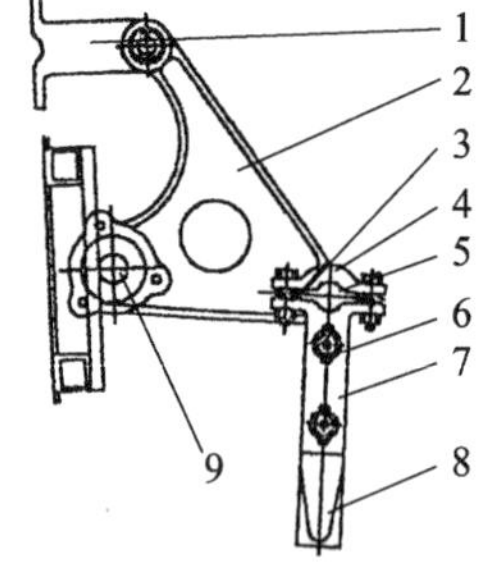

1—连杆；2—球座；3—驱动销；4—球头；5—压座；6—调整垫片；7—三角摆块；8—上动刀驱动摇臂；9—下动刀驱动摇臂。

图 11-10　割刀传动机构

A. 动刀片中心线与护刃器中心线的偏差不能大于 5 mm，超过时必须进行调整，调整的办法是用手转动偏心皮带轮，促使三角摆块摆动，当动刀杆至左（或右）极限位置时，松开螺母，调整连杆和球座的相对位置，使动刀片中心线与护刃器中心线重合，然后锁紧螺母。

B. 球头与球座和压座的间隙为 0.1～0.2 mm，当磨损使间隙增大出现明显晃动时，可通过加减垫片来调整间隙，以使球头活动自如。

3）割台搅龙的结构与调整

① 搅龙叶片与底板间隙调整。

割台搅龙叶片位于切割器后面，将已割作物送往输送槽入口处，偏心伸缩杆机构与输送带耙齿配合作用，把作物换向 90°送入输送槽。

割台搅龙叶片与割台底板间隙为 11～15 mm。调整时，松开割台左侧浮动滑块下面螺栓的锁紧螺母，调节螺栓，顶起或放下滑块，保证搅龙在最低位置时叶片与底板的间隙符合要求，搅龙左端有滑块螺栓横穿，此螺栓只起导向作用，用户千万不能将其锁紧，以免搅龙不能浮动而产生堵塞。

② 伸缩杆偏心位置调整

扒指机构（见图 11-11）通过伸缩杆前伸后缩把螺旋搅龙横向送来的作物纵向扒入输

送槽入口。

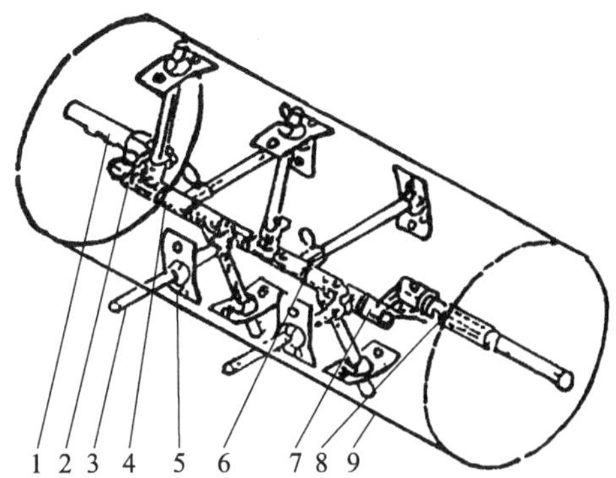

1—短轴；2—偏心轴；3—前伸缩杆；4，5—伸缩杆套；6—后伸缩杆；7—拐臂；8—短轴；9—搅龙。

图 11-11　扒指机构

伸缩杆的偏心位置影响搅龙纵向输送性能。调整时，松开短轴左端调节块弧形槽上的紧固螺栓，转动调节块，使左、右拐臂及调节轴相对搅龙中心转过一定角度，改变伸缩杆伸出的方位。拐臂的方向与调节块上的键槽方向一致，因此根据键槽方向便可判断伸缩杆的伸出方位。

（2）中间输送装置

中间输送装置位于左侧，上部固定在脱粒部件喂入口两侧的机架上，下部搭在割台喂入口过渡板上，将割台搅龙伸缩杆送来的作物由输送带、输送槽（见图 11-12）均匀地输送到脱粒滚筒进行脱粒分离。

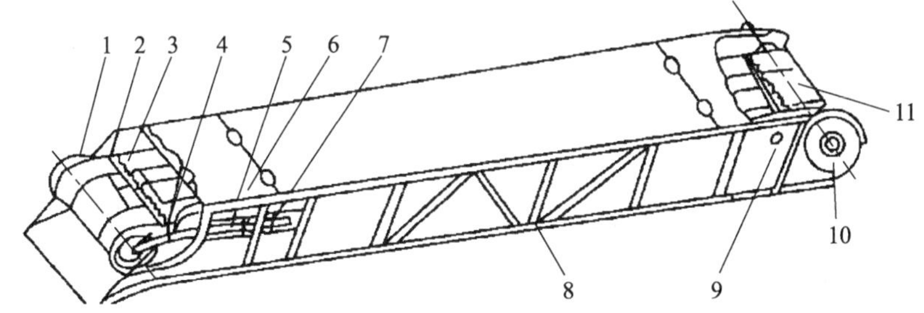

1—被动滚筒；2—输送带；3—耙齿；4—撑板；5—调节螺杆；6—平皮带；7—锁紧螺母；
8—输送架；9—切草刀；10—切草机构；11—主动滚筒。

图 11-12　输送槽

输送槽主要由输送架 8、主动滚筒 11、被动滚筒 1、输送带 2 等部分组成。因作物层厚薄不同，被动滚筒能上下浮动以适应喂入量的变化。

输送带正常工作的张紧程度以下方皮带下垂弧形部位的耙齿能轻轻刮到底板为宜。若需张紧，则松开两侧张紧调节螺杆 5 后锁紧螺母，把撑板 4 推向前，使平皮带张紧，两条平皮带的张紧程度应一致。松弛方法与张紧方法相反。调整后，把调节螺杆上的螺母锁紧并做试动转，检查输送带是否跑偏。当输送带跑偏时，应张紧松边皮带，或者放松紧边皮带。例如，输送带向右跑偏时，应将右侧调节杆推向前，张紧右边平皮带，或者放松左边平皮带。

张紧调整后，输送带上的耙齿与割台搅龙伸缩杆顶应留 15～35 mm 间隙(见图11-13)。若间隙太小，可把输送带先调短一截，然后接好再张紧。

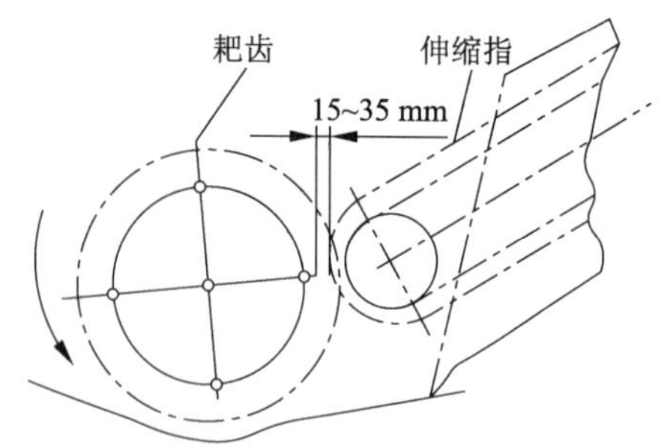

图 11-13　间隙调整示意图

在主动滚筒下边装有切草刀，用于切断缠绕在滚筒上的回草，刀口与滚筒的间隙为3～4 mm，要经常清理此间隙中的积草。

收割机作业时，若喂入量过多，造成轻微堵塞，应踩下行走离合器踏板，让机器暂停前进，待输送完槽内作物后，再继续作业。如果堵塞严重应停机，并打开盖子清理。

(3) 脱粒清选部件

脱粒清选部件对输送槽送来的谷物进行脱粒、分离、清选、复脱、接粮装包等作业。

脱粒清选部件(见图 11-14)由机架、脱粒滚筒、凹板筛、滚筒盖、风扇、振动筛、回收搅龙、水平搅龙、复脱滚筒、Ⅰ轴总成等部分组成。为使行走底盘维修方便，维修时，脱粒部件可以松开底脚螺栓，绕铰链向后翻转。

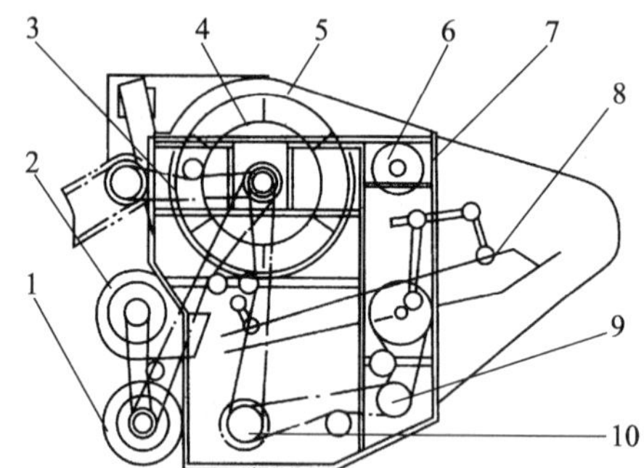

1—Ⅰ轴总成；2—风扇；3—凹板筛；4—脱粒滚筒；5—滚筒盖；

6—复脱滚筒；7—机架；8—振动筛；9—回收搅龙；10—水平搅龙。

图 11-14　脱粒清选部件示意图

1) 脱粒滚筒结构与调整

本系列机型采用开式、轴流脱粒滚筒。工作时作物在滚筒与凹板筛，滚筒盖和导向板之间受到高速旋转钉齿的多次打击、梳刷、翻动、揉搓并做轴向螺旋移动，使茎秆上的谷物脱粒干净，分离彻底。

机器出厂时，脱粒滚筒上装有六条齿杆，如图 11-15 所示，用户在使用过程中必须视作物情况重新调整安装。

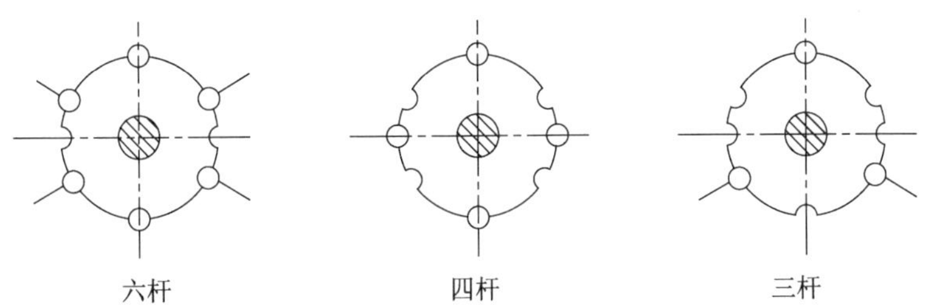

图 11-15　脱粒滚筒安装齿杆示意图

① 收获粳稻时，滚筒可不做调整，保持出厂时的六杆状态。

② 收获籼稻时，滚筒可拆下钉齿齿杆，如图 11-15 中所示三杆的方式安装齿杆。若作物茎秆长，可在滚筒辐板上装上四条齿杆，如图 11-15 四杆所示方式安装。若担心脱不净损失大，也可安装全部齿杆。

③ 收获大小麦时，如遇产量较高或不够成熟，则脱粒滚筒装四条齿杆。若成熟程度合适（90％～95％成熟），则装三条齿杆。

总之，齿杆的数量多少由作物的品种、产量、成熟程度而定。

2）凹板筛结构

本系列机型采用栅格固定式凹板筛，包角为 230°，长度 1 010 mm，分离面积大、分离性能好，茎秆的夹带损失少。

3）出谷搅龙总成

出谷搅龙总成分为水平搅龙和垂直搅龙，其作用是把谷物输送到接粮箱，以便用麻袋接装。水平搅龙与垂直搅龙的过渡处和垂直搅龙出粮口的过渡处都装有安全门，当出粮通道堵塞时，安全门便会自动打开排粮，保护机件不受损坏。当安全门打开排粮时，接粮员绝不能用手去堵，而应先停机后清理，再把安全门关上。

4）风扇及其风速调整

风扇式清选装置由两个农用风扇和相应气流道组成，它根据谷物和杂物在气流场中飘浮能力不同的原理，将落入气流场中混杂在谷物中的颖壳、碎秸秆等轻杂余物吹出机体，谷粒则穿过气流场直接落入出谷搅龙，达到风选的目的。

风扇的转速可视作物品种、成熟程度、草谷比等不同情况选择，一般收割小麦时转速要高些；收割籼稻、粳稻或成熟度高的作物时，风扇转速可低些。因此，两只双联链轮可根据需要选择使用。调整时，需将链条取出，重新搭对链轮安装。

5）滚筒盖结构与调整

滚筒盖与凹板筛镶接，组成筒形的脱粒室，盖内装有四条螺旋形的导向板，用以控制轴向移动速度，使作物向右端推进，把茎杆从排草口排出机体。倘若喂入量太大，作物不能及时输出造成堵塞，只需稍停收割作业，故障一般能自行排除。当脱粒滚筒堵塞，造成作物不能及时排出，影响机器正常作业时，必须停机，停机后打开滚筒盖，清理干净后再进行收割作业。

当收割粳稻等难脱粒的作物品种时，可将出口方向的第 2 根导向板拆去，让作物在滚筒内多停留一些时间，增加打击次数，提高籽粒脱净率。

6）振动筛的结构与调整

本系列机型采用双层振动筛(见图 11-16)，其传动机构由偏心轮、连杆、拐臂、转轴、上下筛片与尾筛等组成。当籽粒与杂余从凹板筛孔落到鱼鳞状的上筛片进行第一次分离时，杂余与短茎秆在筛面上风扇气流的吹动下向尾筛处运动，而后抛出机外。籽粒和部分短茎秆经筛孔落下掉在第二层筛面上，再进行分离。籽粒落入水平搅龙，经垂直搅龙送入接粮袋。

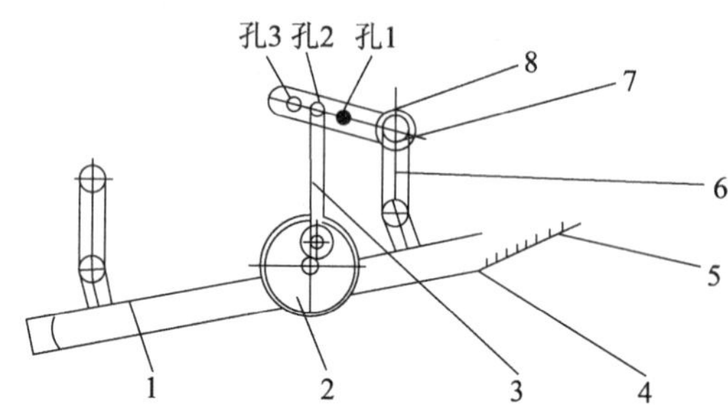

1—上筛；2—偏心轮；3—连杆；4—下筛；5—尾筛；6—拐臂；7—转轴；8—调整装置。

图 11-16　振动筛与传动机构

注：曲柄上有三个孔，孔 1 的振幅最大，孔 3 的振幅最小。当筛选能力不足时，将连杆调到孔 1 处，以增强清选功能。

尾筛倾角和振动筛振幅可以调节，调节尾筛倾角可控制排草吹出的夹带籽粒损失量，尾筛越陡，损失减小，但含杂率提高；尾筛越平，含杂率降低，但损失增加。

7）回收复脱量的调节

收割作业时，当遇到作物产量高、喂入量大时，其回收复脱量也大，往往会使回收搅龙堵塞。此时，将水平搅龙斜板上的调节板固定螺栓拧松，适当拉出调节板，再紧固螺栓，可减少回收量，防止回收搅龙堵塞。当遇到作物产量低时，则反向调节，以保证籽粒的清洁度。调节过程如图 11-17 所示。

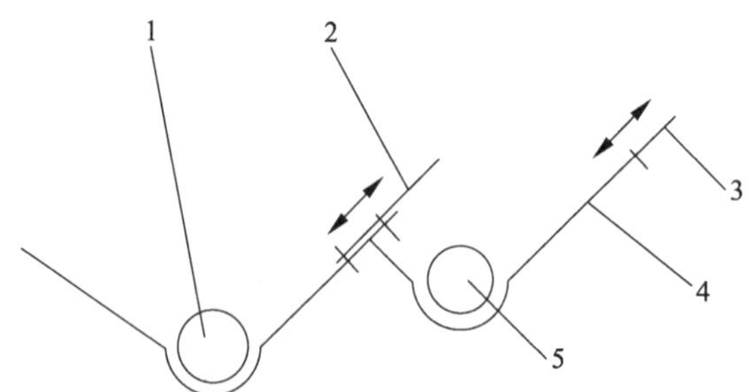

1—水平搅龙；2，3—调节板；4—回收搅龙斜板；5—回收搅龙。

图 11-17　回收复脱量调节示意图

8）风选损失的调节

风选损失除与风扇风速高低有关外，还与后斜板上调节板的长短有关。当风选排杂夹带籽粒较多时，将后斜板上的固定螺栓拧松，适当拉出调节尾板（调长），再紧固螺栓，可减少风选损失。当排杂损失较少时，则反向调节，既可控制复脱量，又能保持籽粒较高的清洁度。

9）复脱装置结构与作用

复脱装置主要由回收搅龙、复脱滚筒、栅格式凹板筛、板齿等组成。其作用是将振动筛后半截及尾筛落下的带谷短茎秆、草叶、颖壳等杂余通过回收搅龙输送到复脱滚筒，杂余受到搅龙运转的板齿的多次打击、梳刷并在栅格式凹板筛内反复揉搓完成复脱，籽粒和悬浮物落到振动筛上，重新进行筛选。籽粒通过筛孔落到水平搅龙上进入粮仓，杂质被风吹出机体。复脱装置如图 11-18 所示。

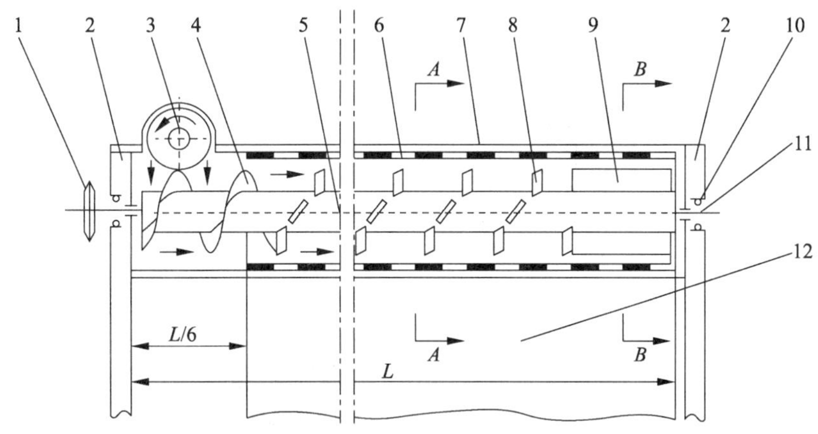

1—驱动链轮；2—机架；3—回收搅龙；4—螺旋叶片；5—复脱滚筒；6—栅格式凹板筛；7—下机壳；8—板齿；9—排草叶片；10—滚动轴承；11—复脱滚筒轴；12—滑板。

图 11-18　复脱装置示意图

10）粮仓的调整

本系列机型中的 B_2，B_3 型用大粮仓接粮，其中 B_2 型的卸粮口设置得低，粮仓呈三角漏斗形，能开闸自卸；B_3 型的卸粮口设置得高，需驱动机械卸粮。

使用方法：当粮仓积满粮时，停止割、送、脱部件工作，将机器转移到堆粮位置，B_2 型只要打开卸粮口闸门就能自动卸粮。B_3 型应首先放下接粮斗，打开闸门，张紧卸粮操纵手柄，驱动搅龙推运卸粮。卸粮完毕，应认真复装各机件，防止继续作业时漏粮。

B_3 型粮仓卸粮调整方法：卸粮手柄的张紧度（以调节螺杆拉长或缩短）以卸粮皮带被张紧压轮压紧，能顺利驱动卸粮搅龙运转为宜；放松卸粮手柄以卸粮皮带处于自由状态（不转动），可以继续收割作业为宜。

注意：a. 粮仓应设有积粮报警器，防止积粮过满造成散粮损失；b. 卸粮时不能伸手接触运转机件；c. 卸粮时发现有堵塞，必须先熄火再进行清理。

（4）液压系统

液压系统用于割台升降，主要由油箱、滤油器、齿轮泵、复合手动阀、油缸、高低压软管等组成，工作过程如图 11-19 所示。

割台提升：机手将手动阀手柄向前拉，油液将活塞顶出，使割台提升。油液油路：液压泵→复合手动阀→油缸。

割台中位：割台上升（或下降）到需要高度时，手柄回至中位。此时转向特定的自锁功能，将割台可靠地固定在任意位置，丝毫不降，整个系统处于卸荷状态。油液油路：液压泵→复合手动阀→油箱。

割台下降：当割台需要下降时，机手可将手动阀手柄向后推，割台可调节到任意需要的位置，然后手柄回至中位。柱塞退回，割台下降。进油路：液压泵→复合手动阀→油箱。回油路：油缸→复合手动阀→油箱。

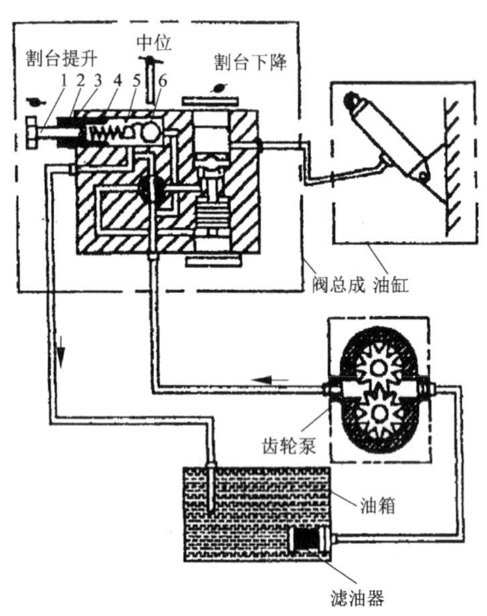

1—手动阀手柄；2—活塞；3—调整螺母；4—弹簧；5—球阀；6—球阀。

图 11-19　液压系统示意图

1）油箱及油管

油箱用钢板焊合而成，可盛 6 kg N32 液压油。设有滤清器，以保证用油的清洁。油箱到液压泵进油口、复合手动阀回油至油箱为低压油管；液压泵出油口至复合手动阀进油口、复合手动阀出油口至液压缸为高压油管。

2）液压泵

本系列机型选用 CBN－E306 齿轮泵，流量 6 mL/r，额定压力 16 MPa，转速 2 000 r/min，驱动功率 3.7 kW。

3）复合手动阀及其调整

本系列机型采用的复合手动阀主要起控制和改变液压油的流动方向、流量和压力的作用。出厂时已调整好压力，一般情况下不需要再调整。长时间使用后，割台上升速度慢，感到压力不足时，可将阀底较高的螺栓旋开，放入 1～2 片ϕ5 平垫，提高油缸上升压力。如果割台不能下降，可将阀底较高的螺栓旁边的 $Z_1/8''$内六角油塞旋开，放入 2～4 片ϕ3 平垫，使割台能顺利下降。

4）液压缸

本系列机型采用 JB 1068－67 系列单作用液压缸，提升力为 15 000 N。新机投入使用 50 小时后进行第一次保养，以后每个收获季节保养一次，换液压油，清洗滤清器和油箱。

（5）行走底盘

行走底盘主要由发动机、变速箱总成、行走机构和机架等组成。

1）发动机

该系列机型配用的动力是 490Q 柴油机，使用保养查看本机自带的“柴油机使用说明书”。

2）变速箱总成

本系列机型配用的变速箱总成由工农- 12 型手扶拖拉机变速箱改制而成，主要对工农- 12 变速箱做了如下改动(见图 11-20)：

原转向光轴改为两根花键半轴 12；半轴两端分别加上蹄式制动器(4,5)；将两只转向牙嵌齿轮改为有花键套的转向牙嵌齿轮 8；将两只驱动轴的轴承壳改成长轴承座，机架前轿支臂 10 安装在长轴承座上。

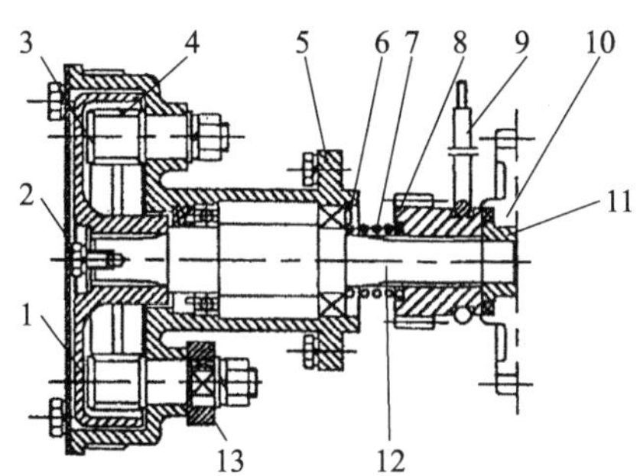

1,2,3,4,5,13—蹄式制动器；6—轴承；7—花键套；8—转向牙嵌齿轮；9—拨叉；10—机架前轿支臂；11—长轴承座；12—花键半轴。

图 11-20　转向制动

3）行走机构与调整

行走机构中收割机的履带采用加长加宽的横条式橡胶履带，它具有通过性能好，不破坏田块和路面，结构简单，机件经久耐用等特点。行走机构主要由驱动轮、支重轮、张紧轮、橡胶履带及张紧器等组成(见图 11-21)。

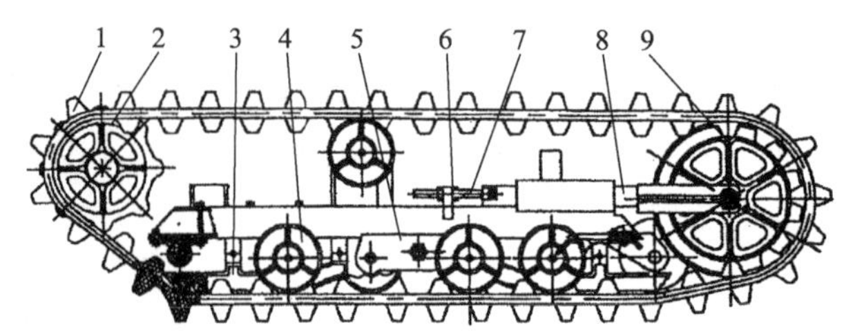

1—橡胶履带；2—驱动轮；3—导向轮；4—支重轮；5—支重台架；
6—锁紧螺母；7—调节丝杆；8—张紧器；9—张紧轮。

图 11-21 行走机构

行走机构中橡胶履带的松紧度，以履带上部下垂或用力上托 15～25 mm 为宜。过松时，行走时会经常跳动或有撞击声；过紧时，履带在行走运转中容易损坏。调整时，只要拧紧调节丝杆 7 上的螺母 6，使丝杆伸长，张紧轮向外推出，使履带有适当的松紧度。

（6）操纵系统

操纵系统是整机各部件工作的指挥中心，其主要由左右转向机构，工作离合机构，行走离合机构，主、副变速组件，油门机构及操纵台等组成（见图 11-22）。

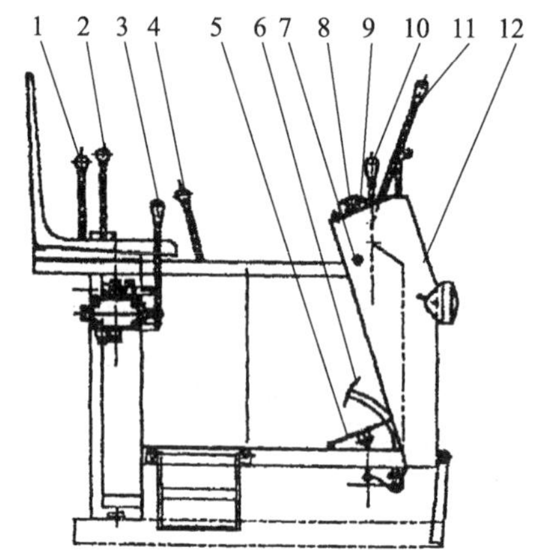

1—主变速组件；2—工作离合机构；3—行走变速组件；4—副变速组件；5—制动器；6—行走离合机构；
7—手油门；8—油门机构；9—割台升降机构；10—左转向机构；11—右转向机构；12—操纵台。

图 11-22 操纵系统

操纵台总成在维修时可以绕铰链向前旋转一定角度，以便于维修。

1)左右转向机构的操纵与调整

① 左右转向机构的操纵。

左右转向机构主要由操纵手柄、拉线、拉杆、转轴、摇臂滑块、滑套、转向臂、拨叉、转向齿轮、花键半轴、制动蹄、制动臂、制动鼓等组成。当拉动操纵手柄时，通过拉线、转轴、拉杆、摇臂活块、拨叉等零件，先脱开花键半轴上的转向牙嵌齿轮（动力切除），再由制动器将花键半轴制动，机器就向被制动方向转弯。若左右操纵手柄同时拉到底，即实施制动。

② 左右转向机构的调整。

左右转向机构的调整需要两人配合进行。首先，一人坐在驾驶台上拉起操纵手柄至操纵台上平面的长槽中心使其固定。另一人在操纵台前方，手按转向臂检查是否有自由行程：如果无自由行程，即表示牙嵌转向齿轮已与动力齿轮脱开，切除了动力传递；如果有自由行程，说明牙嵌转向齿轮尚未脱开动力传递齿轮，应将摇臂活块座往里移。同时，需按同样的方法调整制动臂的自由行程在 15 mm 左右，如果这个行程太大或太小，应将拉杆的长槽接头调短或调长。

然后，坐在驾驶台上的一人将操纵手柄拉到长槽底；另一人检查制动臂是否还有自由行程，如果还有自由行程，证明制动不可靠，应将拉杆的长槽接头调短，至消除自由行程为止。

2）工作离合机构的操纵与调整

① 工作离合机构的操纵。

工作离合机构主要由手柄、弧形板、钢丝拉线、接头及安装在传动轴端上的离合器等组成。其功能是接合或切断整机的割台、输送、脱粒三大部件的工作。

② 工作离合机构的调整。

如图 11-23 所示，将操纵手柄放在合的位置，旋松第一个分离杠杆上的锁紧螺母 3，用扳手旋转调整螺母 2 进行调整。调整时用厚薄规进行测量，调整完成后锁紧螺母，再调整第二个和第三个分离杠杆。三个分离杠杆调整完毕后，应再复查一遍。在调整好分离杠杆球头与分离轴承间隙为 0.4～0.7 mm 的基础上，只要改变拉线接头 4 与离合器分离爪 6 的连接长度，就能调整适当的离合间隙。

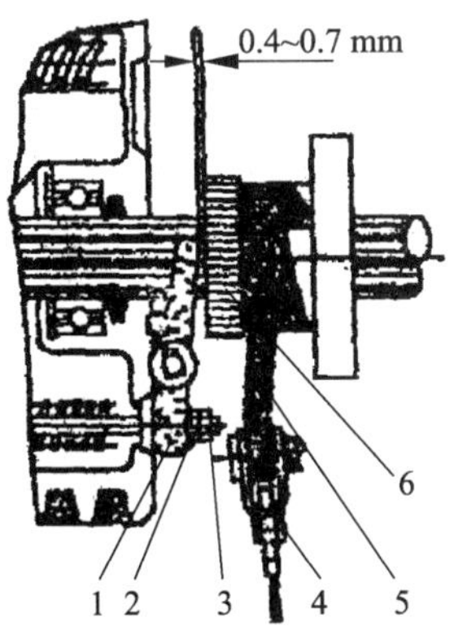

1—分离杠杆；2—调整螺母；3—锁紧螺母；4—拉线接头；5—离合器；6—离合器分离爪。

图 11-23　分离间隙调整

3）行走离合机构的操纵与调整

① 行走离合机构的操纵。

行走离合机构主要由离合踏板、拉杆、转轴、离合器等组成，其作用是接合和切断从发动机传至行走底盘的动力。

② 行走离合机构的调整。

在调整离合器间隙为0.3～0.5 mm的基础上(方法同上)，分别调整各拉杆的长度，使离合器脚踏板踏到底，能完全切断动力传动，放松脚踏板，能使离合器良好地接合。

注意：操纵台上的拉线、线芯与线套口沿处需加适量的机油润滑，以防卡阻现象的发生。

(7) 电气系统

电气系统的作用是为发动机的启动、照明和各种仪表装置工作提供电力。电气系统由蓄电池1、发电机21、调节器20、启动电机2、大灯(10,18)、电源开关24、保险盒6、电流表22、闪光继电器23等电气元件组成，如图11-24所示。

1) 蓄电池

蓄电池的功用：① 在发动机启动时，向启动电机供电；② 在发动机电压不足或短时间过载时，作为补充电源供应；③ 发电机正常工作时，将发电机发出的多余电能储存起来。

蓄电池使用注意事项：

a. 安装时注意极性，负极搭铁，线柱与接线必须牢固、可靠。

b. 应注意保持清洁干燥，上面不得放置金属器件，以防短路。

c. 长期存放，应充足电量，卸掉电极。

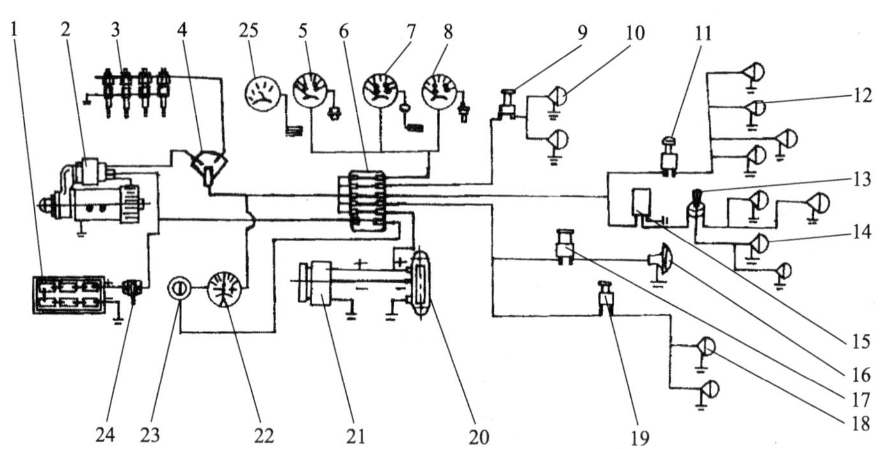

1—蓄电池；2—启动电机；3—喷油器；4—开关；5—水温表；6—保险盒；7—油压表；8—转速表；9—应急装置；10,18—大灯；11—保险装置；12—小灯；13—保险装置；14—尾灯；15—报警器；16—喇叭；17,19—继电器；20—调节器；21—发电机；22—电流表；23—闪光继电器；24—电源开关。

图11-24 电气系统

2) 发电机与调节器

发电机的功用是工作时对蓄电池进行充电、供应照明等设备用电。

本系列一般使用JF11A型硅整流并激式发电机。“＋”“－”“F”极接线柱切勿接反，否则将损坏发电机。

与 JF11A 型发电机配用的调节器型号为 JFT149 型，其作用如下：当发电机转速变化时，能自动地将发电机的输出电压稳定在 13.8～14.5 V，能自动限制负载电流、自动接通或切断蓄电池与发电机电路。

3）启动电机

启动电机为 QD1315A 型串激式直流电机。接通启动开关后，启动机上的电磁开关使齿轮与飞轮齿圈啮合，同时接通启动电机电路，驱动飞轮运转，柴油机启动着火以后，应立即关闭启动开关，铁芯在弹簧的作用下，带动启动电机上的齿轮退回原处。

启动电机一次连续使用时间不得超过 15 s。两次启动的间隔时间为 2～3 min。若连续三次不能启动，则应仔细检查，排除故障。

4）电热塞

电热塞为 IF2 型封闭电热塞。使用时，每次通电时间不得超过 1 min。若气温高，则不需要使用电热塞预热启动。

（8）作业方法

1）田间收割方法

① 收割机下田时，一般应从田块的右角进入。为了避免损失，应先人工在右角割出 2 m×4 m 的空地。如果田埂不高，收获机可以直接工作，则不必割出空地，按图 11-25 所示方法进行转圈直线收割。

② 如果田块规划得比较整齐，田埂不高，为了提高生产效率，可以把多块田连起来收割。

③ 当机器直线作业即将割到田头需要转弯时，提升割台，将左转向杆拉到底，使机器向左转到 30°左右，主变速杆换至倒挡，再将右转向杆拉到底，使机器倒退到要收割的方位，放下割台，主变速杆换至前进挡继续收割。

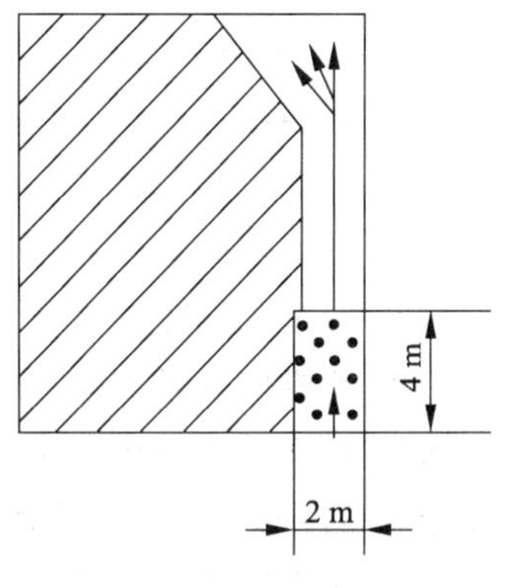

图 11-25　田间收割方法

④ 开始收割时，为了割完四角作物，必须使机器前进倒退收割 3 次。

2）收割时的操作要领和注意事项

① 作业时，一定要用大油门，以保证各部件在额定的转速工作。

② 在收割机转弯时，不可降低发动机转速，否则会造成筛选不良，甚至导致脱粒、分离、清选等部位堵塞。

③ 合理选择作业速度。通常在收获双季稻时，矮秆作物，亩产量在 400 kg 以下，田块较干时可选择Ⅳ挡；亩产量在 400～500 kg，茎秆 90 cm 以上，田块较烂的情况下可选择Ⅲ挡；亩产量达 500 kg，且秆高叶茂的作物，选择Ⅱ挡。

④ 机器垂直过田埂时应减速。田埂高于 20 cm 的，应铲平田埂和两边杂草过埂；田埂低于 20 cm 的，当履带重心移至田埂中心时，要踩一下行走离合器，让机器靠惯性缓慢越过田埂。

⑤ 接粮人员必须密切注意出粮口的出粮状况，一旦发现无籽粒排出，应立即告知机手

停机检查。

⑥ 作业时因某种原因停机后，恢复作业前应空运转 15～30 s，以免出谷搅龙堵塞。

3）熄火停车

停车有临时熄火停车和作业终了停车两种。

① 临时熄火停车。有调整机器、排除故障、清理缠草、加油、润滑等需要时，均须熄火停车。这时，脱开工作离合器，逐步降低发动机转速至熄火停车即可。

② 作业终了须熄火停车时，必须让机器大油门运转 1～2 min 后，才可熄火停车，以防脱粒滚筒输送等机件发生堵塞。最后把工作离合器手柄放到结束位置，以免弹簧久压变形。

11.3.4 磨合及维护保养

保持机器处于良好状态，可延长机器的使用寿命，提高机器的工作效率，收获较高的经济效益，所以要认真对机器进行磨合及维护保养。

注意：本书设计的机型除参照发动机、工农-12 改制型变速箱使用说明书的有关规定外，尚需按特定要求进行磨合与保养。

（1）新机的磨合试运转

1）观察检查

① 由于运输等原因，新机工作前应观察检查整机外表有无损伤，必要时做修正和调整。

② 试运转前应检查燃油、冷却水、润滑油等是否充足。

2）空车试运转

① 新机按发动机启动方法启动后，在室内固定试运转，工作部件试运转不少于 30 min，试车速度由慢渐快。试运转后，停车检查紧固件、输送带和传动链的松紧度，检查皮带张紧度和传动部件的轴承是否发热，必要时适当调整。

② 固定试车后，可在比较平坦的路面进行行走试车，检查转向制动是否灵活可靠，各操纵杆件是否有卡滞现象，行走机构的连接螺栓是否松动，焊接件有无脱焊和裂缝。

3）负荷运转及调试

选择条件比较好的麦田或水稻田进行调试，在禾秆高度适中，生长状态好，田土干燥的田块用Ⅱ，Ⅲ挡收割，磨合 4 h。在收割过程中，应注意观察各工作部件的运转情况，发现问题应及时排除。

（2）维护保养

1）班前保养

① 清理机器中的泥沙、缠草等杂物。

② 检查各零部件的紧固情况，如有松动要紧固。

③ 检查各零部件有无变形，应特别注意割台部件，如有变形应予以校正。

④ 检查动、定刀片间隙是否符合要求，必要时予以调整或更换。

⑤ 检查三角带、传动链和履带的松紧度，必要时予以调整。

⑥ 检查发动机、变速箱液压油液面，不足时应添加，同时要加足燃油和冷却水，并对各润滑点加注润滑油。

⑦ 检查、清洗发动机的空气滤清器(钢丝滤网式的注意换油)。

⑧ 清理水箱吸风网罩的灰尘，内侧要打开罩盖清理。

⑨ 启动发动机进行各工作部件的试运转，确认各工作部件正常，才能投入作业。

2) 润滑方法

因作业条件差，各部件相对运动易造成机器磨损，为保证收割机正常工作，延长使用寿命，必须在一定工作期内按规定对确定的部位进行润滑。

3) 作业结束后的维修保养

① 拆卸割台，对中间输送槽和脱粒部件进行全面清洗保养，脱漆部分应补涂。

② 全面检查易损件，如动刀、脱粒滚筒钉齿的磨损程度，必要时予以修整或更换。

③ 各活动部位，如轴承、支重轮、张紧轮等要加注黄油或机油，拆下各种链条，清洗干净涂油后装回，切割器清洗干净后要涂上机油防锈。

④ 清洗或检查变速箱体内的零件，如发现零件损坏，应更换。

⑤ 整机装配调整好，试运转后，找室内通风干燥处停放机器，割台下面垫木板，放下割台并熄火，变速杆挂上挡，切断各离合器。如果停放期长，每隔一段时间应启动运转各部件，然后按上述方法停放。

⑥ 在维修保养中，不可将油液滴在履带上，如果履带不慎沾上油，要及时擦干净，避免橡胶老化。

注意：寒冷天气，工作结束后应清空发动机里的水，以防发动机冻裂。

4) 电瓶的保养

长时间停机不用，应卸去蓄电池负极线，检查电瓶液面。液面低于外壳上标记的最低液面线时，最好用 LY－02 补充液补充，无 LY－02 补充液时，可用高纯度的蒸馏水补充，然后以普通充电法将电瓶充足电，放在阴凉干燥处保存。

充电方法：

① 用直流电充电，电源正极接电池正极，电源负极接电池负极。

② 先用电池额定容量 1/10 的电流(即 15 A)充电 2～5 h(电解液密度为 1.16 时充电 2 h，电解液密度为 1.1 时充电 3 h，密度越小充电时间越长)，然后以首次充电电流的 1/2(即 7.5 A)继续充电 15 h，当六个单格电池的电解液密度在 1.24～1.29 或者有大量气泡冒出时，则停止充电。

11.3.5　常见故障及排除方法

此类收获机械常见故障大致分为两类：一类是自然性磨损，这是正常的，只要正确保养，就能减缓自然磨损；另一类是使用不当、保养不周、环境恶劣等引起的故障。发现故障后，不要乱拆、乱换，应找出原因，对症下药，排除故障。常见故障及其排除方法见表 11-4。

表 11-4　联合收获机常见故障及其排除方法

<table>
<tr><th>部位</th><th colspan="2">故障现象</th><th>故障原因</th><th>排除方法</th></tr>
<tr><td rowspan="25">割台</td><td colspan="2" rowspan="5">切割速度减慢，作物割不断，连根拔或中间有一行漏割</td><td>① 刀片间隙过大</td><td>调整刀片间隙</td></tr>
<tr><td>② 护刃器、动定刀片损坏或定刀架变形</td><td>修复或更换</td></tr>
<tr><td>③ 刀片铆钉松动、脱落</td><td>重铆</td></tr>
<tr><td>④ 喂入量太大或柴油机功率不足，传动带太松</td><td>减慢前进速度，进行检查</td></tr>
<tr><td>⑤ 切割器上积草、堆泥</td><td>清除</td></tr>
<tr><td colspan="2" rowspan="3">割台堆禾或切割器不动</td><td>① 割台输送齿条损坏</td><td>修复或更换</td></tr>
<tr><td>② 动刀嵌入定刀片与定刀架之间</td><td>修复后重新调整刀片间隙</td></tr>
<tr><td>③ 拨禾皮带太松或拨禾弹齿角度不对</td><td>张紧皮带，调整拨禾弹齿角度</td></tr>
<tr><td colspan="2" rowspan="2">刀杆断裂</td><td>① 传动机构润滑不良，卡滞或转动处锈死</td><td>修理后，加润滑油</td></tr>
<tr><td>② 刀片间隙过大、硬物卡入</td><td>去硬物并调整刀片间隙</td></tr>
<tr><td colspan="2" rowspan="4">割台搅龙堵塞</td><td>① 喂入量太大</td><td>减慢前进速度或减小割幅</td></tr>
<tr><td>② 割台底板因撞击变形</td><td>校正底板</td></tr>
<tr><td>③ 搅龙浮动、不灵活</td><td>清除搅龙叶片间隙杂草，滑块加润滑油</td></tr>
<tr><td>④ 搅龙三角带松弛</td><td>张紧三角带</td></tr>
<tr><td colspan="2" rowspan="3">割台与输送槽的交接口甩草</td><td>① 搅龙伸缩拨齿的位置调节不当</td><td>按说明书要求调整</td></tr>
<tr><td>② 输送槽平皮带打滑</td><td>调整平皮带</td></tr>
<tr><td>③ 喂入量太大</td><td>减小喂入量</td></tr>
<tr><td colspan="2" rowspan="2">拨禾轮甩草</td><td>① 拨禾轮太低</td><td>调高</td></tr>
<tr><td>② 拨禾弹齿角度调整不当</td><td>调至垂直向下</td></tr>
<tr><td rowspan="6">二次切割</td><td rowspan="3">下刀割不断</td><td>① 刀片间隙太大</td><td>调整</td></tr>
<tr><td>② 割台升得太高</td><td>略降低割台，减慢前进速度</td></tr>
<tr><td>③ 刀头缠草</td><td>清草</td></tr>
<tr><td rowspan="3">下刀嵌入泥中</td><td>① 限位脱落或变形</td><td>修复</td></tr>
<tr><td>② 机架因未及时提起撞击后变形</td><td>修复</td></tr>
<tr><td>③ 田中排水沟堆土太高</td><td>换田收割或拆掉二次切割</td></tr>
</table>

续表

部位	故障现象	故障原因	排除方法
中间输送装置	输送槽喂入口堵塞	① 割台搅龙右端调节块位置不当	按说明书要求重新调整
		② 输送平皮带打滑	适当调紧
		③ 被动滚筒不能浮动或轴承咬死	放松平皮带，检查轴承
		④ 输送带跑偏	重新调整
	输送槽回草	① 筒盖板第一条导草筋变形、脱落或磨损	修复或更换
		② 割台搅龙叶片喂入口段变形	整形或加长
	主、被动滚筒缠草	① 作物没有成熟或太潮	待成熟、干燥后收割
		② 作物茎秆得病后太软或杂草太多	换田作业
		③ 输送带跑偏	调整
脱粒滚筒	脱粒滚筒堵塞	① 茎秆太湿，作物不够成熟	选择成熟、干燥的作物作业
		② 喂入量过大	降低喂入量
		③ 柴油机油门太小，马力不足	加大油门
	排草夹带严重	① 作物太湿，凹板筛孔被堵塞	干燥后收割
		② 滚筒转速不够，马力不足	油门加到最大
		③ 滚筒钉齿磨损严重	换齿杆(注意平衡)
	吹出损失严重	① 振动筛堵塞	清理振动筛，加大油门
		② 振动尾筛太平	调高尾筛
	振动筛堵塞	① 马力不足，转速不够	加大油门
		② 风扇叶片变形，风力不够	检查并调整风叶
		③ 振动筛片断裂或脱焊	修复
	出谷搅龙堵塞	① 出谷插板未打开，换袋不及时	增强作业人员责任心
		② 茎秆潮湿，不够成熟	减小喂入量
		③ 传动链条断裂	修复
	复脱滚筒堵塞	① 喂入量太大	减速或调节喂入量
		② 茎叶太湿	待作物干燥后收割

续表

部位	故障现象	故障原因	排除方法
底盘	履带脱轨	① 履带陷入麦沟	骑沟作业
		② 转向过快、过紧	慢速转弯
		③ 在超过5%斜坡边行走	在平地上行走
		④ 45%斜过田埂	垂直过田埂
		⑤ 履带未张紧	张紧履带
		⑥ 张紧轮叉变形	修复或更换
	支重轮碎裂	① 支重轮轴承缺油咬死	及时加润滑油
		② 长时间在不平道路上行走	三公里外用车装运输
		③ 在不平道路上急转弯	小油门，低速转弯
操纵机构	转向失灵	① 调整不当，出现先制动、后分离牙嵌的现象	按规定重新调整
		② 制动器刹车带磨损	更换
		③ 制动器油封损坏	更换
		④ 中央齿轮内铜套磨损	更换
		⑤ 转向拨叉磨损	更换或交换安装
液压系统	手柄处于中位时，割台不能停住	① 阀口自锁失灵	拆去螺塞，取出钢球清洗，重新装入。装钢球时，用铜棒抵压住钢球表面，用铁锤轻敲一二下
		② 液控顶杆处于上部，卡死不能下降	拆去螺塞，取出液控顶杆清洗后重新装入
		③ 复合手动阀出油处管接头、油缸管接头等漏油	拆去接管螺栓，更换组合垫圈
		④ 油缸端部漏油	取出油缸套，更换密封圈
		⑤ 溢流阀调节太松，上升压力不足	拆阀盖垫入1～2片$\phi 5$平垫
		⑥ 溢流阀阀口线有脏物	拆开清洗后重装
	割台提升不起或提升缓慢	① 有关管路或零件连接处漏油	检查漏油部分，更换受损密封件
		② 油箱油量不足	加油
		③ 油泵损坏	拆下油泵，更换新泵
		④ 油泵驱动带过松或损坏	张紧或更换皮带
		⑤ 滤油器堵塞	清空油液，清洗滤油器和油箱
	割台不能下降	① 液控单向阀没有打开	在溢流阀旁边旋开Z1/9油塞，放入2～3片$\phi 3$平垫
		② 液控顶杆在最下部卡死	拆去油塞，取出液控顶杆清洗后装入
	有噪音	① 吸油管或滤油器堵塞	清洗、除去污垢，使吸油畅通，必要时更换新油
		② 油的黏度过高	选用合适的液压油

续表

部位	故障现象	故障原因	排除方法
发动机水箱	发动机过热	① 大量草屑、叶片及灰尘吸附在发动机的水箱网罩上	作业过程中定时清理
		② 冷却水不足	待水温下降后，慢慢加入冷水
		③ 机器大负荷作业时间过长	合理安排作业时间。发动机过热时，马上停止作业，待机温降低后再作业
		④ 风扇、水泵传动皮带过松	张紧皮带，以手指在中间按下 10 mm 左右为宜
电气系统	电器不能启动	① 线路接头(搭铁、启动电机、电流表、开关等接头)断开	检查、紧固
		② 启动电机烧坏	修理或更换
		③ 蓄电池严重亏电	充电后重新启动
	蓄电池不充电或充电不足	① 电瓶电解液漏失	按规定要求添补
		② 线路接头断开	检查、紧固
		③ 调节器损坏(烧坏或电压调节功能失常)	检查、更换
		④ 定子、转子线圈断路或短路	检修或更换
		⑤ 发电机皮带松弛，转速下降	张紧
		⑥ 发电机烧坏	检修或更换
		⑦ 发电机或蓄电池接头处有尘土和油污，自行放电	清除尘土和油污
	保险丝经常烧坏	① 短路	检修
		② 发电机与调节器不相配	调换
		③ 线路接头松动	检查、紧固
	电灯不亮或易烧灯泡	① 搭铁松掉	检查、紧固
		② 电压高，发电机电压不稳定	更换调节器
		③ 灯泡功率不匹配	更换

11.3.6　运输要求及自走、备件、随机工具、附件

(1) 运输要求

因收割机设备材料中角铁及薄板件较多，故在运输过程中需注意以下几点，以免损坏机器。

① 上车跳板单块承重应大于 2 000 kg，上车坡度应小于 20°，对于带遮阳罩的收割机，上车前应拆下遮阳罩。

② 应倒车上车(或上船)，顺车开下，若条件不允许也可以前进上车(或上船)。

③ 在机架的大方管上用绳或铅丝将机器与运输车栏板捆扎牢固。

④ 运输途中应经常检查捆扎是否松动，若有松动应重新捆扎。

(2) 自走转移

① 因履带的正常使用寿命为 1 000 h 左右，故路程超过 3 km 时要用车运(否则由此引起的履带早期磨损不实行“三包”)。

② 自走转移可采用高挡低油门行驶。

③ 转弯、上下坡、上下车(船)时应低挡缓慢行驶，谨防碰坏二次切割装置，且要有人协助指挥。

④ 不得承载重物。

(3) 备件(见表 11-5)

表 11-5　备件

序号	名称	数量	使用部位	序号	名称	数量	使用部位
1	动、定刀片	各 5 片	切割器	6	08B 滚子链活节	2 付	传动部件
2	定刀总成	2 付	切割器	7	12A 滚子链	5 节	传动部件
3	铆钉$\phi5\times12(14)$	各 10 只	切割器	8	12A 滚子链活节	2 付	传动部件
4	铆钉$\phi5\times20$	2 只	切割器	9	油封 30×50×10	2 只	转向半轴
5	08B 滚子链	10 节	传动部件	10	遮阳罩	1 只	座位

(4) 随机工具(见表 11-6)

表 11-6　随机工具

序号	名称	数量	序号	名称	数量
1	发动机随机工具及配件	1 包	5	活扳手 12 寸	1 把
2	内外卡簧钳	各 1 付	6	双头呆扳手 8×10,10×12,13×16,14×17,17×19	各 1 把
3	黄油枪	1 支	7	专用扳手	1 把
4	机油枪	1 支	8	内六角扳手 5,6,8 mm	各 1 把

(5) 附件

二次切割装置一套(由用户选择购买)。

11.3.7　附表

滚子链、三角带、轴承、油封明细见表 11-7 至表 11-10。

（1）滚子链明细表

表 11-7　滚子链明细

序号	型号	节距/mm	节数	使用部位
1	12A 单排	19.05	132	传动轴 I—脱粒滚筒(履带 42 节)
2	10B 单排	15.875	66	传动轴 I—风机(履带 42 节)
3	10B 单排	15.875	78	低速滚筒—输送槽主动轮
4	10B 单排	15.875	150	低速滚筒—籽粒水平搅龙
5	10B 单排	15.875	85	籽粒水平搅龙—杂余水平搅龙
6	10B 单排	15.875	62	杂余水平搅龙—振动筛偏心轮
7	08B 单排	12.700	48	籽粒水平搅龙—垂直搅龙
8	08B 单排	12.700	53	杂余水平搅龙—杂余垂直搅龙
9	10B 单排	15.875	106	风机轴—高速滚筒
10	08B 单排	12.700	104	高速滚筒—复脱滚筒
11	08B 单排	12.700	113	割台传动轴—二次切割器

（2）三角带明细表

表 11-8　三角带明细

序号	型号	根数	使用部位
1	B1372	3	发动机—行走离合器
2	B1448	4	发动机—传动轴 I
3	C1702	1	传动轴 I—传动轴 Ⅱ
4	C2007	1	传动轴 Ⅱ—割台传动轴
5	C1778	1	割台传动轴—割台搅龙
6	A1397	1	割台搅龙—传动轮
7	A2489	1	传动轮—拨禾轮
8	B1016	1	行走离合器—液压泵

注:同一型号三角带由于生产厂家不同,其长短有误差。

（3）轴承明细表

表 11-9　轴承明细

序号	轴承规格	数量	安装部位
1	6202	2	水平与垂直搅龙链条张紧轮
2	6202	2	振动筛摇臂杆
3	1204	1	动刀连杆
4	6203	2	割台右拨臂
5	6203－Z	8	皮带张紧轮

续表

序号	轴承规格	数量	安装部位
6	6203	2	皮带张紧轮
7	6203－2RS	8	链条张紧轮
8	6204－Z	2	振动偏心轮座
9	6204－2RS	1	割台搅龙中挡板
10	6205	2	输送槽被动滚筒
11	6205	2	输送槽主动滚筒
12	6204－RS	2	籽粒、杂余垂直搅龙上轴头
13	6204－RS	2	籽粒、杂余脱粒锥齿轮箱右轴头
14	6204－RS	4	张紧轮
15	6204	2	籽粒杂余脱粒锥齿轮箱左轴头
16	6204	2	割台摆块座
17	6205	2	籽粒、杂余水平搅龙左端头
18	6205	2	振动筛轴座
19	6204	3	风机轴座
20	6204	2	籽粒、杂余垂直搅龙下轴头
21	8104	2	籽粒、杂余垂直搅龙下轴头
22	160205	1	割台搅龙左轴头
23	1205	1	割台搅龙右轴头
24	6204	2	籽粒、杂余水平搅龙右轴头
25	6205	2	油泵联接轴
26	6205	48	支重轮盘
27	6206	4	履带张紧轮座
28	51105	1	割台搅龙右轴头
29	51105	2	籽粒、杂余水平搅龙左轴头
30	517/52.388ZHX1	1	离合器分离爪
31	NJ1016	1	脱粒滚筒轴
32	6205－Z	2	传动轴Ⅱ
33	6305－Z	1	离合器皮带轮盖
34	6305	2	割台传动轴
35	6207/30207	1	传动轴Ⅰ
36	6307－2Z	1	离合器体内

续表

序号	轴承规格	数量	安装部位
37	30207	1	传动轴 I
38	6006	4	转向半轴
39	6208	2	变速箱驱动轴
40	6209	2	变速箱驱动轴承座
41	6005	2	二次切割链轮内
42	6204	2	二次切割摆动套内
43	1204	1	二次动力连杆
44	NUP205	2	复脱滚筒左右轴承座
45	6206	1	差速滚筒中间轴承
46	51180	1	差速滚筒推力轴承

（4）油封明细表

表 11-10　油封明细

序号	轴承规格/(mm×mm×mm)	数量	安装部位
1	45×70×12	2	驱动轮轴
2	45×70×5	2	驱动轮轴
3	30×50×10	2	变速箱转向半轴
4	30×45×10	24	底盘支重轮
5	30×52×10	4	履带张紧轮座
6	25×40×7	1	油泵联接轴
7	25×40×10	2	水平、垂直搅龙轴头
8	30×45×10	2	水平搅龙左轴头
9	40×65×10	1	差速滚筒中间轴承座

参考文献

一、中文文献

[1] 北京农业工程大学．农业机械学(下册)[M]．2版．北京：农业出版社，1996．

[2] 李耀明，等．谷物联合收割机的设计与分析[M]．北京：机械工业出版社，2014．

[3] 李宝筏．农业机械学[M]．北京：中国农业出版社，2003．

[4] 陈德俊，戴素江，陈霓，等．水稻联合收割机新型工作装置设计与试验[M]．北京：中国农业大学出版社，2018．

[5] 朱德峰，程式华，张玉屏，等．全球水稻生产现状与制约因素分析[J]．中国农业科学，2010，43(3)：474－479．

[6] 平培元．世界水稻发展问题与战略措施[J]．世界农业，2009(11)：11－14．

[7] 丁肇，李耀明，唐忠．轮式和履带式车辆行走对农田土壤的压实作用分析[J]．农业工程学报，2020，36(5)：10－18．

[8] 丁肇，李耀明，任利东，等．履带式行走机构压实作用下土壤应力分布均匀性分析[J]．农业工程学报，2020，36(9)：52－58．

[9] 王宪良，王庆杰，李洪文，等．农业机械土壤压实研究方法现状[J]．热带农业科学，2015，35(6)：72－76．

[10] 李汝莘，林成厚，高焕文，等．小四轮拖拉机土壤压实的研究[J]．农业机械学报，2002，33(1)：126－129．

[11] 梁磊，陈信信，孙克润，等．长江下游稻麦轮作区机收对土壤扰动的影响特征[J]．南京农业大学学报，2020，43(1)：186－193．

[12] 刘一．基于水田土壤力学特性的车辆通过性研究[D]．南京：南京农业大学，2014．

[13] 迟仁立，左淑珍，夏平，等．不同程度压实对土壤理化性状及作物生育产量的影响[J]．农业工程学报，2001，17(6)：39－43．

[14] 张兴义，隋跃宇．土壤压实对农作物影响概述[J]．农业机械学报，2005，36(10)：161－164．

[15] 杨晓娟，李春俭．机械压实对土壤质量、作物生长、土壤生物及环境的影响[J]．中国农业科学，2008，41(7)：2008－2015．

[16] 孙忠英，李宝筏．农业机器行走装置对土壤压实作用的研究[J]．农业机械学报，1998，29(3)：172－174．

[17] 张家励，傅潍坊，马虹．土壤压实特性及其在农业生产中的应用[J]．农业工程学报，1995，11(2)：17－20．

[18] 安杰,周志立,曹付义.履带滑移和转向中心线偏移对车辆稳态转向特性的影响[J].河南科技大学学报(自然科学版),2006(5):18—20,24,106.

[19] 梁雪刚,赵臣,张佳俊,等.计及打滑的履带式核电机器人转向性能分析[J].机械科学与技术,2017,36(9):1313—1319.

[20] 苏永中,赵哈林.土壤有机碳储量、影响因素及其环境效应的研究进展[J].中国沙漠,2002,22(3):220—228.

[21] 曹丽花,赵世伟.土壤有机碳库的影响因素及调控措施研究进展[J].西北农林科技大学学报(自然科学版),2007,35(3):177—182,187.

[22] 冯江,蒋亦元.水稻联合收获机单边驱动原地转向机构的机理与性能试验[J].农业工程学报,2013,29(4):30—35.

[23] 李耀明,陈劲松,梁振伟,等.履带式联合收获机差逆转向机构设计与试验[J].农业机械学报,2016,47(7):127—134.

[24] 李耀明,叶晓飞,徐立章,等.联合收割机行走半轴载荷测试系统构建与性能试验[J].农业工程学报,2013,29(6):35—41.

[25] 方志强,高连华,王红岩.履带车辆转向性能指标分析及实验研究[J].装甲兵工程学院学报,2005(4):47—50,70.

[26] 宋海军,高连华,程军伟.履带车辆中心转向模型研究[J].装甲兵工程学院学报,2007(2):55—58.

[27] 栗浩展,王红岩,芮强,等.履带车辆地面牵引力的计算与试验验证[J].装甲兵工程学院学报,2015,29(1):36—40,105.

[28] 刘彤,许纯新.橡胶履带车辆接地压力分布[J].工程机械,1995,26(2):11—18,40.

[29] 程军伟,高连华,王红岩.基于打滑条件下的履带车辆转向分析[J].机械工程学报,2006,42(增刊):192—195

[30] 魏宸官.履带车辆转向问题的研究[J].拖拉机与农用运输车,1980,6(1):17—35.

[31] 迟媛,张荣蓉,任洁,等.履带车辆差速转向时载荷比受土壤下陷的影响[J].农业工程学报,2016,32(17):62—68.

[32] 程军伟,高连华,王红岩,等.履带车辆转向分析[J].兵工学报,2007,28(9):1110—1115.

[33] 刘国民,黄海东.履带底盘转向轨迹的研究[J].水利电力机械,1998(5):18—21.

[34] 姜晓春.履带式联合收割机差速转向系统设计与试验[D].镇江:江苏大学,2015.

[35] 朱昊,卢泽民,李耀明.履带式联合收获机械差动变速箱的设计与仿真[J].农机化研究,2014,36(1):99—103.

[36] 周锡跃,徐春春,李凤博,等.世界水稻产业发展现状、趋势及对我国的启示[J].农业现代化研究,2010,31(5):525—528.

[37] 李显旺.我国水稻联合收获机械的发展现状及前景[J].中国农机化,2006(1):38—40.

[38] 朱德峰，陈惠哲，徐一成，等. 我国水稻机械种植的发展前景与对策[J]. 农业技术与装备，2007(1)：14－15.

[39] 罗锡文. 我国水稻生产机械化现状与发展思路[J]. 农机科技推广，2010(12)：10－12.

[40] 安玉富，唐文芳. 水稻种植机械化发展现状与发展方向[J]. 中国农业信息，2012(19)：95.

[41] 胡忠孝. 中国水稻生产形势分析[J]. 杂交水稻，2009，24(6)：1－7.

[42] 杨仕华，廖琴，谷铁成，等. 我国水稻品种审定回顾与分析[J]. 中国稻米，2010，16(2)：1－4.

[43] 高焕文，李问盈，李洪文. 我国农业机械化的跨世纪展望[J]. 农业工程学报，2003，16(2)：9－12.

[44] 杨宝善，曹建敏，李雪颖. 水稻收获机械化的技术现状及发展趋势[J]. 农机化研究，2007(7)：227－228.

[45] 陈庆文，韩增德，崔俊伟，等. 自走式谷物联合收割机发展现状及趋势分析[J]. 中国农业科技导报，2015，17(1)：109－114.

[46] 邓玲黎，李耀明. 我国水稻联合收割机的现状及发展趋势[J]. 农机化研究，2001(2)：4－6，25.

[47] 谢方平，罗锡文，汤楚宙. 水稻粒穗分离力的研究[J]. 湖南农业大学学报(自然科学版)，2004(5)：469－471.

[48] 任述光，谢方平，罗锡文，等. 柔性齿与刚性齿脱粒水稻功耗比较分析与试验[J]. 农业工程学报，2013，29(5)：12－18.

[49] 徐立章，李耀明，王成红，等. 切纵流双滚筒联合收获机脱粒分离装置[J]. 农业机械学报，2014，45(2)：105－108，135.

[50] 衣淑娟，蒋恩臣. 轴流脱粒与分离装置脱粒过程的高速摄像分析[J]. 农业机械学报，2008，39(5)：52－55.

[51] 衣淑娟，汪春，毛欣，等. 轴流滚筒脱粒后自由籽粒空间运动规律的观察与分析[J]. 农业工程学报，2008，24(5)：136－139.

[52] 陶桂香，衣淑娟. 组合式轴流装置稻谷运动仿真及高速摄像验证[J]. 农业机械学报，2009，40(2)：84－86.

[53] 邵陆寿，魏雅鹏，钟成义. 基于GA－Bp算法的收获机械脱粒性能建模与仿真[J]. 系统仿真学报，2003，15(9)：1294－1296.

[54] 李杰，阎楚良，杨方飞. 纵向轴流脱粒装置的理论模型与仿真[J]. 江苏大学学报(自然科学版)，2006，27(4)：299－302.

[55] 于亚军，于建群，陈仲，等. 三维离散元法边界建模软件设计[J]. 农业机械学报，2011，42(8)：99－103，108.

[56] 于亚军. 基于三维离散元法的玉米脱粒过程分析方法研究[D]. 长春：吉林大

学,2013.

[57] 李兴凯,韩正晟,戴飞,等. 基于EDEM的小区育种小麦脱粒装置作业参数仿真研究[J]. 干旱地区农业研究,2016,34(4):292－298.

[58] 付宏,王常瑞,靳聪,等. 成熟期小麦植株建模方法研究[J]. 东北师大学报(自然科学版),2017,49(2):64－68.

[59] 戴飞,高爱民,孙伟,等. 纵轴流锥型滚筒脱粒装置设计与试验[J]. 农业机械学报,2011,42(1):74－78.

[60] 王志明,吕彭民,陈霓,等. 横置差速轴流脱分选系统设计与试验[J]. 农业机械学报,2016,47(12):53－61.

[61] 梁学修,陈志,张小超,等. 联合收获机喂入量在线监测系统设计与试验[J]. 农业机械学报,2013,44(S2): 1－6.

[62] 张成文. 联合收割机脱粒滚筒负荷监测系统研究[D]. 北京:中国农业科学院,2013.

[63] 屈哲. 低损伤组合式玉米脱粒分离装置的研究[D]. 北京:中国农业大学,2018.

[64] 唐忠,李耀明,徐立章. 切纵流联合收割机纵轴流滚筒长度设计与优化(英文)[J]. 农业工程学报,2014,30(23):28－34.

[65] 彭煜星,李旭,刘大为,等. 单纵轴流脱粒滚筒的设计与性能试验[J]. 湖南农业大学学报(自然科学版),2016,42(5):554－560.

[66] 李耀明,贾毕清,徐立章,等. 纵轴流联合收割机切流脱粒分离装置的研制与试验[J]. 农业工程学报,2009,25(12):93－96.

[67] 王显仁,李耀明,徐立章. 水稻脱粒破碎率与脱粒元件速度关系研究[J]. 农业工程学报,2007(8):16－19.

[68] 陈进,汪树青,练毅. 稻麦联合收获机割台参数按键电控调节装置设计与试验[J]. 农业工程学报,2018,34(16):19－26.

[69] 王志明. 横置差速轴流脱分选系统工作机理及设计研究[D]. 西安:长安大学,2017.

[70] 王志明,吕彭民,陈霓,等. 横置差速轴流脱分选系统设计与试验[J]. 农业机械学报,2016,47(12):53－61.

[71] 王志明,吕彭民,陈霓,等. 水稻籽粒连接力分布频谱分析及联合收割机差速脱粒装置研究[J]. 浙江大学学报(农业与生命科学版),2017,43(1):120－127.

[72] 王志明,马广,吕彭民,等. 联合收获机切割器驱动装置减振设计与试验[J]. 浙江大学学报(农业与生命科学版),2014,40(5):579－584.

[73] 王志明,吕彭民,周璇,等. 4LZS－1.8型联合收割机脱分选系统性能正交试验[J]. 吉林农业大学学报,2017,39(3):360－365.

[74] 陈霓,黄东明,陈德俊,等. 风筛式清选装置非均布气流清选原理与试验[J]. 农业机械学报,2009,40(4):73－77.

[75] 刘正怀,郑一平,王志明,等. 微型稻麦联合收获机气流式清选装置研究[J]. 农业机械学报,2015,46(7):102－108.

[76] 陈霓,熊永森,陈德俊,等.联合收获机同轴差速轴流脱粒滚筒设计和试验[J].农业机械学报,2010,41(10):67－71.

[77] 熊永森,王金双,陈德俊,等.小型全喂入双滚筒轴流联合收获机设计与试验[J].农业机械学报,2011,42(S1):35－38.

[78] 陈霓,余红娟,陈德俊,等.半喂入联合收获机同轴差速脱粒滚筒设计与试验[J].农业机械学报,2011,42(S1):39－42.

[79] 王金双,熊永森,徐中伟,等.纵轴流联合收获机关键部件改进设计与试验[J].农业工程学报,2017,33(10):25－31.

[80] 田立权,张正中,吕美巧,等.半喂入联合收割机双速回转脱分装置设计与性能试验[J].中国农机化学报,2020,41(9):8－15.

[81] 周璇,王志明,陈霓,等.圆锥形风机清选室气流场数值模拟与试验[J].农业机械学报,2019,50(3):91－100.

[82] 陈霓,刘正怀,夏劲松,等.基于 Petri 网模型的收获机轴流式脱分选装置参数化设计[J].农业机械学报,2017,48(11):123－129.

[83] 刘正怀,戴素江,田立权,等.半喂入联合收获机回转式栅格凹板脱分装置设计与试验[J].农业机械学报,2018,49(5):169－178.

[84] 丁肇.履带/轮式联合收获机对稻田土壤剪切及压实作用过程研究[D].镇江:江苏大学,2020.

[85] 田立权,李红阳,胡华东,等.同轴双滚筒联合收获机设计与试验[J].农业机械学报,2020,51(S2):139－146.

[86] 丁肇,李耀明,唐忠.轮式和履带式车辆行走对农田土壤的压实作用分析[J].农业工程学报,2020,36(5):10－18.

二、外文文献

[1] Su Z,Li Y M,Dong Y H,et al. Simulation of rice threshing performance with concentric and non-concentric threshing gaps[J]. Biosystems Engineering,2020,197:270－284.

[2] Li Y M,Su Z,Liang Z W,et al. Variable-diameter drum with concentric threshing gap and performance comparison experiment[J]. Applied Sciences, 2020, 10(15):5386.

[3] Tian L Q,Zhang Z Z,Xiong Y S,et al. Grains motion on combine harvester Ⅵ bra-ting sieve and parameter optimization tests[J]. International Agricultural Engineering Journal,2020,29(2):1－9.

[4] Tian L Q, Lin X, Xiong Y S,et al. Design and performance test on segmented-differential threshing and separating unit for head-feed combine harvester[J]. Food Science & Nutrition,2021,9(5):2531－2540

[5] Tian L Q,Wang J W,Zhou W Q. Design and performance test of rice direct seeding machine with scoop metering mechanism[J]. International Agricultural Engineer-

ing Journal, 2019, 28(2):281—292.

[6] Tian L Q, Zhou W Q, Li X. Measurement method of maize grains' stacking angle based on EDEM[J]. International Agricultural Engineering Journal, 2019, 28(5): 121—129.

[7] Ding Z, Li Y M, Tang Z. Theoretical model for predicting of turning resistance of tracked vehicle on soft terrain[J]. Mathematical Problems in Engineering, 2020.